한영 영한 수산과학기술용어집

(사)한국수산과학회 엮음

KOSFAS
사단법인 한국수산과학회
The Korean Society of Fisheries and Aquatic Science

발 간 사

우리나라는 삼면이 바다로 둘러싸인 반도 국가로 예부터 농산물과 더불어 풍부한 수산물을 기반으로 생활을 하여온 대표적인 수산물 친숙 국가 중의 하나이다. 특히, 근년에는 수산물이 오메가 지방산, 기능성 무기질과 색소 등을 다량 함유하고 있어 건강식품으로 알려진 이래 그 수요가 증가하고 있고, 이로 인하여 우리나라에서 차지하는 주요 산업 중의 하나로 자리를 잡게 되었다. 최근에는 외국에서는 잘 볼 수 없는 해양수산부라는 수산업을 활성화하기 위한 정부 조직도 갖추게 되었다.

오늘날 세계의 여러 수산 국가들은 새로운 국제 해양질서에 맞추어 수산업의 틀을 새롭게 다듬어가고 있으며, 수산업의 중요성에 대한 인식을 새로이 하고 있다. 따라서 우리나라를 배경으로 하는 수산업의 환경은 역동하고 있다고 하여도 과언이 아니다.

우리나라의 수산업에 영향을 미치는 요인은 경제발전에 따른 후유증의 하나인 적조와 부영양화, 어업기술의 발달과 자원 남획에 의한 수산자원의 고갈, 소요 자재비의 상승과 더불어 인력 자원 확보의 어려움 등과 같은 국내적인 것은 물론이고, 원양어장에서의 어업 규제에 대한 강화, 입어료의 부담 가중, 국제무역자유화 등과 같은 국외적인 것 등과 다양하게 혼재하고 있다.

이와 같은 배경에서 우리나라의 수산 관련 산업계, 관공서, 학계 및 연구계가 국내외에서 다양하게 활동하고 있고, 많은 결과물

들을 양산하고 있다. 하지만, 이들 결과물에 대한 정보 전달의 주역 중 하나인 전문 용어가 시대에 맞춰 정립되거나 통일되지 않아 많은 어려움이 있는 것은 자명한 사실이다. 이에 한국수산과학회(구 한국수산학회)에서는 2001년에 발간한 수산과학용어집을 토대로 시대에 맞는 용어들로 보충하고 수정, 보완하여 수산과학기술용어집을 편찬하기에 이르렀고 어업, 양식, 자원관리 및 수산가공 분야의 최고의 전문가 회원들로부터 이들 관련 분야의 용어를 한영–영한으로 분류하여 정리하였다.

본 수산과학기술용어집은 수산관련 여러 대학과 국립수산과학원에서 현장 강의와 연구를 하시고 계신 편집위원들이 수산업의 발전을 위하여 조금이나마 보탬이 되고자 하는 목적으로 바쁘신 가운데 온갖 노력을 기울여 펼쳐낸 서적이다. 따라서 본 수산과학기술용어집이 산업계, 관공서, 학계 및 연구계를 망라한 수산업 분야에 종사하는 모든 분들에게 도움이 되리라는 생각에는 믿어 의심하지 않으며, 수산업에 종사하시는 모든 분들에게 감히 추천을 드리는 바이다.

끝으로, 수산과학기술용어집이 우리나라 수산과학기술분야의 용어가 표준화되고, 정착되는 중요한 계기가 되기를 바라며, 이 일에 온 힘을 기울이고 노력하여 주시면서, 수산업 발전에 대한 노력의 일환으로 모든 저작권을 한국수산과학회에 아름다운 기부도 하여 주신 모든 수산과학기술용어집 편집위원들에게 감사를 드린다.

(사)한국수산과학회

회장 강석중

머리말

수산업은 우리나라 수산업법의 경우 제1차 산업인 어업과 양식업, 제2차 산업인 냉동 · 냉장 및 수산가공업, 제3차 산업인 어획물 운반으로 한정하여 정의되어 있으나, 일반적으로 광의의 의미의 경우 수산생물을 보호하고, 육성하여 인류 생활에 유용하도록 이용 개발하는 산업으로 정의되고 있다.

이러한 수산업은 여러 가지 내외적 요인에 의하여 앞으로 상당히 주목을 받을 수 있는 산업 중의 하나이다. 수산업의 환경 변화 요인으로는 수산물의 건강 기능 특성에 의한 수요 증가, 국내외 자원 부족에 의한 각국의 배타적 경제수역(Exclusive Economy Zone) 선포, 세계 각국의 무역 자유화 및 여러 가지 안전성 문제 등이 있어 이에 대한 대비가 철저히 이루어져야 할 것이다.

수산물은 인체에 필요한 단백질, 지방, 미네랄 등과 같은 영양성분은 물론이고, eicosapentaenoic acid(EPA, 20:5), docosapen taenoic acid(DHA, 22:6), 콜라겐, 타우린, 안세린(anserine), 카르노신(carnosine), γ-aminobutyiric acid(GABA), 칼슘, 헴철, 글리코겐 및 뮤코다당 등과 같은 건강 기능성 성분도 다량 함유되어 있는 것으로 알려져 있다. 또한, 세계의 많은 유명 학자들은 그동안 과학기술의 눈부신 발달과 이의 산업에 대한 응용으로 육상의 거의 모든 부존자원이 개발에 의해 한계에 이르고 있어, 양식, 어업, 수산식품가공 및 자원관리에 대한 기존 기술뿐만 아니라 신기술의 개발에 의한 수산자원의 다량 확보에 대한 필요성을 주장하고 있다. 또한, 수산물은 다른 산업과 같이 세계적인 무역 자유화의 열풍에 노출되어 있고, 특히 저렴한 수산물의 대량 유입이 예상되는 중국과 동남아시아와의 교역량이 많은 우리나라와 같은 국가들의 영향력이 크리라 짐작된다. 뿐만이 아니라, 수산물은 조직이 연약하고, 수분 함량이 많을 뿐만 아니라 저온성 미생물이 다량 존재하고 있어 미생물로부터 공격의 위험성이 높고, 중금속의 노출 위험, 일본 등과 같은 국가의 원전 사고 등에 의한 방사능 문제 및 분석 장비의 발달 등으로 소비자들의 불안감이 상당히 증폭될 수 있다.

이와 같은 배경에서 볼 때 관련 학문과 산업의 발전을 뒷받침하는 정보 전달의 주역인 전문 용어의 정립과 통일은 매우 필요하고도 시급하다. 이러한 일면에서 한국과학기술한림원이 영한, 한영 과학기술용어집을 출간한 바 있고, 기타 식품과학기술용어집, 식품영양학사전 및 기타 용어집 들이 많이 발간된 바 있으나, 수산과학용어와 상이한 단어가 너무 많아 현재 시점에서 수산과학분야에 적용하기에 어려움이 많다. 이러한 점을 감안하여, 한국수산과학회(구 한국수산학회)에서는 2001년에 수산과학분야의 용어집인 수산과학용어집을 발간한 바 있으나, 이도 15년이 흘러 수산관련 산업에 적용할 수 있는 용어의 재정립이 절실히 필요하게 되었다.

이러한 사정과 급변하는 정보화 시대에 보조를 같이하기 위하여 사단법인 한국수산과학회에서는 2001년에 발간한 수산과학용어집을 토대로 수산과학기술용어집을 편찬하기에 이르렀고, 어업, 양식, 자원관리 및 수산가공 분야의 전문가들로부터 이들 관련 분야의 용어를 한영-영한으로 정리하였다.

본 용어집은 2001년에 발간한 수산과학용어집을 시대에 맞게 재정립하였으나 아직 많이 부족한 점이 있으리라 판단된다. 따라서 본 한국수산과학회 수산과학기술용어집 편집위원들은 앞으로도 관련분야의 학자, 관계기관 및 업계와 협의하여 이들 누락된 용어들을 발굴하고, 응용하여 현장에 적용될 수 있는 새로운 수산과학기술용어집이 재탄생될 수 있도록 노력할 것임을 약속드리며, 2015년에 출판하는 수산과학기술용어집의 판권을 한국수산과학회에 드리고자 한다.

끝으로, 복잡하고 까다로운 수산과학기술용어집의 출판을 흔쾌히 허락하여 주신 도서출판 효일의 김홍용 대표이사님과 관계자 여러분, 그리고 원고정리에 많은 도움을 준 경상대학교 해양식품생명의학과 부산물연구실의 강상인 학생을 포함한 대학원생 및 대학생들에게 감사를 드린다.

수산과학기술용어집 편집위원 일동

일 러 두 기

본 한영-영한 수산과학기술용어집에는 수산과학기술의 용어에 대하여 산업적으로 활용되고 있는 것들에 대하여 기술하고자 노력하였다.

1. 전공의 영역

본 한영-영한 수산과학기술용어에는 수산식품분야에 대하여 (식)으로, 양식생물분야에 대하여 (양)으로, 어업기술분야에 대하여 (어)로, 해양생물자원분야에 대하여 (자)로, 그리고, 해양항해분야에 대하여 (항)으로 표기를 하였고, 이 분야에서 주로 용어로 표기하고자 하였다.

2. 단어찾기

본 한영-영한 수산과학기술용어에서 한국어의 단어는 찾아보기가 용이하게 하기 위하여 가능한 띄어쓰기를 생략하였고, 영어의 단어는 사전 찾기와 동일하게 나열하였으나, 데쉬(-)가 붙어 있는 단어의 경우 데쉬의 의미를 생각하지 않고, 띄어진 단어로 하여 순서를 나열하였다.

또한, 괄호가 있는 단어는 괄호를 무시하고 찾으면 될 수 있도록 단어를 배열하였다.

3. 단어의 나열

본 한영-영한 수산과학기술용어에서 동일 단어는 전공의 가나다라 순으로 나열하여 (식), (양), (어), (자) 및 (항)의 순으로 배열을 하였고, 이어서 나머지 단어들을 나열하여 두었다.

4. 기타

본 한영-영한 수산과학기술용어에는 가능한 약어와 풀네임을 모두 표기하고자 노력하여 다소 겹치는 부분도 있으리라 보아진다.

나머지 부분에 해당하는 것은 다른 기술용어집과 동일하게 배열하고자 노력하였다.

한-영 수산과학기술용어

KOSFAS
사단법인 한국수산과학회
The Korean Society of Fisheries and Aquatic Science

ㄱ

가격안정기금 price support fund (양) price safety fund
가공 (식) processing (식) manufacturing
가공버터 (식) processed butter
가공선 (식)(어)(자) fish processing vessel
가공성 (식) processability
가공손실 (식) processing loss
가공시설 (식) processing facility
가공업자 (식) processor
가근 (식) rhizoid
가금 부산물분 (양) poultry by-product meal
가나가와현상 Kanagawa phenomenon
가능최저조 lowest possible low water
가다랑어 (식) skipjack tuna (식)(어)(자) bonito (어)(자) skipjack
가다랑어 내장젓 (식) salt-fermented skipjack tuna viscera
가다랑어기름담금통조림 (식) canned skipjack tuna in oil
가다랑어엑스분 (식) skipjack tuna extracts
가다랑어채낚기어업 (식) skipjack tuna pole line fishery (어)(자) skipjack pole line fishery
가당 (식) sugaring
가두리그물 (식) fish holding net
가두리양식 (식)(양) cage culture
가두리양식장 (양) cage farm
가래그물 (어) lantern net
가래상어 (식) skate shark
가려말이 shield
가로단면 (식) transverse section, cross-section
가로롤러 (어) bar roller
가로무늬근 (식) striated muscle (식) striped muscle
가로세로비 (어) aspect ratio
가로장 (어) spreading device pendant
가로장쇠 (어)(자) spreading bar cross bar
가루먹이 (양) powder feed
가리비 (식)(양) scallop
가리비조개독 pectenotoxin
가리비치패 (식)(양) scallop spat
가리장석 potash feldspar
가마우지 cormorant
가막조개 (식) short-necker clam
가무락조개 (양) venus clam
가물치 (식) nothern snakehead
가미가공 (식) seasoning processing
가미통조림 (식) canned seasoned foods
가밀봉 (식) clinching
가밀봉기 (식) clincher
가바 (식) GABA (식) gamma aminobutyric acid (식) γ-aminobutyric acid
가벽성 fissility
가변수심음탐기 (어) variable depth

sonar
가변주파수발진기 (어) variable frequency controlled oscillator
가변피치추진기 (어) adjustable pitch propeller
가설검정 (식)(어) hypothesis test
가소성 (식) plasticity
가소제 (식) plasticizer
가소화에너지 (식)(양) digestible energy(DE)
가소화영양소 (식)(양) digestible nutrient
가소화영양소 총량 (양) total digestible nutrients (TDN)
가소화조단백질 (양) digestible crude protein (DCP)
가속도 (식) acceleration
가수분해 (식) hydrolysis
가수분해 단백질 (양) hydrolyzed protein
가수분해도 (식) degree of hydrolysis
가수분해물 (식) hydrolysates
가수분해우모 (양) hydrolyzed poultry feather
가수분해효소 (식) hydrolytic enzyme (식)(양) hydrolase (식) hydrolysis enzyme
가숭어 (식) red mullet
가스빼기 (식) punching
가스생성세균 (식) gas producing bacteria
가스압접 (식) gas pressure welding
가스연료추진선박 (어) gas-fulled ship
가스차단성 (식) gas barrier property
가스충전포장 (식) gas flush package
가스크로마토그래피 (식) gas chromatography (GC)
가슴 thorax
가슴(갑각류) (어) pereion
가슴지느러미 (식)(어) pectoral fin
가시 (식) spine
가시거리 visibility range
가시고기 (식)(양)(어)(자) amur stickle back, Chinese nine spine
가시관류 thorn lined traps
가시도 visibility range
가시망둑 (식) sunrise sculpin
가시복 balloon fish
가식부(위) (식) edible portion
가식성필름 (식) edible films
가쓰오부시 (식) Katsuobushi
가압건조 (식) puff drying
가압용출법 (식) pressed extruding
가역과정 (식) reversible process
가역반응 (식) reversible reaction
가역변화 (식) reversible change
가역사이클 (식) reversible cycle
가역성 (식) reversibility (식) invertibility
가연성 (식) flammability
가열 (식) heating
가열산화 (식) thermal oxidation
가열살균 (식) heat sterilization
가열살균식품 (식) heat sterilized foods
가열접착 (식) heat seal
가열접착기 (식) heat sealer
가열치사시간 (식) thermal death time
가열치사시간곡선 (식) thermal death time curve
가열치사점 (식) thermal death point
가열탈기 (식) heat exhaust
가열탈기법 (식) heat exhaust method
가열향(미) (식) cooked flavor
가염 (식) salting
가염지 (식) pre-salting

가오리 (식)(어) ray
가온검사 (식) incubation test
가온식양식 (양) fish culture with warmed water (양) heating water culture
가용성 (식) soluble
가용성 식이섬유 (식) soluble dietary fiber
가용성 질소 (식) soluble nitrogen
가용성녹말 (식) soluble starch
가용성단백질 (식) soluble protein
가용성산소량 (식) soluble oxygen content
가용성유독물질 (식) soluble poisonous matter
가용에너지 (식) available energy
가용자원 (어)(자) available resources
가용화 (식) solubilization
가우스정규분포 Gaussian distribution
가이식 (양) temporary transplanting
가이식적지 (양) good place for temporary transplanting
가이아설 gaia hypothesis
가입 (어)(자) recruitment
가입개체수 (자) recruitment number
가입곡선 (자) recruitment curve
가입과정 (자) recruitment process
가입군 (자) recruitment stock
가입당생산량이론 (자) yield-per-recruit theory
가입량 (자) number of recruitment (식) recruitment
가입률 (자) recruitment rate
가입모델 (자) recruitment model
가입변동 (자)recruitment variability
가입연령 (자) age at recruitment
가입자원 (자) recruitment resource (양) recruited stock
가입자원관리 (어)(자) recruitment fishing management
가입체장 (자) length at recruitment
가입체중 (자) recruitment weight
가자미 (식)(양)(어) flatfishes
가자미식해 (식) flatfishes sikhae
가장자리군집 fringing community
가재 (식) crayfish
가저 false bottom
가족노동력 (식) family labor
가중상관계수 (식) weighted correlation coefficient
가중판 weight control plate
가중회귀계수 (식) weighted regression coefficient
가지 fat liquoring
가지줄(아릿줄) (어) branch line
가짜미끼 (어)(자) artificial bait (식)(어)(자) lure bait (양) lure
가짜플랑크톤 pseudoplankton
가청음파 (어) sound wave of audibility
가청주파수 (어) audible frequency
가항반원 navigable semicircle
가황유 vulcanized oil
각 pedicle (양) test
각관 (식) square can
각도거리 angular distance
각도계 angle meter, protractor
각도변형 angular transformation
각력 rubble
각린 (양) horny scale scute
각막 (식) cornea
각망 (어)(자) rectangular set net stationary net of rectangular shape

각망어업 (어) pound net
각변위 angular displacement
각빙 (식) block ice
각새 podobranch
각선 (식) score
각속도 (식) angular velocity
각운동량 angular momentum
각운동량보존 conservation of angular momentum
각인 (양) imprinting carved stamp
각장 (식)(양) shell length
각장제한 (자) shell length limit (양) limitation of shell length
각전파 angular spreading
각전파요인 angular spreading factor
각정 umbo
각주파수 angular frequency
각질층 keratin layer, stratum corneum
각포자 (양) conchospore
각포자낭 (양) conchosporangium
각폭 (식)(양) shell width
각피 (양) periostracum
간 (식) liver
간격률 (식) interval rate
간격척도 interval scale
간고등어 (식) salted mackerel
간군 cormidium
간균 (식) Bacillus
간극 (식) clearance (식) gap
간극대 interstitial zone
간극동물 interstitial animal
간극동물상 interstitial fauna
간극생물 interstitial organisms
간극수 interstitial water, pore water
간대구포 (식) sliced, salted and dried cod
간만차 (식)(양) tide range
간미역 (식) salted sea mustard
간빙기 interglacial period
간빙해 interglacial sea
간상(체) (식) rod
간상(체)세포 (식) rod cell
간석지 (식)(양) tidal flat
간석지양성 (양) culturing at tidal flat
간섭 (식) interference (식) interuption
간세포 (식) hepatocyte
간수 (식) bittern
간승(모릿줄) (어) main line
간식용 식품 (식) snack foods
간유 (식) liver oil
간유채취법 (식) liver oil extraction method
간이수선 (어) temporal mending, easy-mending
간이수하식 (양) simple hanging culture method
간이수하식양성 (양) simpe hanging culture
간접반사 (식) indirect reflection
간접법 (식) indirect method
간접순환 (식) indirect circulation
간접탐어 (어) indirect fish finding (자) indirect fish locating
간조 (식)(양)(어) LW (low water)
간조간격크기 strength of ebb interval
간조대 (양) low-tide zone
간조선 (양) low-water line
간질 epilepsy
간척 (식)(양) land reclamation (식) reclamation
간척제방 (어) polder dike
간척지 polder

간출암 rock which covers and uncovers
간충조직 (양) mesenchyme
간충질 (양) mesogloea
간편식품 (식) convenience foods
갈고등어 (식) brown striped mackerel scad
갈고랑이(갈고리) (어)(자) gaff hook
갈니 (양) brown mud
갈라지기 쉬운 fissile
갈락토스 (식) galactose
갈랫줄 (어)(자) bridle branch line, bridle
갈매기 (식) seagull
갈변 (식) browning
갈변반응 (식) browning reaction (식) Maillard reaction
갈변억제제 (식) browning inhibitor
갈변육 (식) brown meat
갈색어분 (식)(양) brown meal, (식) dark meal
갈전갱이 (식) white fin kingfish
갈조류 (식)(양) brown algae
갈조류림 (양) kelp forest
갈치 (식)(양)(어)(자) pacific cutlassfish, largehead hairtial
갈퀴 (자) hook fluke
갈파래 (양) sea lattuce sea lettuce
갈피허파 book lung
감가상각비 (식) depreciation cost
감각강모 sensory hair(or seta)
감각공 sensory pore, sense pit
감각기관 (식) sense organ, sensory organ
감각기능 (식)(어) sensory function
감도 (식) sensitiveness (어) sensitivity, sensibility
감량 (식) weight loss
감률건조 (식) falling rate of drying
감률건조기간 (식) falling rate period of drying
감률건조단계 (식) decreasing rate stage of drying
감마선 (식) gamma ray
감마선검출기 (식) gamma ray detector
감마선조사 (식) gamma irradiation, gamma-ray irradiation
감마아미노부티르산 (식) gamma amino butyric acid, (식) GABA
감미료 (식)(양) sweetener (식) sweetened agent
감선 (어) reduction of the number of boats
감성돔 (식)(어) black porgy
감소 (식) decrease (식) reduction
감소량 (식) decreasing amount
감소실험 depletion experiments
감소율 (식) decreasing rate (식) rate of reduction
감소인자 (식) depletion factor
감쇠 attenuation, decrement
감쇠거리 decay distance
감쇠계수 attenuation coefficient
감쇠손실 attenuation loss
감쇠시간 decay time
감쇠진동 damped oscillation
감쇠진동전류 damped oscillatory current
감수기 (식) decreasing phase (양) meiotic phase, reduction phase
감수분열 (식) reduction(al) (식) division (식) meiosis
감시 (식) monitor
감시프로그램 (양) monitor program

감압 (식) depression (식) pressure reduction (식) decompression
감압건조 (식) vacuum drying
감압건조기 (식) vacuum dryer
감압농축 (식) vacuum concentration
감압밸브 (식) pressure reducing valve (식) pressure regulator (양) reducing valve
감압실 (식) decompression chamber
감압여과 (식) suction filtration (식) vacuum filtration
감압여과기 (식) vacuum filter
감압증 decompression sickness
감염 (식)(양) infection
감염형식중독 (식) infection-type food poisoning
감온센스 (식) thermal sensor
감온팽창 밸브 (식)(양) thermostatic expansion valve
감조구역 tidal compartment
감조하천 (식) tidal river
감척사업 (어) project of the reduction of fishing vessel
감촉체 palpon
감칠맛 (식) umami(taste)
감태 (식)(양) *Ecklonia cava*
감항성 seaworthiness
갑 cape
갑각 carapace
갑각류 (식)(양)(어) crustacea
갑각류독 (식) crustacean toxin
갑각류학 carcinology
갑문 (어) door of lock
갑상선 (식) thyroid gland
갑상연골 (어) scutum
갑오징어 (식)(어) cuttlefish
갑차 lockage
갑판 (식)(어) deck
갑판거더 deck girder
갑판부실습생 apprentice officer
강 (식) Class
강꼬치고기 (어) pickerel, pike
강다리 (어) crosswise props
강도 (식)(어) intensity
강도계수 (식)(어) coefficient of strength (식) strength coefficient
강도다리 (식) great flounder
강도-시간공식 (어) intensity-duration formula
강도측정 (어) magnitude estimation
강력분 (식) hard wheat flour (식) strong flour
강모 bristle, setae
강모를 가진 setose
강삭계 (어) rig system
강성율 (식) rigidity
강수 precipitation
강신도곡선 (어) load-elongation curve
강알칼리 (식) strong alkali
강어귀 (양) firth cove, inlet
강열감량 ignition loss
강염기 (식) strong base
강의 fluvial
강인성 (어) toughness
강장동물 (식)(양) coelenterate
강제대류열전달 (식) forced convection heat transfer
강제도선 (어) compulsory pilotage
강제운동설 (식) theory of forced movement
강제진동 (식) forced oscillation
강제파 forced wave

강제함정어구 (어) forced trap gear
강조진파 river bore
강직 (식) rigor
강체계 rigid system
강치 hair seal, sea lion
강풍 gale
강하성 (식)(양) catadromous
강하성어류 (식)(양)(자)(어) catadromous fish
강하성회유 (식)(양)(자)(어) catadromous migration
강한 조석 tide blow
강해형 (자) sea-run form
강해회유 (자) seaward migration
강화 intensification
강화검사 (식)(어) enhanced survey
강화식품 (식) enriched foods, (식) fortified foods
개관검사 (식) open test
개구 aperture
개구면 apertural face
개량마른건법 (식) modified dry salting
개량물간법 (식) modified wet salting
개량조개 (양) hen clam
개막이그물 (어)(자) fish fence net fish fence
개만 bight
개발 (식) development (식)(자) exploitation
개발시험조업 (양)(자) exploratory fishing
개발율 (자) exploitation rate
개방각 opening angle
개방항 open port
개별급속동결 (식) individual quick freezing(IQF)
개별냉동식품 (식) individually quick frozen food
개별양도성할당량 (자) ITQ (individual transferable quota)
개별어획할당 (어)(자) IQ (individual quota)
개별포장 (식) individual package
개별할당량제도 (어)(자) individual quota system
개복 (식) splitting
개복치 (식)(어) common mola, ocean sunfish trunkfish
개상어 (식) dog shark
개생태학 autecology
개시반응 (식) initial reaction
개연적 stochastic, probable
개요설계 schematic drawing
개요조사 (식) outline survey
개인어업 (어)(자) individual fishery, private fishery
개인오차 (식) personal error
개장개체군 open population
개재생장 intercalary growth
개체 (식)(자) individual
개체군 (식)(자) population
개체군가입 (자) recruitment
개체군밀도 (자) population density
개체군변동 (자) population fluctuation
개체군생태학 (자) population ecology
개체군성장 (자) population growth
개체군역학 (자) population dynamics
개체군조절 (자) population regulation
개체군증가 (자) population increase
개체군추정치 (자) population estimates
개체군크기 (자) population size
개체군특성치 (자) population parameters

개체군포란수 (자) population fecundity
개체급속동결 (식) individual quick freezing (IQF)
개체동결식품 (식) individually quick frozen food
개체발생 (자) ontogeny
개체발생적이동 (자) ontogenetic migration
개체보존본능 (자) instinct of individual preservation
개체성장 (식)(자) individual growth
개체수 (식)(자) population
개체유지능력 (자) survival potential
개충 zooid
개항 (어) open port
개형류 ostracoda
개흙(펄) (식)(양) mud
객실 cabin
객주 broker
객토 soil dressing
갤로스 (어) gallows
갯가재 Japanese mantis shrimp
갯나리(바다나리) sea lily
갯닦기 (양) rocky cleaning
갯대 (어) spreader
갯벼룩 beach flea, sand hopper
갯장어 (식)(양)(어)(자) sharp-toothed eel, conger pike
갯지렁이 bristle worm
갱신 (식)(자) replacement
갱신적자원 (자) renewable resource
거구류 macrostomida
거대갈조류 giant kelp
거대구의 megalospheric
거대바다동물 leviathan
거대신경섬유 giant nerve fiber
거대유기분자 organic macro-molecule
거대조류 macroalgae
거대플랑크톤 megaplankton
거대해수 leviathan
거등권 parallel of latitude
거등권항로 (항) parallel sailing route
거등권항법 (항) parallel sailing
거력 boulder
거룻배 barge
거름망 (식) filter net
거리표 distance tabel
거머리말 eelgrass
거미게 spider crab
거미불가사리 brittle star
거북말 turtle grass
거북복 (식)(양)(어)(자) blue-spotted boxfish
거북손 (식) Japanese goose barnacle (식) common stalked barnacle
거센물결 tide rips
거시적 macroscopic
거실배치도 accommodation plan
거연흔 megaripple
거적어법 (어)(자) mat fishing method mat fishing
거주갑판 accommodation deck
거주자 (식) habitant
거초 fringing reef
거친바다 rough sea
거친파랑 choppy sea
거품 (식) foam
거품선 foam line
거품성 (식) foaming capacity
건 (식) tendon
건강기능성 (식) health functional property (식) health functionality

건강기능식품 (식) health functional foods
건강망어업 (어) set net in shallow waters
건강식품 (식) health foods
건구온도 (식) dry-bulb temperature
건구온도계 (식) dry-bulb thermometer
건물기준 (식) dry basis (양) dry matter basis
건물당 (식) dry basis
건성유 (식)(양) drying oil
건습구습도계 (식)(어) psychrometer (식) wet and dry-bulb hydrometer
건시세기 (어) dry strength
건식법 (식) dry development method (식)(양) dry method (식) dry process
건어물상 (식) dried fish shop (식) dried fish dealer
건열살균기 (식) dry heat sterilizer
건염법 (식)(양) dry salting
건조 (식) drying (식) dehydration
건조곡선 (식) drying curve
건조기 (식) drier (식)(양) dryer
건조기간 (식) drying period
건조대 (식) drying racks, drying hake (양) arid zone
건조배합사료 (식) dried formula feed (양) processed dry feed
건조사료 (식)(양) dried feed
건조속도 (식) drying rate
건조수축 (식) drying shrinkage
건조시간 (식) drying time
건조식품 (식) dried foods
건조압축식품 (식) dryed compressed foods
건조어 (식) dried fish
건조장 (식) drying field
건조중량 (식)(양) dry weight
건조특성 (식)(양) drying characteristics
건조특성곡선 (식) drying characteristic curve
건조플랑크톤 (식) dried plankton
건조효모 (식) dried yeast
건지는 그물 (어) scoop net
건착망 (어) purse seine
건착망 어선 (어)(자) purse seiner steamship purse seine
건현 (어) freeboard
건현갑판 (어) freeboard deck
건현표 (어) freeboard mark
걸그물 (어) gill net
걸그물어법 (어) gill net fishing methods
검란 (식) candling
검량선 (식) calibration curve
검복 (식)(양)(어)(자) purple puffer, globe fish
검사기준 (식) inspection standard
검수원 (식) checker, (식) inspector
검역 (식) quarantine
검역항 (어) quarantine port
검은팥 (식) black small red bean
검정 (식) calibration
검정곡선 (식) calibration curve
검조기 (어) tide gauge
검조소 (양)(어) tide gause house
검조주 tide staff
검증 (식) verification
검증표본 (식) verification sample
검체 (식) sample
검출 (식) detection
검출기 (식) detector
검출한계 (식) detection limit (식) limit

of detection
검출함수 detection function
검출효율 (식) detection efficient
검화가 (식) saponification value(SV)
겉마르기 (식) skin effect
겉모양 (식) appearance
게 (식) crab
게놈 (식) genome
게르치 (식)(양)(어)(자) Japanese bluefish
게맛살 (식) crabstick, (식) crab meat analog, (식) imitated crab meat
게보일드통조림 (식) canned boiled crab
게이지계수 gage factor
게이지압(력) (식) gauge pressure
게잡이배 (어) crabber
게통발 (양)(어) crab pot
겔 (식) gel
겔강도 (식) gel strength
겔열화 (식) gel deterioration
겔형성 (식) gel formation
겔형성능 (식) gel-forming ability
겔화 (식) gelation (식) gelling
겨자 (식) mustard
결빙방법 icing method
결색(결삭) (식) bend (어)(자) knot
결색법(결삭법) (어)(자) knot method
결속법 binding method
결절 (어) knot
결절망지 (어)(자)knotted netting
결정계수 (식) coefficient of determination
결정도 (식) decision tree
결정론적과정 deterministic process
결정빙 (식) crystalline ice (양) crystalloid
결정이론 (식) decision theory
결정적난할 determinate cleavage
결정지 (식) crystallizing pond
결정표 decision table, decision table
결정화 (식) crystallization
결체조직 (식) connective tissue
결합수 (식) bound water
결합조직 (식) connective tissue
겸업어가 (양) part-time fishery household
겸업어가경영 (양) part-time fishery management
겸업어민 part-time fisherman
겸용형그물 combination net (어)(자) combined
겹막매듭그물 (어)(자) double trawler knott double, trawler knotted netting
겹실 (어)(자) folded (어)(자) strand (어)(자) yarn
겹지느러미 (양) paired fins
경가속도 radial acceleration
경간 span
경계 (자) boundary
경계거리 (양) distance boundary (자) boundary distance
경계류 (자) boundary current
경계면 (자) boundary surface
경계색 warning coloration
경계왕래성어족 (양)(어) straddling fish stocks
경계조건 (자) boundary condition
경계층 (자) boundary layer
경계층파 interfacial wave
경골어류 (식) bonny fish (식) osteichthyes (식)(양) teleost
경구독소 (식) oral toxin
경구전염병 (식) oral infections

경구투여 (식) oral administration
경년변동 (자) interannual variability
경년변화 secular variation
경단고둥 winkle
경단백질 (식) scleroprotein
경도 (식) hardness
경도류 gradient current
경도방향변화 longitudinal variation
경도의 longitudinal
경동맥관 canalis caroticus
경랍 spermaceti
경련 (양) convulsion seizure
경로 path
경로법 path-method
경린 ganoid scale
경린어 ganoid
경매 auction
경방향 radial direction
경변위 radial displacement
경보물질 alarm substance
경부 neck
경비이익비 cost benefit ratio
경비함 guard ship
경사 (식) gradient (식) steepness, dip, incliantion
경사각 angle of inclination
경사식인장시험기 (어) inclined plane tester
경성저질 (어) hard bottom
경영자면허어업권 fishery right given to private manager
경위선망 graticule
경쟁 (식) competition
경쟁반응 (식) competing reaction (식) competitive reaction
경쟁배제원리 (식) competitive exclusion principle
경쟁치환원리 competitive inhibition principle
경정표 reduction table
경제수역 (어)(자) economic zone
경제수역선포 (어)(자) announcement of economic zone
경제적목적 (자) economic objectives
경제적적정어획 (어)(자) economic optimum fishing
경제협력개발기구 (식) Organization for Economic Cooperation and Development(OECD)
경직열 (식) heat of rigid
경질염화비닐관 (양) hard chlorinate vinyl pipe, hard chlorinated vinyl tube
경팽창 (식) hard swell
경피어류 leatherjacket
경하배수량 (항) light displacement
경하상태 (항) light condition
경합생물 competitive organism
경향 (식) tendency (식) trend
경험식 empirical formula
경화 (식) hardening hydrogenation
경화유 (식) hardened oil
계군 (양) subpopulation (식) strain (자) local stock, subpopulation
계군판정 (자) stock identification
계기오차 (식) instrumental error
계단식회귀 stepwise regression
계대배양 (식) passaged culture (식) successive culture
계량기 (식) weighing machine
계량어군탐지기 (어) quantitative fish finder
계류 (항) mooring

계류시설 (어) mooring facillities
계류예인력 bollard pull
계류지점 (항) moorage
계면속도 boundary velocity, interfacial velocity
계면활성제 (식) surfactant
계산결과 (양) calculation result computer product
계산고도 (항) computed altitude
계산방법 enumeration method
계산방위 computed bearing
계산불안정성 computational instability
계산자료 enumeration data
계선 (항) laying up, lay up, anchoring
계선말뚝 dolphin
계선부표 (항) mooring buoy
계선줄 (항) mooring line
계수조사 counting serveys
계수집적회로 digital integrated circuit
계수화 digitization
계약 contract
계절격리 (자) seasonal isolation
계절변수 (자) seasonal variable
계절변화 (식)(자) seasonal variation
계절성 (식)(자) seasonality
계절적 etesian
계절적수온약층 (자) seasonal thermo-cline
계절적천이 (자) seasonal succession
계절적특징 (식)(자) seasonal characteri-stic
계절지각 (자) seasonal lag
계절풍 monsoon
계절풍해류 monsoon current
계절행동 (자) seasonal behavior
계절형 (자) seasonal form
계절회유 (식)(자) seasonal migration
계통 (자) lineage, (자) race
계통군 (자) subpopulation, clade
계통금융 fisheries cooperative credit system
계통도 (식) distribu-tion diagram (자) phylogenic tree
계통발생의 phylogenetic
계통발췌법 (식) systematic extraction method, (식) systematic sampling
계통분류학 (자) systematics
계통수 (자) phylogenetic tree
계통오차 (식)(자) systematic error
계통조사 (식)(자) systematic survey
계통학 (자) phylogeny
계획수심 (어) planned depth
고갈 (자) depletion
고갈현상 desiccation
고결 induration, consolidation
고결물 cement
고결작용 consolidation
고결퇴적물 consolidated sediments
고고조 higher high water
고구마 전분 (식)(양) sweet potato starch
고급알코올 (식) higher alcohol
고급어 (양) valued fish, prime fish
고급지방산 (식) higher fatty acid
고기갈이 (식) grinding
고기갈이기 (식) grinder (양) chopper
고기떼 (자) fish school shoal
고기물레 fish wheel
고기바구니 creel
고기받이 (어) bunt
고기상자 (식)(어) fish container
고기시령 fish flake
고기압 anticyclone

고기압성 anticyclonic
고기잡이 (양) fishing poach
고기잡이둑 weir
고기잡이등화 jacklight
고기칸 (어)(자) fish pond, fish hold(or bin)
고나도트로핀 (양) gonadotrophin
고니오미터 goniometer
고도 altitude
고도분포도 hypsographic chart
고도불포화지방산 (식) polyunsaturated fatty acid(PUFA)
고도성층하구 highly stratified estuary
고도차 altitude difference
고도처리 high treatment (양) high class treatment
고도회유성어종 (식)(자) highly migratory fish species
고둥 (식) top shell (양) gastropods
고등어 (식)(어) chub mackerel
고등어독 (식) scombroid poisoning
고등어독생성어종 (식) Scombroid toxin-forming species
고등어무리 seerfish
고등어보일드통조림 (식) canned boiled mackerel
고등어전갱이건착망 mackerel and horse mackerel purse seine
고등어필렛기름담금통조림 (식) canned mackerel fillet in oil
고등척색동물 high chordate animal
고래 whale
고래기공 fistula
고래기름찌꺼기 fenks
고래무리 gam
고래분수공 spout hole
고래상어 (식)(양)(어)(자) whale shark, basking shark
고래수염 baleen, whale fin
고래수염제품 whalebone
고래수염판 baleen plates
고래의 도약 breach
고래절개 spade
고래해체 carving
고리식두리그물 (어) ring net
고리줄 (어) band rope (양) ring bridle
고립산호초 patch reef
고립장애표지 isolated danger marks
고립초 isolated reef
고립파 solitary wave
고막 tympanum
고메톡실펙틴 (식) high methoxyl pectin
고무구 (어) rubber ball
고무보빈 (어) rubber bobbin
고무튜브 rubber tube
고미 (식) bitterness, (식) better taste
고밀도양식 high density culturing (양) intensive culture
고밀도지(방)단백 (식) high density lipoprotein(HDL)
고밀도폴리에틸렌 (식) high density polyethylene
고복족류 archaeogastropoda
고분자 (식) mactomolecular, (식) polymer
고삐줄 (전개판) (어)(자) towing chain
고산소 hyperoxia
고삼투압성 (식) hyperosmotic (양) hypertonic
고생물학 paleontology
고속다기통압축기 (식) high speed multicylinder compressor (양) high

speed multicylinder compressor
고속선 (어) high-speed craft
고속액체크로마토그래피 (식) high performance liquid hromatography (HPLC)
고속여과 (식) high speed filtration (양) high rate filtration
고속원심분리기 (식) high speed centrifuger
고속플랑크톤채집기 high-speed plankton sampler
고압 (식) high pressure
고압수액기 (양) liquid receiver, high pressure receiver
고압스위치 high voltage switch
고압증기 (식) high pressure steam
고압증기멸균법 (식) high pressure steam sterilization
고압증기살균기 (식) autoclave
고압차단장치 (식) high pressure cut-out unit
고압측 (식) high pressure side
고에너지인산결합 high energy phosphate bond
고에너지환경 high energy environment
고염분성의 (식) polyhaline
고염수 (식) halite water (식) hypersaline water
고염의 hypersaline
고염해수 hypersaline sea water
고영양세균 copiotrophic bacteria
고온(성)세균 (식) thermophilic bacteria
고온단시간살균법 (식) high-temperature short time sterilization (양) high temperature short time pasteurization
고온발효법 (식) warm fermentation process
고온살균 (식) high temerature sterilization
고온성 (식) thermophilic
고온숙성 (식) high temperature conditioning
고온순간살균법 (식) high-temperature short time sterilization
고용관리 employment management
고용조건 employment conditions
고용체 solid solution
고운모래 fine sand
고위도지방 high latitudes
고유벡터 eigenvector
고유성 integrity, endemism
고유의 (자) endemic
고유종 (식)(자) endemic species
고유주기 natural period
고유진동 natural oscillation
고유치 eigenvalue
고자기 paleomagnetism
고저조 higher low water
고정걸그물(자망) (어) set(or fixed) gill net
고정계수 (어) holding coefficient (양) fixed factor
고정급병용짓가림제 lay system jointed with fixed pay
고정급제 fixed pay system
고정낭망 (어) bag net with fixed mouth
고정력 (어) holding power
고정목 post
고정상 (식) stationary phase
고정식가두리 stationary holding net
고정식채묘 stationary seed collection

고정액 (식) fixing agent
고정어구 (어) fixed fishing gear, stationary fishing gear
고정제 fixative
고정핏치추진기 fixed pitch propeller
고정효소 (식) immobilized enzyme
고조 (어) high water, (어) high tide
고조간격 (어) high water interval
고조류 high-water stand
고조선자국 high-water mark
고조예보 forecasting high tide
고조정선 high water line
고주파 (식) high frequency
고주파건조 (식) high frequency drying
고주파건조기 (식) high frequency dryer
고주파건조법 (식) high frequency drying (양) high frequency wave drying
고주파수발진기 (식) high frequency oscillator
고주파수증폭기 (식) high frequency amplifier
고주파유도가열 (식) high frequency induction heating
고주파해동장치 (식) microwave defroster
고차기생 hyperparasitism
고차소비자 high level consumer
고착성 sessile
고착조류 benthic algae
고착형 adhesive form
고체 (식) solid
고체경계 solid boundary
고체배지 (식) solid medium
고체상 (식) solid phase
고체식품 (식) solid food
고체용액 solid solution
고체윤활제 solid lubricant
고체폐기물 (식) solid waste
고체폐기물오염 (식) solid waste pollution
고초균 (식) *Bacillus subtilus*
고추 (식) red pepper
고추장 (식) hot pepper paste
고해양학 (어) paleooceanography
고혈압 (식) hypertension, (식) high blood pressure
고형물 함량 (식) solid content
고형물(질) (식) solid (식) solid matte (양) solid body
고형사료 (식)(양) pellet
고화 consolidation
고화작용 lithification
고화퇴적물 consolidated sediments
고환경 paleoenvironment
곡류 (식) cereal
곡면그물 curved plane net
곤들매기 (식)(양)(어)(자) malma trout, dolly verden
곤봉돌기 capitulum
곤쟁이 mysid
골격 (식) skeleton (식) bone (식) frame
골격구조 (식) skeleton structure (양) skeletal structure
골격근 (식) skeletal muscle
골격단백질 scaffold protein
골뱅이 (식) bay top shell
골분 어분 (식)(양) bone meal
골유 (식)(양) bone oil
곰치과어류 (식)(양)(어)(자) morays
곰팡이 (식) fungus (식)(양) mold (양) filamentous fungi

곰팡이독 (식) mycotoxin
곰팡이병 mycosis
곱사고래 bumpback whale
곱사연어 (식)(양)(어)(자) humpback salmon (식)(양)(어)(자) pink salmon
공간격리요구 spatial separation requirements
공간분포 spatial distribution
공간통계학 spatial statistics
공관 (식) empty can
공극 pore space
공극률 porosity
공극비 void ration, void ratio
공극수 interstitial water, pore water
공급망관리 (어) supply chain management
공급해안 feeder beach
공기구멍 spiracle
공기동결법 (식) air-blast freezing method (양) air freezing method
공기방파제 pneumatic breakwater
공기색전증 air embolism
공기순환식항온기 (식) air circulating incubator
공기해동 (식) air thawing
공동 cavitation, sinus (양) cavity
공동경영형태 (자) type of joint management
공동관리 (자) joint management (양) communal management
공동보험 co-insurance
공동본능 community instinct
공동상승 synergy
공동어업 (어)(자) common fishery
공동어업권 (어)(자) common fishing right
공동어업정책 (자) common fisheries policy (양) common fishery policy
공동어장 (어)(자) common fishing ground
공동현상 cavity phenomena (양) cavitation
공랭식응축기 (식) air-cooled condenser
공막 sclera
공명 resonance
공명산란 resonance scattering
공명진동 resonance oscillation
공모선 (어) factory ship
공모선어업 (어)(자) factory-ship type fisheries (어)(자)factory-ship type fisheries
공분산 (자) covariance
공비혼합냉매 (식) azeotropic mixed refrigerant
공생 (식) symbiosis
공생미생물 (식) symbiotic microorganism
공생생물체 (식) symbiotic organism
공생자 symbiont
공생작용 mutualism
공생조류 symbiotic algae
공선 (양) public vessel unloaded boat
공선식어업 (어)(자) factory-ship type fishery (양) factory-ship fisheries
공선식트롤선 (어)(자) factory type trawler
공시험 (식) blank test
공식 (양)(자) cannibalism
공업용수 (식) industrial water
공업한천 (식) artificial agar (식) industrial agar
공유결합 (식) covalent bond

공유수면 (어) public waters (양) public water surface
공유수면매립법 (양) public waters reclamation act
공유재산적자원 public owned resources
공융점 (식) eutectic point
공인수심 accepted depth
공장 위생 (식) factory sanitation
공장폐기물 (식) industrial waste
공장폐수 (식) industrial waste water
공전 revolution
공정 (식) process
공정개발 (식) process development
공정계획 process planning
공정관리 (식) process control (식) process management
공정도 (식) flow chart (식) flow diagram (식) flow sheet
공정설계 (식) process design
공정점 (식) eutectic point
공정제어 (식) process control (식) process management
공정표 progress schedule
공중낙하세균 (식) airborne bacteria
공중보건 (식) public health
공중위생 (식) public hygiene
공중위생법 public sanitation law, public health act
공중함정류 (어) aerial trap
공중함정어구 (어) aerial trap gear
공중합물 (식) co-polymer
공진 resonance
공진조석 (어)(양) co-oscillating tide
공침 coprecipitation
공칭동결속도 (식) nominal rate of freezing, nominal freezing velocity
공칭동결시간 (식) nominal freezing time
공통인자 cofactor
공포물질 alarm substance
공학적단위계 (식) engineering unit system
공해 (어)(자) high sea (어) open sea
공해물질 pollutant
공해방지 prevention of environmental pollution
공해어업 (어)(자) high sea fishery
공해어업자유원칙 (어)(자) the principle of free fishing in high sea
공해어장 (어)(자) high sea fishing ground
공해자유 (어)(자) freedom of the seas
곶 cape
과 (식) Family
과가열 (식) superheating
과급기 supercharger
과냉각 (식) supercooling
과냉각사이클 (식) supercooling cycle
과냉각액 (식) supercooled liquid
과당 (식) fructose
과대성형 over hanging
과도기 critical period
과도적변화 transient variation
과도적인 transient, transitional
과도전류 transient current
과도환기 hyperventilation
과립 (식) granule, granula
과메기 (식) kwamegi
과밀군집 overpopulation
과부하 (식) overload
과산화 (식) peroxidation
과산화라디칼 (식) peroxy radical

과산화물 (식) peroxide
과산화물값(가) (식) POV(peroxide value)
과산화반응 (식) peroxidation reaction
과산화수소 (식) hydrogen peroxide
과산화지질 (식) lipid peroxide
과산화효소 (식) peroxidase
과세 tax
과소성형 little hanging
과숙란 over-ripe egg
과숙현상 (식) over-ripening phenomena
과시행동 displaying action, epideictic behavio, showing action
과열증기 (식) overheated steam (식) superheated steam
과우점종 (자) predominant (양) predomi-nant species
과조 (어)(양) over tide
과투자 over investment
과포자 (양) carpospore
과포자낭 (양) carposporangium
과포자체 (양) carposporophyte
과포화 (식) over saturation (식) supersaturation
과학적평가 scientific evaluation
과학한천 (식) artificial agar
과할해역 (어) jurisdictional sea area
관 (식) can
관고 (식) can height
관광어업 (어)(자) fishery (어)(자) recreational, recreational fishing
관내면부실 (식) internal corrision
관내진공도 (식) vacuum degree in can
관높이 (식) can height
관능검사 (식) sensory evaluation (양) sensory test (양) panel test
관능요원 (식) panel member
관능적품질 (식) sensory quality
관능점수 (식) sensory score
관능평가 (식) sensory evaluation (식) organoleptic test
관동 (식) can body
관따개 (식) can opener
관뚜껑 (식) can cover
관리기준 (식) critical limt
관리대상수산자원 (자) fishery resource under control
관리점 (식) control point
관리중심 operation center
관리형어업 (어)(자) controlled fishery controlled fisheries
관마크 (식) can mark
관빙 (식) tube ice
관산호 organ-pipe coral
관상심장질환 coronary heart disease
관상어 (양)(자) ornamental fish, (양) fancy fish
관성 inertia
관성류 inertia current
관성상수 inertia coefficient
관성원 circle of inertia
관성파 inertia wave
관세 (식) customs (식) tariffs
관세사 (식) customs officer
관세율 (식) customs ratio
관세척기 (식) can washer
관식동결장치 (식) shelf freezing equipment
관절 (식) articulation (식) joint
관족 (식)(양) tube feet podium
관측 (식) observation

관측고도 (항) observed altitude
관측망 observational network
관측빈도 observed frequency
관측선 instrumentation ship
관측소 observatory
관측오차 observational error
관측일 observational day
관측자료 observational data
관측점 observatioanl station
관측층 observed layer
관통형무결절망지 (어) through type knotless webbing
관할권 jurisdiction
관함정류 tubular traps
관해파리 siphonophore
관행어업 (어) habitual fishery
관행입어 (어) habitual fishing entry
관형 syphonal form
괄약근 (식) sphincter(muscle)
광각 brightness sense, light sense
광감지기 photoreceptor
광굴성 phototropism
광달거리 visibility of light
광도계 (식) photometer
광도전현상 photoconduction phenomenon
광량 irradiance
광물산성도 mineral acidity
광물섬유 (어) mineral fiber
광물자원 (식)(어) mineral resources
광분해 (식) photolysis
광산란 (식) light scattering
광산화 (식) photooxidation
광선 (식) ray
광선양상 ray pattern
광수용체 (식) photoreceptor
광수지 light budget
광식성의 polyphagous, euryphagous
광심성생물 eurybathic organism
광심성의 eurybathic
광어 (식)(양) bastard halibut (식)(양) oliver flounder
광역기후 macroclimate
광열기록계 photothermograph
광염성생물 (식)(양)(자) euryhaline organism
광염성의 (식)(양)(자) euryhaline
광온성 (식) eurythermal
광온성생물 (식)(양)(자) eurythermal organism
광온성성장기 (식)(양)(자) eurythermic growth stage
광온성의 (양)(자) eurythermal
광자극회유 light stimulated migration
광전변환능률 photo-transducibility
광주기 (양) photoperiod
광주기성 (양) light periodicity, photoperiodism
광주기조절법 (양) photoperiodic controlling
광주리 (어) basket
광증감물질 photosensitizer
광채세포 iridophore
광투과 light transmission
광투과병 light bottle
광포화 light saturation
광합성 (식) photosynthesis
광합성박테리아 (식) photosynthetic bacteria
광합성색소 (식) photosynthetic pigment
광합성생물 (식) phototroph
광합성세균 (식) photosynthetic bacteria

광합성최대값 photosynthetic maximum
광행차 aberration
광화작용 mineralization
광화학 (식) photochemistry
광화학반응 (식) photochemical reaction
광화학적산화 photochemical oxidation
광화학적환원 photochemical reduction
광회전성 optical rotatory, optical rotatory power
괴사과정 necrobiosis
괴상분포형 clumped distribution pattern
괴상의, 무리상의 (식) massive
교결작용 cementation
교대 replacement
교대작용 metasomatism
교란 disturbance
교미기 (양) copulatory organ clasper
교미색 nuptial color
교미체장 (자) fork length
교반 (식) agitation (식) stirring
교반기 (식) agitator (식) stirrer
교반추출기 (식) agitated extractor
교배 mating
교습어업 (어)(자) training fishery, research fishery
교원조직 (식) collagen tissue
교잡 (자) hybridization
교적 convolution
교점 node
교접 mating
교접각 pterygopodium
교접기 hectocotylus
교접완 hectocotylized arm
교차다리 furca
교차소광 extinction cross-section
교차오염 (식) cross contamination
교차요인 crossed factor
교차파 intersecting waves, crossing wave
교체 (양) replacement ventilation
교체률 turnover rate
교체시간 turnover time
교축팽창 (식) throttling expansion
교환계수 austausch coefficient
구 sulcus
구간 reach
구강부화어 mouthbreeder
구경 aperture
구구 buccal mass
구균 (식) coccus
구동축중심 driving shaft center
구동톱니바퀴 driving gear
구라미 gourami
구리 (식) copper(Cu)
구매 (식) purchase
구매가격 (식) purchase price
구매계획 (식) purchasing plan
구매관리 (식) purchasing management
구멍뚫기 (식) punching hole
구멍삿갓조개과 (식)(양) Chinese keyhole limpet, keyhole limpet
구멍핀샤클 hole and pin shackle
구면광휘 spherical irradiance
구면음압 spherical sound wave pressure
구면조화분석 spherical harmonic analysis
구면좌표 spherical coordinates
구면파 spherical wave
구명구 (항) life preservers

구명동의 (어)(항) life jacket
구명뗏목 (어) life craft
구명부기 (어) buoyant apparatus
구명부표 (어)(자)(항) life buoy
구명부환 (어) life buoy
구명분홍치 red eyelet silk
구명색 (어)(자) life line, lifeline
구명설비 (어)(항) life saving appliances, life saving equipments, life saving apparatus
구명정 (어)(항) lifeboat
구명줄발사기 (어) line throwing appliance
구문부 proboscis
구반 oral disks, oral disc
구배 (식) gradient
구병 manubrium
구부장치 buccal apparatus
구분시 discriminative vision
구상단백질 (식) globular protein
구상돌기 epistome
구수한 맛 delicate flavor
구순 lip, lips, lippen, labia oris
구심력 centripetal force
구아검 (식)(양) guar gum
구아노새 guano
구아노신 (식) guanosine
구아니디노화합물 (식) guanidino compound
구아닌 (식) guanine
구애행위 courtship (어)(자)courship behaviour
구역 zone
구연산 (식) citric acid
구전섬모환 prototroch
구전엽 prostomium
구제역 (식) foot-and-mouth disease
구조 (식) structure
구조구 structural province
구조단백질 (식) structural protein
구조숙성도 textural maturity
구조적트랩 structural trap
구조정 (어) rescue boat
구집 (어) herding
구충제 (식) anthelminthic
구침 stylet
구피 guppy
구형 (식)(어) spherical, bulb shape, head shape
구형단백질 (식) globular protein
구형잠수기 bathysphere
구획 sector
구획어업 (어)(자) demarcated fishery
구획어업권 (어)(자)demarcated fishery right
국고보조 (어)(자) government subsidy
국내기지선 (어)(자) home base fishing vessel
국내기지어업 (어)(자) domestic base fishery, home base fishery
국립등대박물관 (어) National Lighthouse-Museum
국립수산과학원 (식) National Fisheries Research and Development Institute
국매리복 (식) pear puffer
국민건강영양조사 (식) national health and nutrition survey
국민건강증진법 (식) National Health Promotion Act
국민영양관리법 (식) National Nutrition Management Act
국민영양섭취조사 (식) national

nutrition intake survey
국민영양조사 (식) national nutrition survey
국부작용 local action
국자모양손그물 spoon-net
국적증서 certificate of ship's sationality, certificate of ship's mationality
국제감시원제도 international observer scheme, international observer program
국제기상통보식 international weather code, weather code
국제단위 (식) international unit
국제마일 international nautical mile
국제만재흘수선증서 international load line certificate
국제선급연합회 (어) International Association of Classification Societies (IACS)
국제수로기구 (어) International Hydrographic Organization (IHO)
국제수역조업활동 fishing operations in the international waters
국제식량농업기구/세계보건기구합동 식품첨가물전문가위원회 (식) Joint FAO/WHO Expert Committee on Food Additives (JECFA)
국제식품규격 (식) Codex Alimentarius
국제식품규격위원회 (식) Codex Alimentarius Commission
국제신호기 (항) international flag of signals, international signal flag
국제연합식량농업기구 (식) Food and Agriculture Organization of the United Nations (FAO)
국제연합정화의날 (어)(양)(자) International Coast Clean-up (ICC)
국제일부변경선 international date line
국제저조면 international low water
국제조약 international convention
국제지점번호 international index, international index numbers
국제패류위생관리계획 (식)(양) National Shellfish Sanitation Program (NSSP)
국제포경위원회 (어)(자) international whaling commission
국제표준화기구 (식) International Standard Organization (ISO)
국제해도 (어) International Chart
국제해사기구 (어)(자)(항) IMO (International Maritime Organization)
국제해상인명안전조약 SOLAS (International Convention for the Safety of Life at Sea)
국지가속 local acceleration
국지가열 local heating
국지바람 local winds
국지순환 (자) local circulation
국지용승 (자) local upwelling
국지임시관측 local extraobservation
국지작용 local action
국지적변화 (자) local change
국지적인 local
군거본능 gregarious instinct
군거성, 군서성 gregariousness
군도 archipelago
군부 chiton
군성숙곡선 (자) group maturity curve
군성숙율 (자) rate of group maturity
군성장 (자) mass-growth
군소 (식) sea hare
군속도 group velocity

군집 (식)(양)(어)(자) community
군집구조 (자) community structure
군집다양성 (자) community diversity
군집분석 (자) community analysis (양) cluster analysis
군집생태학 (자) community ecology
군집성 (자) grouping ability
군집안정성 (자) community stability
군체 (식)(자) colony
군체개체 zooid
군체동물 compound animal
군체산호 colonial coral
군체형 colonial form
군파 (식) group waves
군평선이 (식) grunt
군함새 frigate bird
군항 naval port
굳비늘 (자) ganoid scale
굴 (식)(양) oyster
굴곡 (양)(자) flexion (양) curvature
굴곡강도 (어) bending strength
굴곡기 (자) flexion period
굴곡이전기 (자) preflexion period
굴곡이후기 (자) postflexion period
굴곡주성 (어) klinotaxis
굴광성 (양) phototropism
굴기름담금통조림 (식) canned oyster in oil
굴껍질 (식)(양) oyster shell
굴레 bridle
굴보일드통조림 (식) canned boiled oyster
굴복강도 yield strength
굴복응력 yield stress
굴복점 yield point
굴비 (식) Gulbi (식) salted-dried yellow corvenia
굴삭니 drilling mud, boring mud
굴성 tropism
굴소스 (식) oyster sauce
굴속살이 oyster crab
굴수하식양식장 (양) oyster hanging culture farm
굴양식 (식)(양) oyster culture
굴양식장 (식)(양) oyster farm
굴전성 electrotropism
굴절 (식) refraction
굴절계수 (식) refraction coefficient
굴절도표 (식) refraction diagram
굴절률 (식) refractive index
굴절세기 (어) loop strength
굴절손실 refraction loss
굴절인자 (식) refraction factor
굴절파 (어) refracted wave
굴젓 (식) salt-fermented oyster
굴지성 geotrophism, geotropism
굴통조림 (식) canned oyster
굴훈제기름담금통조림 (식) canned smoked oysters in oil
굵은미오필라멘트 (식) thick myofilament
굵은섬유 (식)(어)(자) thick filament
굽이응력 bending stress
권동식 (어) reel type
권양기 (어) windlass (양) winch
권양기계 (어) winding machine
권파 (어) plunging breaker
권패 (양) snail or conch, roll-shells
권현망 (식)(어)(자) anchovy boat seine, (식)(양) anchovy tow net
궤도 (식) orbit
궤도성분 orbital components

궤도원 orbit circle
궤양병 ulcer
궤적 trajectory
귀갑 tortoise shell
귀갑제품 tortoise-shell products
귀무가설 (자) null hypothesis
귀상어 (식)(양)(어)(자) common hammer-head
귀소본능 (자)(식) homing instinct
귀소성 (자) homing ability
귀환작용 feedback process
귀환저항 feedback resistance
규격화 (자) normalization
규모분석 scale analysis
규사 (식) silica sand
규산마그네슘 (식) magnesium silicate
규산염 (식) silicate
규산칼슘 (식) calcium silicate
규소 (식) silicon, Si
규소수지 (식) silicone resin
규정농도 (식) normality (식) normal concentration
규제규격 (식)(어)(자) international standard
규조 diatom
규조각 frustule
규조부착김 diatom attached laver
규조암(토) diatomite
규조연니 diatomaceous ooze
규조토여과기 (식) diatomaceous earth filter
규조해면 diatomaceous sponge
규질연니 siliceous ooze
규질퇴적물 siliceous sediment
규질편모류 silicoflagellates
규칙파 (식) regular wave
규토 silica
균계 Mycota
균괴 (양) drusen (양) sulfur granules, aggregate
균등도 evenness
균병 stipe
균사(체) (식)(양) hypha (식) haploid (식) mycelium
균수계측 (식) counting of bacteria
균열 (식) crack
균일반응 (식) homogeneous reaction
균일운동 uniform motion
균주 (식) strain
균질계 (식) homogeneous system
균질기 (식) homogenizer
균질성 (식)(양) homogeneity
균질화 (식) homogenization
균체내독소 (식) endotoxin
균체외독소 (식) exotoxin
균형사료 (양) balanced feed
그라벤 graben
그람당량 (식) gram equivalent weight
그람양성 (식) gram positive
그람양성균 (식) gram-positive bacteria
그람염색 (식) gram staining
그람음성균 (식) gram-negative bacteria
그랜톤트롤 Granton trawl
그랩 (자) grab
그랩식샘플러 grab sampler
그랩식준설 grab dredger
그루퍼 (양) grouper
그리니치자오선 (어)(자)(항) Greenwich meridian
그리니치표준시간 (항) GMT (Greenwich Mean Time)
그린라운드 green round

그린미트 (식) green meat
그물 net
그물가두리 (식)(양)(자) net cage
그물가두리식양식 (양) net cage culture
그물감배치도 (어) net plan
그물결박용로우프 net lacing rope
그물관류 smooth tubular traps
그물구획 splitting of net
그물권양용훅 net haul-up hook (어)(자)net hauling hook
그물기본치수 (어) dimension of mesh
그물깊이 (어) net depth
그물깊이측정장치 (어) net depth recorder
그물꼴한천 network agar
그물담 netting wall
그물뜨기 (어) mesh webbing, netting, mesh weaving
그물롤러 (어) net hauling rolloer
그물목줄 (어) net pendant, net snell
그물발 net screen
그물배(망선) (어)(자) main boat (어)(자) fishing boat, netting boat
그물실 (어)(자) twine, netting twine
그물어구 (어)(자) net fishing gear, fishing net gear, fishing nets
그물어업 (어) net fishery, net fishing
그물염색 (어) net dyeing
그물이송롤러 (어) net transport roller
그물인입용훅 (어) net draw-in hook
그물자락 (어) wing net
그물잡이배(앞잡이배) (어) skiff boat
그물칸 (어) net hold
그물코 (어) mesh
그물코길이 (어)(자) mesh size
그물코제한 (어)(자) mesh-regulation
그물코측정 (어) mesh measurement
그물통발 (어) net fish trap, netting pot
그물폭 (어) net width
그물항력 (어) drag of net
그물형상 (어) form of net (어)(자) performance of net
극 (식) polar
극거 polar distance
극광 aurora
극기어류 (양) acanthopterygian, acanthopterigian
극대값 (식) maximum value
극모 cirrus
극미부유생물 nanoplankton, picoplankton
극미의 microscopic
극상 climax
극상군집 climax community
극성 (식) polarity
극성결합 (식) polar bond
극성기 (식) polar group
극성물질 (식) polar subtance
극성분자 (식) polar molecule
극성용매 (식) polar solvent
극성지질 (식) polar lipid
극성흥분법칙 (어) principle of polar stimulation, law of polar excitation, gesetz der polaren erregung
극소의 minute
극어류 acanthodians
극저밀도지단백 (양)(식) very low density lipo-protein (VLDL)
극저층수 polar bottom water
극전선 (어)(자) polar front
극조 pole tide, spiny ray
극좌표 polar coordinates

극체 polar body
극치 extremes
극피동물 echinoderm
극피동물관족 tube foot of echinoderm
극피동물독 echinoderm toxin
근격막 (식) myocommata
근경 (식) rhizome
근기질 (식) muscle stroma
근기질단백질 (식) stroma protein
근내막 (식) endomysium
근다발 (식) muscle bundle
근사 (식) approximation
근사치 (식) approximate value
근상막 (식)(양) epimysium
근섬유 (식) muscle fiber
근섬유초 (식) sarcolemma
근세포외단백질 (식) extracellular protein
근수축 (식) muscle contraction
근오고도위도법 latitude by ex-meridian altitude
근원섬유 (식) myofibrils
근원섬유단백질 (식) myofibrillar protein
근육내 (식) intramuscular
근육단백질 (식) muscle protein
근육밴드 (식) muscle band
근육병 (양) myopathy (양) muscular discase, muscle disease
근육색소 (식) muscle pigment, (식) myochrome
근육섬유 (식) muscle fiber
근육연화 (식) muscle tenderization
근육조직 (식) muscle tissue
근육회유 on-shore migration
근일점 perihelion
근장단백질 (식) sarcoplasmic protein
근적외선 (식) near infrared ray
근적외선분광광도계 (식) near infrared spectrophotometer
근적외선분광법 (식) near infrared spectroscopy
근절 (식) myotome (식) sarcomere
근지점 perigee
근지점조석 perigean tides
근초 (식) sarcolemma
근해 (식)(어)(자) adjacent sea (식) offshore
근해구역 (식)(어)(자) greater coasting area
근해봉수망어업 (어)(자) offshore stick-held dip net fishery
근해선망어업 (어)(자) offshore purse seine fishery
근해성조류 offshore algae
근해성회유어류 (자) offshore migratory fish
근해안강망어업 (식)(어)(자) offshore large stow nets on anchor fishery
근해어업 (식)(어)(자) offshore fisheries
근해연승어업 (어)(자) offshore lone line fishery
근해유자망어업 (어)(자) offshore drift gell net fishery
근해채낚이어업 (어)(자) offshore jigging fishery
근해트롤어업 (어)(자) offshore trawl fishery
근해포경업 (어)(자) offshore whaling fishery
근해항로 (항) coastwise route, coasting route
근형질 (식) sarcoplasm
근형질단백질 (식) sarcoplasmic protein
글라우코토에유생 (양) glaucothoe

glaucothoe larva
글레이즈 (식) glaze
글레이징 (어)(식) glazing
글로불린 (식) globulin
글루칸 (식) glucan
글루코사민 (식) glucosamine
글루코사이드 (식) glucoside
글루코사이드결합 (식) glucosidic linkage
글루코스 (식) glucose
글루콘산 (식) gluconic acid
글루탐산 (식)(양) glutamic acid
글루테닌 (식) glutenin
글루텐 (식)(양) gluten
글리세라이드 (식) glyceride
글리세롤 (식) glycerol
글리세린 (식) glycerine
글리신 (식)(양) glycine
글리아딘 (식) glyadin
글리코겐 (식) glycogen
글리코겐 분해 (식) glycogenolysis
글리코겐과다증 glycogen storage disease
글리코겐함량 (식) glycogen content
글리코사이드 (식) glycoside
금붕어 goldfish
금속뜸 (어) metal float
금속섬유 (어) metal fiber
금속오염 metal pollution
금속티오닌 metallothionin
금어 prohibition of fishing
금어구 (식)(어)(자) marine preserve
금어기 prohibited season of fishing (식)(양)(어)(자) closed season
금지어업 (어)(자) prohibitive fishery, prohibited fishery
급경사 scarp
급냉 (식) quenching (식) thermal quenching (식) rapid cooling (식) rapid chilling
급료 wages
급류 jet flow
급배수설비 (양) plumbing equipment (양) plumbing system, water supply and draining arrangements
급성독성실험 (식) acute toxicity test
급성중독 (식) acute intoxication
급속냉각 (식) quick chilling, quick cooling, rapid cooling
급속동결 (식) quick freezing
급속여과법 (식) rapid filtration
급속해동 (식) quick thawing
급수로 feeder channels (양) chute channel
급수류 feeder current
급수선 water boat
급여량 allowances (양) feed ration
급이 (양) feeding
급이기 (양) feeder
급이량 (양) feeding amount
급이시간 (양) feeding time
급이양식 (양) feed culturing (양) feed method
급이율 (양) feeding ratio
급조 sudden increase of the current
기간 (식) period
기간산업동물 key industry animal
기계냉동법 (식) mechanical refrigerating method
기계들망류 (어) mechanized lift nets
기계선별 (식) mechanical sorting
기계어획기구 (어)(자) mechanical

harvesting gears, mechanical harvesting implements
기계적냉동 (식) mechanical refrigerating
기계적마비어법 (어)(자) mechanically stupefying, mechanically stupefaction methods
기계적안정도 mechanical stability
기계적통발 (어)(자) mechanical pots
기계적함정류 (어) mechanical traps
기계탈기 (식) mechanical exhaust
기계탈기법 (식) mechanical exhaust method
기계통풍장치 motor ventilation arrangement
기계편망 (어) mechanical webbing
기계효율 (식) mechanical efficiency
기공 vesicle
기공률 (식) porosity
기공성매체 (식) porous media
기관 trachea
기관부실습생 apprentice engineer
기관실 engine room
기관일지 chief engineer's log book, engineer's logbook
기관효율 engine efficiency
기구형새우트롤 (어) balloon type shrimp trawl
기근 (식) famine
기기오차 (식) instrumental error
기낭 (양) air sac, gas float
기능기 (식) functional group
기능생물학 (식) functional biology
기능성 (식) functional property (식)(양) functionality
기능성 펩타이드 (식) functional peptide
기능성어류단백농축물 (식)(양) functional fish protein concentrate
기능성올리고당 (식) functional oligosaccharide
기능적질병 functional disease
기단 air mass
기대값 (식) expectation value
기대수명 life expectancy
기도 pneumatic duct
기도관 air duct
기둥 post
기둥줄 post line
기록계 recorder
기록온도계 (식) thermograph
기록지 (식)(어) recording paper
기록지식어군탐지기 (어) recording fish finder
기류신호 flag signalling, flaghoist
기름담금통조림 (식) canned foods in oil
기름막 (식) oil film
기름변색 (식) rusting (양) oil discoloration
기름분리기(유분리기) (식) oil separator
기름오염 (식) oil pollution
기름유제법 oil tanning
기름유출 oil spill
기름중탕기 (식) oil bath
기름지느러미 adipose fin
기면 base level
기문 (양) stigma, stigmata
기밀시험 air tight test
기반수심 basement depth
기반암 bed rock
기범선 auxiliary sailing ship, motor powered sailing vessel

기벽효과 wall effect
기본계 basic system
기본단위 (식) fundamental unit
기본류 basic flow
기본먹이 (양) basal diet
기본설계 (식) fundamental design (식) principle design (양) basic design (양) perliminary design
기본수준면 (식)(양)(어)(자) datum level
기본적지위 fundamental niche
기본주기 primitive period
기본진동 fundamental vibration
기부의 proximal
기상도 (항) weather chart
기상예보 (항) weather forecast
기상조석 meteorological tide
기생 (식) parasitism
기생동물 (식) zooparasite
기생먹이사슬 (식) parasitic food chain
기생생물 (식) parasitic organism (양) parasite
기생생활 (식) parasitic life (식)(양) parasitism
기생성영양 (식) parasitic nutrition
기생성질병 parasitic disease
기생율 parasitic rate
기생충 (식)(양) parasite
기생충구제 (식) disinfestation
기생충학 parasitology
기생충해 parasite hazards
기선 (양)(어)(자)(항) motor vessel
기선저인망어업 (어)(자) bottom trawl
기수 brackish water
기수성 brackish
기수성부유생물 brackish plankton
기수순환여과식 circulative filtration of brackish water
기수어 (식)(양)(자) brackish (water) fish
기수어업 (식)(어) estuarione fishery, brackish water fishery,
기수역 (양)(자) brackish water zone
기수플랑크톤 brackish plankton, hyphalmyroplankton
기수호 (양) brackish lake
기술적모델 descriptive model
기술타당성 validity of techniques
기술통계학 descriptive statistics
기압 atmospheric pressure
기압계 (식) barometer
기압효과 barometric effect
기억상실성패류독 (식) amnesic shellfish poison (ASP)
기와무늬의 imbricate, imbrication
기요 (어) guyot
기울기 (식)(어) gradient (식) slope
기원 (식) origin
기입부호 plotting symbol
기입판 plotting board
기저 basement
기저막 basement membrane
기저면 basal plane
기저소체 basal body, kinetosome
기전력 electromotive force
기절 basipodite
기절법 fin-clipping
기절판 basal plate
기조 (양) fin ray
기조력 (어) tide producing force
기조포텐셜 tide-producing potential
기준 criterion
기준고도 reference level
기준관측정점 reference station

기준면 datum (or reference) level
기준면적 (양) reference area, standard area
기준배수량 standard displacement
기준점 (자) reference point
기준종 (자) type species
기준척도 (식) standard scale
기준해수면 (자) sea level, reference surface
기질 (식) matrix (식) substrate
기질농도 (식) substrate concentration
기질단백질 (식) stroma protein (식) substrate protein
기질특이성 (식) substrate specificity
기체교환률 gas exchange rate
기체조절포장 (식) modified atmosphere packaging
기체투과계수 (식) gas permeability coefficient
기체투과도 (식) gas permeability
기초 basement (양) footing foundation
기초대사 (식)(양) basal metabolism
기초대사율 (식)(양) basal metabolic rate (식) basal metabolism rate
기초상사비 primary scale factor
기초생산 primary production
기초생산력 primary productivity
기층 (양) base course (양) substratum substrata
기파박동 surf beat
기포 (양) bubble (양) air cell, blister
기포낭 pneumatocyst
기포막 air bubble curtain
기포병 gas bubble disease
기포식 air bubble type
기포체 pneumatophore
기포커턴 air bubble curtain
기포펄스 bubble pulse
기포해조 (양) bladder kelp, blister wrack
기포형뜸 air bubbled float
기포효과 effect of air bubbles
기피물질 repellent substance, attaching repellent compounds
기하급수적증가 (식)(자) exponential increase (양) growth with geometrical progression
기하평균 (식) geometric mean
기한제 (식) freezing mixture
기항지 call port, calling port
기형 malformation
기형발생물질 teratogen
기형학 teratology
기호식분류법 (식) symbolic calssification
기호식품 (식) favorite food
기호척도 (식) hedonic scale
기화 (식) vaporization
기화열 (식) heat of vaporization
기화잠열 (식) latent heat of vaporization
기회주의적생물 opportunistic species
기후변동 (식)(자) climatic change
기후회유 (자) climatic migration
긴물결 comber, long wave
긴수염고래장발경 finback
길그물 (어) leader net
길손용액 Gilson's solution
길이 (식) length
길항물질 (식) antagonist
길항작용 (식) antagonism
길항제 (식) antagonist
길항효과 (식) antagonistic effect
김 (식)(양) laver

김발 (식)(양) laver net (양) floating method of laver culture
김변질 laver degeneration
김양식 (양) laver farming, laver culture
김조미조림 (식) seasoned laver paste
김치 (식) kimchi
김포자 (식)(양) laver spore
깃가지의 pinnulate
깃발 (식)(어) flag
깃조임줄 (어) breast purse seine
깃표지 collar-type tag
깊숙한 내만 firth, back bay
깊이인자 depth factor
까나리 (식)(양)(어)(자) Pacific sandlance
까나리액젓 (식) salt-fermented sandlance sauce
까래 (어) bottom net
까치복 (식) yellowfin puffer
깔때기 (식)(어) funnel
깔대기형만 funnel sea
깔대기효과 funnel effect
깬조약돌 rubble
꺽지류 (양) Korean aucha perch
껍질구조 (식)(자) shell structure
껍질아교 (식) skin glue
껍질연화게 soft shelled crab
꼬리마디 (양) telson
꼬리부의 (양) posterior
꼬리앞끝체장 fork length
꼬리연장줄 tail pendant
꼬리자루 caudal peduncle
꼬리지느러미 (식)(자) caudal fin
꼬리쪽 caudal
꼬리표 (식)(자) tag
꼬릿줄(고릿줄) (어) otter pendant
꼬임 (어)(자) twist, handed twist lay
꼬임낚시 (어)(자) lure hook
꼬임미끼 (어)(자) lure bait, lure
꼬치고기과 어류 barracudas
꼭지점 vertex
꼰그물실 (어)(자) twisted twine, twisted netting twine
꼼치과어류 (식)(양)(어)(자) snail fishes
꽁치 (식)(양)(어)(자) Pacific saury
(식)(양)(어)(자) mackerel pike
(식)(양)(어)(자) saury
꽁치꽃포 (식) seasoned and dried saury
꽁치보일드통조림 (식) canned boiled saury
꽁치봉수망 (어) saury stick-held dip net
꽁치유자망 (어) saury drift gill net
꽁치토마토소스담금통조림 (식) canned saury in tomato sauce
꽃게 (식)(양)(어)(자) swimming crab, red crab
끌그물어법 (어)(자) trawl fishing method
끌낚기 (어) trolling
끌낚시 (어) trolling, jigger, line-lure fishing
끌멍에 (어) towing yoke
끌배 (어) towing boat
끌어구류 (어) dragged gears
(어)(자) trawl gears
끌줄 (어) warp
끌줄길이비 (어) warp length ratio
끓는점 (식) boiling point
끝자루 (어) cod end

ㄴ

나노그램 (식) nanogram
나마리부시 (식) namari-bushi
나망 (어) enmeshment
나망율 (어) enmeshed rate
나무통발 (어) wooden pot
나비고기과어류 butterfly fishes
나사선각 spiral angle
나상와편모조류 naked dinoflagellates
나선구조 (식) helical structure
나선균 (식) spirillum
나선평활근 (식) helical smooth muscle
나선형난할 spiral cleavage
나선형류 helical flow
나선형융기 varix
나선형의 turbinate
나선형조개 spirivalve
나우플리우스 (양) **노플리우스** nauplius
나이아신 (식) niacin
나이테(비늘) (양) annual ring
나일론 (식)(어) nylon
나일론그물 (어) nylon net
나잠 (어) skin diving
나잠어업 (어)(자) skin diving fishery
나침로 (항) compass course
나침반 (항) compass
나침방위 (항) compass bearing
낙란 entangling eggs
낙망 (어)(자) pound net, set net with trap
낙인찍기 branding
낙조 (양)(어)(자) ebb, falling tide
낙조간격 ebb interval
낙조류 ebb current
낙조류방향 ebb axis
낙조유속 ebb strength
낙조최강유속 maximum ebb
낙지 (식)(양)(어)(자) long arm octopus
낙하산신호 (항) parachute signal
낙하속도 dropping speed, drop velocity
낚기어구류 (어)(자) angling finging gears, hooks and lines
낚기어법 (어)(자) angling fishing (어)(자) linging fishing
낚시 (어)(자) hook (양) angling (양) sports fishing
낚시꾼 (어)(자) angling, angler
낚시놀이 game fishing(or angling) (어)(자) fishing
낚시뚱 (어)(자) floater, bob
낚시못 fishing pond
낚시미끼 (어)(자) angling bait, fishing bait
낚시미끼용 어류 (어)(자) bait fish
낚시밑밥 ground bait
낚시어업 (어)(자) line fishery, line fishing (양) angling
낚시용지렁이 (어)(자) anglingworm, fishworm
낚시줄 (어)(자) line, snood
낚시터 fishing place(or spot)

낚싯대 (어)(자) pole, fishing pole
난 (식)(자) egg (식) roe
난각 (식)(양)(자) egg shell, sea barrow
난경 (식)(자) egg diameter
난낭 (식) egg capsule
난류 (식) turbulent flow (자) warm current
난류역 turbulence zone
난류운동 turbulence motion
난류적확산 turbulent diffusion
난류혼합 (식) turbulent mixing
난류확산 (식) turbulence diffusion
난막 (식)(자) egg membrane
난바다곤쟁이류 euphausiids
난백 (식) egg white
난생 (자) oviparity
난생개체 oozooid
난생산량법 (자) egg production method
난생식 oogamy
난생의 (자) oviparous
난생형 (자) oviparity form
난생형굴 oviparous oyster
난세포 (식) egg shell (식) ovum
난세포질 ooplasm
난센채수기 Nansen bottle
난소 (자) ovary
난소란 (자) ovary egg
난소의 nidamental
난수괴 (자) warm water-mass
난실 (양) egg chamber, ovicell
난원세포 oogonium
난원세포상태 oogonium state
난자 ovum
난자형성과정 oogenesis
난정소 ovotestis
난조사 (자) egg surveys
난질 ovoplasm
난충병 bladder worm disease
난태생 (자) ovoviviparity
난태생의 (자) ovoviviparous
난파 shipwreck
난포 ovisac
난포선 nidamentalgland
난할 (양) cleavage
난할기 cleavage period
난핵포 germinal vesicle
난형의 (자) oviform
난황 (식)(자) egg yolk
난황난 (양) yolk sac placenta, fully yolked egg
난황세포 (식) yolk cell
난황영양형발생 (양) lecithotrophic development
난황자어 (자) yolk-sac larvae
난황주머니 (식)(자) yolk sac
난황포 (양) cortical alveoli, yolk vesicle
난황형성과정 vitellogenesis
날개그물 (어) wing net
날개다랑어 (식)(어) albacore
날개줄 (어) wing rope
날개형전개판 (어) aerofoil type otter board
날린물보라 blowing spray
날미끼 (어) fresh bait
날쌔기 (식)(양)(어)(자) black kingfish, prodigal son
날짜변경선 date line
날치 (식) flying fish
남극대륙 Antarctica
남극빙어 (양) pound smelt, ice fish
남극순환류 (양)(어)(자) Antaretic Circumpolar Current

남극양 (식) Antarctic Ocean
남극저층수 (양)(어)(자) Antarctic bottom water
남극중층수 (양)(어)(자) Antarctic intermediate water
남극크릴 (식) Antarctic krill
남극해양생물보존위원회 (식) Commission for the Conservation of Antarctic Marine Living Resources (CCAMLR)
남방달랑게 ghost(sand) crab
남방참다랑어 southern blue fin tuna
남북변동 latitudial fluctuation
남아민대구 (식) cape hake
남아전갱이 (양) horse mackerel, cape horse mackerel
남자다이버 male diver
남조류 (식) blue-green algae
남중 culmination
남중국해 (식) South China Sea
남쪽의 austral
남하회유 (자) southward migration
남획 (식)(어)(자) overfishing
남획상태 (어)(자) overfishing state
납 (식) lead, Pb (식) wax
납작고기 (식)(어) flat fish
납작벌레 flatworm
납작형새우트롤 (어) flat type shrimp trawl
납중독 (식) lead poisoning
낭과 (양) cystocarp, systocarp
낭배 gastrula
낭배기 gastrula stage
낭배형성 gastrulation
낭외세포질 extracapsular cytoplasm
낭장망 (어)(자) stow net with wings (양) long bag set net
낭포 cyst
낮은고조 lower hight water (양) lower high water
낮은고조간격 lover high water interval
낮은다양성군집 (자) low diversity community
낮은저조 lower low water
낮은저조간격 lower low water interval
내건성곰팡이 (식) xerophilic mold
내건성세균 (식) xerophilic bacteria
내건조성곰팡이 (식) xerophilic mold
내골격 (식) endoskeleton (식) internal skeleton
내구성 (식) durability
내구속도 cruising speed
내구시험 breakdown test
내돌기 endite
내동성단백질 (식) anti-freeze protein
내륙 inland
내륙해 intercontinental sea, epeiric sea or shallow margin sea
내만 basin (양) back bay
내만도 (양) embayment degree
내만수역 inshore waters
내망 (어)(자) insert net, lint main net
내면도장관 (식)(양) internal coated can
내면부식 (식) internal corrosion
내배엽 (식) endoderm
내배엽성 (식) endodermal
내배엽성세포 (식) endodermal cell
내복판 endosternite
내부기생생물 endoparasite
내부기생충 entomostracan (양) endoparasites
내부에너지 (식) internal energy

내부온도 (식) internal temperature
내부적환경 (식) internal environment
내부조석 internal tide
내부조석파 internal tide wave
내부파 (양)(어) internal wave
내부표지법 internal tagging method
내부확산 (식) internal diffusion
내분비 endocrine
내분비계 endocrine system
내분비계장애추정물질 (식)(어)(자) endocrime disrupting chemicals
내산면 subumbrella
내산성 (식) acid resistant
내삼투압성곰팡이 (식) osmophilic mold
내삼투압성미생물 (식) osmophilic microorganism
내삼투압성효모 (식) osmophilic yeast
내생동물 infauna
내생생물군 (식) endobiose
내생저서생물 endobenthos
내생포자 (식) endospore
내서생물 endobenthos
내성 (식) tolerance
내성구간 (식)(양) tolerance range
내성세균 (식) tolerance bacteria (양) resistant bacteria
내성포자 (식) tolerant spore
내수 (양)(어) internal waters
내수면 inland waters
내수면양식업 inland aquaculture
내수면어업 (식)(양)(어)(자) inland fishery
내수성 (식) water tolerant (양) water resistance
내안류 (양)(어) onshore current
내압 (식) internal pressure
내압세균 (식) osmophilio bacteria
내연기관 internal-combustion engine
내열성 (식) heat resistance
내열성용혈독 (식) thermostable hemolytic toxin
내열포장 (식) heat resistance package
내염성 (식) halotolerant (양) salt tolerance
내염성세균 (식) halotolerant bacteria
내온동물 endotherm
내온범위 (식) tolerance ragne of temperature
내온성 (양) endothermy
내외경사 heel
내용량 (식) net weight (식) net content
내유성 (식) oil resistance
내이 inner ear
내인성데트리터스 endogenous detritus
내인성리듬 endogenous rhythm
내인성플랑크톤 endogenous plankton
내장 (식)(양) gut (식) viscera
내장계피쉬 솔루블 (식)(양) intestinal fish soluble
내장낭 visceral mass(or sac)
내장색소 (식) intestinal pigment (양) viscera pigment
내장유 (식)(양) viscera oil
내장제거 (식)(양) evisceration (식) gutting
내장지방 (식)(양) visceral fat
내장진균병 (양) visceral mycosis, intestinal mycosis
내적자연증가율 intrinsic rate of natural increase
내지 endopodite
내파성 seaworthiness

내파성가두리 (양)(어) protection of destruction waves-aquafarm
내해 inland sea
냄새 (식) odor
냄새강도 (식) odor intensity
냄새농도 (식) odor concentration
냄새물질 (식) odorant
냄새역치 (식) odor threshold
냉각 (식) cooling (식) chilling
냉각공정 (식) cooling process
냉각기 (식) chiller (식) cooler
냉각기능 (식) cooling function
냉각마취운반 (식) cooling anesthetic transportation
냉각수 (식) cooling water
냉각수축 (식) cold shortening (양) cold contraction
냉각저장 (식) cold storage
냉각저장법 (식) cold storage method
냉각제 (식) coolant
냉각침강 thermal cooling subsidence
냉각코일 (식) cooling coil
냉각탑 (식) cooling tower
냉각탱크 (식) cooling tank
냉각팬 (식) cooling fan
냉각해수법 (식) refrigerated seawater
냉간피닝 cold peening
냉광 luminescence
냉동 (식)(어) refrigeration
냉동곡선 (식) freezing curve
냉동공정 (식) refrigeration process
냉동기 (식) refrigerator (식) freezer
냉동기유 (식) ice machine oil (양) refrigerating machine oil
냉동김발양식 (양) deep-frozen laver net
냉동능력 (식)(양) refrigeration capacity
냉동명태 (식)(어)(자) frozen Alaska pollock
냉동변성 (식) freezeing denaturation
냉동변성방지제 (식) protective agent for freeze denaturation
냉동부하 (식) refrigeration load (양) freezing load
냉동사이클 (식) refrigeration cycle
냉동선 (어) refrigeration ship
냉동수리미 (식) frozen surimi
냉동시간 (식) freezing time
냉동식품 (식) frozen food
냉동실 (식) freezing chamber (양) refrigeration room (양) freezing compartment
냉동어 (식) frozen fish
냉동어패류 (식) frozen fish and shellfish
냉동연육 (식) frozen surimi
냉동육절단기 (식) frozen meat cutter
냉동저장 (식) freezing storage
냉동저장법 (식)(어) freezing storage method
냉동창고 (식) refrigerated warehouse
냉동처리 (식)(어) frozen processing
냉동톤 (식)(양) ton of refrigeration
냉동팬 (식) freezing pan
냉동팽창 (식) freezing expansion
냉동품 (식) frozen product
냉동화상 (식) freezer burn
냉동효과 (식) refrigerating effect
냉매 (식) refrigerant
냉매액강제순환식증발기 (식) refrigerant forced circulative evaporator
냉살균 (식) cold sterilization
냉수괴 cold water-mass
냉수대 (양) cold pool

냉수벽 cold wall
냉수성어종 (식)(양) cold water fish
냉수어양식 cold water fish aquaculture (양) cold water fish culture
냉수핵링 cold-core ring
냉장 (식) cold storage
냉장고 (식) refrigerator
냉장냉동수송 (식) cooling and refrigeration transport
냉장능력 (식)(양) cooling capacity
냉장발 (식) freezing net
냉장법 (식) cold storage method
냉장부하 (식) cooling load
냉장식품 (식) chilled food
냉장실 (식) cold room
냉장어 (식) chilled fish
냉장창고 (식) cold store
냉장처리 (식) refrigeration treatment
냉점 (식) cold point
냉풍건조기 (식) cold air-blast dryer
냉풍건조법 (식)(어) cold air-blast drying (양) cold air drying
냉해 (식) chilling injury
냉혈동물 poikilotherm
냉혈성 poikilothermic
냉훈방어 (식) cold smoked yellow tail
냉훈법 (식) cold smoking
냉훈연어 (식) cold smoked salmon
냉훈청어 (식) cold smoked of Pacific herring
냉훈품 (식) cold smoked products
너살트수 nusselt number
너울 (양)(어) swell
넙치 (식)(양) bastard halibut (식)(양) olive flounder
네트레코더 (어) net recorder
네트존데 (어) net sonde
네트채집 (자) net collection
네트플랑크톤 net plankton
네폭짜리그물 (어) 4 seam net
노 oar
노동생산성 labor productivity
노랑가오리 (식) red skate (식) red stingray
노래미 (식) spotty belly greenling
노량촉수 red mullet
노르말 (식) normal
노르말 농도 (식) normal concentration
노무관리 labor management
노보텀사운딩 no-bottom sounding
노어 senescent fish
노젓는 사람 bencher (양) rower
노즐가스충전포장기 (식) nozzle type gas flush packaging machine
노출 exposure
노출선량 (식) exposure dose
노카르디아병 nocardiosis
노트(결절, 매듭) (어) knot
노플리우스 (양) nauplius
노플리우스유생 (양) nauplius larvae
노화 (식) aging
노화방지제 (식) antiaging agent
노화현상 (식) aging phenomena
녹는점 (식)(어) melting point
녹니 green mud
녹말 (식)(양) starch
녹반병 green spot
녹변 (식) greening
녹변굴 (식) green oyster
녹변육 (식) green meat
녹색공생조류 zoochlorellae
녹색치 (식) black marine

녹색펄 green mud
녹색해수 green seawater
녹선 green gland
녹조류 (식) green algae
녹차 (식) green tea
논양어 (양) paddy culture
놀래기 (식)(양)(어)(자) motleystripe rainbow fish
농게 (식)(양) fiddler crab
농도 (식) concentration
농무 (항) dense fog
농무주의보 dense fog warning
농성어 (식) seven-banded grouper (식) true bass
농수산물도매시장 (식)(양) agro-fisheries wholesale market
농수산물품질관리법 (식) Agricultural and Fishery Produces Quality Control Act
농약잔류물 (식) pesticide residue
농어 (식) sand bass, comber
농어무리 ruff
농업진흥청 (식) Rural Development Administration (RDA)
농축 (식) concentration
농축계수 (식) concentration coefficient
농축기 (식) concentrator (식) evaporator
농축단백질 (식) protein concentrate
농축대두단백 (양) soy protein concentrate (SPC)
농축물 (식) concentrate
농축법 (식) concentration method
농축사료 (양) concentrated feed
농축시간 (식) concentration time
농축어육단백질 (식) fish protein concentrate (FPC)
농축엑스분 (식) concentrated extracts
농축인자 (식) enrichment factor
농포 pustule
농후간수 condensed bittern
높은고조 higher high water
높은고조간격 higher high water interval
높은저조 higher low water
높은저조간격 higher low water interval
뇌신경절 cerebral ganglion
뇌하수체 pituitary gland
누설시험 (식) leak test
누승분석 power analysis
누적곡선 cumulative curve
누적노력량 cumulative effort
누적유속도 progressive vector diagram
누출 (식) leakage
누층군 complex
눈금 (식) scale
눈다랑어 (식)(어) bigeye tuna
눈따기 nipping, disbudding
눈자루 eyestalk
눈퉁멸 (식) round herring
뉴스톤 neuston
뉴클레오사이드 (식) nucleoside
뉴클레오티드 (식) nucleotide
늑골 (식)(양) rib, costa
능동소오나 active sonar
능동수송 active transport
능동어구 (어) active fishing gear
능동어법 (어)(자) active fishing method, active fishing
늪 (양) swamp, marsh
늪지대의 paludal
니 (식) mud
니질 (식) muddy

니질성규조류 epipelic diatom
니트로화 (식) nitration
닌하이드린반응 (식) ninhydrin reaction

ㄷ

다가불포화지방산 (식) polyunsaturated fatty acid
다각의 multivalve
다공성 (식) porosity (식) porous
다공의 poriferous
다공질 (식) porous
다공질사료 (양) porous diet
다공질유리 porous glass
다공체 (식) madreporite
다금바리 (식) sawedged perch
다년생의 perennial
다년생조류 perennial algae
다는미끼 (어) mounting bait
다단모형 (식) multi-level model
다당류 (식) polysaccharide
다도해 archipelago
다랑어 (식)(어) tuna
다랑어건착망(다랑어선망) (어) tuna purse seine
다랑어주낙 (어) tuna long line
다랑조개 soft-shell clam
다량영양염 (식) macronutrient
다량원소 (식)(양) macroelement
다륜형유생 polytrochal larva
다리 (식) leg, pereiopods
다리근육 pedal muscles, muscles of lower limb
다모류 polychaetes
다모류의 polychaetan, polychaetous
다목적어선 (어) multipurpose fishing boat
다발성병인 (양) multiple causes of disease, multiple pathogenesis
다분자층흡착수 (식) multilayer absorbed water
다산성어종 mass-spawning fish
다산성측정 bonification
다섬모환 polytroch
다섬유 (식) multifilament
다세포 (식) multi-cell
다시마 (식)(양)(어)(자) sea tangle, kelp, Japanese kelp, sea cabbage
다시마조미자숙품 (식) seasoned-boiled sea tangle
다시마층 laminarian zone
다식성 (양) omnivority (양) polyphgia, polyphagia
다식성의 (양) pleophagous, polyphagous
다실의 (양) multilocular, polythalamous
다양도지수 (자) diversity index
다양성 (식)(자) diversity
다염화비페닐중독 polycholrobiphenyl
다우찌상사법칙 Tauti's law of similitude
다원냉동사이클 (식)(양) multi-stage cascade refrigerating cycle
다원판별분석 multiple discriminant analysis

다이나믹미터 dynamic meter
다이스 (식) dice
다이아스템 diastem
다이아폰 diaphone
다이옥신 (식) dioxins
다족동물 polypod
다족류 myriapod
다종 (식)(자) multi-species
다종모델 (식)(자) multi-species model
다종생체량역학모델 (자) multispecies biomass dynamics model
다종어업 (어)(자) multispecies fishery
다중검조주 multiple tide staff
다중반사 multiple reflection
다중반향파 multiple echoes
다중상관 (식)(자) multiple correlation
다중상관계수 (식)(자) multiple correlation coefficient
다중점 (식) multiple point
다중파 multibeam
다중표본검정 (식)(자) multi-sample test (양) multiple range test
다중회귀분석 (식)(자) multiple regression analysis
다즙성 (식) juiciness
다지동물 polypod
다지어분 (식)(양) oily fish meal
다지장류 polyclad
다진 고기 (식) ground meat (식) minced meat
다차원적지위 (자) multidimensional niche
다척들망류 blanket nets, blanket net
다층온도측정기 thermistor chain
다치어류 paddlefish
다판류 polyplacophora
다항분포 (자) multinomial distribution
다항형모집단 (자) multinomial population
다형성 (자) polymorphism
다형성의 (자) polymorphic
다회방류 multiple release
다회번식 (자) multiple breeding
다회분열 multiple fission
다회산란 (자) multiple spawning
다회재포 (자) multiple recapture
다획성어류 (식) mass-caught fish
다획성회유어 (식)(자) migratory species with big catch
단가 (식) unit price
단각류 (식)(양) Amphipoda, amphipods
단경 (식) short diameter
단구균 (식) monococcus
단뇌 (양) telencephalon
단단압축사이클 (식) single stage compression cycle
단당류 (식) monosaccharide
단독어업 (어)(자) individual fishery, single fishery
단련종묘 (양) hardened seed, tanned seed
단말생산 terminal production
단맛 (식) sweet taste
단면 profile
단면도 cross section diagram
단묘박 (항) lying at single anchor
단발효 (식) single step fermentation
단백가, 단백값 (식)(양) protein score
단백질 (식) protein
단백질 대사 (식) protein metabolism
단백질 변성 (식) protein denaturation
단백질 변성 (식) protein denaturation

단백질가수분해 (식) proteolysis
단백질가수분해 억제제 (식) proteinase inhibitor
단백질가수분해물 (식) protein hydrolysates
단백질분해효소 (식) protease (식) proteolytic enzyme
단백질함량 (식)(양) protein content
단백질효율 (식)(양) protein efficiency ratio
단부섬모환 tefotroch
단분자층 (식) monomolecular
단분자층 흡착 (식) monolayer adsorption
단사 (어) single yarn
단섬유 (어) monofilament
단성생식 parthenogenesis
단성양식 monosex culture
단세포 (식) single cell (식) sunicell
단세포단백질 (식)(양) single cell protein(SCP) (식) unicellular protein
단세포생물 (식) unicellular organism
단세포조류 (식) unicellular algae
단세포플랑크톤 protist plankton
단세포형 unicellular form
단순격자형배열 simple lattice design
단순단백질 (식) simple protein
단순만곡형 전개판 (어) simple curved board
단순상관 (식) simple correlation
단순염색법 (식) simple staining method
단순조화파 simple harmonic
단순지질 (식) simple lipid
단순짓가림제 (어) simple lay system
단순회귀분석 (식)(자) simple regression analysis
단식성의 monophagous
단안의 ocellated
단열 (식) heat insulation
단열곡선 (식) adiabatic curve
단열변화 (식) adiabatic change
단열압축 (식) adiabatic compression
단열팽창 (식) adiabatic expansion
단위그물코당어획량 (어)(자) catch per unit mesh
단위낚시당어획량 (어)(자) catch per unit hook
단위노력당어획량 (식)(어)(자) CPUE(catch per unit effort)
단위노력당어획중량 (식)(어)(자) catch weight per unit effort
단위면적당어획량 (식)(어)(자) catch per unit area
단위분석 (식) dimensional analysis
단위생식 parthenogenesis
단위어획노력 (어)(자) unit fishing effort
단위어획량 (어)(자) catch per unit (양) unit catch
단위자원 (자) unit stock
단일근사화 uniform approximation
단일분포 (식) uniform distribution
단일불포화지방산 (식) monounsaturated fatty acid
단일섬유 (어)(자) monofilament
단일양식 monoculture
단일플랑크톤 monoplankton
단자 solitons
단저구조 single bottom construction
단정 (어) boat
단정분포 (자) unimodel distribution
단정투망류 cast nets for boats
단지 (어) pot

단진자 simple pendulum
단체본능 group instinct
단측파대 side band
단클론항체 monoclonal antibody
단파 (양) short wave
단파복사 shortwave radiation
단판 veneer
단판류 monoplacophora
단판형 single plate type
단포자 monospore
단형 monotype
닫힌루프시스템 closed loop system
달고기 (식)(양)(어)(자) John dory, doree, gallocristo
달랑게 (식)(양)(어)(자) stimpson's ghost crab
달팽이관 cochlea canal, cochlea
닭게 (식)(양)(어)(자) red frog, crab, spanner crab
닭새우 (어)(자) lobster, japanese spiny lobster
닮음 similitude, similarity
담금(질) quenching
담륜자 (식) trochophore (양) trochophora
담수 (식) freshwater
담수경골어류 (양) freshwater teleost, fresh water fin fishes
담수산동물유 fresh water animal oil
담수생물 limnobiose
담수성플랑크톤 limnoplankton
담수어 (식)(양) freshwater fish
담수어류양식 (양) fresh-water fish culture
담수어업 (어)(자) fresh-water fishery
담수적조 freshwater bloom
담수호소의 limnetic
담수화 desalination
담수화해수 desalination seawater
담즙산염 (식) bile salt
담즙색소 (식) bile pigment
담치 (식) mussel
담함수 brackish water
당김줄 (어) hauling line
당뇨 (식) glycosuria
당뇨병 (식) diabetes
당뇨식품 (식) diabetic food
당단백질 (식) glycoprotein
당도 (식) brix degree
당도계 (식) saccharomo meter
당량 (식) equivalent
당멸치과어류 tenpounders
당알코올 (식) sugar alcohol
당액 (식) sugar solution
당지질 (식) glycolipid
당직 duty, watch
당질분해효소 (식) glycolytic enzyme
당화율 (식) ratio of saccharification
당화작용 (식) diastatic reaction
당화효소 (식) diastatic enzyme
닻 (어)(항) anchor
닻고정력 (어)(항) holding power of anchor
닻낭장망류 (어)(자) long-bag stow nets on anchor, winged stow nets on anchor
닻작업 (어)(항) anchor work (양)(어) anchor works
닻줄 (어)(항) anchor chain
대게 (식)(양)(어)(자) snow crab, queen crab
대공 osculum

대구 (식)(양)(어) cod (식) Pacific cod (식) Alaska cod
대구간 (식) cod liver
대구간유 (식)(양) cod liver oil
대구바닥자망 cod bottom gill net
대구새끼 scrod
대구어분 (식)(양) cod meal
대권 great circle
대권항로 (항) great circle sailing route, great circle route
대기압 (식) atmospheric pressure
대기오염 (식) air pollution
대기해양상호작용 air-sea interaction
대나무발 bamboo screen
대낚시 pole and line fishing (어)(자)pole and line
대두 (식)(양) soybean
대두박 (식)(양) soybean meal
대두유 (식)(양) soybean oil
대두피 (식)(양) soybean hull
대량배양 (식)(양) mass culture
대량번식 (양) mass reproduction
대량생산 (식)(양) mass production
대량소비 (식) mass consumption
대량양식 mass culture
대량폐사 (자) mass mortality
대류 (식) convection
대류 열전달 속도 (식) convection heat transfer rate
대류권 troposphere
대류열전달 (식) convection heat transfer
대륙대 (식)(양)(어)(자) continental rise
대륙붕 (식) continental shelf
대륙붕사면 (식)(양)(어)(자) continental slope
대륙붕어업자원 (어)(자) continental shelf fishery resources
대륙붕어장 (어)(자) continental shelf fishing ground
대륙붕퇴적물 shelf sediment
대륙붕파 (어) edge wave
대륙붕해역 continental area
대립가설 alternative hypothesis
대립유전자 allele
대마난류 Tsushima current
대망류 (어)(자) large set nets
대모망 (어)(자) elliptic set net
대문어 large octopus, paroctopus dofleini
대발 (식) bamboo blind
대발생 blooming, outburst, (양) outbreak or epidemic
대비 (식) correlation
대비교법 paired comparison
대사 (식)(양) metabolism
대사물질(산물) (식)(양) metabolite
대사율 (식)(양) metabolic rate
대상분포 zonal distribution
대생 distichous
대서양대구 (식)(양)(어) Atlantic cod
대서양북서부어장 (어) Atlantic north-west fishing ground
대수 (식) logarithm
대수기 (식) logarithmic growth phase (식) logarithmic phase
대수선형모델 log-linear model
대수속도분포 logarithmic velocity profile
대수속력 (어) speed through the water, speed of water, speed of against water
대수우도검정 log-likelihood test
대수층 aquifer

대수항정 distance through the water
대순환 general circulation, systemic circulation
대시 zone time
대악 mandible
대양 ocean
대양간의 interoceanic
대양반심해의 bathypelagic
대양분지 ocean basin
대양수심 ocean depths
대양역 oceanic province
대양연락의 intercoastal
대양의 oceanic
대양의 신 oceanus
대양저 (식)(양)(어)(자) ocean floor
대응변수 (자) corresponding variable, correspondence variable
대응속도 corresponding speed
대잠망 antisubmarine net
대잠수함의 antisubmarine
대장균 (식) *Escherichia coli(E.coli)*
대장균군 (식) coliform group
대장균군 검사법 (식) coliform test
대조 (양)(어) spring tide
대조구 (식)(양) control
대조군 (식)(양) control group
대조차 (양)(어) spring range
대지속력 (어) speed over the ground, speed made good over the ground
대지수준면 geoid
대체 (식)(양) replacement
대치과어류 cornetfishes
대칭성측정 symmetry measure
대칭중심 center of symmetry
대통발 (어) bamboo pot
대폭 band width
대하 (식) fleshy prawn
대한해협 Korea Strait
대항류계 counter current system
대해군주의 navalism
대해원 blue water, open sea
대핵 macronucleus
대형갈조 kelp
대형기선저인망 (어) large danish seine
대형낙망 (어) large pound net
대형부유생물 macroplankton
대형선망어업 (어)(자) large purse seine
대형저서생물 macrobenthos
대형조류 (식)(양) macroalgae
대형트롤 (어)(자) large trawl
대형포자 (식) macrospore
대형플랑크톤 (식) macroplankton
대형흰삿갓조개 *Acmaea*
대화석 macrofossil
댐퍼 damper
더듬이 antenna
더블재킷 double jacket
덤불통발 (어) brush traps
덧감기 (어) serving
덧줄 (어)(자) serving line
덫그물 (어) trap nets
덮개류 wooden cover pots
덮개판 branchiostegite, covering plate
덮그물 (어)(자) cover neit, falling net
덮그물어법 (어) falling net methods
데니어 (어) denier
데릭 (어)(항) derrick
데시케이터 (식) desicator
데옥시리보핵산 (식) deoxyribo-nucleic acid (DNA)
데치기 (식) blanching
데친간미역 (식) blanched and salted sea

mustard
데트리터스 detritus
데트리터스먹이사슬 detritus food chain
데트리터스식자 detritus feeder
덱스트린 (식)(양) dextrin
덴드로그람 dendrogram
도관 canal, conduit
도관조직 (식) ducting
도다리 (식) fine-spotled flounder
도동 saltation
도둑갈매기 jaegers
도등 (양) leading lights
도래 (어) swivel
도래식갯대 (어) pendant swivel
도룡뇽 salamander
도루묵 (식)(양)(어)(자) Japanese sandfish
도마 (식) chopping board
도매 (식) wholesale
도매상 (식) wholesaler
도매시장 (식) wholesale market
도매시장법인 (식) wholesale market corporation
도매업 (식) wholesale business
도모인산 domoic acid
도미 (양) porgy, (식) sea bream
도박 typicus and irishmoss
도산성 fugacity
도서 (어) island
도서간의 interisland
도서성기후 insular climate
도선 (어) pilotage
도선사 (항) pilot
도수 hydraulic jump
도수분포 (식)(자) frequency distribution
도수분포곡선 (식)(자) frequency distribution curve
도수절선 frequency polygon
도시폐기물 (식) urban waste
도시하수 (식) urban waste water
도약진화 saltation
도일 degree-day
도장 (식) coating (식) painting
도장관 (식) lacquered can
도지사허가어업 (어) provincial governor licensing fishing
도착침로 final course
도치과어류 snailfishes (양) cyclopteridae
도코사펜타엔산 (식) docosapentaenoic acid (DPA)
도코사핵사엔산 (식)(양) docosahexaenoic acid (DHA)
도태 culling
도태작용 (양) sifting out process
도플러효과 (어) Doppler effect
도피 (어) escape
도피본능 (어) escaping instinct
도피행동 (어) escaping behavior, avoidance behaviour
도해 graphical solution
도호계 island arc system
도화새우 coonstripe, humpback, coonstriped shrimp, humpback shrimp
독 (식) toxin
독립변수 (식)(자) independent variable
독립성검정 (자) test of independence
독립영양 (식) autotrope (식) autotrophy (양) autotrophism
독립영양균 (식) autotrophic bacteria
독립영양생물 (식) autotrophic organism

독립영양성 (양) autotrophic
독립표본 (식) independent sample
독선 venom gland, poison gland
독성 (식)(양) toxicity
독성검사 (식) toxicity test
독성물질 (식)(양) toxicant (식) toxic substance
독성시험 (식)(양) toxicity test
독성학 (식) toxicology
독성항생물질 (식) toxic antibiotics
독소 (식)(양) toxin
독소류 (식) poisons
독소형식중독 (식) toxic type food poisoning
독액 (식) venom
독일식중층트롤 German midwater trawl, midwater trawl
독제 stomach poison
독조 poison claw
독항선 (어) self-navigable boat, self navigating catcher boat
돋움줄 (어) hauling line
돋음 relief
돌고래 dolphin
돌고래무리 porpoise
돌고래수족관 dolphinarium
돌굴 (식) rock oyster
돌김 collema nigresceus
돌돔 (식)(양)(어)(자) Japanese parrotfish, striped beakperch, rock bream
돌로마이트 dolomite
돌리오라리아유생 doliolarian larva
돌묵상어 bone shark (양) basking shark
돌연변이 (식) mutation
돌연변이 균주 (식) mutant
돌연변이억제물질 (식) antimutagenic substance
돌연변이원(유발물질) (식) mutagen
돌입점 plunge point
돌제 jetty
돌조개류 ark shell
돌진속도 (어) darting speed (양) burst speed
돌출변형 (식) buckling
돌출변형관 (식) buckled can
돌출부 headland, lobe or overhang
돌출제방 jetty
돔발상어 (식)(양)(어)(자) dogfish shark
돗돔 (식) sea bass, (식) stripped jewfish
동갈방어 (식)(양)(어)(자) pilot fish, (식)(양)(어)(자) rudderfish
동건대구 (식) frozen dried cod
동건명태 (식) frozen dried Alaska pollock
동건어 (식) frozen dried fish
동건품 (식)(양) frozen dried products
동결 (식) freezing
동결건조기 (식) freeze dryer
동결건조법 (식) freeze drying
동결곡선 (식) freezing curve
동결능력 (식) freezing capacity
동결률 (식) freezing rate
동결변성 (식) freezeing denaturation
동결변성억제제 (식) cryoprotective compounds
동결속도 (식) rate of freezing
동결어 (식) frozen fish
동결저장 (식) freezing storage
동결점 (식) freezing point
동계교배 (양) inbreeding
동계급조빙 winter fast ice
동굴생물학 biospeleology,

speleobiology
동기신호 synchronous signal, synchronizing signal
동력조타장치 (어) electro-hydraulic steering gear
동력활차 (어) power block
동령개체군 (자) same age population
동맥경화 (식) arteriosclerosis
동맥경화증 (식) arteriosclerosis
동면 hibernation
동면상태 dormant state, state of dormancy
동물극 animal pole
동물기호학 (양) zoosemiotics
동물바이러스 (식) animal virus
동물배제론 animal exclusion theory
동물상 fauna
동물섬유 (어) animal fiber
동물성단백질 (식) animal protein
동물성단백질사료 (양) animal protein feed
동물성독소류 (식) zootoxin
동물성사료 (양) animal protein feed
동물성식품 (식) animal food
동물성지방 (양) animal fat
동물성편모충류 (양) zooflagellates
동물성플랑크톤 (식)(양) zooplankton
동물성플랑크톤량 (식) zooplankton biomass
동물지리구 faunal province, fauna realms
동물지리학 (자) zoogeography
동물체착생의동식물 epizoon
동반이행 entrainment
동생구조 syngenetic structure
동서거 departure
동성내생퇴적물식자 mobile infaunal deposit fauna
동소성 (자) sympatric
동소적종형성 (자) sympatric speciation
동시고도 simultaneous altitudes
동시관측 (어) simultaneous observation
동시회귀 (식) coincidental regression
동식물방호기관 armor
동식물보호구역 sanctuary
동식물육성학 thremmatology
동신반응 synchronous reaction
동압 (식) dynamic pressure
동압력중심 (어) center of dynamic pressure
동요 (식) oscillation
동위원소 (식)(자) isotope
동위원소류 (식)(자) isotopic species
동위원소분별 (자) isotope fractionation
동위원소희석분석법 isotope dillution bethod, isotope dilution analysis
동위효소 (자) isozyme
동일과정법칙 law of uniformitarianism
동일발생연급군 (자) cohort
동일연급군분석 (자) cohort analysis
동정 (식) idenification
동조시선 cocurrent line
동조횡동요 synchronous rolling, synchronized rolling
동족어업 (어) family fishery
동종 (식)(자) homogeneity
동종의 homotypic
동종포식 (자) cannibalism
동중국해 (식)(어) East China Sea
동지 winter solstice
동질성 homogeneity
동태 (식) frozen Alaska pollock, frozen

pollock
동한난류 (자) East Korean Warm Water
동해 (식)(어)(자) East Sea
동형미 isocercal tail
동형배우자 isogamete
동형배우자의 isogamous
동형세대 (양) isomorphic generation
동형세대교번 isomorphic alternation, isomorphic alternation of generation
동형의 isomorphous
동형접합 isogamy, homozygosis
동화 assimilation
동화계수 assimilation coefficient
동화수 assimilation number
동화작용 (양) anabolism
동화작용율 rate of anabolism
돛 (항) sail
돛대 (항)(어) mast
돛방 (어) sailing trawl
돛새치 (식)(양)(어)(자) Pacific sailfin, banana sailfin
되먹임제어 feedback control
되풀림 (식) returning
된장 (식) soybean paste
두개골 cranium
두께 (식) thickness
두동가리돔 (식)(양)(어)(자) angelfish
두둑짓기 ridging
두룹상어 (식) tiger shark (식) cloudy catshark
두리걸그물 (어) surrounding gill net
두리그물선망 (어) surrounding net
두부 (식) tofu, (식) soybean curd (식) head
두부아교 (식) head glue
두부절단기 (식) beheading machine, head cutter
두부제거 (식) beheading
두사 captacula
두상돌기 capitulum, caput
두상체 cephalosome, cephalodium
두색동물 cephalopochordates, cephalochorda
두손반디그물 dragged scoop net
두장 (식) head length
두족류 (식)(양) cephalopoda
두흉갑 carapace
두흉갑장 cephalothorax length
두흉부 cephalothorax, prosoma
둑중개 sea raven, yellowfin sculpin
둥근고기 (어) round fish
둥근머리돌고래 black fish, pilot whale
둥근비늘 (자) cycloid scale
뒤 (식) posterior
뒤로던지기(낚시) backcast
뒤틀림 skewness
뒷맛 (식) aftertaste
뒷물결 backwash
뒷바람 following wind
뒷섶 (어)(자)rear wing(net)
뒷줄 (어) bridle chain
뒷지느러미 anal fin
듀공 dugong, sea pig
드라이아이스 (식) dry ice
드럼건조 (식) drum drying
드럼건조기 (식) drum dryer
드럼건조법 (식) drum drying
드레스 (식) dressed
드레인 (식) drain
드렛지 (어) dredge
드로그 drogue
드립 (식) drip

들망 (어) lift net
들물 (어) flood tide
등가시치 (식) blotched eelpout
등가정리 equivalence theorem
등각 equivalve
등거리 equidistance
등경사의 isoclinic
등경선 isoclinic line
등급 (식) grade (식) magnitude
등급판별 (식) grading
등급표지 (식) grade labeling
등급화 (식) grading
등기 (식) registration
등대 (항) light house
등대표 light list, list of lights
등량선 isopleth
등력의 isodynamic
등록사항 (식) rigisteration
등록장 (어)(항) registered length
등록증 certificate of inscription
등류 uniform flow
등망 (어)(자) slope net, closed side net
등밀도 isopycnic
등밀도면 isopycnic surface
등밀도의 homopycnal (양) isopycnic
등밀도혼합 isopycnal mixing
등방대 isotropic band
등방성의 isotropic
등변의 equilateral
등부표 (어) light buoy
등분산 isodisperse, equal variance
등뼈 (식) backbone (식)(양) spine
등산포도 homoscedasticity
등삼투액 isosmotic solution
등생산량곡선 (어)(자) yield isopleth diagram
등선 (어) light ship (어)(자) light vessel
등속도 (식) uniform velocity
등수색선 isochromatic line
등시간선 isochrone
등심상의 isobathymetric
등심선 isobath, isobathymetric line
등심수온 (양) isobathytherm
등압 (식) isobar (식) isobaric (식) isopiestic
등압과정 (식) isobaric process
등압변화 (식) isobaric change
등압선 (식) constant pressure line (식) isobar(ic) line
등엔탈피선 (식) constant enthalpy line (식) isenthalp(e)
등엔트로피 (식) constant entrophy line (식) isentrop(e)
등염분선 (양) isohaline
등온 (식) constant temperature (식) isotherm(al)
등온변화 (식) isothermal change
등온선 (식) constant temperature line (식) isothermal line
등온위 isentropic
등온탈습곡선 (식) desorption isotherm (식) moisture desorption isotherm
등온흡습곡선 (식) water adsorption isotherm (식) sorption isotherm
등위상 isophase
등유속선 isotach
등음속 isovelocity
등이상선 iso-abnormal, isoanomaly
등전점 (식) isoelectric point (PI)
등조시 cotidal hour
등조시도 cotidal chart
등조시선 cotidal lines

등조위선 cophase line
등조차선 corange line
등주 staff light, light pole
등지느러미 dorsal fin
등진폭선 iso-amplitude coamplitude line
등질 character of light
등질화 homogenization
등쪽 (식) dorsal
등척성의 isometric
등층후 isopach
등층후선 isomegathy, isopach
등치선 contour, isopleth
등치선간격 contour interval
등치선도 contour chart
등투명도선 equitransparency line
등판 baiting
등할 equal cleavage
등흘수 even keel draft, even keel
등황란 homogeneous yolk
(양) isolecithal egg
디값 (식) D value
디글리세리드 (식) diglyceride (DG)
디메틸아민 (식) dimethylamine (DMA)
디메틸황 (식) dimethyl sulfide
디베인드 (식) deveined
디스크 (식) disc
디에이치에이 (식)(양) docosahexaenoic acid(DHA)
디옥시리보핵산
(양)(식) deoxyribonucleic acid (DNA)
디켄터 (식) decanter
디팬닝 (식) depanning
따개비 (양) barnacle
딱총새우 snapping shrimp
딸세포 daughter cell
딸핵종 daughter nuclide
땅주낙 (어) bottom lines
땅후릿줄 (어) tickler chain
떠밀린 해초 seaware
떡조개 Japanese dosinia, dosinia shell
떫은맛 (식) astringent taste
뗏목양식 (양) raft culture
뚜껑 (식) cover
뜬발 floating laver bed, floating style of laver culture
뜬주낙 (어) drifting long line
뜸 (어)(자) float, buoy
뜸줄 (어) head rope
띠해파리 sea girdle
띠 zone
띠모양 물고기 ribbonfish
띠범포 (어) zonal canvas
띠범포식안강망 (어) zonal canvas type stow net
띠폭 band width

ㄹ

라디오부표 (어) radio buoy
라디칼 (식) radical
라디칼 제거제 (식) radical scavenger
라디칼 제거활성 (식) radical scavenging activity
라디칼 중합 (식) radical polymerization
라미나란 (식) laminaran
라운드 (식) round
라운드 테일 오프 (식) round tail off
라운드 테일 온 (식) round tail on
라울의 법칙 (식) Raoult`s law
라이닝 lining
라이코펜 (식) lycopene
락 시임 (식) lock seam
락타아제 (식) lactase
람파라네트 (어) lampara net
랜덤샘플링법 (식) random sampling method
랩 (식) lap
러바스트고래 gray whale
러스팅 (식) rusting
럭캡병 (식) lug cap bottle
런던투기협약 LDC (London dumping convention)
럼프 미트 (식) lump meat
레귤러 (식) regular
레드필드화학량론 Redfield stoichiometry
레시딘 (식)(양) lecithin
레시피 (식) recipe
레오메터 (식) rheometer
레올리지 (식) rheology
레이더간섭 Radar interference
레이더반사기 radar reflector
레이더트랜스폰더 radar transponder
레이스망지 (어) laced webbing, lace webbing
레이콘 racon
레진 (식) resin
레코드 (식) record
레토르트 (식) retort
레토르트 변색 (식) retort burn
레토르트 살균 (식) retort sterilization
레토르트식품 (식) retort food
레토르트파우치 (식) retort pouch
레토르트파우치 식품 (식) retort pouched food
렉틴 (식) lectin
로그증폭기 logarithmic amplifier
로다민B물감 rhodamine B dye
로오란 (항) LORAN (long range navigation)
로오렌찌니병 Lorenzinis ampullae
로우프심 (어) core of rope
로울러낚시 (어) roller hook
로이드패치지수 LPI (Lloyd patchiness index)
로인 (식) loin

로지스틱모델 (자) logistic model
로지스틱성장 (자) logistic growth, logistic growth curve
로첼염 (식) Rochele salt
로터리건조기 (식) rotary dryer
로트 (식) lot
로프와인더 rope winder
로프트롤 rope trawl
롤 (식) roll
롤러 (식) roller
롤러건조기 (식) roller drying
롤러밀 (식) roller mill
롤러컨베이어 (식) roller conveyor
루시페라아제 luciferase
루시페린 (식) luciferin
루싱 (식) loosing
루테인 (식) lutein
루프안테나 (항) loop antenna
류신 (식) leucine
리놀레산 (식)(양) linoleic acid
리놀렌산 (식)(양) linolenic acid
리보스 (식) ribose
리보핵산 (식) ribonucleic acid (RNA)
리본혼합기 (식) ribon screw
리소데스마 lithodesma
리소시스트 lithocyst
리스테리아 (식) *Listeria*
리시버 (식) receiver
리신 (식)(양) lysine
리아스식 해안 ria coast, rias coast
리커 (식) leaker
리테이너 (식) retainer
리파제 (식) lipase
리파이너 (식) refiner
리폭시다아제 (식) lipoxidase
리프트 (식) lifter
림프조직 lymphoid tissue
립 (식) lip
링거용액 (식) Ringer's solution
링네트 (어) ring net
링섀클 ring shackle

ㅁ

마그네슘 (식) magnesium, Mg
마그네슘 결핍 (식) magnesium deficiency
마늘 (식) garlic
마닐라(트와인 그물실) Manila twine
마디 joint (양) node
마디선 nodal line
마디인자 node factor
마디점 nodal point
마루 crest
마루폭 crest width
마른간법 (식) dry salting
마른굴 (식) boiled-dried oyster
마른김 (식) dried laver
마른다시마 (식) dried sea tangle
마른대구 (식) dried cod
마른멸치 (식) boiled-dried anchovy
마른무게 (식) dried weight
마른미역 (식)(양) dried sea mustard
마른상어지느러미 (식) boiled-dried shark fin-rays
마른새우 (식)(양) boiled-dried shrimp, (식) boiled and dried shrimp
마른오징어 (식) dried squid
마른전복 (식) boiled-dried abalone
마른탈피새우 (식) dried peeled shrimp
마른패주 (식) boiled-dried adductor
마른해삼 (식) boiled-dried sea cucumber
마멸 (식) abrasion
마무리작업 (식) finishing
마비성패류독 (식) paralytic shellfish poison
마비성패류중독 (식) paralytic shellfish poisoning (PSP)
마비어구 (어) stupefying gear
마스킹 (식)(어) masking
마스트 mast
마어묵 (식) hanpen
마을어업 (어) community-based fishery (양) fishing village
마음대로근 voluntary muscle
마이얄 반응 (식) Maillard reaction, amino carbonyl reaction
마이코톡신 (식) mycotoxin
마이크로미터 (식)(어) micrometer
마이크로캡슐 (식) microcapsule
마이크로톰 microtome
마이크로파 (식) microwave
마이크로파 가열 (식) microwave heating
마이크로파 살균 (식) microwave sterilization
마이크로필터 (식) microfilter
마찰저항 (식)(어) frictional resistance
마찰저항계수 (어) frictional drag factor
마찰차 (어)(항) pulley
마찰차식양승망기 (어) friction roller type line hauler

마찰층 (식) frictional layer
마찰항력 (어) frictional drag
마철 (식)(어) friction
마커 단백질 (식) marker protein
막매듭 (어)(자) sheet bend knot (어)(자) trawler knot
막분리 (식) membrane seperation
막지느러미 primordial finfold
막판 membranelle
만 (양)(어) bay, gulf
만각 cirrus
만곡도 (어) camber ratio
만곡형전개판 (어) cambered otter board
만노스 (식) mannose
만니톨 (식) mannitol
만삼각주 bay deltas
만새기 (식) dolphinfish (식) horsehead fish
만성 (식) chronic
만성독성 (식) chronic toxicity
만성독성시험 (식) chronic toxicity test
만성중독 (식) chronic poison
만안부 bayfront
만입 embayment
만재배수량 (항) loaded displacement
만재흘수 (항) full loadad draft
만재흘수선 (항) LWI (load water line)
만조 (어) high water (식) high tide
만조간격 high water interval
말기속도 terminal velocity
말단의 distal, terminal
말뚝 pile
말린생선 (식) dried fish
말목식양식 rack culture
말미잘 (식)(양)(어)(자) sea anemone, sea-flower
말쥐치 (식) black scraper
말초 periphery
말초의 distal
말타아제 (식) maltase
말토스 (식) maltose
말향고래 cachalot
맛 (식) taste
맛봉오리 (어) taste bud
맛소금 (식) seasoned salt
맛역치 (식) taste threshold
맛조개 jack knife clam, razor clam
망 full moon, net
망간단괴 manganese nodule
망고 (어)(자) net height (어)(자) vertical opening
망고계측 (어) measurement of net height
망구 (어) net mouth
망그로브군락 mangrove community
망둥어 goby
망막 retina
망목 (식)(어)(자) mesh
망목규제 (어)(자) mesh regulation, mesh size control
망목선택성 (어)(자) mesh selectivity
망목선택작용 (어) mesh selection act
망부유생물 netplankton
망사 twine
망상어 (식)(양)(어)(자) surfperch, (식)(양)(어)(자) sea chuh
망상의 cancellate
망상헛다리 reticulopod
망선 (어) catcher boat
망심 (어) depth of net
망심계 (어) net depth meter
망위 reticulum

망장 length of net
망지 netting, webbing
망치고등어 (식) spotted chuh mackerel
망통 (어) crow's nest, watch box
매가리 (식) young horse mackerel
매가오리 kit-ray, eaglray
매개변수 (식)(자) parameter
매개변수추정 (식)(자) estimation of parameter
매듭 (어) knot
매듭그물감 (어) knotted netting
매듭없는 그물 (어)(자) knotless netting, spliced net
매립 (양)(어)(자) reclomation
매매참가인 trade participant
매생이 capsosiphon
매일의 diurnal
매적작용 aggradation
매질 (식) medium
매퉁이 (식) lizard fish
맥 beat
맥놀이 beating
맨손어법 (어) fishing without gear
맨틀 (양)(어)(자) mantle
맬라닌 (식) melanine
맹관 diverticulum
맹낭 caccum
맹종죽 bamboo, floating pole
머거리 (어) bunt line
머리지느러미 cephalic fins
머무름 시간 (식) retention time
머시룸플랜지 (식) mushroomed flange
먹는물 (식) drinking water
먹는물 수준기준 (식) quality standards of drinking water
먹는물관리법 (식) Management of Drinking Water Act
먹물주머니 (식) ink-sac
먹이 (양) food, prey
먹이공급 (양) food supply
먹이공급량 (양) feeding amount
먹이동물 prey animals
먹이망 (자) food web
먹이사슬 (자)(식) food chain
먹이사슬관계 (식)(자) food chain relationship
먹이생물 (식)(자) food organism (양) live food
먹이생산층 food producing layer
먹이순환 (식)(자) food cycle
먹이연쇄 (식)(자) food chain
먹이전환효율 (양) feed conversion rate
먹이플랑크톤 bait-plankton
먹이피라미드 (식)(자) food pyramid
먹이환 food cycle
먹장어 (식) hagfish
먹즙 (식) ink-sac
먼지 (식) dust
멍 (어) sand bag
멍게 (식) ascidian (식)(양) sea squirt
멍에 (어) bracket
메갈로파 megalopa
메기 (식) catfish
메룰루사 hake
메부시 (식) me-bushi
메신저 (식) messenger
메신저라인 (어)(자) messenger line
메일라드반응 (식) Maillard reaction
메커니즘 (식)(어) mechanism
메타노플리우스 metanauplius
메타노플리우스기 metanauplius stage
메타세르카리아 metacercaria

메타센터 metacenter
메타솜 metasome
메타인산염 (식) metaphosphate
메타트로코포아 metatrochophore
메탄올 (식) methanol
메트미오글로빈 (식) met-myoglobin
메트헤모글로빈 (식) met-hemoglobin
메티오닌 (식) methionine
메틸 (식) methyl
메틸기 (식) methyl group
메틸레드 (식) methyl red
메틸렌 (식) methylene
메틸렌기 (식) methylene group
메틸렌블루 (식) methylene blue
메틸수은 (식) methyl mercury
메틸알코올 (식) methyl alcohol
메틸오렌지 (식) methyl orange
메틸화 (식) methylation
멕시코만류 (어) Gulf Stream
멜라노이딘반응 (식) melanoidin reaction
멜라닌 (식) melanin
멜라린색소 (식) melanin pigment
면상류 sheet flow
면역 (식) immune (식) immunization
면허어업 (식)(어) licensed fishery
면허우선순위 license order of priority
멸균 (식) sterilization
멸균소독기 (식) sterilizer
멸종 (자) extinction
멸종위험종 (자) endangered species
멸치 (식)(어) anchovy (식) Japanese anchovy
멸치권현망 (어)(자) anchovy boat seine net, anchovy drag net, anchovy tow net
멸치꽃포 (식) seasoned-dried anchovy
멸치들망 (어) anchovy lift net
멸치소대망 (어) anchovy small set net
멸치액젓 (식) (salt-fermented) anchovy sauce
멸치젓 (식) salt-fermenred anchovy (식) salted fermented anchovy
멸치챗배그물 (어)(자) anchovy scoop net, dragged scoop net with light
명골 (식) boiled dried cartilage
명도 (식) lightness
명란젓 (식) low salted Alaska pollock roe
명명법 nomenclature
명반응 light reaction
명시 photopic vision
명암각 brightness sense
명암등 occulting light
명암병법 light-dark bottle method
명주실 (어) silk twine
명태 (식)(어) Alaska pollock (양) walleye pollock
명태저층자망 (어)(자) Alaska pollock bottom gill net, pollock bottom gill. net
모관응축 capillary condensation
모노그래프 (식) monograph
모노글리세리드 (식) monoglyceride (MG)
모노엔산 (식) monoenoic acid
모노조아 Monozoa
모니터 프로그램 (식) monitoring program
모니터링 (식)(어) monitoring
모델복잡성 model complexity
모드 (식) mode

모래 (식) sea sand
모래등살이 interstitial organisms
모래여과기 (식) sand filter
모래중탕 (식) sand bath
모릿줄 (어) main line
모발분 (양) hair meal
모방본능 (어) instinct of imitation
모선 depot ship
모선식어업 (어) mother-ship type fishery
모세관칼럼 (식) capillary column
모세포 (식) mother cell
모악동물 chaetognaths
모양체 ciliary body
모자반 gulf weed, sea-lentil
모조새우꼬리맛살 simulated lobster tails
모조식품 (식) imitation food (식) analogue
모조진주 (식) artificial pearl (식) imitation pearl
모집단 population
모천국주의 priority of origin state
모천설 mother-river theory, parent-stream theory
모천회유 (어)(자) homing migration
모침 artificial fly
모타보트 (어) powerboat
모패 mother shell (양) parent shellfish
모포 trichocyst
모피 fur
모형 (식)(어) model
모형실험 (식)(어) model experiment
모형어구 (어)(자) model fishing gear, model gear
모형화기준 (어) modelling criteria
목 (식) order
목시관측 (어)(자) visual observation
목시법 (자) sighting method
목시법조사 (자) line transect survey
목시선 (자) tracklines, transects
목재뜸 (어) wooden float
목줄 (어)(자) ofter pendant, bracket and bridle chain
목초액 (식) pyroligneous liquid
목측 eye observation
목표어행동특성 behavioral characteristics of target fish
목표자원수준 target level of stock abundance
몰 (식) mole
몰이그물 (어) drive-in net
몰잇어업 (어) drive fishing (어)(자) drive-in fishery
몸그물 (어) body net
몸통부 trunk
못 slough
묘박 (어)(항) anchoring
묘박지 (어)(항) anchor ground
묘쇄 (어)(항) chain
묘지 (어)(항) anchorage
무갑류새우 fairy shrimp
무결절망지 (자) knotless webbing (어)(자) knotless netting
무관부레어류 physoclist
무관표어 physoclitous fish
무광대 aphotic zone
무광식물 anaphotic plant
무광층 aphotic zone
무균 (식) asepsis (식) bacteria free (양) sterile
무균배양 (식) sterile culture (양) aseptic

culture
무극의 aspinose
무기물 (식) inorganic material
무기산 (식) inorganic acid
무기염 (식) inorganic salt
무기질 (식) mineral
무기질화 (식) mineralization
무기탄소 (식) inorganic carbon
무기호흡 (식) anaerobic respiration
무낭망류 (어) surrounding net without bag
무늬발게 sand crab
무늬오징어 common cuttle fish
무당벌레 ladybird beetle, ladybug
무도장관 (식) plain can
무동물대 azoic zone
무두질 tanning
무류층 motionless layer
무른꼬임 (어) soft twist
무리짓기 patchiness
무리형성 (어)(자) schooling
무망시험 (어) flowmeter calibration
무미 (식) tasteless
무부하 no-load
무산소 anoxia
무산소상태 anoxic
무산소성퇴적물 anaerobic sediment
무산소화 anoxidation
무생대 axonic
무생물대 abiotic zone
무생물대 azoic zone
무생물부유물 tripton abioseston
무생물수층 azoic water
무생물적 abiotic
무생물지역 dead zone
무선방향탐지기 (어) RDF (radio direction finder)
무선부표 sonobuoy (어)(자) radio buoy
무선전신설비 wireless equipment
무선표지국 radio beacon station
무성생식 asexual reproduction
무성세대 asexual generation
무성충 nematogen
무성홀씨 asexual spore
무수결정포도당 (식) anhydrous crystalline glucose
무수물 anhydride
무스카린 muscarine
무어획 zero catches
무염수리미 (식) salt-free surumi
무염연육 (식) salt-free surimi
무위어 (양) stomachless fish
무작위 표본 (식)(어)(자) random sample
무작위추출 (식)(자) random sampling
무작위화 (식)(자) randomization
무정위현상 (어) disorientation
무조 amphidrome
무조건반사 (어) unconditioned reflex, autonomic reflex
무조건자극 unconditioned stimulus
무조점 amphidromic point
무족동물 apod
무족의 apodal
무주석강판관 (식) tin free steel can (TFS can)
무중신호 fog signal
무지개송어 (식)(양) rainbow trout
무차원 dimensionless
무척추동물 (식)(양) invertebrate
무척추유영동물 invertebrate nekton
무체강동물 acoelomata
무포자효모 asporogenous yeast

무한모집단 infinitive population
무한섬유 (어) endless fiber
무해통항권 right of innocent passage
무핵성의 akaryotic
묵즙선 (식) ink-gland (양) ink sac
묶음줄 (어) bundle line
문 paired-guide net to enclosure
문신찍기 tattooing
문어 (식) octopus
문어단지 (식)(어) octopus pot
문어류 (식) octopod
문자기 alphabetical flag
문절망둑 (식) common brakish-goby
문치가자미 (식) marbled sole
문침 stylet
물가자미 (식) roundnose flounder
물간법 (식) wet salting (식) brine salting (식) wet salting method
물갈퀴 있는 palmately
물개 seal
물고기수염 barbel
물고기펌프 (어) fish pump
물고기피부병 fish-scale disease, fishskin disease
물고기함정 snare
물교환 water exchange
물교환율 water exchange ratio
물기둥 (식) water column
물돛 (어) sea anchor
물렁뼈 (식) cartilage
물레고둥 whelk
물류비용 (식) distribution cost
물리적소화 (식) mechanical digestion
물리적여과 (식) mechanical filtering
물리통계학적예보 (식) physics-statistic prediction
물리학적검사 (식) physical test
물리학적방법 (식) physical method
물리해양학 physical oceanography
물리화학적 분석 (식) physicochemical analysis
물민챙이 bubble shell
물벼룩 daphnid, water flea
물보기 net hauling
물살센곳 rip
물성 (식) physical property
물수지 water budget
물순환 (양) hydrologic cycle, water circulation
물중탕 (식) water bath
물질균형 (식) material balance
물질대사 (식) metabolism
물질수지 (식) material balance
물질순환 (식) material cycle
물질이동 (식) mass transfer
물질이동계수 (식) mass transfer coefficient
물질전달 (식) mass transport
물총어 archerfish
물치다래 (식)(양)(어)(자) false albacoral, tonia bonito
물퉁돔 (식)(양)(어)(자) blue-spotted snapper
묽은산 (식) diluted acid
뮤신 (식) mucin
뮤코다당류 (식) mucopolysaccharide
미각 (식)(어) taste sense
미각기관 (식)(어) taste organ
미고생물학 micropalaeontology
미광대 disphotic, disphotic zone
미광성플랑크톤 micropalaeontology
미국농무부 (식) United States

Department of Agriculture (USDA)
미국식건착망 (어) American type purse seine
미국식품의약국 (식) Food and Drug Administration (FDA)
미꾸라지 (식)(양) Chinese muddy loach
미꾸리 (식) oriental weatherfish (식) mud loach
미끼 (식)(어) bait (식) lure
미끼용 벌레 bait fish (어)(자) bait worm
미끼절단기 (어) bait cutter
미끼통 (어) bait box
미나마타병 (미) Minamata disease
미늘 (어) barb, beard
미라시듐 miracidium
미량 (식) trace
미량금속 (식) trace metal
미량무기질 (양)(식) trace mineral, (식) micromineral
미량영양염 (식)(영)(자) micro-nutrient
미량원소 (양)(식) micro-element ㅊ (식) trace element
미로함정류 mazy traps
미립상 granulometric facies
미맹 (식) taste blindness
미부 urosome
미색동물 urochordate
미생물 (식) microorganism
미생물고리 microbial loop
미생물군 (식) microorganism flora
미생물단백질 (식) microbial protein
미생물상 (식) microflora
미생물섭식의 microphagous
미생물응집체 microbial floc
미생물학적 품질 (식) microbiological quality
미서식처 microhabitat
미성숙어 (양)(자) immature fish
미성숙의 (자) immature
미세동물상 microfauna
미세부유생물 microplankton
미세사생물상 endopsammon
미세생물먹이망 micro food web
미세섬모 microvillus
미세저서생물 microbenthos
미세조류 (식) microalgae
미세조류막 algal film
미세캡슐 (식) microencapsule
미세캡슐화 (식) microencapsulation
미소부유생물 nanoplankton, microplankton
미소생태계 microcosm, microecosystem
미소식물 microphyte
미소진폭파이론 small amplitude wave theory
미소플랑크톤 nanoplankton
미숙의 immature
미역 (식) sea mustard
미오겐 (식) myogen
미오글로빈 (식) myoglobin
미오신 (식) myosin
미오신 필라멘트 (식) myosin filament
미오알부민 (식) myoalbumin
미용식품 (식) beauty foods
미이용어 (식) un-utilized fish
미이용자원량 (식) unexploited biomass (식) unused biomass
미절 telson
미주신경 vagus nerve
미지 cercopod, uropod
미지 성장인자 (양) unidentified growth

factor (UGF)
미체 urosome
미초 pygidium
미충형유생 (양) tadpole larva
미틸로톡신 (식) mytilotoxin
미풍 (식) breeze
미해양학 microoceanography
미호기성세균 (식) microaerophilic bacteria
미환경 microenvironment
믹스 (식) mixer
민간어업협력 (어) unofficial fishing cooperation
민대구 (식) Pacific hake
민물 (식) freshwater (식) fresh water
민물바다물회유어류 diadromous fish
민물새우 (식) freshwater shrimp
민물송어 (식) freshwater trout
민물어류 (식) freshwater fish
민물홍조류 frog spawn
민스 (식) mince
민어 (식)(양)(어)(자) brown croaker, Miiuy croaker
밀 (식)(양) wheat
밀가루 (식)(양) wheat flour
밀기울 (식)(양) wheat bran
밀도 (식)(어)(자) density
밀도류 density current
밀도약층 pycnocline
밀도조절 density regulation
밀도종속과정 (자) density dependent process
밀도종속적성장 (자) density dependent growth, density dependent mortality
밀도층 density layer
밀도효과 (자) density effect
밀러채집기 miller sampler
밀물 (어) flood tide
밀물때 high water time
밀물방향 flood axis
밀배아분 (양) wheat germ meal
밀복 (식) brown-backed foodfish (식) moontail puffer (식) chestnut puffer
밀봉 (식) seaming (식)(양) sealing
밀봉기 (식) seamer (양) sealer
밀봉두께 (식) seam thickness
밀봉롤 (식) seaming roll
밀봉부 (식) seam
밀봉척 (식) seaming chuck
밀봉폭 (식) seam width
밀봉훅 중합률 (식) overlap percentage (OL %) of seaming hook
밀봉훅 중합부 길이 (식) overlap length (OL) of seaming hook
밀수입선 smuggle boat
밀식 (양) high density culture, dense culture
밀어 poaching
밀집어군 (어)(자) densed schools, dense schools
밀항자 stowaway
밍크고래 (자) mink whale
밑그물 (어) base net
밑꼬임 (어) preliminary twist, base twist
밑마디기절 endite
밑밥 chum
밑점 bed load
밑판 (어)(자) belly bottom slab, bottom belly
밑판보호망 (어)(자) belly protect net, false belly, false chafer

ㅂ

바깥다리 exopodite
바늘대 (어) netting needle
바늘대뜨기 (어)(자) webbing with needle
바다거미 sea spider
바다거북 sea turtle
바다거품 sea-foam
바다나리 crinoid
바다낚시꾼 (어)(자) sea angling player
바다눈 sea snow
바다물고기 (식)(양) marine fish
바다뱀 sea snake
바다버들 sea whip
바다빙어 smelt
바다새 sea bird
바다생물발광 sea fire (양) bioluminescence
바다소 sea cow
바다송어 (식)(양) sea trout
바다안개 sea fog
바다양식 marine culture
바다양치류 feather star
바다오리 puffins (양) Guillemot
바다우렁이 sea snail
바다이끼류 lichen
바다조개 seashell
바다조류 sea feathers (양) marine birds
바다조름 sea fan
바다표고 sea pansy
바다표범 harbor seal, sea cat
바닥고정걸그물 (어) bottom set gill net
바닥양식 bottom culture
바닥자망 (어) bottom gill net
바닥짐 ballast
바닷가재 (식)(양)(어)(자) American lobster
바디훅 (식) body hook
바디훅 길이 (식) body hook length(BH length)
바람응력 wind stress
바셀린 (식) vaseline
바실러스 (식) *Bacillus*
바이러스 (식) virus
바이오메스 (식) biomass
바이오산업 (식) bioindustry
바이오센서 (식) biosensor
바이오식품 (식) biofood
바이오에너지 (식) bioenergy
바이오제닉아민 (식) biogenic amine
바지락 (식)(양)(어)(자) filipino venus, Japanese littleneck
바지락중독 (식) venerupin
바지락탈각기 baby clam sheller, shortneck clam huller
바지선 (어) barge
바칼라오 (식) bacalao
바탕값 (식) blank
박 (식) scrap
박광층 disphotic zone
박명 twilight

박명층의 disphotic, dysphotic
박스주상채니기 box corer
박신 (식) shucked shellfish
박테리아 (식) bacteria
박편 section, flake
박피기 (식) peeler
반각굴 half-shell oyster
반감기 (식) half-life period
반건성유 (식) semi-drying oil
반경 (식) radicus
반고체배양 (식) semi-solid culture
반고체배지 (식) semi-solid medium
반구 hemisphere
반기구형새우트롤 (어) semi-balloon type shrimp trawl
반기생 hemiparasitism
반내생저서생물 hemiendobenthos
반눈 guarding
반도 peninsula
반돈채수기 van Dorn water bottle
반두그물 (어) dip net, (어) landing net
반디그물 (어)(자) bunt
반류 countercurrent
반발력함정류 (어) bent-rod traps
반복 (식) replication
반복계통조사 repeated systematic surveys
반복사 counterradiation
반복산란 iteroparity
반복설 recapitulation theory
반복율 repetition rate
반복적방식 iterative procedure
반부유란 semi-pelagic egg
반부유생물 hemiplankton
반분리식트롤 semi-separated type trawl
반빈채니기 van Veen grab
반사 (식) reflex
반사계수 (식) reflection coefficient
반사율 albedo, reflectance
반사음계수 echo counting
반사파 (식)(어) reflected wave
반사파계수법 echo counting
반사파통합법 echo integration
반사프로파일러 reflection profiler
반새 hemibranch
반색동물 hemichordate
반선미기관선 semi-after engine room vessel
반선미식트롤선 (어) semi-stern trawler
반송풍동결법 (식) semi-air blast freezing
반수생의 semiaqatic
반수염색체, 반수체 haploid
반시계방향의 anticlockwise
반심해성 hemibathyal, bathyal
반심해원양성 hemibathypelagic, bathyelagic
반심해원양성어류 bathypelagic fish
반영양성유생의 lecithotrophic
반올림오차 round-off error
반월무늬의 lunuled
반유영성 semi-pelagic egg
반음양 hermaphroditism
반응 (식)(어) reaction
반응경로 (식) reaction path
반응계 (식) reactive system
반응기 (식) reactor
반응메카니즘 (식)(어) reaction mechanism
반응물질 (식) reactant
반응생성물 (식) reaction product

반응성규산염 (식) reactive silicate
반응속도론 (식) reaction kinetics
반응속도상수 (식) reaction rate constant
반응속도식 (식) reaction rate equation
반응시간 (식) reaction time
반응식 (식) reaction equation
반응억제제 (식) reaction inhibitor
반응장치 (식) reactor
반응적행동 (식) responsive behavior
반응차수 (식) order of reaction
반응표면 (식) response surface
반응표면분석법 (식) response surface methodology (RSM)
반일변화 semi-diurnal variation
반일주분조 semi-diurnal constituent
반일주조 semi-diurnal tides (양) semidiurnal tide
반일주조류 semi-diurnal current
반일파 semi-diurnal wave
반저서성 (양) semi-demersal
반전류, 반전조류 reversing current
반점모양갈변 dun
반정 phenocryst
반죽 (식) dough
반죽기 (식) kneader
반쪽산화환원반응 half redox reaction
반투과성 (식) semi-permeability
반투막 (식) semi-permeable membrane
반평균법 semi-average method
반폐쇄해 semi-enclosed sea
반포화상수 half saturation constant
반합성섬유 semi-synthetic fiber
반향 echo
반향정위 acoustic orientation
반향정위 echolocation
발(그물의) (어) mess bar
발광 luminance, luminescence
발광공생 photosymbiosis
발광기 luminescent organ
발광기관 light organ, luminescent organ
발광박테리아 luminescent bacteria, photogenic bacteria, luminnescence bacteria
발광생물 luminiferous organism, luminous organism
발광성의 photogenic
발광성플랑크톤 luminous plankton
발광세균 luminous bacteria
발광신호 flashing light signalling, light signal
발광어류 luminous fish, photogenic fish
발광오징어 photogenic squid
발광포 photophore
발광효소 luciferase
발돌 (어) sinker
발린 (식) valine
발산 divergence
발산손실 divergence loss
발산진화 divergence evolution
발상지 source region
발색제 (식) colorant
발생 development
발생관련수직회유 ontogenetic vertical migration
발생생물학 (식) developmental biology
발생속도 developmental speed
발생학 embryology
발아 (식) budding (식) germination
발아억제 (식) inhibition of germination
발아억제물제 (식) germination inhibitor

발안기 (식) eyed egg stage
발안란 (양) eyed egg
발암 (식) carcinogenesis
발암(성)물질 (식) carcinogen
발연부신호 buoyant smoke signal
발연점 (식) smoke point
발육단계 (식)(자) developmental stage
발음어 soniferous fish
발전어류 electric fish
발줄 (어) ground rope
발진기 (어) oscillator
발췌개수 (식) sampling number
발췌검사 (식) sampling inspection
발파수심 shot depth
발포섬유 bubble type fiber
발포유리 foamed glass
발화점 (식) burning point
발효 (식) fermentation
발효가공 (식) fermentation processing
발효공업 (식) fermentation industry
발효공정 (식) fermentation process
발효기 (식) fermentor
발효기간 (식) fermentation period
발효기술 (식) fermentation technology
발효사료 (양) fermented feed
발효속도 (식) fermentation rate
발효시간 (식) fermentation time
발효식품 (식) fermented food
발효어간장 (식) (salt-fermented) fish sauce
발효제 (식) fermenter
발효조 (식) fermentor
발효조미료 (식) fermented seasoning
발효조미식품 (식) fermented seasoned food
밧줄꼬임 (어)(자) rope twist
밧줄식양식 long-line culture
방 (어)(자) boat seine
방그물 (어)(자) seine net
방류 (자) release
방류어 (양)(식) released fish
방류종묘 (자) released larvae, released seed
방류효과 (자) stocking efficiency
방사 (식) radiation
방사강 (양) radial pocket
방사계 (식) radiometer
방사관 (양) radial canals
방사늑수 number of radial rib
방사능 (식) radioactivity
방사능오염 (식) radioactive contamination
방사대칭 radial symmetry
방사상의 radial
방사상칭동물 Radiata
방사선 (식) radiation
방사선 살균 (식) radiation sterilization
방사선량 (식) radiation dosage
방사선물질 (식) radioactive substance
방사선생물학 radiobiology
방사선조사 (식) irradiation
방사선조사선량 (식) irradiation dose
방사선조사식품 (식) irradiated food
방사성폐기물 (식) radioactive waste
방사성표지 (어)(자) radio tag (양) radioactive label
방사성핵종 radio nuclide, (양) radionuclide
방사침 radiole
방사화학분석 radiochemical analysis
방산충 radiolarin (양) Radiolaria
방산충연니 radiolarian ooze

방선균 (식) actinomycetes
방수복 (양)(어) immersion suit
방습 (식) moisture proof
방습포장 (식) moisture proof package
방식 (식) mode (양) anticorrosion
방식페인트 anticorrosive paint
방압온도계 protected thermometer
방어 (식)(양)(어)(자) yellowtail, (식)(양)(어)(자) Japanese amberjacks
방어 낙망 (어)(자) yellow tail pound net
방어 정치망 (어)(자) yellow tail set net
방어본능 protecting instinct
방어행동 protective behavior
방열성능시험 radiation coefficiency test
방오도료 (식) antifouling paint
방위 azimuth, bearing
방위권 azimuth circle
방위도법 azimuthal projection
방위측정설비 bearing finding equipment
방위측정용 콤파스 bearing compass
방위표지 cardinal marks
방위환 azimuth circle
방적섬유 (어) texile fiber
방점 (식) freezing point
방조제 (어) sea wall
방추형 (어)(자) fusiform
방추형물고기 (식)(어) fusiform fish
방출 (식) emission
방파제 (어) breakwater
방패비늘 placoid scale
방해 interference
방향 (식) perfume, aroma
방향계수 coefficient of direction
방향성 (식) aromatic properity
방향제 (식) aromatic agent
방향족 (식) aromatic
방향족아미노산 (식) aromatic amino acid
방향족알데하이드 (식) aromatic aldehyde
방향족알코올 (식) aromatic alcohol
방향족카르복실산 (식) aromatic carboxyl acid
방향족탄화수소 (식) aromatic hydrocarbon
방향족화합물 (식) aromatic compound
방향탐지기 (어) direction finder
방현재 (어) fender
방혈 (식) bleeding
방형구채집 (자) quadrat sampling
방화복 (어) fire coat
방화훈련 fire fighting drill
배 (식) embryo
배건품 (식) roasted-dried product
배관설비 piping facility
배광반응 (어) dorsal light reaction
배기 (식) exhaust
배기구 (식) vent
배기포장 (식) exhaust package
배돌림줄 (어) turn heading rope
배란 ovulation
배면경사 back slope
배발생기간 embryonic period
배사구조 anticline
배선 allocation, raphe
배설 excretion
배설공 excretory pore
배설물 (양) faces (양) exceteta
배수구 (식) drain (양) drainage, scupper
배수량 (식) drainage quantity

배수로양식 spillway farm
배수염 ventral cirrus
배수체 diploid (양) polyploid
배수체적 displacement volume
배수톤수 displacement tonnage
배아경 cadophore, dorsal stolon
배안 backshore
배양 (식) hatching (식) incubation
배양기 (식) incubator
배양기간 (식) incubation period
배양세포 (식) cultured cell
배양장 (양) hatchery
배우자 (양) gamete
배우자낭 gametangium
배우자접합 gametngamy
배우자형성 gametogenesis
배우체 gametophyte
배위화합물 coordination compound
배육 (식) abdominal meat
배잡잇줄 (어)(자) holding line
배좀벌레 shipworm
배지 (식) medium
배지느러미 (식)(어) ventral fin, (식) abdominal fin
배쪽육 (식) ventral muscle
배출 (식) discharge
배출농도 (식) discharge concentration
배출액 (식) effluent
배치 (식) layout (식) allocation
배치도 (식) arrangement plan
배치식 (식) batch type
배타적경제수역 (식)(어) exclusive economic zone (EEZ)
배터링 (식) battering
배틀방그물 (어) boat dredge
배판 tergum (dorsal valve)
배포자 embryospore
배합사료 (양) formula feed
배형성 embryogenesis
배후리 (어) boat seine
배후만 back bay
백금이 (식) inoculating loop
백다랑어 (식)(양)(어)(자) northern bluefin tuna, Indian long-tailed tuna
백반현상 (식) white spotting
백분율 (식) percent (식) percentage
백빙 (식) milky ice
백사 white sand
백상아리 (식)(양)(어)(자) great white shark, man eater
백색어분 (식) white meal, (식) light meal
백색육 (어)(식) white muscle
백색육어류 (식) white fleshed fish
백색잡음 white noise
백색팩티스 white factice
백파 whitecaps, white cap
백합 (식)(양)(어)(자) common orient clam, hard clam
백혈구 (식) leucocyte (식) globlue leucocyte (식) white blood cell
백화현상 (양)(자) whitening
밴댕이 (식) big-eyed herring, (식) scaled sardine
밴드캡 (식) band cap
밴드캡병 (식) band cap bottle
밸러스트 (어)(항) ballast
밸러스트탱크 (항) ballast tank
밸브 (식) valve
뱀장어 (식) common eel, (식) Japanese eel
뱀장어 써레 common eel harrow (어)(자) common eel rake

뱀장어 작살 common eel spear (어)(자) common eel harpoon
뱀장어 통발 (어) common eel pot
뱀장어꼬치구이 spitchcock
뱀장어통 common eel tube
뱃길 seaway
뱃머리 bow
뱃멀미 (어)(자) seasickness
뱃전 bulwark
뱅어 (식)(어)(양)(자) whiting (식)(어)(양)(자) white bail (식)(어)(양)(자) ice fish
버거 (식) burger
버섯 (식) mushroom
버어돈관 (식) bourdon tube
버켓준설기 bucket dredger
버클관 (식) buckled can
버클링 (식) buckling
버트란트 (식)(양) Bertrand method
버팀줄 (어) stay rope
번식 (자) breeding, reproduction
번식기 (자) breeding season
번식율 (자) reproductive rate
번식장 (자) breeding ground, breeding place
번식학 (양) thremmatology
번식회유 (자) breeding migration
벌레구멍 burrow
범가자미 (식) spotted halibut
범고래 killer whale
범돔 (식) footballer (식) stripey
범람 flood
범선 (어) sailing vessel (어)(자) sailing boat
범선저인망 (어) sailing trawl
범세계종 cosmopolitan species
범위 (식) range
범포 (어) canvas
범포식안강망 (어) canvas type stow net
범포식전개장치 (어)(자) canvas type shearing device, canvas shearing device
법인어촌계 corporate Eochon-gye
법인회사 corporate company
법정갑판선 statutory deck line
법정마일 statute mile
베네루핀 (식) venerupin
베네루핀독소 (식) venerupin toxin
베도라치 (식)(양)(어)(자) tidepool gunnel
베로세포독소 verocytotoxin
베링해 (식)(어) Bering Sea
베벨기어 (식) bevel gear
베이스박스 (식) base box
베이스라인 (식) baseline
베이시안분석 Bayesian analysis
베크렐 (식) becquerel (Bq)
베타글루칸 (식) β-glucan
베타인 (식) betaine
벤젠 (식) benzen
벤젠링 (식) benzen ring
벤조산 (식) benzoic acid
벤조피렌 (식) benzopyrene
벤트 (식) vent
벨트컨베이어 (식) belt conveyer
벼랑물가 brink
변경 difference of longitude
변광회전 (식) mutarotation
변동 fluctuation
변동성 variability
변량모형 random effect model
변량요인 random effect factor
변색 (식) discoloration

변성 (식) denaturation
변성단백질 (식) denaturated protein
변성도 metamorphic grade
변성작용 metamorphism
변수 (식) variable
변압염장법 (식) variable pressure salting
변염성 poikilosmotic
변온동물 poikilotherm, poikilothermal animal
변온층 mesolimnion
변위 difference of latitude
변이 (식)(어) variation
변이계수 (식) coefficient of variation
변이체 (식) variant, (식) mutant
변종 variety
변차 (식) variation
변침점 succession points
변태 metamorphosis
변패 (식) deterioration
변패취 (식) off-flavor
변향무정위운동성 klinokinesis, phobotaxis
변형 (식) deformation
변형측정기 strain gauges
변환 (식) transformation
변환기 transducer
별상어 (식)(양)(어)(자) star spotted shark, hound shark, gummy shark
볏 comb
병부 peduncle
병서식용지 bottle papers
병어 (식)(양)(어)(자) silvery pomfret, butterfish
병원균 (식) pathogen
병원선 hospital ship
병원성 (식) pathogenicity
병원성대장균 (식) pathogenic coli
병원성 미생물 (식) pathogenic microorganism
병원성박테리아 (식) pathogenic bacteria
병원성세균 (식) pathogenic bacteria
병원성의 (식) pathogenic
병원성진균 (식) pathogenic fungus
병절 pedicle
병조림 (식) bottling
병조림식품 (식) bottled food
보건복지부 (식) Ministry of Health and Welfare
보건용공기조화 (식) comfort air-conditioning
보구치 (식) croaker (식) silver jewfish
보대 ambulacrum
보디훅 (식) body hook
보라성게 (식) purple sea urchin
보류 compensation current
보리멸 (식) smelt (식) common asohos
보리새우 (식)(양)(어)(자) kuruma prawn
보메도 (식) baume degree
보빈 (어) bobbin
보상광도 compensation light intensity
보상사망율 compensatory mortality
보상성장 (양) compensatory growth
보상심도 compensation depth
보상점 compensation point
보상조도 compensation irradiance
보상층 layer of compensation
보세창고 bonded warehouse
보수력 (식) water holding capacity (WHC)
보스비 (어)(항) boss ratio
보습제 (식) humectant
보온효과 insulating effect

보올 밀 (식) ball mill
보이스발로트법칙 Buys ballot's law
보일드통조림 (식) canned-boiled food
보일러 (식) boiler
보전 (식) conservation
보정 (식) calibration
보정기준점 fiducial point
보정항 (식) correction term
보조기계 auxiliaries
보조기관 auxiliary engine
보조발전기 auxiliary generator
보조선 (어) supplementary boat
보조어구 (어) auxiliary fishing gears
보조자료 (식)(양) auxiliary data
보조줄 (어) auxiliary rope
보존 (식)(자) preservation
보존료 (식) preservatives
보증력 proof strength
보채낚시 (어)(자) jerky hook, balance type hook
보초 barrier reef
보충사료 (양) supplement feed
보침성 course keeping quality
보통꼬임밧줄 (어)(자) ordinary twisted rope, ordinary lay rope
보통육 (식) ordinary muscle
보툴리누스균 (식) *Clostridium botulinium*
보툴리누스독소 (식) botulinus toxin
보툴리눔 식중독 (식) botulism
보트훈련 boat drill
보퍼트풍력계급 Beaufort's wind scale
보편상수 universal constant
보편종 cosmopolitan species (양) cosmopolitic species
보호 (자) conservation
보호구역 (자) protected area (양) protective area
보호색 (자) protecting coloration (양) protective coloration
보호수면 (어)(자) conservation area, conserved area
보호회로 protection channel
보효소 (식) coenzyme
복각 pleopod
복갑판선 double-decker
복란엽 oostegites, oostegite
복막 peritoneum
복부 (식) abdomen (식) venteral (식) belly
복부의 (식) abdominal
복부절개 (식) splitting
복부체절 abdominal segment
복사 (식) radiation
복사에너지 (식) radiant energy
복사평형 radiation equilibrium
복섬 (식) grass puffer
복신경절 abdominal nerve cord
복안 compound eye
복어 (식) puffer, fugu
복어꽃포 (식) seasoned-dried puffer
복어독 (식) tetrodotoxin
복원력 (어)(항) restoring force
복절 abdominal segment
복족류 (식) gastropoda
복판형전개판 (어) double plate type otter board
복합경영 multimodel management
복합기록계 multiple register
복합단백질 (식) conjugated protein
복합밧줄 (어) compound rope
복합생식체절 compound genital somite

복합섬유 (어) multifilament
복합섬유올 (어) multifilament yarn
복합양식 polyculture
복합조 compound tide
복합지질 (식) compound lipid
복합초 reef complex
복합피낭체 compound cyst
복합해안선 compound shoreline
복합형도료 compound paint
본능 (어) instinct
본능적행동 (어) instinctive behavior
볼락 (식)(양)(어)(자) dark-banded rockfish, Japanese stingfish
볼밀 (식)(양) ball mill
볼형양망기 (어) ball type net hauler
봇돌 (어)(자) sinker, weighter
봉고네트 (자) bongo net
봉쇄 blockade
봉수망 (식)(어) stick-held dip net, lever lift nets
봉합선 (어) seaming line
부가적작용 additive process
부가형성 epimorphosis
부검조소 secondary tide station
부교 floating pier
부니 sapropel
부동등 fixed light
부동식가두리 (양) floating fish cage
부동식양식 (양) floating culture
부동식양식 (양) floating culture
부동식채묘 floating spat, floating seedling
부동항 ice-free port
부들로냉각기 (식) Boudelot type cooler
부등 auxiliary light
부등미 heterocercal tail
부등미형의 heterocercal
부등변의 inequilateral
부등할 unequal cleavage
부란각 oviger
부란기 hatcher, incubator
부란장 (양) hatchery
부레 (식) air bladder
부레병 air-bladder disease
부레-소화관연결관 physoclists
부레풀 (식) isinglass
부력 (어) buoyancy
부력곡선 (어) buoyancy curve
부력중심 (어) center of byoyancy
부력효과 (어) buoyancy effect
부리 (어)(자) large yellow tail
부리 beak
부망류 (어)(자) lift nets, square net
부망어선 (어)(자) lift net fishing vessel, square-netter
부망어업 (어) lift nets
부모식표본 paratype
부분동결 (식) partial freezing
부분압력 (식) partial pressure
부분용적비 fractional volume abundance
부분적동시성 partial synchrony
부분표본 sampling fraction
부빙 floe (양) ice floe
부산물 (식) by-products
부상 loom
부상란 floating egg
부상력계수 floating coefficient
부상사료 (양) expanded feed
부상치어 (양) swim-up fry, advanced fry
부상형 floating form
부생균류 saprophyte

부생동물성 saprozoic
부생식물성 saprophytic
부생식물성영양 saprophytic nutrition
부서짐성 (식) brittleness
부성란 (자) pelagic egg
부세 (식) large yellow croaker
부소파제 floating breakwater
부속구목록 inventory
부속기 appendage
부속해 adjacent sea
부수어획 (어)(자) By catch
부스러기 debris
부스럼병 furuncle
부시 (식) bushi
부시리 (식) amberjack
부식 (식) corrosion
부식니 humic mud
부식동물 scavenger
부식병 humic disease
부식생물 saprophagous organisms
부식영양자 saprotrophs
부식집적작용 accumulation of humus
부압반응 negative pressure response
부양장치 elevator tool
부어구 (어)(자) supplementary, auxiliary fishing gears
부어류 (식)(어)(자) pelagic fish
부어초 floating fish reef, floating artificial reef
부연승(뜬주낙) (어) drifting long line
부엽 side lobe
부영양 eutrophy
부영양성플랑크톤 eutrophic plankton
부영양세균 copiotrophic bacteria
부영양의 eutrophic
부영양호 eutrophic lake
부영양화 (양)(자) eutrophication
부영양화현상 eutrophic phenomena
부온도계 auxiliary thermometer
부유 (식) floating
부유균류 mycoplankton, Planctobacteria
부유기 planktonic stage
부유기치패어 planktonic juvenile
부유란 pelagic eggs
부유물질 suspended substance (식) suspended solid (SS)
부유생물 (양)(자) plankton
부유생물기록기 (자) plankton recorder
부유생물량 (자) plankton biomass
부유생물섭식자 planktotropher, plankton feeders
부유생물이상증식 planktonic bloom
부유생물채집 (자) plankton sampling
부유생물채집망 (자) plankton net
부유생물채집펌프 (자) plankton pump
부유생물학 planktonology
부유생활사 planktonic life history
부유생활자 plankters, zooplankters
부유성의 planktonic
부유성저서생물 planktobenthos
부유성퇴적물 planktonic sediment
부유세균 planktonic bacteria
부유식물 phytoplankton
부유양식 (양) floating cultivation
부유영양단계 (양) planktotrophic stage
부유원생동물 protozooplankton
부유유생 larval plankton, planktonic larvae
부유치패 planktonic larval shell
부유토사 suspended sediment
부이형전개판 floating type otter board

부자 (어) float
부적합품 (식) rejected products
부정기선 (항) tramper, tramp ship
부정미 heterocercal tail
부정합 discordance, unconformity
부정형의 amorphous
부조 floating seaweeds
부지 epipodite
부진동 seiche
부차적근육반흔 accessory muscle scars
부착기 holdfasts
부착기질 attached substratum
부착동물체 attached animal
부착란 adhesive(or attached) egg
부착박테리아 attached(or periphytic) bacteria
부착방지도료 antifouling paint
부착생물 fouling organism, periphyton
부착생물군집 fouling community
부착성 (식) adhesiveness
부착성규조 attached diatom
부착성세균 periphytic bacteria
부착성장 accretion
부착성해적생물 attached harmful organism
부착세균 (식) attached bacteria
부착조류 (식) attached algae
부착치패 (양) attached spat
부처링 (식) butchering
부침시험 sinking and floating test
부침조절기관 hydrostatic organ
부패 (식) putrefaction
부패방지법 (식) protective method of putrefaction
부패세균 (식) putrefactive bacteria
부표 (어)(자) buoy
부표등 (어)(자) buoy light, buoy light mark
부표생물 pleuston
부피 (식) volume
부하 (식) load (식) weighting
부하계산 (식) load calculation
부하량 (식) load capacity
부하율 (식) load rate
부합상관 coincidental correlation
부화기 (양) hatching tray
부화병 hatching bottle
부화율 (양) hatching rate
부화장 (양) hatchery
부화치어 (양) hatched fry
북극 Arctic
북극권 Arctic circle
북대서양심층수 (어) North Atlantic Deep Water (NADW)
북반구 northern hemisphere
북방의 boreal
북방한계선 (어) Northern Limit Line
북방형 northern form
북상회유 northward migration
북어 (식) frozen-dried Alaska pollack
북위 north latitude
북쪽분홍새우 (식)(양)(어)(자) northern shrimps, Alaskan Pink Shrimp
북태평양어업 (어) North Pacific fishery
북한한류 (어) North Korea Cold Current
북해어장 (어) Northern Sea fishing ground
분광광도계 (식) spectrophotometer
분광광도법 (식) spectrophotometry
분극 (식) polarization
분극작용 (식) polarizing action

분기 bifurcation, divergence
분기공 spiracle
분기초망 (어)(자) scoop net, dragged scoop net with light
분도 sector
분류 distributary (식) classification (식) sorting
분류계열 taxonomic series
분류군 taxon
분류단계 hierarchy
분류법 (식) classification
분류학 taxonomy
분류형질 taxonomic character
분리 (식) separation
분리계수 (식) separation coefficient
분리배지 (식) isolation medium
분리법 splitting method
분립 fecal pellet(or castings)
분만장 calving grounds
분말상식품 (식) powdered food
분말한천 (식) powdered agar
분무 건조 (식) spray drying
분무건조기 (식) spray dryer
분무건조식품 (식) spray dried food
분배계수 partition coefficient
분변계대장균 (식) fecal coliform
분변계대장균군 (식) fecal coliform group
분별결정법 (식) fractional crystallization
분별응고법 (식) fractional coagulation
분별증류 (식) fractional distillation
분별침전 (식) fractional precipitation
분비물 secretion
분사노즐 (식) injection nozzle
분산 dispersion, variance
분산계수 (자) dispersion coefficient
분산관계 (자) dispersion relation
분산분석 (식)(자) analysis of variance, ANOVA
분산비 (식) variance ratio
분산상 dispersed phase
분산유형 dispersal pattern
분산추정 variance estimation
분산합 pooled variance
분산효과 (자) dispersal effect
분석농도 (식) analytical concentration
분석오차 (식) analytical error
분석적모델 (식) analytical model
분석증명서 (식) certificate of analysis
분쇄 (식)(양) grinding
분쇄공정 (식) grinding process
분쇄기 (식) grinder
분쇄롤 (식) grinding roll
분쇄비율 (식) ratio of size reduction
분쇄효율 (식) grinding efficiency
분수계 watershed
분수공 blowhole, spiracle
분압기록계 potentiometric recorder
분열 fission
분자구조 (식) molecular structure
분자량 (식) molecular weight
분자배열 (식) molecular arrangement
분자사슬 (식) molecular chain
분자생물학 (식) molecular biology
분자식 (식) molecular formula
분자적확산 (식) molecular diffusion
분자증류 (식) molecular distillation
분자체 molecular sieve
분장어 (식)(양)(어)(자) cresthead cutlass fish, ribbon fish
분점 equinoctial points

분점대조 equinoctial spring tides
분점조 equinoctial tide
분젠-레코우의 법칙 Bunsen-Rescow's law
분조 (어) tidal constituents
분조류 component current
분조점 equinoctial point
분지 basin
분지계 clone
분진 (식) dust
분출 ejection
분취기 (식) fraction collector
분취량 aliquot
분포 (식)(어)(자) distribution
분포도 (식)(어)(자) distribution graph, distribution map
분포밀도 (어)(자) distribution density
분포양식 (어)(자) spatial distribution pattern (양) mode of distribution
분할구배치법 split plot design
분할구조사 transect survey
분할보정 contingency correction
분할상사 similitude of separation
분할파장방법 spilt beam method
분할표 contingency table
분해 (식) decomposition
(식) degradation
분해능 (식) resolution
분해대사 catabolism
분해대사물 catabolite
분해자 decomposer
분화작용 differentiation
분획 (식) fractionation
분획 깔때기 (식) separate funnel
불가사리 (식)(양) starfish
불가사리그물 starfish net
불감부피 dead volume
불개항 closed port
불건성유 (식) non-dried oil
불검화물 (식) unsaponification matter
불규칙파 (양)(어) irregular waves
불꽃형발광 spark-type luminescence
불등가사리 seaweed furcata
불량식품 (식) defective food
불루길 bluegill
불림 quenching
불배 (어) light ship (어)(자) light vessel
불법어업 poaching (어)(자) illegal fishery
불복락 (식) goldeyo rockfish
불수의근 (식) involuntary muscle
불순물 (식) contaminant, impurity
불안정 (식) unstability
불안정계 (식) unstable system
불연속 (식) discontinuity
불연속분포 (식) discontinuous distribution
불연속산란 discontinuous spawning
불연속선 (식) line of discontinuity
불연속성 (식) discontinuity
불연속층 layer of discontinuity
불완전기생 facultative parasitism
불용성 식이섬유 (식) insoluble dietary fiber
불유연강색 (어) inflexible wire rope
불응축가스분리기 (식) non-condensable gas separator
불임성 sterility
불쾌지수 discomfort index
불쾌취 (식) off-odor
불통그물 (어) bag net
불투명대 opaque zone

불투명빙 (식) milky ice
불포화 (식) unsaturation
불포화도 (식) degree of unsaturation
불포화지방산 (식) unsaturated fatty acid
불포화폴리에스테르수지 (식)(어) unsaturated polyester resin
불확실성 (식) uncertainty
불활성화 (식) inactivation
붉돔 (식) porgy (식) crimson sea bream
붉은갯병 red rot
붉은대게 (식)(양)(자)(어) red snow crab
붉은메기 (식) Arnored brotula
붉은바다거북 loggerhead
붐 boom
붕괴 (식) crash (식) failure
붕괴상수 decay constant
붕산 (식) boric acid
붕어 (식) crusian carp
붕장어 (식)(양)(어)(자) white spotted conger
뷰렛 (식) biuret
뷰렛반응 (식) biuret reaction
뷰허깔때기 (식) Buchner funnel
브라인 (식) brine
브라인교반기 brine agitator
브라인동결 (식) brine freezing
브라인동결장치 (식) brine freezer
브라켓 (어) bracket
브레디드 (식) breaded
브레디드 피쉬 (식) breaded fish
브롬 (식) bromine
브루셀라균 (식) *Brucella*
브릭스 (식) brix
블랜칭 (식) blanching
블록동결 (식) block freezing
블록섀클 (어) block shackle
블록형양망기 (어) block type net hauler
블루길 (식) bluegill
블루러너 blue runner
블루화이팅 blue whiting
블룸 (식) bloom
블리더 (식) bleeder
비 (식) vee
비가역과정 (식) irreversible procedure, irreversible process
비가역반응 (식) irreversible reaction
비가역사이클 (식) irreversible cycle
비강 nasal cavity
비결정계수 (식) coefficient of non-determination (양) coefficient of alienation
비결정물질 amorphous substance
비결정성 (식) indeterministic property (양) amorphous (양) Undecidability (양) non-determinism
비결정적난할 indeterminate cleavage
비공 nares, nostril
비교법 (식) comparison test
비교오차율 (식) comparison error rate
비교유량분석 comparison flow analysis
비교점 (식) comparing point
비구심성 noncentrality
비극성 (식) non-polar
비극성 결합 (식) nonpolar bond
비극성 용매 (식) non-polar solvent
비극성지질 (식) nonpolar lipid
비누화 (식) saponification
비누화가 (식) saponification value
비늘 (식) scale
비늘상태 scaliness
비늘아교 (식) scale glue
비늘어교 (식) scale glue

비닐수지도료 (식) vinyl resin paint
비단백질소 (식) nonprotein nitrogen
비단백질소화합물 (식) non-protein nitrogenous compound
비단잉어 color carp, fancy carp
비대칭 (식) asymmetry
비대칭도 skewness
비등 (식) boiling
비등방성 anisotropy
비등점 (식) boiling point
비디오화면 video display
비례승법 proportional power law
비례오차 (식) proportional error
비료 (식) fertilizer
비린내 (식) fish(y) odor
비만 (식) obesity
비만계수 (식)(어)(자) coefficient of fatness
비만도 (식) fatness (식)(양) condition factor
비발산 non-divergence
비법인어촌계 (어) non-corporate Eochon-gye
비보전성성분 nonconservative property(or constituent)
비부유발생 non-pelagic development
비브리오균 (식) *Vibrio*
비브리오콜레라 (식) *Vibrio cholera*
비브리오패혈증 (식)(양) *Vibrio* vulnificus septicemia
비산소수괴 (어)(양) hypoxia water mass
비상배치표 emergency station bill, station bill
비색계 (식) colorimeter
비색법 (식) colorimetry
비색분석 (식) colorimetric analysis
비색적정 (식) colorimetric titration
비생물자원 non-living resources
비선택성퇴적물식자 non-selective deposit feeder
비선형 (식)(자) nonlinear
비선형분석 (식)(자) nonlinear analysis
비소 (식) arsenic (As)
비소중독 (식) arsenic poisoning
비스페놀 (식) bisphenol
비알칼리도 specific alkalinity
비압축성 incompressibility
비압축성유체 incompressible fluid
비에이치에이 (식) butylated hydroxyanisole (BHA)
비에이치티 (식) butylated hydroxytoluene (BHT)
비엘 (식) BL (body length)
비연속배양 (식) batch culture
비연속식제조방법 (식) noncontinuous processing
비열 (식) specific heat
비오틴 (식) biotin
비옥도 fertility
비율 (식) rate (식)(어) ratio
비율척도 ratio scale
비자본가적어업 (어) non-capitalistic fishery
비재생산자원 nonrenewable resources
비점도 (식)(어) specific viscosity
비점성유체 inviscid fluid
비점오염원 non-point pollution source
비정상류 (식) unsteady flow
비정상의 (식) abnormal
비정질의 amorphous
비조류 nontidal current
비조화상수 (양) nonharmonic constant
비주기성운동 aperiodic motion

비주기성진동 aperiodic oscillation
비중 (식) gravity
비중계 (식) gravimeter (식) hydrometer
비체적 (식) specific volume
비체절형질 nonmetameristic character
비축사업 reserved project
비치프론트 beach front
비커 (식) beaker
비타민 (식) vitamin
비타민 결핍증 (식) avitaminosis (양) vitamin deficinecy
비타민결핍먹이 (양) vitamin deficiency feed
비타민과잉증 (양)(식) hypervitaminosis
비타민융사작용물질 vitamin-like active substance
비탈 (식)(어) slant, (식) slope
비틀림 (식) torque
비틀림통발 torsion trap
비파괴시험 (식) nondestructive test
비표지어 (자) non-marked fish
비피나리아유생 bipinnaria larva
비필수아미노산 (식) non-essential amino acid
비합치용해 incongruent dissolution
비행계수조사 aircraft counting survey
비행기날개꼴 hydrofoil form
비헴철 (식) non-heme iron
비환원당 (식) nonreducing sugar
비활성기체 inert gas
비활성기체마취 inert gas narcosis
비회전성 irrotationality
비회전운동 irrotational motion
비효소갈변 (식) nonenzymatic browning
비효소갈변반응 (식) non enzymatic browning reaction
빈도 (식)(자) frequency
빈도곡선 (식)(자) frequency curve
빈도분포 (식)(자) frequency distribution
빈산소수 hypoxic water
빈산소의 hypoxic
빈염성 oligohaline
빈영양 (양) oligotrophy
빈영양성플랑크톤 oligotrophic plankton
빈영양세균 oligotrophic bacteria
빈영양의 (양) oligotrophic
빌지 bilge
빌지배출 bilge pump
빌지웰 bilge well
빔 (식)(어) beam
빔식새우트롤 (어) beam shrimp trawl
빔트롤 (어) beam trawl
빔폭 (어) beam width
빗대 (어) mesh stick
빗모양 돌기 pecten
빗비늘 ctenoid scale
빗살동물 sea walnut
빗살아가미 ctenidia, gill plume
빗판 comb plates
빗해파리 comb jellyfish
빙결점 (식) freezing point
빙결정 (식) ice crystal
빙결정성장 (식) ice crystal growth
빙어 (식)(양)(어)(자) pound smelt, freshwater smelt
빙의 (식) glaze
빙의처리 (식) glazing
빙장 (식) ice storage
빙장법 (식) icing storage
빙점 (식) freezing point

빙초산 (식) glacial acetic acid
빙축열장치 ice storage equipment
빙하 glacier
빨간씬벵이 (식)(양)(어)(자) frogfish, striped frogfish
빨간오징어 flying squid
빨갱이 red snapper
빨판상어 suckerfish, shark sucker
빵가루 묻힌 스틱 (식) bread stick
뻗힘대 (어) spreader
뻗힘줄 (어) streching line
뼈 (식) bone
뼈대 (식) skeleton
뼈밀도 (식) bone density
뼈아교 (식) bone glue
뿌리줄기 (식) rhizome
뿌리채소류 root vegetable
뿌림미끼 scattering bait
뿔가사리 Irish moss
뿔고둥 rock shell
뿔관 siphuncle
뿔담치 horse-mussel
뿔돔과어류 (식)(양)(어)(자) bigeyes
뿔럭지삿갓조개 giant keyhole limpet, Giant tugali limpet
뿔산호 sea fans, horny coral
뿔소라 murex shell, murex
뿔조개 tooth shell, tusk shell

ㅅ

사과산 (식) malic acid
사급암모늄염 (식) quaternary ammonium salt
사낭 gizzard
사니질 (식)(양)(어) sandy-mud
사다리꼴 (어) trapezoid
사단법 (어) bias cut
사련 sand ripple
사료 (식)(양) feed
사료가치 (양) feed value
사료계수 (식)(양) feed coefficient
사료공급기 (식)(양) feeder
사료등급 (양) feed grade
사료배합기 (양) feed mixer
사료분석 (양) feed analysis
사료생물 (식) food organism
사료생산 (식) feed production
사료성분 (양) feed composition
사료용 인산 (양) feed grade phosphoric acid
사료전환효율 (식) feed conversion efficiency
사료조제기 (식) feed processing machine
사료첨가물 (식)(양) feed additive
사료첨가제 (양) feed additive
사료학 (양) feed science
사료효율 (식) feed efficiency
사리 (어) spring tide (어) coil
사망곡선 mortality curve
사망률 (식)(어)(자) death rate (식) mortality rate
사망률곡선 (식)(자) death rate curve
사면구배 (식) slope gradient
사면배양 (식) slant culture
사면배지 (식) slant medium
사면한천배지 (식) slant agar-agar
사멸곡선 (식) death curve
사멸기 (식) death phase
사멸시간 (식) death time
사멸온도 (식) death point
사멸율 (식) death rate
사문근 obliquely striated muscle
사물기생 saprozoic
사물기생균 saprophyte
사반일주조 quarter-diurnal tide
사방점 cardinal points
사배체유도법 tetraploid
사분법 quadrant
사분포자 (양) tetraspore
사분포자낭 (양) tetrasporangia
사분포자체 (양) tetrasporophyte
사빈해안 sandy coast
사상 filamentous form
사상균 (식) filamentous fungi
사상세균 (식) filamentous bacteria
사상위족 filopodium
사상조류 filamentous algae

사상체 filamentous thallus
사상체형 filamentous form
사새류 filibranchia
사수 dead water
사수어 archerfish
사슬올 looped yarn
사양실험 (양) feeding trial
사양표준 (양) feeding standard
사용력 (어) working strength
사육밀도 (양) rearing density
사육수공급시스템 (양) water supply system
사육장구조 (양) farm constructions
사육장살균소독 (양) farm disinfection
사육장크기 (양) farm size
사육조 (양) culture tank
사육학 thremmatology
사육해수 rearing sea water
사이드드럼 (어) side drum
사이드로브 side lobe
사이드스캔소나 (어) side scan sonar
사이드실캡병 (식) side seal cap bottle
사이드심 (식) side seam
사이클 (식) cycle
사이클론 (식) cyclone
사이클론 분리기 (식) cyclone separator
사일런트커터 (식) silent cutter
사일리지 (식)(양) silage
사전분석 preanalysis
사전승인제도 pre-approval system
사정관 ejaculatory duct
사주 sand bar
사진계측 photogrammetry
사질성규조류 arenaceous diatom
사질실트 sandy silt
사차원자료분석 four-dimension data analysis
사체식성의 necrophagous
사출홀씨효모 ballistospore yeast
사탕수수 당밀 (양) cane molasses
사플라워박 (양) safflower meal
사핵성 tetrasporic
사행 meandering
사행예인 (자) oblique haul
사회적목적 social objectives
사회적본능 social instinct
사회적할인율 social discount rate
사회적행동 social behavior
사후강직 (식) rigor mortis
사후경직 (식) rigor mortis
사후변화 (식) postmortem changes
사후분석 post analysis
삭 (어) new moon
삭계 (어)(자) rope system, rigging system
삭망고조간격 spring high water interval
삭망월 synodic month
삭망주기 lunation
삭시톡신 (식) saxitoxin
삭안 eye splice
산 (식) acid
산(성)도 (식) acidity
산가 (식) acid value (AV)
산가수분해 (식) acid hydrolysis
산갈치 (식)(양)(어)(자) slender oarfish
산란 (식)(자) spawning
산란간격 (자) spawning interval
산란강도 (자) spawning intensity (양) scattering strength
산란계 (양) scatterometer
산란관 spawning duct (양) ovipositor
산란군 (어)(자) spawning school

(양) spawning group
산란기 (식)(양)(어)(자) breeding season (식)(양) spawning season
산란량 (양)(자) abundance of egg-laying (양) weight of egg produced
산란력 (양) fecundity
산란률 (식)(자) spawing rate
산란바닥 (양) spawning bed
산란빈도 (식)(양)(자) spawning frequency
산란성기 (양)(어)(자) spawning peak
산란수 (양)(자) number of eggs (양) number of eggs laid
산란수심 (자) spawning depth
산란시간 (식)(양)(자) spawning time
산란어 (식)(양) spawner
산란유발 (양) induced spawning, spawning inducement
산란유발자극 (양) stimulation for spawning
산란임계온도 (양)(자) critical spawning temperature (양)(자) critical temperature of spawning
산란자원량 (자) spawning stock
산란장 (식)(양)(어)(자) spawning ground
산란장조성 (어)(자) preparation of spawning ground
산란직후연어 kelt
산란촉진법 spawning acceleration
산란층 (자) scattering layer
산란친어량 (자) parental stock, spawning adult stock
산란한 spent, spawned
산란한 청어 spent Pacific herring
산란함수 scattering function
산란해역 (어)(자) spawning area
산란행동 (어)(자) spawning behavior
산란회유 (식)(어)(자) spawning migration
산란회유어 (어)(자) spawning migration fish
산미끼 (어) live bait
산미료 (식) acidulants
산분해법 (식) acid hydrolysis method
산불용성회분 (식) acid-insoluble ash
산생성세균 (식) acid producing bacteria
산성 (식) acid
산성백토 (식) acid earth
산성비 acid rain
산성식품 (식) acid food
산성아미노산 (식) acidic amino acids
산성통조림 (식) acid canned food
산성포스파타제 (식) acid phosphatase
산성프로테아제 (식) acid protease
산소 (식)(양) oxygen
산소결핍 (양) anoxia, oxygen depletion
산소결핍증 anoxia
산소과잉 hyperoxia
산소독성 oxygen toxicity
산소발생기 (식) oxygen generator
산소보상심도 (양) oxygen compensation depth, oxygen consumption depth
산소소비량 (양) oxygen consumption amount
산소요구량 (식)(양) oxygen demand (OD)
산소-질소원자비 O/N ratio
산소흡수제 (식) oxygen absorber
산술평균방법 (식) arithmetic mean method
산업규격 (식) industrial standard
산업용수 (식) industrial water
산업유통 (식) industrial distribution
산업폐기물 (식) industrial waste
산업폐수 (식) industrial wastewater

산염기반응 (식) acid base reaction
산염기적정 (식) acid base titration
산염기평형 (식) acid-base balance (식) acid-base equilibrium
산일율 scattered rate
산적정 (식) acid titration
산지 (식) place of production
산지가공 (산)(양)(어) processing in a production center
산지도매시장 (산)(양)(어) wholesale market in a production center
산지위판장 (산)(양)(어) consignment sales place in a production center
산패 (식) rancidity
산패취 (식) rancid odor
산포 (식) dispersion (식) scatter
산포도 (식) degree of scattering
산호 coral
산호군집 coral community
산호니 coral mud
산호성조류 coralline algae
산호초 coral reef
산화 (식) oxidation
산화(II)철 (식) ferric(II) oxide
산화갈변 (식) oxidative browning
산화물 (식) oxide
산화반응 (식) oxidation reaction
산화방지제 (식) antioxidant
산화방지효과 (식) antioxidative effect
산화아연 (식) zinc oxide (ZnO)
산화안정성 (식) oxidative stability
산화유 (양) oxidized oils
산화전극 (식) anode
산화제 (식) oxidant
산화촉진제 (식) pro-oxidant
산화칼슘 (식) calcium oxide (CaO)
산화환경 (식) oxidizing environment
산화환원반응 (식)(양) oxidation-reduction reaction
산화환원전선 redox front
산화환원전위불연속층 (양) redox-potential discontinuity layer (RPD layer)
산화환원효소 (식) oxidation-reduction enzyme
살균 (식) sterilization
살균기 (식) sterilizer
살균온도도달시간 (식) come-up time
살균제 (식)(양) bactericidal antibiotics, bactericidal agent
살리실산 (식) salicylic acid
살모넬라 (식) *Salmonella*
살모넬라식중독 (식) salmonella food poisoning
살모넬라중독 (식) salmonellosis
살상어구 (어)(자) wounding fishing gear, grappling and wounding gear
살서제 rodenticide
살수대 (식) sprinkling zone
살수식 (식)(어) sprinkler system
살오징어 (식) Japanese common squid
살쟁임 (식) filling
살충제 (식) pesticide
살포식양식 spreader culture
삼각망지 (어)(자) triangular shaped sheet of webbing delta, triangular shaped sheet of webbing
삼각측량 triangulation
삼각파 (어)(항) chopping wave (식) pyramidal wave
삼각형조인터 (어) delta jointer
삼배체유도법 triploid lead method

삼봉줄(권현망) (어)(자) three net pendant, net pendant
삼세기 sea raven
삼엽충 trilobite
삼중격자형배열 triple lattice design
삼중겹실 (어) triple yarn
삼중수소 tritium
삼중자망 trammel net
삼중점 (식) triple point
삼중접합점 triple junction
삼차순환 tertiary circulation
삼척들망 (어) three boats lift net
삼치 (식) Japanese Spanish mackerel
삼투순응형동물 osmoconformer
삼투압 (식) osmotic pressure
삼투압계 (식) osmometer
삼투압조절회유 osmoregulatory migration
삼투율 percolation rate
삼투작용 (식) osmotic action
삼투조절 (식) osmoregulation
삼투조절형동물 osmoregulator
삼투주성 osmotaxis
삼투탈수 (식) osmotic dehydration
삼투현상 (식) osmosis
삼투효과 (식) osmotic effect
삿갓조개 limpet
상 (식) phase
상각 epicone, epitheca
상강육 marbled meat
상고대 rime, rime ice
상관 (식) correlation
상관계수 (식)(어) correlation coefficient
상관관계 (식)(어) correlation
상관법 (식)(어) correlation method
상관분석 (식)(어) correlation analysis
상관비 (식) correlation ratio
상관성 coherence, interrelationship
상관인자 (식) correlation factor
상관지수 (식) correlation index
상급호염성세균 extreme halophilic bacteria
상대감미도 (식) relative sweetness
상대농도 (식) relative concentration
상대다양도 (식) relative diversity
상대도수 (식) relative frequency
상대류 relative current
상대밀도 (식)(자) relative density
상대방위 relative bearing
상대변이 (식) relative variability
상대사료가치 (양) relative feed value(RFV)
상대산포도 (식) relative dispersion
상대성 (식) relativity
상대성장 (식)(자) relative growth
상대속도 (식)(어) relative velocity
상대수심 relative depth
상대습도 (식) relative humidity (RH)
상대적자원량지수 (자) relative abundance index
상대점도 (식) relative viscosity
상대중요도지수 (자) index of relative importance
상대포란수 relative fecundity
상동 homology
상륙허가서 landing permit certification
상리공생 mutualism
상면만곡도 (어) upper camber ratio
상병 injury and sickness
상병수당 sickness and injury allowance
상부공극 (식) upper clearance(UC)
상부심해저서대 bathybenthic zone

상부심해표영대 bathypelagic zone
상분포도 facies map
상사 (어) similarity
상사법칙 (어) law of similitude
(어)(자) law of similarity
상사비 (어) similarity ratio
상사이론 (어) theory of similarity
상산면 exumbrella
상선 merchant ship, trading ship
상선대 merchantile fleet
상세도 detail chart
상수 (식) constant
상승 (식) ascension, elevation
상승제 (식) synergist
상승효과 (식) synergistic effect
상실기 morula stage
상아질 (식) dentin
상악골 maxillary bone
상어 (식) shark
상어 지느러미 (식) shark fin
상어간유 (식) shark liver oil
상어막이의 sharkproof
상어연골 (식) shark cartilage
상어와 가오리류 cartilaginous fishes
상업적 (식) commercial
상업적살균 (식) commercial sterilization
상업적어획 (어) commercial catch
상용박명 civil twilight
상용시 civil time
상용출력 (어) normal output
상자사육 box culture
상자형건조기 (식) cabinet dryer
상조간대 supralittoral zone
상조작용 synergism
상층혼합대 upper mixed layer
상칭의 homocercal
상태방정식 (식)(어) equation of state
상태변수 (식) state variable
상평형도 equilibrium phase diagram
상피 epithelium
상피세포 epithelial cell
상피층 epithelial layer
상하한치사온도 upper or lower lethal temperature
상한 (식) upper limit, maximum
상향탐지부 upward sounding transducer
상현 first quarter
상호간섭 mutual interference
상호검정 (식) intercalibration
상호상관 (식) cross-correlation
상호작용 (식)(어) interaction
상호전좌 reciprocal transformation, reciprocal translocation
상호조업방법 (어) alternative operation method
새각류 branchiopoda
새강 branchial cavity
새개골 opercular bone
새고막 (식) ark shell
새공 branchial pore, gill opening
새궁 gill arch
새깅 sagging
새끼고래 whale calf
새끼뱀장어 elver
새상의 suprabranchial
새알고기 lumpfish
새열 gill slits
새엽 gill filament (or lamella)
새우 (식)(어) shrimp
새우젓 (식) salt-fermented shrimp
새우탈각기 (식) shrimp peeler

새우통발 shrimp trap (어)(자) shrimp pot
새우트롤 (어) shrimp trawl
새조개 (식) cockle shell
새치 marlin
색 (식) color
색도 (식) chromaticity
색맹 (식) color blindnes
색맹검사 (식) color blindness test
색상 (식) hue
색상대비 (식) hue contrast
색상주사장치 color scanner
색성표 star identification table
색소 (식) pigment
색소단백질 (식) pigment protein
색소비생산성 achromogenic
색소선 dye streak line
색소체 chromatophore, plastids
색소포 (양) chromatophore
색소형성 pigmentation
색이 (식)(어)(자) feeding
색이군 (어)(자) feeding school (어)(자) feeding group
색이기 (식)(어)(자) feeding season
색이장 (어)(자) feeding ground
색이주향성 (어)(자) trophotropism
색이행동 (어)(자) feeding behavior
색이회유 (식)(어)(자) feeding migration
색차 (식) color difference
색측심 wire sounding
샛돔류 (식) butterfish
샛멸 (식) Pacific argentime
샛줄멸 (식) silver-stripe round herring
생강 (식) ginger
생균수 (식) viable cell count
생득적행동 innate behavior
생란기 oogonium
생력화 (어) labor saving
생리식염수 (식) physiological saline
생리작용 (식) physiological reaction
생리장애 (식) physiological stress
생리장해 (식) physiological disorder
생리적 특성 (식) physiological characteristics
생리학 (식) physiology
생리활성물질 (식) biological active substance (식) physiological active substance
생명 (식) life
생명공학 (식) biotechnology, biological engineering
생명과학 (식) life science
생명유지시스템 life-support system
생명표 life table
생명표단면도 static life table
생물검정 (자) bioassay, biological assay
생물계절학 (양) phenology
생물고분자 (식) biopolymers
생물공학 (식) biotechnology
생물교란 bioturbation
생물군계 (식) biome
생물군집 (식) biocoenosis, biotic community
생물군집구조 (자) biotic community structure
생물권 biosphere
생물극성분포 biological polar distribution
생물기원의 biogenic
생물기원퇴적물 biogenic deposit
생물농축 (자) bioaccumulation
생물다양성 (식)(자) biodiversity

생물독성학 ecotoxicology
생물량 (식)(자) biomass
생물량/생산량비 (자) P/B ratio
생물반응기 (식) bioreactor
생물발광 bioluminescence
생물발생 biogenesis
생물발생이전의 prebiotic
생물분해 biodegradation
생물산소요구량 (식) biological oxygen demand (BOD)
생물상 (자) biofacies, biota
생물생산량 (자) biological production
생물순환 (자) biocycle
생물시계 (자) bio-clock, biological clock
생물시스템 (자) biological system
생물여과 (식)(양) biological filtration
생물여과기 (식) biological filtering system
생물오손 biofouling
생물이료 (양) live food
생물자원 (자) living resources
생물적보장 (자) biopreservation
생물적요인 (식)(자) biological factor
생물절편 biosection
생물제한적 biolimiting
생물증폭 biomagnification
생물지리학 (자) biogeography
생물지표 (자) biological indicator
생물지표종 (자) biological indicator species
생물진화계열 (자) bioseries
생물천이 (자) biotic succession
생물체 (식)(양) organism
생물체내농축 bioaccumulation
생물측정계 biometer
생물측정학 biometry
생물통계학 (식)(자) biostatistics
생물폐수처리 (식) biological treatment of wastewater
생물표면생물 periphyton
생물학 (식) biology
생물학적검사 (식)(양) biological test
생물학적과정 (자) biological processes
생물학적기준점 (자) biological reference point
생물학적단위 (식)(자) biological unit
생물학적목적 biological objectives
생물학적반감기 biological half-life
생물학적산소요구량 (식)(양)(자) biochemical oxygen demand (BOD)
생물학적소화 (식) biological digestion
생물학적여과 (식)(양) biological filteration
생물학적영점 biological zero
생물학적질병 biological disease
생물학적처리 biological treatment
생물학적최소형 (양)(자) biological minimum size
생물학적폐수처리 (식) biological wastewater treatment
생물학적허용어획량 (식)(어)(자) acceptable biological catch
생물해양학 biological oceanography
생물형 biotype
생물화학 (식) biological chemistry
생분해성 (어)(식) biodegradability
생사료 (양) moist pellet
생사료 live feed
생산 (식) production
생산계획 (식) production plan
생산공정 (식) production process
생산관리 (식)(어)(자) production

management
생산구조 (식)(어)(자) production structure
생산기능 (식)(어)(자) production function
생산기술 (식)(어)(자) production technology
생산능력 (식) production capacity
생산량 (식)(어)(자) yield
(양)(식)(자) production
생산량효율 (식)(어)(자) production efficiency
생산력 (식)(어)(자) productivity
생산모멘트상관 product-moment correlation
생산비 (식)(어)(자) production cost
생산성 (식)(어)(자) productive capacity
생산시스템 (식)(어)(자) productive system
생산율 (식)(어)(자) production rate
생산자 (식)(자) producer
생산재 (식) producer goods
생산제한 (어)(식)(자) production limitation
생산지도매시장 (식)(어) production ecenter wholesale market
생산지수 (식) production index
생산함수 (식) production function
생산해역 (식) production area
생선 (식)(양) fish
생선가수분해물 (식) fish hydrolysate
생선간 (식)(양) fish liver
생선간유 (식)(양) fish liver oil
생선구이 (식) fish roasting
생선기름 (식) fish oil
생선내장제거 (식) gutting
생선버거 (식) fish burger
생선부산물 (양)(식) fish byproduct
생선비린내 (식) fish(y) odor
생선선별기 (식) fish grader
생선소시지 (식) fish sausage
생선알 (식) roe (식) fish egg
생선튀김 (식) fish frying
생성 (식) formation
생식개충 gonozooid
생식기가지 receptacle
생식기관 (식) reproductive organ
생식기상 (식) receptacle
생식기소 conceptacle
생식내분비기관 gonadal endocrine organ
생식능력 reproductive potential
생식력 fecundity
생식보조기 reproductive brace
생식본능 reproducing instinct
생식선 (식) gonadal gland
생식선성숙지수 gonadosomatic index
생식선자주호르몬 GTH (gonadotrophic hormone)
생식세포 germ cell, gonotheca
생식소 (식) gonad
생식소비대속도 gonad enlargement velocity
생식소성숙속도 gonad matured velocity
생식소체지수 (자) GSI(gonado-somatic index)
생식시기 (양)(자) reproductive season
생식적격리 (양)(자) reproductive isolation
생식주기 (양)(자) reproductive cycle
생식지 gonopods
생식체 (양) gamete, gonorphore
생식체절 genital somite(or segment)

생식표 reproduction table
생식행동 (자) reproductive behaviour
생식호 gonangium
생식회유 (자) generative migration
생육기간 (식)(양) growing period
생육속도 (식)(양) growth rate
생육양상 (식) growth pattern
생육온도 (식)(양) growth temerature ate
생육인자 (식)(양) growth factor
생육장 (자) nursery(or nursing) ground, (자) nursing ground
생육지 (식) habitat
생육형 growth form
생잔개체수 (식)(자) survival number
생잔곡선 (식)(자) survival curve
생잔율 (식)(자) survival rate
생장 (식)(양)(자) growth
생장곡선 (식)(양)(자) growth curve
생장률 (식)(양)(자) growth rate
생장억제 (식)(양)(자) growth inhibition
생장인자 (식)(양)(자) growth factor
생장촉진물질 (식)(양)(자) growth promotor
생장최적온도 (식)(양)(자) optimum growth temperature
생장효율 (식)(양)(자) growth efficiency
생존가 (양) survival value
생존경쟁 (식)(양) struggle for existence
생존기간 (식) duration of life
생존율추정 (식) survived rate estimation
생존자 survivor
생지화학 biogeochemistry
생지화학적순환 biogeochemical cycle
생체공학 (식) bioengineering, bionics
생체내시험 (식) in vivo test
생체내이용율 (식) bioavailability
생체내합성 (식)(자) biogenesis
생체량 (식)(자) biomass
생체량역학모델 (자) biomass dynamics model
생체발광 bioluminescence
생체발광현시 bioluminescent display
생체산화 (식) biological oxidation
생체음향학 bioacoustics
생층서학 biostratigraphy
생태 (식)(자) ecology
생태계 (식)(자) ecosystem
생태계모델 (자) ecosystem model
생태계생태학 (자) ecosystem ecology
생태군 (자) ecological group
생태군스펙트럼 ecological group spectrum
생태기후 ecoclimate
생태분포 (식) ecological distribution
생태역학 ecodynamics
생태적격리 (자) ecological isolation
생태적동위자 ecological equivalent
생태적분포 (식) ecological distribution
생태적성상 ecological properties
생태적수명 ecological longevity
생태적우점자 ecological dominant
생태적지위 (자) ecological niche, niche
생태적최적 ecological optimum
생태적표현형 ecophenotype
생태종 (식) ecospecies
생태학 (식)(자) ecology
생태학적방법 ecological method
생태학적잠재력 ecological potency
생태학적효율 (식) ecological efficiency
생태학지위 (자) ecological niche
생태형 (식)(자) ecotype, habitat type
생태효율 (식) ecological efficiency

생합성 (식) biosynthesis
생해수 bioseawater
생화학 (식) biochemistry
생화학적다형 biochemical polymorphism
생화학적산소요구량 (식) biochemical oxygen demand (BOD)
생활(년)주기 (어) annual life cycle
생활단계 life stage
생활본능 life instinct
생활사 (식)(어)(자) life history
생활사전략 (자) life history strategy
생활폐기물 (식) household waste
생활하수 (식) domestic sewage
생활하수오염 domestic sewage pollution
생활환 life cycle
샤프시임 (식) sharp seam
섀클 (어) shackle
서대 (어) sole fish
서미스터체인 thermistor chain
서새 book gill
서식수심 (어)(자) living(or habitat) depth
서식수온 (양)(어)(자) habitat temperature, living water temperature
서식자 habitant
서식지 (식)(어)(자) habitat
서식지개체군 (어)(자) habitat population
서식지구분 (어)(자) habitat segregation
서식지지위 (어)(자) habitat niche
서식처 (식)(어)(자) habitat
서식처저하작용 habitat degradation
서안강화 western boundary intensification
서안경계류 western boundary current
서치라이트소나 search light sonar
서커 suckerfish
서폐 lung book
석면 (식) asbestos
석유화학물질 (식) petroleum chemicals
석호 lagoon, limas
석화작용 consolidation
석회 (식) lime
석회비늘편모류 coolithophorids, coccolithophore
석회산호 calcareous coral
석회성조류 calcareous algae
석회조류 calcareous algae
석회처리 (식) liming
석회해면 calcareous sponge
석회화 (식) calcification
선가 (어) slipway
선각 hull
선객정원 prescribed number of passengers
선거 (어)(항) dock
선교 (어)(항) bridge
선교갑판 (어)(항) bridge deck
선구동물 protostomia
선구업 ship chandlery
선급증서 classification certificate
선내소독 ship fumigation
선단용량 fleet capacity
선단조업 (어) fishing fleet fishery
선대조직 fishing fleet organization
선도 (식)(어) freshness
선도유지 (식)(어) keeping freshness
선도판정 (식)(어) freshness assessment
선량 (식) dose
선령 (어) age of vessel
선로전압 line voltage
선루 superstructure

선망 (어)(자) surrounding net
선망어업 (어)(자) surrounding net fishery
선명록 register book
선미 (어) stern
선미격벽 (어) bulkhead
선미롤러 (어) stern roller
선미수선 (어) after perpendicular
선미식트롤선 (어) stern trawler
선미트림 (어) trim by the stern
선미흘수 (어) after-draught
선박감정서 valuation paper of ship
선박검사 (어) ship survey
선박검사증서 (어) ship inspection certificate
선박관측 (어) ship observation
선박교통관리제도 (항) vessel traffic services
선박국적증서 (어)(항) certificate of ship's nationality
선박대리점 ship agency
선박법 (양) shipping law, shiping law
선박보험계약 contract of marine hull insurance
선박안전법 (항) ship safety law
선박요목 particulars of ship
선박운용학 (어)(항) seamanship
선박원부등본 (어)(항) certified copy of ship resistration
선박좌현 (어)(항) port
선별 (식) sorting
선별기 (식) sorter, (식) sorting machine
선상가공 (식) ship's processing
선상수산제조업 (식) ship's fishery manufacturing
선속도 ship speed
선속층정기 speed log
선수 (어)(자) bow, stem
선수닻 (어)(항) bower anchor
선수루 (어)(항) forecastle
선수미선 (어)(항) the for and after centerline of the vessel
선수방위 (어)(항) heading
선수배각법 (어)(항) fix by doubling the angle of the bow
선수수선 (어)(항) fore perpendicular
선수줄 (어)(항) bow (or head) line
선수타 (어)(항) bow rudder
선수파 (항) bow wave
선수프로펠러 (항) bow thruster
선어 (식)(어) fresh fish (식) raw fish
선영 hachures
선용품 (어)(항) ship stores
선원 (어)(항) seaman (sailor)
선원수첩 (어)(항) seaman's certificate
선원정원 (어)(항) complement of work
선위 (어)(항) ship position
선육성어분 (양) reversibly fish flour (식) fresh meat-like fish meal
선인망 (어) boat seine
선자망 (어) encircling gill net
선장 (항)(어)(자) captain
선저경사 (항) rise of floor
선저도료 (항) bottom paint
선저부구조 (항) bottom structure
선저부착물 (항) bottom fouling
선적항 (어)(항) port of registry
선주 (어)(항) shipowner
선주낙 (어) drop line
선창 (어)(항) dockside
선척적행동 innate behavior
선체 (어)(항) hull

선체구조 (어)(항) hull structure
선체손상 (어)(항) damage to ship's hull
선체저항 (어)(항) hull resistance
선체추진기효율 (어)(항) hull propeller efficiency
선충 (식) nematode
선태류 bryophyte
선택계수 (식)(어) selectivity coefficient
선택곡선 (어) selectivity curve
선택도 (식) selectivity
선택도지수 selectivity index
선택배지 (식) selective medium
선택법칙 selection rules
선택성 (식)(어) selectivity
선택압력 (어) selective pressure
선택어획 (어) selective catch (or fishing)
선택인자 (어) selection factor
선택적퇴적물식자 selective deposit feeder
선택체장 (어)(자) slected length
선하증권 BL (bill of loading)
선형 (어)(항) ship's type
선형동물 nematoda
선형모형 (식)(자) linear model
선형방정식 (식)(자) linear equation
선형변환 (식)(자) linear transformation
선형회귀 (식)(자) linear regression
선형회귀분석 (식)(자) linear regression analysis
선호도 (식) acceptability (식) preference
선호도조사 (식) preference test
선회권 (항) turning circle
선회성지수 (항) turning exponent
선후추진기효율 (항) behind propeller efficiency
설계 (식) layout (식) design
설계조건 (식) design conditon
설계파 design wave
설사성패독 (식) diarrhetic shellfish poison
설사성패류중독 (식) diarrhoeic shellfish poisoning (DSP)
설악연골 hyomandibular
설정 initialization, setting
설탕 (식) sugar
섬광 flashing, scintillation
섬광계수기 scintillation counter
섬광등 flash light
섬모 (식) cilia
섬모구 ciliated groove
섬모대 cingulum
섬모충류 (식) Ciliophora
섬모환 ciliary band
섬유로우프 (어) fiber rope
섬유상 (어) filiform
섬유상 구조 (식)(어) fibrous structure
섬유상단백질 (식) fibrous protein
섬유소분해효소 (식) fiber lyase
섬유조직 (식) fibrous tissue
섬유질사료 (양) fibrous feed
섬의 insular
섭동 perturbation
섭식 (식)(양)(자) food intake
섭식 (자) intake
섭식량 (양)(자) food consumption
섭식률 (양)(자) feeding rate
섭식생물 (양)(자) phagotrophs
섭식습성 (양)(자) feeding habit
섭식양상 (양)(자) feeding pattern
섭식영양자 (양)(자) phagotroph
섭식장 (양)(자) feeding ground
섭식행동 (양)(자) feeding bahaviour

섭식효율 (양)(자) feeding efficiency
섭이성공율 (양)(자) feeding success (양) feeding success rate
섭이시작시점 (양) onset of first feeding
섭이유인물질 (양) feeding attractant
섭이촉진물 (양) feeding activator, feeding-promoting
섭취 (식) intake
성각 gonopod, gonopodium
성게 (식) sea urchin
성게맛 (식) sea urchin taste
성게알젓 (식) salted sea urchin
성군설 theory of schooling
성기관 genital duct
성대 (식)(양)(어)(자) bluefin searobin
성변이 sexual variation, variation with sex
성별수확량 sex specific harvesting
성분 (식) constituent, (식) component, ingredient
성분류 component current
성분속도 (양) component velocities
성비 (양)(어)(자) sex ratio
성성숙 (양)(자) sexual maturity
성성숙촉진호르몬 (양)(자) sex maturation inducing hormone
성숙 (식)(양)(자) maturation
성숙개체 (양)(자) maturity individual
성숙도 (식)(양)(자) maturity
성숙분열 (양) maturation division
성숙비 (식)(양)(자) maturity ratio
성숙어 (식)(양)(자) matured fish
성숙연령 (양)(자) age at maturation
성숙지수 (식)(양)(자) maturation index
성숙촉진 (양)(자) maturation inducing
성어 (식)(양) adult fish
성어자원량 (어)(자) adult stock
성에제거 (식)(양) defrosting
성육장 (양)(어)(자) nursery ground, (양)(어)(자) nursing ground
성육회유 (어)(자) adult migration, (어)(자) growth migration
성인 genesis
성장 (식)(양)(자) growth
성장계수 (식)(양)(자) growth coefficient
성장곡선 (식)(양)(자) growth curve
성장기간 (식)(양)(자) growing period
성장률 (식)(양)(자) growth rate
성장방정식 (식)(자) growth equation
성장선 (자) growth line
성장식 (자) growth equation
성장실현요인 growth realization factor
성장억제인자 (식)(양) growth inhibition factor
성장율 (식)(양)(자) growth rate (식) coefficient of growth
성장인자 (식)(양)(자) growth factor
성장장소 (양)(자) growing place
성장장해요인 failure to thrive factor (양) growth inhibiting factor
성장촉진제 (양) growth promoting agent
성장호르몬 (양) growth hormone
성장휴지대 growth resting zone
성적본능세력권 sexual instinct territory
성적이형 sexual dimorphism
성전환 sex change
성체 (식) adult
성충 (식) imago
성충기 (식) adult stage
성층 stratification

성층권 stratosphere
성형 (식) mo(u)lding (식) forming (식) shaping
성형기 (식) mo(u)lder
성형률 (어) hanging ratio
성호르몬 (식)(양) sex hormone
섶 (어)(자) wing
세 epoch
세계무역기구 (식) World Trade Organization(WTO)
세계보건기구 (식) World Health Organization(WHO)
세계시 universal time
세계일주항해 voyage round the world
세관 (식) custom house
세관기 (식) can washer
세균 (식) bacterium(단수), (식) bacteria(복수)
세균감염 (식) bacterial infection
세균검사 (식) bacteriological examination
세균독소 (식) bacterial toxin
세균먹이 bacterial feed
세균배양 (식) bacterial culture
세균병 bacterial disease
세균사료 bacterial food
세균상 (식) bacterial flora
세균성바이러스 (식) bacteriophage
세균성식중독 (식) bacterial food poisoning
세균성아가미병 bacterial gill disease
세균성질병 (식) bacterial disease
세균오염 (식) bacterial contamination
세균학 (식) bacteriology
세균학적선도판정법 (식) bacteriological evaluation of freshness
세균학적품질 (식) bacteriological quality
세금 (식) tax
세대교번 alternation of generations
세대교번성흡충류 digenetic trematodes
세대기간 (식) generation time
세대중복 generation everlapping
세도관 pore canal
세라믹 (식) ceramic
세라타 cerata
세란기 (식) egg cleaner
세력권 territory
세르카리아 cercaria
세린 (식) serine
세립실트 fine silt
세망섬유 latticed fiber
세맥 veinlet
세미드레스 (식)(자) semi-dressed
세보레아증 seborrhea disease
세사 fine sand
세사몰 (식) sesamol
세사몰린 (식) sesamolin
세슘 (식) cesium (Cs)
세스톤 seston
세절조미오징어 (식) sliced seasoned squid
세정 (식) cleaning
세정액 (식) wash liquid
세정제 (식) cleaning agent
세척 (식) washing
세척솔 (식) washing brush
세척수 (식) wash water
세척효과 (식) washing effect
세크론 sechron
세틴 cetin
세파린 (식) cephalin

세포 (식) cell
세포간결합물질 (식) intercellular cement substance
세포간대사 (식) intercellular matabolism
세포간동결 (식) intercellular ice formation
세포간의 (식) intercellular
세포내액 (식) intracellular fluid
세포독성 (식) cytotoxicity
세포독성 시험 (식) cytotoxicity test
세포독성물질 (식) cytotoxic
세포독성반응 (식) cytotoxic reaction
세포독소 (식) cytotoxin
세포막 (식) cell membrane
세포밀도 (식) cell density
세포배양 (식) cell culture
세포벽 (식) cell wall
세포분열 (식) cell division
세포손상 (식) cell damage
세포외기질 (식) extracellular matrix(ECM)
세포외동결 (식) extracellular freezing
세포외빙결정 형성 (식) extracellular ice formation
세포외생체발광 (식) extracellular bioluminescence
세포외소화 (식) extracellular digestion
세포외효소 (식) extracellular enzyme
세포융합 (식) cell fusion
세포질 (식) cytoplasm
세포질막 (식) cytoplasmic membrane
세포층 (식) cell layer
세포학 (식) cytology
세포학적 (식) cytological
셀레늄 (식) selenium(Se)
셀로비오스 (식) cellobiose
셀로판 (식) cellophane
셀루라제 (식) cellulase
셀룰로스 (식) cellulose
셸코일식증발기 (식) shell and coil type evaporator
소거 (식) elimination
소거제 (식) sacvenger
소건어 (식) plain dried fish
소건어분 (식)(양) plain dried fish meal
소건품 (식) plain dried products
소골 ossicle
소공 ostium
소공형성 areolation
소광계수 extinction coefficient
소권 small circle
소극적어법 (어) passive fishing method
소금 (식) salt
소금물 (식) saline solution (식) saline water (식) brine
소금산업진흥법 (식) Salt Industry Promotion Act
소나 (어) SONAR (sound navigation and ranging)
소낭 sacculus
소내공생 inquilinism
소다 (식) soda
소다석회 (식) soda lime
소당류 (식) oligosaccharide
소독 (식) disinfection
소독제 (식) disinfectant (식) antiseptic
소듐 (식) sodium (Na)
소라 top (or turban) shell
소라고둥 trumpet-shell
소량성분 (식) minor constituent
소르빈산 (식) sorbic acid

소매점 (식) retail store
소맥분 (식)(양) wheat flour
소모병 wasting disease
소모비품 consumable stores
소모품 article of consumption, running stores
소방선 (식) fireboat
소비 (식) consumption
소비날자 (식) use by date, expiration date
소비단위 (식) consumption unit
소비자 (식) consumer
소비자 물가지수 (식) consumer price index
소비자 반응 (식) consumer response
소비자 불만 (식) consumer complaint
소비자 선호도 (식) consumer preference
소비자 선호도 검사 (식) consumer preference test
소비자도매시장 (식) wholesale market
소비자수용도 (식) consumer acceptance
소비자위생 감시원 (식) food sanitation consumer inspector
소비자조사 (식) consumer survey
소산계수 extinction coefficient
소상친어량 (자) parental stock of anadromous fish
소생활권 biotope
소수결합 (식) hydrophobic bond
소수성 물질 (식) hydrophobic material
소스 (식) sauce
소시지 (식) sausage
소식성동물 oligophagous animal
소악 maxilla
소염법 antiphlogist method (양) antiphlogistic method
소용돌이 eddy, vortex
소용돌이도 vorticity
소용돌이운동 eddy motion
소용돌이의 volute
소음 (식) noise
소음보정 correction for noise
소음점 aural null
소자 degaussing
소조 (어) neap tide
소조류 neap tidal currents
소조차 (어) neap range
소조평균고조면 mean high water neaps
소조평균저조면 mean low water neaps
소지 slough
소지어분 (식) non-oily fish meal
소촉각 antennule
소치 denticle, paragnath
소택지 marsh
소파 ripple, SOFAR (sound fixing and ranging), wavelet
소포 vesicle
소포실 alveolus
소포제 (식) antifoamer
소포체 (식) endocytoplasmic reticulum (식) endoplasmic reticulum
소하성 (식)(양)(자) anadromous
소하성어류 (식)(양)(자) anadromous fish
소하성자원 (식)(양)(자) anadromous resource
소하회유 (식)(양)(자) anadromous migration
소해면적 (어)(자) towing area, (어)(자) swept area
소해협 cove
소해협 inlet
소핵 (식) micronucleus

소혈청알부민 (식) bovine serum albumin(BSA)
소형가리비 miniature scallop
소형규조류 microscopic diatom
소형동물플랑크톤 (식)(자) microzooplankton
소형선망어업 (어)(자) small surrounding net fishery
소형어선 cog, fishing smack (어)(자) small fishing vessel
소형유영동물 micronekton
소형잠수함 minisub
소형저생생물 meiobenthos
소형저서동물 microfauna
소형저서생물 microbenthos
소형저인망어업 (어) small trawl fishery
소형정자체 dwarf male, nanandrium
소형정치망 (어)(자) small set net
소형편모류 microflagellate
소형플랑크톤 (식) microplankton
소화 (식)(양) digestion
소화기관 (식)(양) digestive organ
소화설비 fire fighting equipment
소화율 (식) digestion coefficiency (식)(양) digestibility
소화장치 fire control equipment
소화효소 (식)(양) digestive enzyme
소회귀조차 small tropic tidal range
속 (식) genus (식) bundle
속근 (식) fast muscle
속도 (식)(어) velocity
속도경비 velocity cost
속도분포 (식) velocity distribution
속도비 (식) velocity ratio
속도수중청음기 velocity hydrophone
속도연직분포도 velocity profile
속도포텐셜 velocity potential
속력시운전 speed trial
속명 (식) generic name
속성염장법 (식) quick salting system
속성작용 diagenesis
속성재분배 diagenetic redistribution
속실렛추출법 (식) Soxhlet extraction method
속실렛추출장치 (식) Soxhlet extraction apparatus
속임낚시 (어)(자) lure hook, luring hook
속포장 (식) inner packaging
속훈법 (식) quick smoking
솎음 thinning
손꽁치 (어)(자) saury catched by hand, saury by hand
손꽁치어업 (어)(자) fishery saury catched by hand, fishery of saury by hand
손방 (어)(자) hand seine, anchor seining
손실계수 (식) coefficient of loss
손익분기점 (식) break-even point
손잡이 (식) tap
손줄낚시 (어)(자) hand line, hand fishing
솔라닌 (식) solanine
솔리드팩 (식) solid pack
솔비톨 (식) sorbitol
솔피 killer whale
솟은상태 hogging state
송사리 (식)(양)(자) Japanese rice fish, Asiatic rice fish
송수파기 (어) transducer
송어 (식) trout (식) cherry salmon
송파기 transmitter
송풍동결법 (식) air blast freezing
송풍동결장치 (식) air blast freezer
송풍해동법 (식) air blast thawing

송풍해동장치 (식) air blast thawer
쇄빙 (식) crushed ice
쇄빙기 (식) ice crusher
쇄설물 debris
쇄파 surf, wave breaking
쇄파대 surf zone
쇠고기 (식) beef
쇠침자 (어) iron sinker
쇼트닝 (식) shortening
수강 hydrocoel
수경재배 (식) hydroponics
수계생물 hydrosphere organism
수계형 drainage pattern
수공 water pore
수공편망 (어) hand webbing
수관 siphon
수관계 water-vascular system
수광대 euphotic zone
수괴 (식)(양) water mass
수괴분석 water mass analysis
수권 hydrosphere organism
수낭 pusule
수냉식응축기 (식) water cooled condenser
수당 (식) allowance
수도물 (식) tap water
수동로울러 hand roller
수동어구 (어)(자) passive fishing gear
수동원치 (어) hand winch
수동적어법 (어) passive fishing method
수동적응관리 passive adaptive management
수동적채집어구 (어)(자) passive sampling gear
수동제어 hand control
수두 head of water
수득율 (식) yield
수란관 oviduct
수량분류학 numerical taxonomy
수력저항 hydrodynamic resistance
수력학적평균깊이 hydraulic mean depth
수렴 (자) convergence
수렴진화 (자) convergent evolution
수렴파 convergence wave
수로 channel, fairway, waterway
수로서지 nautical(or hydraulic) publications
수로지 sailing direction
수로측량 hydrographic survey
수로학 hydrography
수로학적자료 hydrographic data
수류굴성 rheotropism
수류속도 velocity of water
수리미 (식) surimi
수리분류학 (자) numerical taxonomy
수면 (식) water level (식) sleep
수면생물 neuston
수면조류 water algae
수면파굴절 refraction of water waves
수면하산소최대 subsurface oxygen maximum (SOM)
수면하생물 hyponeuston
수면하클로로필최대 subsurface chloropyll maximum (SCM)
수면하퇴적물식자 subsurface deposit feeder
수명 (식) life (식) duration of life
수문학 hydrology
수밀격벽 water tight bulkhead
수반구 oceanic(or water) hemisphere
수분 (식) moisture

수분기준 (식) moisture base
수분이 많은 (식) juicy
수분주성 hydrotaxis
수분평형 (식) moisture equilibrium
수분함량 (식) moisture content
수분활성 (식) water activity
수분흡수 (식) water absorption
수분흡수능(력) (식) water absorption capacity
수비 (어) wing net
수빙 (식) ice water
수빙법 (식) storage in ice-water
수산가공 (식) fisheries processing, (식) seafood processing
수산가공산업 (식) fisheries processing industry
수산가공용수처리 (식) water treatment for fisheries processing
수산가공품 (식) fisheries products, (식) seafood products
수산경영자 (식) fisheries manager
수산경영자본 (식) fisheries management capital
수산관리 (어)(자) fisheries management
수산규제 (어)(자) fisheries limit
수산규제제도 (어)(자) fisheries regulation system
수산금융 fisheries financing
수산기상 fisheries meteorology
수산기술자 fisheries technician
수산기업경영 fisheries corporation management
수산동물 (식)(어)(자) fisheries animal
수산동식물 (식)(양)(어)(자) aquatic organism
수산먹이생물 (식)(양)(어)(자) aquatic food organism
수산물 (어)(식) aquatic products (식) fisheries products
수산물검사선 (어) fisheries inspection vessel
수산물도매시장 (식) fisheries wholemarket
수산물마케팅 (식) fisheries marketing
수산물시장 (식) fisheries market
수산물유통 (식) fisheries distribution
수산물제조업 (식) fisheries manufacture
수산물직거래 fisheries direct distribution
수산물품질인증품증제도 (식) quality certification system for fishery product
수산법규 (어) fisheries laws and regulations
수산비료 (식) fisheries fertilizer
수산생물 (식)(양)(어)(자) aquatic organism
수산생물질병관리법 (식)(양) Aquatic Organism Disease Management Act
수산생물학 (식)(양)(자) aquatic biology
수산시험선 (양)(자) fisheries research ship
수산시험장 (양)(자) fisheries research station
수산식품 (식)(양) seafood
수산식품저장 (식)(양) seafood storage
수산양식 (식)(양) aquculture
수산업 (양)(어)(식)(자) fishery
수산업종사자 (양) fisheries employee
수산업협동조합 (식)(양)(어)(자) fisheries cooperative association
수산업협동조합법 (어) the law of fisheries cooperative association

수산업협동조합중앙회 (식)(어) National Federation of Fisheries Cooperatives
수산연제품 (식) surimi seafood, heat-induced surimi gel, surimi gel
수산용수기준 (양) aquaculture standard water
수산음향학 (어) fisheries acoustics
수산자원 (식)(어)(자) fisheries resources
수산자원관리 (식)(어)(자) aquatic resource management
수산자원보호 (식)(어)(자) conservation of aquatic resources
수산자원보호령 (자) fisheries resource protection decree
수산자원생태학 (자) fisheries resource ecology
수산전통식품품질인증 (식) traditional seafood quality certification
수산종묘 (양)(자) fisheries seeds
수산지도선 (식)(어)(자) fisheries guidance boat
수산지도소 (식) fisheries guidance station
수산특산물품질인증 (식) indigenous fishery product quality certification
수산피혁 (식) marine leather
수산학 (양)(어)(자) fisheries science
수산해양학 (식)(어)(자) fisheries oceanography
수산행정 (식)(어)(자) fisheries administration
수산화나트륨 (식) sodium hydroxide(NaOH)
수산화마그네슘 (식) magnesium hydroxide $[Mg(OH)_2]$
수산화아파타이트 (식) hydroxyapatite
수상기 (식) airboat, hydroplane
수상도 (식) dendrogram
수상등 (식)(어) surface light
수상새 dendrobranchs
수상쇼 aquacade
수상스포츠 aquatic sports
수색 water color
수색구조활동 search and rescue
수색등 search light
수색방식 search pattern
수생균 (식) aquatic fungi
수생동식물양식수조 aquarium
수생생물 hydrobiont, hydrobios
수생생물학 (식) aquatic biology
수생식물 (식) hydrophyte
수생의 (식) aquatic
수생조균류 (식) aquatic phycomycetes
수생포유류 (식) aquatic mammals
수서동물 aquatic animals
수서생물 aquatic life, organism
수선간장 (어)(항) length between perpendiculars
수선부면적 water plane area
수선장 water line length
수세 (식) washing
수소 (식) hydrogen(H)
수소결합 (식) hydrogen bond
수소공여체 (식) hydrogen donator
수소이온 (식) hydrogen ion
수소이온농도 (식) pH
수소팽창 (식) hydrogen swell
수송 (식) transport
수송용냉동장치 (식) refrigeration system for transport
수수류 (식)(양) sorghums
수신감도 (식) receiving sensitivity

수심 (자) bathymetry (식)(어)(자) water depth
수심감시 depth monitoring
수심경향 bathymetric trend
수심계 (어) depth recorder
수심도 bathymetric chart
수심수온기록계 (어) BT(bathythermograph)
수심의 bathymetric
수심이상 depth anomaly
수심측량 bathymetry
수심한계 bathymetric limits
수압검사 (식) hydraulic pressure test
수압식압착기 hydrostatic expeller
수압식코아러 hydrostatic corer
수액기 (식) liquid receiver
수염 baleen
수염고래 baleen whale
수온 (식)(양)(어) water temperature
수온감지부 (양) water temperature detector
수온순치 (양) water temperature acclimation
수온약층 (어)(자) thermocline
수온전선 (자) water temperature front
수용기 (식) receptor
수용기구류 hand instruments
수용성 (식) water soluble
수용성단백질 (식) water-soluble protein
수용성비타민 (식) water-soluble vitamin
수용액 (식) aqueous solution
수용체 (식) receptor
수율 (식) yield
수은 (식) mercury (Hg)
수은 중독 (식) mercurial poisoning
수은온독계 (식) mercury thermometer
수음향학 (어) hydroacoustics
수의근 (식) voluntary muscle
수의의 facultative
수인성전염병 (식) water borne disease
수입어류 (식) imported fish
수입어분 (식)(양) imported fish meal
수장 burial at sea
수전양식 (양) fish culture in paddies
수정 (양) fertilization
수정난 (양)(자) fertilized egg
수정능력 (양) fertility
수정돌기 fertilization cone
수정모 trichogyne
수정발진기 crystal oscillator
수정습도법 wet method of insemination
수정체 crystalline lens
수조 (양) aquarium, culture tank
수조기 (식) yellow drum
수조양식 tank farm
수족관안내인 docent
수족근 pedal retractor
수주 (식) water column
수준면 level surface
수준점 BM (bench mark), datum point
수중광도 underwater irradiance
수중광도계 (식) hydrophotometer
수중등 underwater light
수중무게 underwater apparent weight
수중방파제 submerged breakwater
수중사진 underwater photography
수중생물검증 aquatic bioassay
수중생물독소 (식) aquatic biotoxin
수중생태계 aquatic ecosystem
수중스쿠터 aqua scooter
수중암석동물상 hygropetrical fauna

수중음향학 underwater acoustics
수중의 subaqueous
수중익선 (어) hydrofoil craft
수중자기식망고계 (어) underwater self recording net depth meter
수중조도계 (어) underwater luxmeter
수중청음기 (어) hydrophone
수중초음파발신기 (어) pinger
수중카메라 (어) underwater camera
수중펌프 (어) submersible pump (양) water pump
수중항해비컨 underwater navigation beacon
수중해동법 (식) water thawing method
수중호흡기 aqualung
수증기 (식) water vapor
수증기해동 (식) steam thawing
수지 (식) resin
수지상 dendritic
수직압력 normal pressure
수직어군탐지기 (어)(자) vertical fish finder
수직예인 vertical haul
수직운동 vertical movement
수직인 perpendicular
수직자세 vertical position, vertical motion
수직한계 (자) vertical limits, vertical migration
수직혼합 (자) vertical mixing
수직확산 (자) verical dispersion, vertical diffusion
수직회유 (어)(자) verical migration, vertical migration
수질 (식) water quality
수질개선 (식) water improvement
수질검사 (식)(양) water examination
수질규제 (식)(양) water quality control
수질기준 (식)(양) water quality standard
수질오염 (식)(양) water pollution
수질오염물질 (식)(양) water pollutants
수질오염지표 (식) water pollution indicator
수질정화기술 (식)(양) water-purification technology
수착 (식) sorption
수축근(육) (식) contractile muscle
수축기혈압 (식) systolic (blood) pressure
수축단백질 (식) contractile protein
수축변형관 (식) panelled can
수축포 contractile vacuole
수축포장 (식) shrink package
수출허가서 (식) export license
수층산란어 pelagic spawner
수치계산 (식) numerical calculation
수치모델 (식) numerical model
수치시뮬레이션 (식) numerical simulation
수침 (식)(양) dipping (식) soaking
수컷 (식) male
수탁매매 consignment
수평 (어)(자)(식) horizontal
수평레토르트 (식) horizontal retort
수평면 (식) horizontal plane
수평분포 (식)(어)(자) horizontal distribution
수평선 horizontal line
수평어군탐지기 (어)(자) horizontal fish finder sonar, sonar
수평예인 horizontal haul
수평운동 (식) horizontal movement

수평자세 horizontal position
수평형레토르트 (식) horizontal retort
수평혼합 (식) horizontal mixing
수평확산 horizontal dispersion
수평회유 (식) horizontal migration
수표상생물 epineuston
수표생물 neuston
수표성플랑크톤 neustonic plankton
수표하생물 hyponeuston
수프 (식) soup
수하 (식) drooping
수하식 hanging method
수하식양식 (양) hanging culture
수학변수 (식) mathematical variable
수학적기대치 mathematical expectation
수협공판장 cooperative sales place
수협위판 cooperative consignment
수형 water type
수화 (식) hydration
수화물 (식) hydrate
수화반응 (식) hydratic reaction
수화성교질 (식) hydrocolloids
수화수 (식) hydrated water
수확계획 (식) harvesting plan
수확기계류 (식) harvesting machines
수확전략 (식) harvest strategy
숙도감별 (양) maturity discrimination, maturity test
숙도계수 (자) maturity coefficient
숙도지수 (자) gonad index
숙성 (식) aging (식) conditioning (식) ripening
숙성공정 (식) ripening process
숙성기간 (식) ripening period
숙성실 (식) ripening room, (식) aging period
숙신산 (식) succinic acid
숙주 (식)(양) host
숙주세포 (식) host cell
순간변이율 instantaneous variation rate
순간사망율 (자) instantaneous mortality ratio
순간성장법 (자) instantaneous growth method
순간어획사망계수 (자) instantaneous coefficient of fishing mortality
순간위치점 fixing mark
순간율 instantaneous rate
순간자연사망계수 (자) instantaneous coefficient of natural mortality
순간전사망계수 (자) instantaneous coefficient of total mortality
순간증가율 (자) instantaneous increasing rate (양) instantaneous rate of increase
순간최대속도 (어) darting(or burst) speed (양) peak(or burst) rate
순간추적자 transient tracer
순계교배 (양) pure line interbreeding
순관류 genuine tubular traps
순단백질 (식) pure protein
순대말이 (어)(자) tangling of gill net, tangling of net
순도 (식) purity
순번수확 rotational harvesting
순생물학적성장 (양) net biological growth
순생산 (식) net production
순생산력 (식) net productivity
순서제어 (식)(양) sequence control, order

control
순성장효율 (식)(양) net growth efficiency
순수배양 (식) pure culture
순시선 patrol boat
순영속력 (어) cruising speed
순위검정 (식) ranking test
순위법 (식) ranking method
순위상관 (식) rank correlation
순위자료 (식) ranking data
순위합 rank sum
순유동 net flux
순일차생산량 net primary production
순조류 fair tides
순증식률 (양) net reproductive rate
순차분석 (식) sequential analysis
순차적 처리 (식) sequential process
순태양복사 net solar radiation
순톤수 (어)(항) net tonnage
순판 scute
순풍 fair winds
순화 acclimation, acclimatization
순환 (식) circulation
순환계 (식) circulatory system
순환과정 (식) cycle process
순환속도 (식) circulation rate
순환여과식양식 (양) recirculation culture system
순환여과지 circulating filter pond (양) recirculation fitering pond
순환염 cyclic salts
순환주기 period of cycle
순환형 circulation type
순환형태 circulation pattern
순회검사 patrolling inspection
숨구멍 spiracle
숨대롱 snorkel
숨은열 (식) latent heat
숭어 (식)(양) common mullet, flathead mullet, common gray grat
숯 (식) charcoal
슈도모나스 (식) *Pseudomonas*
슈크로스 (식) sucrose
스낵 (식) snack, snack food
스넬법칙 Snell's law
스리피스캔 (식) three piece can
스모크 (식) smoke
스모크 발생기 (식) smoke generator
스모크향 (식) smoke flavor
스몰트 (양) smalt
스왈로부표 Swallow float
스웰 (식) swell
스칼라량 scalar quantity
스캐닝소나 scanning sonar
스쿠바 SCUBA(self contained underwater breathing apparatus)
스크랩밀 (식)(양) scrap meal
스크롤압축기 (식) scroll compressor
스크류 (식)(어) screw
스크류믹서 (식) screw mixer
스크류밴드캡병 (식) screw band cap bottle
스크류압축기 (식) screw compressor
스크류캡 (식) screw cap
스크류컨베이어 (식) screw conveyor
스크류프로펠러 (식)(어) screw propeller
스크린 (식) screen
스키닝 머신 (식) skinning machine
스키머 (식)(양) skimmer
스킨팩 (식) skin pack
스탠다드팩 (식) standard pack
스테로이드 (식) steroid
스테롤 (식) sterol

스테롤조성 (식) sterol composition
스테아린 (식) stearine
스테이크 (식) steak
스토마크 (식) stomacher
스토퍼 (어) stopper
스튜 (식) stuffer
스튜퍼 (식) stuffer
스트레인게이지 strain gauge
스트렉커분해 (식) Strecker decomposition
스트렙토마이신 (식) Streptomycin
스트루바이트 (식) struvite
스틱 (식) stick
스틱워터 (식) stick water
스팀 (식) steam
스팀살균 (식) steam sterilization
스팀솥 (식) steam cooker
스파게티 (식) spaghetti
스펙트럼 (식) spectrum
스펙트럼분석 (식) spectral analysis
스포츠식품 (식) sports food
스포츠음료 (식) sports drink
스포츠피싱 sport fishing
스폰지화 (식) sponge
스푼 (식) spoon
스프레드팩 (식) spread pack
스프링어 (식) springer
스플리트 피쉬 (식) split fish
스피루리나 (식) spirulina
스핑고미엘린 (식) sphingomyelin
스핑고지질 (식) sphingolipid
슬라이스 (식) slice
슬러리 (식) slurry
슬리핑앵커 slipping anchor
슬립웨이 (어) slipway
습공기 (식) humid air
습구 (식) wet-bulb
습구온도 (식) wet bulb temperature
습구온도계 (식) wet bulb thermometer
습도 (식) humidity
습도계 (식) hygrometer
습도굴성 hygrotrophism
습도조절 (식) humidity control
습도조절기 (식) humidistat
습도주성 hygrotaxis
습득적행동 learned or acquired behavior
습부 (식) wet gluten
습사료 (식)(양) wet feed
습생식물 (식) hydrophyte
습성 (식) habit
습식분쇄 (식) wet grinding
습식분해법 (식) wet digestion method
습식세정 (식) wet cleaning
습식잠수복 wet suit
습압축 (식) wet compression
습압축사이클 (식) wet compression cycle
습열살균 (식) moist heat sterilization
습염법 (식) wet salting method
습윤밀도 wet density
습중량 (식)(양) wet weight
습증기 (식) wet steam
습지 wet land
승강운동 oscillation motion
승려물개 monk seal
승선 (어)(항) boarding, embarkation
승조원 (어)(항) crew
승화 (식) sublimation
승화열 (식) heat of sublimation
시가테라독 (식) ciguatera toxin
시각 (어) hour angle, sense of sight

시각기관 (어) optic organ
시각대 time zone
시각동물 optic animal
시각밀도추정 visual density dstimates
시각반응거리 vision reaction distance
시각운동 (어) optomotor
시각중추 center of visual sense
시각포식자 visual predator
시간소요곡선 run-time curves
시간온도허용한도 (식) time-temperature tolerance (TTT)
시간운동반응 (어) optomotor response
시간적감도제어기 sensitivity time control
시간지연 (식) time lag
시간척도 time scale
시겔라 (식) *Shigella*
시겔라증 (식) shigellosis
시계열 time series
시계열분석 time series analysis
시고비 camber ratio
시공간적변동 spatio-temporal variability
시권 hour circle
시그모이드 sigmoid
시끈가오리 electric ray
시라플랑크톤 Sira-plankton
시료 (식)(자) sample
시료길이 (식) sample length
시료수 (식) sample water, (식) sample number
시료채취 (식) sampling
시료채취기 (식) sampler
시머 (식) seamer
시뮬레이션 (식)(어)(항) simulation
시밍 (식)(어) seaming
시밍롤 (식) seaming roll
시밍척 (식) seaming chuck
시밍헤드 (식) seaming head
시세포 visual cell
시수평 apparent horizon
시스테인 (식) cysteine
시스트 cyst
시스틴 (식) cystine
시신경 optic(or visual) nerve
시아노박테리아 (식) cyanobacteria
시안배당체 (식) cyanogenic glycoside
시안중독 (식) cyanide poisoning
시약 (식) reagent
시약병 (식) reagent bottle
시엽 optic lobe
시원 time origin
시이그래이프 sea grape
시자정 apparent midnight
시장경제 market economy
시장조사 (식) market survey
시정 (식) visibility
시정거리 (식) visible distance
시정오 apparent noon
시지평 visible horizon
시진의 chronometer
시차 parallax
시차열분석 (식) differential thermal analysis (DTA)
시차온도계 differential thermometer
시차운동 parallax of the motion
시차주사열량법 (식) differential scanning calorimetry (DSC)
시추 boring, coring
시추시료 core sample
시침로 apparent course
시퀀스제어 sequence control

시클라메이트 cyclamate
시태양시 apparent solar time
시태양일 apparent solar day
시토크롬 (식) cytochrome
시프리스유생 cyprus larvae
시행 tial
시험관 (식) test tube
시험그물 (어) test net, try net
시험조업 (어) experimental fishing
식도 oesophagus
식량농업기구 (식)(자) Food and Agriculture Organization (FAO)
식량자급률 (식) self-sufficiency rate of food
식량자원 (식) food resource
식료수급표 (식) blance sheet of food
식료품 (식) foodstuff
식물극 vegetal pole
식물사회학 phytosociology
식물상 flora
식물섬유 (식)(어) vegetable fiber
식물성단백질 (식)(양) vegetable protein
식물성단백질가수분해물 (식)(양) hydrolyzed vegetable protein(HVP)
식물성독소류 (식) phytotoxin
식물성유 (식) vegetable oil
식물성자연독식별검사 (식) discriminative testing of naturally occurring phytotoxin
식물성편모충류 (식) phytoflagellates
식물식성의 phytophagous
식물플랑크톤 (식)(양)(자) phytoplankton
식미분석기 (식) taste analyzer
식별 (식) identification
식사섭취 (식) dietary intake
식사섭취이력 (식) dietary intake history
식사요법 (식) diet therapy
식세포작용 phagocytosis
식염 (식) table salt
식용경화유 (식) edible hardened oil
식용고래껍질 muktuk
식용땅콩유 (식) edible peanut oil
식용색소 (식) food colorant
식용색소녹색제3호 (식) food green No. 3
식용색소적색제102호 (식) food red No. 102
식용색소적색제104호 (식) food red No. 104
식용색소적색제105호 (식) food red No. 105
식용색소적색제2호 (식) food red No. 2
식용색소적색제3호 (식) food red No. 3
식용색소적색제40호 (식) food red No. 40
식용색소청색제1호 (식) food blue No. 1
식용색소청색제2호 (식) food blue No. 2
식용색소황색제4호 (식) food yellow No. 4
식용색소황색제5호 (식) food yellow No. 5
식용소금 (식) edible salt
식용어분 (식) edible fish meal
식용얼음 (식) edible ice
식용유지 (식) edible oil and fat
식용유지원료 (식) raw material for edible fat and oil
식용파래 (식) edible sea lettuce
식용플랑크톤 food plankton
식용해조 (식) edible seaweed (식) sea vegetable

식이보충제 (식) dietary supplement
식이섬유 (식) dietary fiber
식이요법 (식) diet therapy
식중독 (식) food poisoning
식중독원인식품 (식) food poisoning causative food
식초 (식) acetic acid, vinegar
식충류 zoophyte
식충학 zoophytology
식탁용생선칼 fish carver
식품 (식) food
식품가공 (식) food processing
식품감염 (식) food infection
식품검사 (식) food inspection
식품공장위생관리 (식) sanitory control of food factory
식품공장폐기물 (식) food factory waste
식품공장폐수 (식) food factory effluent
식품공전 (식) Korean Food Code (KFC)
식품공학 (식) food engineering
식품과학 (식) food science
식품과학자 (식) food scientist
식품미생물 (식) food microorganism
식품미생물학 (식) food microbiology
식품미생물학자 (식) food microbiologist
식품병원균 (식) food pathogen
식품보존 (식) food preservation
식품보존료 (식) food preservatives
식품분석 (식) food analysis
식품산업 (식) food industry
식품산업진흥법 (식) Food Industry Promotion Act
식품섭취량 (식) food intake
식품섭취빈도 (식) food frequency
식품섭취빈도설문조사 (식) food frequency questionnaire
식품성분표 (식) food composition table
식품소비패턴 (식) food comsumption pattern
식품수급표 (식) food balance sheet
식품안전 (식) food safety
식품오염 (식) food contamination
식품오염물질 (식) food contamiant
식품위생 (식) food hygiene (식) food sanitation
식품위생감시원 (식) food sanitation inspector
식품위생감시체계 (식) food sanitation inspection system
식품위생검사 (식) food sanitation inspection
식품위생법 (식) Food Sanitation Act
식품위생법시행규칙 (식) Ministrial Ordinance of Food Sanitation Act
식품위생법시행령 (식) Presidential Decree in Food Sanitation Act
식품위생시설 (식) food sanitation facilities
식품위생학 (식) food hygiene
식품위해요소중점관리기준 (식)(양) Hazard Analysis and Critical Control Point (HACCP)
식품의약품안전처 (식) Ministry of Food and Drug Safety
식품이력관리 (식) management of food history
식품이차기능 (식) secondary function of food
식품일차기능 (식) primary function of food
식품재료 (식) food ingredient
식품제조 (식) food manufacture

식품제조용 첨가물 (식) additives for food manufacture
식품조사 (사) food irradiation
식품조성 (식) food composition
식품조성표 (식) food composition table
식품착색제 (식) food colorant
식품첨가물 (식) food additives
식품첨가물 일반사용기준 (식) general standard on food additives
식품첨가물공전 (식) Korean Food Additives Code, KFAC
식품첨가물독성평가 (식) toxicological assessment of food additives
식품취급자 (식) food handler
식품평가 (식) food evaluation
식품포장 (식) food packaging
식품표시 (식) food labeling
식품품질 (식) food quality
식품향미료 (식) food flavoring
식품혼합성분 (식) food ingredient
식품화학 (식) food chemistry
식품회수 (식) food recall
식해 (식) sikhae
신개선 involute
신경계 nerve(or neural) system
신경독성패류 (식) neurotoxic shellfish
신경독성패류중독 (식) neurotoxin shellfish poisoning (NSP)
신경층 nerve layer
신고어업 (어)(자) reported fishery
신관 nephridium
신기준표본 (자) neotype
신뢰가중치 reliable weight
신뢰도 (식)(어)(자) confidence coefficient (식) reliablity coefficient
신뢰성 (식)(어)(자) confidence (식) reliability
신뢰영역 (식) confidence region
신뢰한계 (식) confidence limit
신맛 (식) sour taste
신방 atrium
신선도 (식) freshness
신세포비대 nephrocytomegaly
신용장 letter of credit (L/C)
신장 (식)(어) enlongation (식) extension (식) kidney
신장강도 (식)(어) tensil strength
신장률 (식)(어) modulus of elongation
신장회복도 (어) drastic recovery
신조 new construction(or building)
신족근 pedal protractor
신호기 code flag
신호대잡음비 signal to noise ratio
신호음 signal sound
신호자극 sign stimulus
신호처리과정 signal processing
실각 slip
실고기 (식)(양)(어)(자) pipefish
실꼬리돔 (식) golden thread
실내배양용수조 indoor culture cistern
실내온도 (식) room temperature
실내채묘 indoor seeding
실리카 (식) silica
실리카겔 (식) silicagel
실리콘 오일 (식) silicone oil
실린더 (식) cylinder
실링컴파운드 (식) sealing compound
실물 (어) proto-type
실물어구 (어) proto-type fishing gear
실뱀장어 (양) glass eel
실뱀장어소하 eelfare
실붉돔 (식)(양)(어)(자) fryingpan snapper

실속력 speed over the gound
실습 (식)(어) practice
실습생 (어) apprentice
실습선 (어) training ship
실시간 real time
실시간예보 real time prediction
실온 (식) room temperature
실온저장 (식) room temperature storage
실전갱이 (식)(양)(어)(자) ciliated threadfish, (식)(양)(어)(자) threadfin mirrorfish
실제적지위 realized niche
실제증가율 (식) actual rate of increase
실질실각률 real slip ratio
실질침강력 real weight of net
실측위치 observed position
실측항법 (항) actual navigation
실트 silt
실패고둥 staircase shell
실한천 (식) string shaped agar
실행표준 (식) performance standard
실험 (식)(어) experiment
실험관리 (어)(식) experimental management
실험단위 (식) experimental unit
실험동물 (식) laboratory animal
실험설계 (식) experiment design
실험식 (식) empirical equation (식) empirical formula
실험실 (식) laboratory
실험실관리수칙 (식) good laboratory practice(GLP)
실험실사육 laboratory rearing
실험오차 (식) experimental error
실험조건 (식) experimental condition
심근 (식) cardiac muscle
심근경색 (식) myocardial infraction
심근섬유 (식) cardiac muscle fiber
심도 depth factor
심수층 hypolimnion
심실 ventricle
심연 abyss
심온동결 (식) deep freezing
심장 (식) heart
심장마비 (식) cardioplegia
심장병 (식) heart disease
심천회유 depth (or vertical) migration
심층 abyss, deep layer
심층성부유생물 bathypelagic plankton
심층수 (식) deep water
심해 (어) deep sea
심해광도계 bathyphotometer
심해광업 deep-sea mining
심해구 deep-sea trough
심해동물 deep-sea animal
심해동물상 deep-sea fauna
심해류 bathycurrent
심해산란층 (자) DSL (deep scattering layer)
심해새우 sergestid
심해성 abyssal
심해성어종 (식)(어)(자) deep-sea fish
심해성침전물 deep-sea deposits
심해수층의 abyssopelagic
심해순환 abyssal circulation
심해약광층 twilight zone
심해어(류) (식) deep-sea fish
심해어업 (어) deep-sea fishery
심해어장 (어)(자) demersal fish grown
심해역 oceanic abyss
심해저 deep sea bottom, ocean basin floor

심해저생생물군집 deep-sea benthic community
심해저생의 abyssal-benthic
심해저서동물 bathybenthos
심해투하법 deep anchoring
심해파 (양)(어) deep water wave
심해표영생물군집 deep-sea pelagic community
심해플랑크톤 abyssal plankton (식) deep-sea plankton
심해환경 abyssal environment
심혈관계 (식) cardiovascular system
심혈관계질환 (식) cardiovascular disease
십각류 decapod
십이지장 (식) duodenum
십자엥카 common anchor
싸이클론 (식) cyclone
싹 (식) germ
쌀가루 (식) rice flour
쌀겨 (식) rice bran
쌀전분 (식) rice starch
쌍구균 (식) diplococcus
쌍극성 bipolarity
쌍끌이기선저인망 (어) pair trawl, paranzella fishing, two-boat trawl, ball trawl
쌍끌이중층트롤 (어) midwater pair trawl
쌍두리건착망 (어) two-boat type purse seine
쌍조 double tide
쌍통끌이 twin trawl (어)(자) twin shrimp trawl
썩기쉬운 (식) perishable
썰물 (어) ebb tide, falling tide
썰물때 low water time
쏠배감팽 (식)(양)(어)(자) butterfly fish, pink firefish
쏨뱅이 (식)(양)(어)(자) Marbled rockfish
쐐기형염하구 salt wedge estuary
쑤기미 (식) devil stinger, lumpfish
쓰나미 tsunami
쓰레받기형두리그물 (어) dustpan-like encircling net
쓴맛 (식) bitter taste, bitterness
쓴맛 화합물 (식) bitter compound
쓴맛물질 (식) bitter substance
쓴맛제거 (식) debittering
쓴맛펩타이드 (식) bitter peptide
쓸개즙 (식) bile
쓸개즙산 (식) bile acid
씨씨피 (식) critical control point (CCP)
씨-에나멜 (식) C-enamel
씨티디미터 CTD (conductivity-temperature-depth)meter
씹힘성 (식) chewiness

ㅇ

아가로스 (식) agarlose
아가로펙틴 (식) agaropectin
아가미 (식) branchia (식) gill
아가미갈퀴 gill raker
아가미격막 branchial septum
아가미덮개 operculum
아가미섬모운동 branchial ciliary movement
아가미제거 (식) gilling
아교 (식) glue
아구아제 aguaje
아구포화 saturation of fishing gear
아귀 (식)(양)(어)(자) angler (식)(양)(어)(자) blackmouth goosefish
아그마틴 (식) agmatine
아극상 subclimax
아급성 (식) subacute
아급성 독성 (식) subacute toxicity
아급성 독성시험 (식) subacute toxicity test
아기호두조개 nut clam
아네로이드기압계 aneroid barometer
아데노신 (식) adenosine
아데노신삼인산 (식) adenosine triphosphate (ATP)
아데노신이인산 (식) adenosine diphosphate (ADP)
아데노신일인산 (식) adenosine monophosphate (AMP)
아데노신포스파타제 (식) adenosine triphosphatase (ATPase)
아데닌 (식) adenine
아라비노스 (식) arabinose
아라비아검 (식) arabia gum
아라키돈산 (식) arachidonic acid
아래턱 (자) mandible
아릿줄 (어) branch line
아말감 (식) amalgam
아말감법 (식) amalgamation
아메바 (식) ameba
아메바성변형세포 (식) amoebocyte
아메바성이질 (식) amoebic dysentery
아목 (식)(자) suborder
아미노기 (식) amino group
아미노당 (식) amino sugar
아미노말단 (식) amino-terminus
아미노말단기 (식) amino terminal group
아미노산 (식) amino acid
아미노산분석 (식) amino acid analysis
아미노산분석기 (식) amino acid analyzer
아미노산서열 (식) amino acid sequence
아미노산스코어 (식) amino acid score
아미노산시컨스 (식) amino acid sequence
아미노산조성 (식) amino acid composition

아미노 수지 (식) amino resin
아미노질소 (식) amino nitrogen
아미노-카르보닐반응 (식) amino-carbonyl reaction
아미노펩티다제 (식) amino peptidase
아미드 (식) amide
아미아 mudfish
아민 (식) amine
아밀라제 (식) amylase
아밀라제 저해제 (식) amylase inhibitor
아밀로스 (식) amylose
아밀로펙틴 (식) amylopectin
아세톤 (식) acetone
아세트산 (식) acetic acid
아세틸 (식) acetyl
아세틸기 (식) acetyl group
아세틸렌 (식) acetylene
아세틸화 (식) acetylation
아스코르빈산 (식) ascorbic acid
아스타산틴 (식) astaxanthin
아스파라거스 (식) asparagus
아스파라진 (식) asparagine
아스파르탐 (식) aspartame
아스파르트산 (식) aspartic acid
아실기 (식) acyl group
아실화 (식) acylation
아실화어단백 (식) acylated fish protein
아양성의 hemi-pelagic
아연 (식) zinc (Zn)
아연안의 infralittoral, sublittoral
아열대수렴선 subtropical convergence
아염소산 (식) chlorous acid
아염소산염 (식) chlorite
아우라민 auramine
아이삭키드중층트롤 (어) Isaac-Kidd midwater trawl
아이스플라이스 (어) eye splice
아이오다이드 (식) iodide
아이후크 eyehook
아조카제인 (식) azocasein
아종 (식)(자) subspecies
아질산 (식) nitrous
아질산나트륨 (식)(양) sodium nitrite
아질산염 (식)(양) nitrite
아치사효과 sublethal effect
아치형조골구조 arch framing
아크롤레인 (식) acrolein
아크릴 (식)(양) acryl
아크릴수지 (식) acryl resin
아크릴아미드 (식) acrylamide
아키네톤 akineton
아펜디큘라리아 appendicularian
아포효소 (식) apoenzyme
아플라톡신 (식)(양) aflatoxin
아황산 (식) sulfurous acid
아황산염 (식) sulfite
악각 (자) gnathopod
악마불가사리 crown of thorn
악상어 (식)(양)(어)(자) salmon shark, mackerel shark
악취 (식) offensive odor, malodor
악티노트로카유생 actinotroch larva
안강망 (어) stow nets
안강망어업 (어) stow net fishery
안고차 dip
안구 (식) eyeball
안구돌출 (식)(양) exophthalmos
안드로젠 (식) androgen
안류 alongshore current, longshore current
안부 saddle
안세린 (식) anserine

안식향산 (식)(양) benzoic acid
안와 (식)(자) orbit
안와지방체 (식) corpus adiposum
안장점 (식) saddle point
안전 (식) safety
안전계수 (식) safety factor
안전농도 (식) safe concentration
안전밸브 (식) safety valve
안전사용력 safe working strength
안전성평가 (식) safety evaluation
안전수역표지 safe water marks
안전율 safety factor
안점 (양) eye spot
안정(도) (식) stability
안정도주파수 (식) stability frequency
안정도지수 (식) stability index
안정동위원소 stable isotope
안정력 stabilizing force
안정성 (식) stability
안정성가설 stability hypothesis
안정성시간설 stability-time hypothesis
안정수조 auto-rolling tank
안정연령분포 stable age distribution
안정운동 stable motion
안정인자 (식) stabilizing factor
안정작용 stabilization
안정지지사업 price support business
안정진동 stable oscillation
안정형 stable type
안정화 stabilization
안지오텐신 (식) angiotensin
안지오텐신전환효소 (식) angiotensin-I converting enzyme (ACE)
안테나 (어)(항) antenna
안토시아닌 (식) anthocyanin
안티조에아 anti-zoea
안티조에아유생단계 antizoeal larval stage (양) antizoeal stage
알 (식) ovum (식)(양)(자) egg (식) roe
알기닌 (식) arginine
알긴산 (식)(양) alginic acid
알긴산염 (식)(양) alginate
알데히드 (식) aldhyde
알도스 (식) aldose
알돌축합 (식) aldol condensation
알라닌 (식) alanine
알러지 (식) allergy
알러지 식품 (식) allergic food
알러지성 (식) allergic
알러지성 식중독 (식) allergic food poisoning
알루미늄 (식) aluminum (Al)
알루미늄관 (식) aluminum can
알루미늄박적층필름 (식) aluminum foil laminated film
알루미늄합금뜸 aluminum alloy float
알루미늄호일 (식) aluminum foil
알방 ovicell
알밴물고기 (식) breeding fish (식) seed fish
알베도 albedo
알부민 (식) albumin
알주머니 egg capsule, ovisac, sea purse
알츠하이머병 (식) Alzheimer's disease
알츠하이머치매 (식) Alzheimer's dementia
알칼리도 (식) alkalinity
알칼리반응 (식) alkali reaction
알칼리성단백분해효소 (식) alkaline protease
알칼리성세제 (식) alkali detergent
알칼리성식품 (식) alkalin foods

알칼리소화법 (식) alkali-digestion method
알칼리염수거름 (식) alkaline leaching
알칼리처리 (식) lkali treatment
알칼리화 (식) alkalization
알켄 (식) alkene
알코올 (식) alcohol
알코올냄새 (식) alcohol-like odor
알코올발효 (식) alcohol fermentation
알코올분해 (식) alcoholysis
알코올성 음료 (식) alcoholic beverage
알코올성간경화 (식) alcoholic cirrhosis
알코올성간염 (식) alcoholic hepatitis
알코올성간질환 (식) alcoholic liver disease
알코올성지방간 (식) alcoholic fatty liver
알키드수지 (식) alkyd resin
알킨 (식) alkyne
알킬 (식) alkyl
알킬기 (식) alkyl group
암모나이트 (식) ammonite
암모노이드류의 ammonoid
암모늄 (식)(양) ammonium
암모늄염 (식) ammonium salt
암모늄이온 (식)(양) ammonium ion
암모늄화합물 (식) ammonium compound
암모니아 (식)(양) ammonia
암모니아배설형 (식) ammoniotelic type
암모니아산화성세균 ammonia-oxidizing bacteria
암모니아수 (식) ammonia water
암모니아질소 (식)(양) ammonia nitrogen
암모니아화작용 ammonification
암모시이테스유생 ammocortes larve
암몬조개 ammonite
암반응 dark reaction
암생식물 lithophyte
암석권 lithosphere
암설 detritus
암세포 (식) cancer cell
암수딴몸의 dioecious
암수한몸 (양) hermaphrodite
암수한몸현상 (양) hermaphroditism
암순응시 scotopic vision
암염 (식) rock salt
암초 reef
암초대 reef zone
암초폭파 rock blasting
암컷 (식)(양) female
암컷무리 (자) harem
암해(안강망) (어)(자) sinking bar lower beam, sinking bar
압각 pressure sense
압력 (식)(어) pressure
압력 센서 (식)(어) pressure sense
압력경도 (어) gradient of pressure
압력계 (식)(어) pressure gauge
압력수두 pressure head
압력요동 pressure fluctuations
압력이상 pressure anomaly
압력저항 (어) pressure resistance
압력저항계수 (어) coefficient of pressure resistance
압력중심 (어) center of pressure
압력항력 (어) pressure drag
압밀작용 compaction
압쇄대 crushed zone
압연 (식) rolling
압연공정 (식) rolling process
압착 (식) pressing
압착여과기 (식) filter press

압착염장 (식) pressive salting
압축 (식) compression
압축계수 (식) coefficient of compression
압축기 (식) compressor
압축변형 (식) compression strain
압축성 (식) compressible
압축성유체 (식) compressible fluid
압축응력 (식) compressive stress
압출 (식) extrusion
압출기 (식) extruder
압출드립 (식) expressible drip
압출성형 (식) extrusion molding
압출성형물 (식) extrudate
앞날개 (어)(자) fore wing, (어)(자) extensing wing
앞마스트 (어) foremast
앞바다 coastal sea
앞섶 (어) fore wing net
앞잡이배 (어) skiff boat
애벌레 (식) larva
액란 (식) liquid egg
액봉 liquid ring
액비 (식) liquid fertilizer
액상 (식) liquid phase
액상비료 (식) liquid fertilizer
액상식품 (식) liquid food
액상추출차 (식) extracted liquid tea
액상포도당 (식) liquid glucose
액젓 (식) (salt-fermented) fish sauce
액정 liquid crystal
액체 (식) liquid
액체배양 (식) liquid culture
액체배지 (식) liquid medium
액체비중계 (식) hydrometer
액체시료 (식) liquid sample
액체질소 (식) liquid nitrogen
액체질소동결법 (식) liquid nitrogen freezing method
액체침지 (식) liquid immersion
액충전기계 liquid stuffer
액토미오신 (식) actomyosin
액틴 (식) actin
액포 vacuole
액화 (식) liquefaction
액화가스 동결법 (식) liquid gas freezing
액화열 (식) heat of liquefaction
액화천연가스 (식)(어) liquefied natural gas(LNG)
액훈법 (식) liquid smoking method
앵무조개 Nautilus
앵커 (어)(항) anchor
앵커병 (식) anchor cap jar
앵커부이 anchor buoy
앵커섀클 (어)(항) anchor shackle
앵커체인 (어)(항) anchor chain
앵커캡 (식) anchor cap
야간조업 night fishing
야간지시록 night order book
야광조개 green snail
야광충 *Noctiluca*
야맹증 (식) night blindness
야외 field
야외채묘 outdoor seeding
야장 field note
야트보정 Yate's correction
야행동물 nocturnal animal
야행성어종 nocturnal fish
야행성플랑크톤 nyktiplankton
약산 (식) weak acid
약염기 (식) weak base
약용식물 (식) medicinal plant
약최저저조면 approximate lowest low

water
약품빙 (식) chemical ice
약한 (식) weak
약화 (식) weakening
얀 yarn
양광성플랑크톤 phaeoplankton
양극 (식)(어) anode
양극반응 (식)(어) anodic reaction
양극성 (식) bipolarity
양낙망 both sides pound net, set net with two bag (어)(자) set net with both sides pound (어) net
양념 (식) condiment (식) spice (식) seasoning
양력 (어) lift
양력계수 (어) coefficient of lift
양륙 disembarkation, landing
양륙제한 landing limitation
양륙항 landing port, unloading port
양망 (어) hauling on net
양망기 (어)(자) net hauler
양미리 sand eel, sand lance
양분된 dichotomous
양산실험 (식) production experiment
양생형 sun type
양서류 amphibians, reptiles
양성부력 (어) positive buoyancy
양성주성 positive phototactis, positive taxis
양성친어 (양) reared broodstock fish
양성화합물 (식) amphipathic compound
양승 (어) hauling of line
양승기 (양)(어) line hauler
양식 (식)(양) aquaculture
양식가 (식)(양) fish culturist, (식) aguaculturist
양식경영 (식)(양) aquaculture management
양식극한량 (양) maximum productivity in aquaculture
양식기반어업 culture-based fisheries
양식기술 culture thechnologies
양식생물 (식)(양) aquaculture organism
양식수산물 (식)(양) cultured fisheries product
양식어 (식)(양) cultured fish
양식업자 (식)(양) aguaculturist
양식용 어린굴 (양) seed oyster
양식장 (식)(양) fish farm
양안간의 intercoastal
양안시 (어) both eye vision
양어법 (양) fish farming, pisciculture
양어상의 (양) piscicultural
양어용수 (양) fish culture water supply
양어장 nursery (양) fish farm
양어지 breeding pond (양) fish pond
양육량 landed quantity (양) carring capacity
양육항 discharging port
양의 (식) positive
양이온 (식) cation
양이온교환수지 (식) cation exchange resin
양적 (식) quantitative
양적규제 quantitative limit
양전하 (식) positive charge
양조간장 (식) fermented soy sauce
양조망어업 (어) round haul net
양쪽성물질 (식) ampholyte
양쪽성전해질 (식) ampholite, ampholyte
양철관 (식) tin plate can
양측검정 (자) two-tailed test

양측회유 (자) amphidromous migration
양측회유어 (자) diadromous fish
양태 (자) flat head
양파 (식) onion
양화기 cargo winch, winch
어가 (어) fishery household
어가경영 (식)(어)(자) fishery household management
어가경영형태 (어) the type of fisheries household management
어가경제잉여 the economic surplus of fisheries household
어가소득 (식)(어) income of fishery household
어가어업 (식)(어)(자) household fishery
어간유 (식) fish liver oil
어간장 (식)(양) fish sauce
어교 (식) fish glue
어구 (어) fishing gear
어구도피 (어) fishing gear avoidance
어구모형실험 (어) model test of fishing gear
어구선택성 (식)(어)(자) fishing gear selectivity
어구설계도 (식)(어)(자) drawing of fishing gear
어구성능 (식)(어) efficiency of fishing gear
어구시방서 (식)(어) specification of fishing gear
어구제한 (어) limitation of fishing gear, regulation of fishing gear
어구표준화 (식)(어) standardization of fishing gear
어구학 (식)(어) fishing gear technology
어군 (식)(어)(자) fish school
어군구조 (식)(어)(자) structure of fish school
어군밀도 (식)(어)(자) density of fish school
어군탐색 (식)(어)(자) fish scouting
어군탐지기 (어) fish finder (식) sonar
어군행동 (어) behavior of fish school, fish behavior
어기 (식)(어) fishing period (식) fishing season
어기제한 (식)(어) limitation of fishing season
어는점 (식) freezing point
어단 (식) fish ball
어도 (어) fish way
어드히젼 (식) adhesion
어란 (식) fish eggs (식) roe
어란중독 (식) ichthyotoxism
어랑 heck
어로 (식)(어) fishing
어로기계 (식)(어) fishing machine
어로등 (어)(자) fishing light
어로시설 (식)(어) fishing facility
어로작업 (식)(어) fishing operation
어로장 (식)(어) fishing master
어로학 (어)(자) fishing technology, fishing technology, piscatalogy
어로활동 (식)(어) fishing operation
어뢰 torpedo
어류 (양)(어)(자) fish
어류가공품 (식)(양) fish product
어류껍질 (식) fish skin
어류껍질조직 (식) fish skin tissue
어류단백질 (식)(양) fish protein
어류단백질가수분해물 (식)(양) fish protein hydrolysates

어류대량폐사 (양) fish mass mortality
어류먹이 food of fish
어류부산물 (식)(양) fish byproduct
어류뼈 (식) fish bone
어류선별기 (식)(양)(어) fish grader
어류식자 piscivore
어류양식 (양) fish culture
어류의 (양) ichthyic, piscine
어류자원량 (어)(자) fish stock
어류자원학 (어)(자) population dynamics
어류젤라틴 (식) fish gelatin
어류조미배건품 (식) seasoned and roasted fish
어류지 ichthyography
어류지표플랑크톤 fish-indicator plankton
어류포식자 piscipredator
어류플랑크톤 ichthyoplankton
어류플랑크톤조사 ichthyoplankton surveys
어류학 (어)(자) ichthyology
어린이식생활안전관리특별법 (식) Special Act on Safety Control of Children's Dietary Life
어망 (어) fishing net
어묵 (식) surimi gel
어민 (어) fishermen
어박 (식) fish cake (식) fish scrap
어법 (어) fishing method
어법제한 (어) limitation of fishing method
어법학 (어) fishing methodology, piscatology
어병 (양) fish disease, fish pathology
어부 (어) fisherman, fishing people
어분 (식)(양) fish meal
어비 (식) fish fertilizer
어살류 (어) weirs
어선 (어) fishing boat
어선단 (어) fishing fleet
어선도피 (어) fishing vessel avoidance
어선동력화 (어) motorization of fishing boat
어선법 (어) fishing boat law
어선별어획량할당제 (어) individual vessel quota
어선통계표 (어) statistic tables of fishing vessels
어시장 (식)(어) fish market
어식성어류 (양) ichthyovorous fishes
어식성의 (양) piscivorous
어식성포식자 piscipredator
어업 (식)(어) fishery (식) fishing industries
어업감시선 (어) fishery inspection boat
어업경비 (어) fishery cost
어업공동체 (어) fishing community
어업관리 (어) fisheries management
어업관리인 (어) fishery manager
어업구조 (어) structure of fisheries
어업권 (어) fishery right, piscary
어업권보호구역 (어) fishery right protected zone
어업권원부 (어) the original rigister of fishery right
어업규제 (어) fishery regulation, restriction of fishing
어업기기 (어) fishing machine and instrument
어업기지 (어) fishing base
어업부산물 (식)(어) fishery by-products
어업분쟁 (어) fishery trouble

어업생물학 (식)(어) fisheries biology
어업생산량 (식)(어) fishing production
어업세 (어) fishing tax
어업소득 (어) fishery income
어업수역 (어) fishery zone
어업수입 (어) fisheries income
어업시스템 (어) fishing system
어업실습선 (어) fisheries training ship
어업의존도 (어) dependency on fisheries
어업인 (어) piscator
어업자 (어) fishery operator, owner fisherman
어업자동화 (어) fishing automation
어업자원 (식)(어) fishery resource
어업자원관리 (어)(자) management of fishery resources
어업자원배양 (어)(자) propagation of fishery resources
어업자원보호 (어)(자) conservation of fishery resources
어업재해 (어)(자) fishery disaster
어업전관수역 (어)(자) exclusive fishery zone
어업정보 (어) fishing information
어업정책 (어) fisheries policy (어)(자) fishery policy
어업제도 (어) fishing ground ownership and fisheries regulation
어업조사 (어) census of fishery, fishery research
어업조사선 fisheries research vessel (어)(자) fishery research vessel
어업조정 fisheries adjustment (어)(자) fishery adjustment
어업종사자 (어) fishery employee, fishery worker
어업지도선 (어) fishery partol boat
어업지출 (어) fishery expenditure
어업통계 (식)(어) fishery statistics
어업학 (어)(자) fishery science
어업허가 (어) fishery licence
어업협동조합 (어) fisheries cooperative association
어업협정 (어) fisheries agreement
어업회사 (어) fishery company
어유 (식)(양) fish oil
어유찌꺼기 (식) pomace
어육 (식) fish flesh (식) fish meat
어육단백질농축물 (식) fish protein concentrate
어육마쇄기 (식) fish meat mincer
어육소시지 (식) fish sausage
어육채육기 (식) fish meat separator
어육페이스트 (식) fish paste
어육햄 (식) fish ham
어육햄버거 (식) fish hamburger
어장 (식)(어)(자) fishing ground
어장관리 (어) fishing ground management
어장관리규약 (어) fishing ground management by law
어장관리형 (어) the type of fishing ground management
어장내유율 rate of migration into the fishing ground
어장노화 (양) senescence of culturing ground
어장도 (어)(자) fishing ground chart
어장목장화사업 (양)(어)(자) fishing ground farming project
어장생산성 (어) productivity of fishing ground

어장탐색 (어) locating of fishing ground
어장학 (어)(자) fishery oceanography
어장환경 (어)(자) environment of fishing ground
어전 (어)(자) bamboo screen labyrinth, fish weir
어정 milt, soft roe
어족 (식)(어) stock, fishes
어종교체 replacement of fish species
어종별생식선중량 weight and maturity of gonad by species
어종판별 (식) fish identification
어즙 (양) fish solubles (식) stick water
어창 (어) fish hold
어초 (어) fish reef
어촌 (어) fisherman's village, fishing village
어촌계 (어) eochongye
어촌민 (어) fishermen
어취 (식) fish(y) odor
어취원인물질 (식) fish odor-causing substance
어탐 (어) fish finding
어탐선 (어) fish detection boat
어탐증폭기 (어) fish find amplifier
어패류 (식) fish and shellfish
어패류양식업자 (양) fish and shellfish farmer
어패류양식장 (양) fish and shellfish farm
어패류조미통조림 (식) canned seasoned fish and shellfish
어포 (식) fish jerky
어포부 (어) bunt, pure seine
어피 (식) fish skin
어피조직 (식) fish skin tissue
어항 (어) fishbowl, fishing port
어항법 (어) fishing port law
어항정비계획 (어) fishing port improvement plan
어황 (어) fishing conditions
어황예보 (어) forecasting of fishing conditions
어획 (식)(어)(자) catch (식) fishing
어획가능성 (식)(어)(자) fishability
어획가능자원 (어)(자) catchable population, catchable stock
어획강도 (어)(자) fishing intensity, fishing power
어획강도계수 (어)(자) fishing power coefficient
어획개시연령 (어)(자) age at first capture
어획개시체장 (어)(자) length at first capture
어획개시체중 (어)(자) weight at first capture
어획계수 (어)(자) catchability coefficient, fishing mortality coefficient
어획고 (식)(어)(자) fishing amount
어획곡선 (식)(어)(자) fishing curve
어획금지 (어)(자) restriction of fishing
어획기계 fishing machine
어획노력 (어) fishing effort
어획노력량감소 (어) reducing fishing effort
어획능률 (어) catchability coefficient, fishing efficiency
어획량 (어)(식) catch (식) yield
어획량규제 (어) catch limit
어획량할당 (식)(어) catch quota
어획률 (어) fishing rate
어획물 (식)(어) fishery products

어획물운반선 (식)(어)(자) fish carring vessel
어획물처리 (식)(어)(자) fish handling
어획물표본 catch sampling
어획미수 (어)(자) catch in number
어획방정식 (어)(자) catch equation
어획사망계수 (어)(자) fishing mortality coefficient
어획선택성 (어)(자) selectivity of fishing gear, fishery selectivity
어획성능 (어)(자) catching efficiency, efficiency of fishing ability
어획예보 (어) fishing forecast
어획율 (어) catching rate, fishing rate
어획이론 (어) catch theory
어획적수온 (어) optimum water temperature for catch
어획조절 (어) catch control
어획중량 (어)(자) catch weight
어획최적수온 (식)(어) optimum water temperature for catch
어획통계 (어) catch statistic
어획효율 (어) catching rate, catchability
억제 (식) inhibition
억제제 (식) inhibitor
얼간연어 (식) low salted salmon
얼간의 (식) low salting
얼마른치 (식) light dried fish
얼음결정 (식) ice crystal
얼음결정의 성장 (식) ice crystal growth
얼음물 (식) ice water
얼음생성 (식) ice formation
얼음파쇄기 (식) ice crusher
얼음핵 (식) ice nucleus
얽애구류 그물 (어)(자) entangling gears net
업무예보 operational prediction
에나맬 (식) enamel
에너지 (식) energy
에너지보존 (식) conservation of energy
에너지수지 (식) energy balance
에디아이 (식) ADI(acceptable daily intake)
에르고톡신 (식) ergotoxin
에리소르브산 (식) erythorbic acid
에리소르브산염 (식) erythorbate
에멀젼 (식) emulsion
에멀젼화 (식) emulsification
에스테르 (식) ester
에스테르 반응 (식) ester reaction
에스테르화 (식) esterification
에스피사료 (식) SP(soluble protein) feed
에어건 (식) air gun
에어포켓 (식) air pocket
에오신 (식) eosin
에이디피 (식) ADP(adenosine diphosphate)
에이엠피 (식) AMP(adenosine monophosphate)
에이코사테트라엔산 (식) eicosatetraenoic acid
에이코사펜타엔산 (식) eicosapentaenoic acid(EPA)
에이티피 (식) ATP (adenosine triphosphate)
에크만나선 Ekman spiral
에키노플루테우스유생 (양) echinopluteus
에탄 (식) ethan
에탄올 (식) ethanol, (식) ethyl alcohol
에테르 (식) ether
에틸 (식) ethyl

에틸렌 (식)(어) ethylene
에틸렌글리콜 (식) ethylene glycol
에틸렌디아민테트라아세트산 (식) ethylenediaminetetraacetic acid(EDTA)
에틸알코올 (식) ethyl alcohol (식) ethanol
에폭시 (식) epoxy
에폭시수지 (식) epoxy resine
에폭시수지계도료 (식) epoxy resin paint
에프값 (식)(자) F value
에프엘 FL (fork length)
에프제로-값 (식) Fo-value
엑다이손 ecdysone
엑소펩티다제 (식) exopeptidase
엑스분 (식) extractives (식) extracts
엑스선형광분광법 (식) X-ray fluorescence spectroscopy
엔도프로티아제 (식) endoprotease
엔드링 end ring
엔드시임 (식) end seam
엔말단 (식) N-terminus
엔말단아미노산 (식) N-terminal amino acid
엔말단잔기 (식) N-terminal residue
엔젤피쉬 angel fish
엔진 (식) engine
엔진텔레그래프 engine telegraph
엔탈피 (식) enthalpy
엔테로톡신 (식) enterotoxin
엔트로피 (식) entropy
엘라스틴 (식) elastin
엘리뇨 (어)(양)(자) El Nino
엘리뇨남방진동 ENSO (El Nino Southern Oscillation)
여객명부 passenger list
여과 (식)(양) filtration
여과기 (식)(양) filter
여과기관 (식) filtering organ
여과디스크 filtering disk
여과량계측기 flowmeter
여과박 (식) filter cake
여과법 (식) filtration method
여과섭식 filter feeding
여과섭식동물 filter feeding animal
여과섭식자 filter feeder
여과속도 (식)(어) filtering speed
여과수량 (식)(어) filtering volume
여과식자 filter feeder
여과율 (식)(어) filtering rate
여과층 (식) filtering layer
여과탱크 (식) filtering tank
여과포 (식) filter cloth
여과효과 (식)(어) filtering effect
여과효율 (식)(어) filtering efficiency
여섯갈래민꽃게 mud crab
여수계 flowmeter
여액 (식) filtrates
여울 rip, ripple
여자그물감 (어) minnow netting
여포 ovisac
여포세포막 follicle cell membrane
역극성 antipolarity
역류 (식) backwater (식) countercurrent
역륜 (식) expansion ring
역반응 (식) reverse reaction
역변환 (식) inverse transformation
역삼투 (식) reverse osmosis
역삼투농축 (식) reverse osmosis concentration
역삼투막 (식) reverse osmosis membrane

역상관관계 (식)(어) negative correlation
역성장 degrowth
역염하구 inverse estuary
역예측 inverse prediction
역율 power factor
역자극 (어) threshold of stimulus
역적정 back titration
역전 inversion, overturn
역전조류 reversion current
역전층 inversion layer
역조 rip current
역치 (식)(어) threshold
역치농도 (식) threshold concentration
역표 ephemeris
역풍 backwind
역학수심 dynamic dapth
역학적고도 dynamic altitude
역학적상사 dynamic similarity
역학적안정성 dynamic stability
역학적유사성 dynamic similarity
역학조사 (식) epidemiologic survey
역행 (식) retrogression
역화 back burn, back fire
엮음줄 lacing line (어)(자) lacing rope
연간산란량곡선 (어)(자) annual spawning curve
연간어획량 (식)(어)(자) annual catch (식) annual yield
연간편차 (식)(어)(자) annual anomaly
연갑의 soft-shell
연결색 pendant
연골 (식) cartilage
연골어 (식) cartilaginous fish
연골조직 (식) cartilaginous tissue
연교차 annual range
연구개발 (식) research and development
연구선 research vessel
연근해어업 (식)(어) coastal and offshore fishery
연급 (어)(자) year class
연급군 (어)(자) year class, year group
연급군강도 (어)(자) year class strength
연급군분석 (어)(자) cohort analysis
연급군생명표 cohort life table
연기발생장치 (식) smoke generator
연니 ooze, soft clay
연대결정 dating
연대학 chronology
연락사 ooblast
연락선 (항) ferry boat
연락용블록 (어) joining block
연락용줄 (식) messenger line
연락줄 (어) joining wire (어)(자) heaving line
연령 (식)(자) age
연령구조 (자) age structure
연령구조모델 (자) age-structured model
연령군 (자) age class
연령별사망율 (자) age-specific mortality rate
연령별어획량 (자) catch-at-age
연령별출산율 (자) age-specific birth rate
연령분포 (식)(자) age distribution
연령사정 (자) age determination
연령사정법 (자) age determination method
연령사정오차 (자) age-determination errors
연령조성 (식)(자) age composition
연령조성표 (식)(자) age composition table
연령측정 (자) age determination

연령형질 (자) age character
연료유탱크 fuel oil tank
연류 littoral drift
연륜 (자) annual ring, year ring
연마기 (식) grinder
연막 velum
연무 haze
연변부성장계수 (자) marginal index
연변화 annual variation
연산율 (식) elongation
연산증폭기 operational amplifier
연산호 soft coral
연성 soft
연성기질 (자) soft substratum, soft bottom
연소 (식) combustion
연속가입 (어)(자) continuous recruitment
연속개체군평가모델 (어)(자) sequential population assessment
연속근사법 successive approximation
연속기록 continuous records
연속방정식 continuity equation
연속배양 (식) continuous culture
연속산란 (식) continuous spawning, serial spawning
연속성 continuity equation
연속성가설 continuum hypothesis
연속성보정 correction for continuity
연속식제조방법 (식) continuous processing
연속어법 (어) continuous fishing method
연속자숙기 (식) continuous cooker
연속자원평가모델 (자) sequential population assessment model
연속최대출력 maximum continuous out put
연속트롤 (어) continuous trawling
연속평균치 consecutive average
연속플랑크톤기록계 continuous plankton recorder
연수 medulla oblongata
연습선 (어) training ship
연승(주낙) (어) long line
연승수하식양식 (양) hanging culture with longlines
연승어업 (식)(어)(자) long line fishery
연심로프 (어) lead cored rope
연안 (식)(양)(어)(자) coastal zome, nearshore
연안경계류 coastal boundary current
연안계 littoral system
연안공학 coastal engineering
연안관측 coastal observation
연안국 coastal state
연안기후 coastal climate
연안내류 inshore current
연안들망어업 (어) coast lift net
연안류 alongshore current, nearshore current
연안무역 coatal trade
연안보전 coastal protection
연안사주 coastal sand bar, longshore sand bar
연안선망어망 (자) coastal purse seine
연안성 coastal, neritic
연안성부유생물 neritic plankton
연안성침전물 littoral deposits
연안성플랑크톤 neritic plankton
연안성회유어 (식) coastal migratory fish
연안쇄파 coastal broken wave

연안수 coastal water
연안수괴 coastal water column, coastal water mass
연안수산업 (어) inshore fisheries
연안수역 coastal water
연안순환 coastal circulation
연안양식관리 (양) coastal culture and management
연안어류 (식)(양) shore fish
연안어부 (어)(자) coastal fisherman, alongshoreman
연안어선 (식)(어)(자) coastal fishing vessel
연안어업 (식)(어)(자) coastal fishery
연안어업구조개선사업 (어) coastal fishery structure improvement
연안어장 (어)(양) coastal fisheries, (양) coastal fishing ground
연안용승 coastal upwelling
연안운반 coastal transport
연안의 nearshore
연안조망어업 (자) coastal beam trawl
연안지대 coastland
연안지역 coastland
연안침식 coastal erosion
연안퇴적물 beach erosion
연안평행류 neritic sediment
연안표류 longshore drift
연안플랑크톤 neritic plankton
연안항법 (항) coastal navigation
연안항행선 (항) coastal sailing vessel
연안해류 littoral current
연안해양학 coastal oceanography
연안해역 (어) coastal area
연어 (식) salmon
연어당세어 shed
연어살색 salmon pink
연어새끼 parr
연어스테이크 (식) salmon steak
연어알 (식) salmon roe
연어용어제 salmon ladder
연유 (식) condensed milk
연육 (식) surimi
연제품 (식) surimi gel
연조 (자) soft rays
연조어류 malacopterygian
연조직 soft tissue
연주기행동 annual cyclic behaviour
연주부등 annual inequality
연직안정도 vertical stability
연직운동 vertical movement
연직혼합 vertical mixing
연직회유 (어) vertical migration
연차부등성 annual inequality
연체동물 (식)(양) mollusk
연체동물의 (식)(양) molluscan
연체동물학 malacology
연층 varve
연팽창 (식) soft swell
연해 (어) coastal sea, marginal sea
연해사주 barrier sand bar
연해퇴적 epicontinental sedimentation
연행력 entrainment force
연화의 (식) softening (식) tenderizing
연흔 current ripple
열 (식) column, (식) heat
열과정 (식) thermal history
열구조 (식) thermal structure
열대성저기압 tropical cyclone
열대어 (식) tropical fish
열도 chain island
열등 inferiority
열량 (식)(양) calorie

열류 (식) thermal current
열류속 (식) heat flux
열린루프시스템 open loop system
열발생 (식) thermogenesis
열변성 (식) heat denaturation
열변성 단백질 (식) heat denaturated protein
열분포 (식) heat distribution
열빙어 (식)(양)(어)(자) Pacific capelin
열상수 (식) thermal constant
열손실 (식) heat loss (식) thermal loss
열수구군집 hydrothermal vent community
열수순환 (식) hydrothermal circulation
열수지 heat budget
열수축 (식) thermal contraction
열수축성필름 (식) heat-shrinkable film
열순환 (식) thermal circulation
열안정성 (식) thermal stability
열에너지 (식) thermal energy
열역학변수 (식) thermodynamic variable
열역학적에너지 (식) thermodynamic energy
열염분 thermohaline
열염순환 thermohaline circulation
열오염 thermal pollution
열용량 (식) heat capacity
열응고 (식) heat coagulation
열잡음 thermal noise
열적불안정 thermal instability
열전대온도계 (식) thermocouple thermometer
열전도 (식) thermal conduction
열점 hot spot
열접착법 (식) heat adhesion method
열처리멸균 (식) heat treatment sterilization
열침투 (식) heat penetration
열침투곡선 (식) heat penetration curve
열탐침 (식) thermoprobe
열탕법 (식) hot water cooking method
열탕소독 (식) hot water disinfection
열트랩 (식) heat trap
열팽창 (식) thermal expansion
열풍건조 (식)(어) hot air-blast drying
열풍건조기 (식)(어) hot air-blast dryer
열풍건조법 (식)(어) hot air-blast drying
열확산계수 (식) thermal diffusion coefficient
열훈뱀장어 (식) hot smoked eel
열훈법 (식) hot smoking method
열훈조미오징어 (식) hot-smoked seasoned squid
열훈품 (식) hot smoked product
염 (식) salt
염감수성세균 (식) salt-sensitive bacteria
염건 대구포 (식) salted dried cod slice
염건고등어 (식) salted-dried mackerel
염건꽁치 (식) salted-dried mackerel pike
염건숭어알 (식) salted-dried gray mullet roe
염건어 (식) salted dried fish
염건전갱이 (식) salted-dried horse mackerel
염건정어리 (식) salted-dried sardine
염건품 (양)(식) salted and dried product
염기 (식) base
염기성 (식) basic
염농도 (자) salinity
염도 (식)(어) salinity
염분계 (식)(어) salinometer

염분농도 (식)(어) salinity
염분보존 salt conservation
염분수온수심자동기록기 (어) STD(salinity-temperature-depth recorder)
염분약층 halocline
염분확산 salt diffusion
염산 (식) hydrochloric acid
염색 (식) dyeing, staining
염색질 chromatin
염색질과립 chromatin granule
염색체 (식) chromosome
염생생물 (식) halophyte, halobiont
염생플랑크톤 (식) haliplankton
염석 (식) salting out
염소가스 (식) chlorine gas
염소당량 (식) chlorine equivalent
염소량 (식) chlorinity
염소산염 (식) chlorate
염소살균 (식) chlorine disinfection
염소소독 (자) chlorination
염소수 (식) chlorine water
염소처리 (식) chlorination
염수 (식) brine (식) salt solution
염수세균 (식) halibacteria
염수주사 (식) brine injection
염수호 saline lake
염습지 salt marsh
염양염류 nutrients
염읅어냄 salt leaching
염장 (식) salting
염장 고등어 (식) salted mackerel
염장 미역 (식) salted sea mustard
염장고등어 (식) salted mackerel
염장어 (식) salted fish
염장어란 (식) salted roe
염장연어 (식) salted salmon
염장연어알 (식) salted salmon roe
염장품 (식) salted products
염장해파리 (식) salted jellyfish
염전 (식) salt pond
염제거 (식) desalting
염하구 estuary
염화나트륨 (식) sodium chloride (NaCl)
염화수소 (식) hydrochloric acid (HCl)
염화칼슘 (식) calcium chloride ($CaCl_2$)
엽 lobe
엽록소 (식) chlorophyll
엽록소최대층 chlorophyll maximum layer
엽록체 (식) chloroplast
엽리 foliation
엽병 leafstalk
엽산 (식) folic acid
엽상 blade
엽상동물상 phytal fauna
엽상새 phyllobranchia
엽상식물 (식) thallophytes
엽상자어 (자) leptocephalus
엽상체 frond
엽상판 epipodite
엽층화 lamination
엽형미 leptocercal tail
엽황소 (식) xanthophyll
엿 (식) crude maltose
엿당 (식) maltose
영각 (어) angle of attack
영구수온약층 (어) permanent thermocline
영구순환 permanent circulation
영구신장도 (어) permanent elongation
영구표층플랑크톤 autopelagic plankton

영년경향 secular trend
영년변화 secular change, secular variation
영년평형 secular equilibrium
영상식어군탐지기 (어) brown tube type fish finder
영세어가경영 artisanal fisheries household management
영세어업 (식)(어)(자)(양) artisanal fishery
영양 (식) nutrition
영양값 표시 (식) nutritional value labeling
영양강화식품 (식) nutrient fortified food, nutrient enriched food
영양개충 gastrozooid
영양결핍 (식) nutritional deficiency
영양계 clone
영양과다 (식) hypernutrition
영양관리 (식) nutrition care
영양구조 trophic structure
영양권장량 (식) recommended dietary allowances
영양균사 (식) vegetative hyphae
영양단계 trophic level
영양동태 trophodynamics
영양배지 (식) nutrient broth
영양보충 (식) nutritional supplement
영양부족 (식) undernutrition
영양부화 enrichment
영양분해층 tropholytic zone
영양불균형 (식) nutritional unbalance
영양불량 (식) malnutrition
영양상태 (식) nutrition status
영양생성층 trophogenesis layer
영양섭취기준 (식) dietary reference intakes(DRI)
영양소 (식)(양) nutrient
영양실조 (식) hypothrepsia
영양염류 (양)(식) nutrient salts
영양염순환 nutrient cycling
영양요구체 auxotroph
영양지위 trophic niche
영양집단편해작용 trophic group amensalism
영어계획 fishery business management plan
영점 (식) zero point
영차반응 (식) zero-order reaction
영해 territorial sea, territorial waters (어)(자) territorial sea
영해기선 (어) baseline of the territorial sea
영해어업 (어) territorial sea fishery
옆구리 (어)(자) flank
옆다리 parapodium
옆바람 beam wind, crosswind
옆조류 beam tide
옆줄 (어)(자) lateral line
옆지느러미 lateral fin
예냉 (식) precooling
예년변화 anomaly
예년치 normals, normal value
예망 (어)(자) towing, haul, townet
예망동력 (어) towing power
예망력 (어) towing force
예망력특성곡선 (어) characteristic curve of towing force
예망마력 (어) towing horse power
예망성능 (어) towing efficiency
예망속도 (어) towing speed
예망어구 (어) dragged fishing gear (어)(자) towing fishing gear

예망효율 (어) towing efficiency
예비가열 (식) preheating
예비건조 (식) predrying
예비냉각 (식) pre-cooling
예비농축 (식) preconcentration
예비선원 (어) reserved personal
예상 prognosis
예상도 prognostic chart
예승(끌주낙) (어)(자) trolling line, line troll, troll line
예인 (식)(어)(자) tow
예인거리 (어) towing distance
예인고래 pilot whale
예인방향 towing direction
예인블록 towing block
예인선 (어)(자) tug-boat
예인속도 (어) towing speed
예인심도 (어) towing depth
예인위치자료 haul-position data
예인줄 (어) towing line
예정접안위치 prearrangement alongside position
예측 (식)(어) prediction
예측구간 (어)(식) prediction interval
예측모델 (어)(식) prediction model
예항계획 (어) towing schedule
예항선 (어) towing vessel
예행점 (어) towing point
예행판 (어) towing plate
오각망 (어) five side fyke net
오감 (식) five senses
오니 (식) sewage sludge
오렌지 미트 (식) orange meat
오른꼬임 (어) right handed twist
오른쪽으로 감긴 dextral
오리큘라리아유생 auricularia larva
오메가 3-지방산 (식)(양) ω-3 fatty acid, omega-3 fatty acid
오메가 6-지방산 (식)(양) ω-6 fatty acid, omega-6 fatty acid
오메가 지방산 (식)(양) omega fatty acid
오목꼴 emarginate
오물운반선 sludge boat
오미션테스트 (식) omission test
오버랩 (식) overlap (OL)
오부시 (식) obushi
오비기(권현망) (어) extension wing
오손 fouling
오손방지도료 antifouling paint
오손생물군집 fouling community
오손생물기판 fouling panel
오수공 limber hole
오수로 limbers
오스테오칼신 (식) osteocalcin
오야시오해류 Oyashio Current
오염 (식) contamination (식) pollution
오염물질 (식) contaminant (식) pollutant
오염부하 (식) pollutant load
오염원 (식) pollution source
오염지표 (식) pollution index
오일펜스 (양)(어)(자) oil fence
오일포밍 (식) oil foaming
오징어 (식)(어)(자) squid
오징어간유 (식)(양) squid liver oil
오징어낚기어선 (식)(어)(자) squid hook vessel
오징어낚시 (어)(자) squid hook
오징어보일드통조림 (식) canned boiled squid
오징어유자망 (어) squid drift net
오징어젓갈 (식) salt-fermented squid
오징어채낚기 (식)(어)(자) squid rip hook

오차 (식) error
오차범위 (식) error range
오차삼각형 position error triangle
오타보드인양장치 (어) gallows
오터트롤 (어) otter trawl
오터팬턴트 (어) otter pendant
오토클레이브 (식)(양) autoclave
오피오플루테우스유생 (양) ophiopluteus
옥돔 (식) horsehead
옥살산 (식) oxalic acid
옥수수 (식) corn
옥수수글루텐 (식)(양) corn gluten
옥수수유 (식)(양) corn oil
옥시미오글로빈 (식) oxy-myoglobin
온난전선 warm front
온대저기압 extratropical cyclone
온도 (식)(양) temperature
온도각 temperature sense
온도감지부 (식) temperature detector
온도계 (어)(식) thermometer
온도계수 (식) temperature coefficient (Q10)
온도기록계 (식) thermograph
온도년평균범위 mean annual range of temperature
온도순화 temperature acclimation
온도식파일럿밸브 thermostatic pilot valve
온도약층 (어) thermocline
온도역전 temperature inversion
온도염분곡선 temperature salinity curve
온도염분기록계 thermo-salinograph
온도염분도표 temperature-salinity diagram
온도이상 temperature anomaly
온도자극 temperature stimulation
온도자극법 temperature stimulating method
온도자동팽창밸브 (식) thermostatic expansion valve
온도제어 (식) thermostatic control
온도조절기 (식)(양) thermostat
온도평균 (식) temperature average
온도확산 thermal diffusion coefficient
온란성 thermopile
온배수 thermal effluent
온배수오염 thermal pollution
온생동물 hygrocoles, hygrobiont, hygrobiose
온수괴 warm pool
온수성어류 (식)(양)(자) warm water fish
온실효과 greenhouse effect
온혈의 hematothermal
온훈뱀장어 (식)(양) warm-smoked eel
온훈법 (식) warm smoking method
온훈품 warm smoked product
올가미함정류 snares (양) snare
올레오레진 (식) oleoresin
올레인산 (식) oleic acid
올리고당 (식)(양) oilgosaccharide
올리고펩티드 (식) oligopeptide
올리브유 (식) olive oil
옴니아캡병 (식) Omnia cap bottle
옴모크롬 (식) ommochrome
와도 vorticity
와동 eddy, wake
와류 (어)(자) vortex
와류어장 (어) eddy fishing ground
와류운동 vortex motion
와류환 vortex-rings

와이어로프 wire rope
와충류 turbellarians
와편모조류 dinoflagellate
완류 bayou
완만동결 (식) slow freezing
완모식표본 holotype
완전가입연령 (어)(자) age at complete recruitment
완전경쟁자 complete competitor
완전기생 (식) obligatory parasitism
완전기체 (식) perfect gas
완전동물성 holozoic
완전동물성영양 holozoic nutrition (양) complete animal nutrition
완전상관 perfect correlation
완전생태계 holocoen
완전시험 complete test
완전식물성 holophtic
완전식물성영양 holophytic nutrition
완전양식 (양) completely controlled aquaculture
완전용해 congruent dissolution
완전임의배치법 completely randomized design
완전정보 perfect information
완전해동 (식) complete thawing
완족동물 brachiopod, lamp shell
완족류 brachiopod
완충(용)액 (식) buffer solution
완충능력 (식) buffer capacity
완충작용 (식) buffer action
완충장치 damping device
왕게 (식) king crab
왕복성회유 diadromous migration
왕복압축기 (식) reciprocating compressor
왕복조류 reversing tidal current
외각 epitheca, epivalve
외견상변수 dummy variable
외골격 (양)(자) exoskeleton
외관 (식) appearance
외관상실각률 apparent slip ratio
외국어선할당량수준 total allowable level of foreign fishing
외끌이기선저인망 (식)(어)(자) bottom seine trawl
외끌이중층트롤 (어) one-boat midwater trawl
외두리건착망 (어)(자)one boat purse seine
외래종 (식)(양)(자) exotic species (식) alien species
외력 (어) external force
외망 (어) outer net
외배엽 ectoderm
외배엽성 ectodermal
외배엽세포 ectodermal cell
외부공생자 ectosymbiont
외부기생 ectosymbiosis
외부기생생물 epiparasite
외부에너지 (식) external energy
외부적환경 external environment
외분비 external secretion
외삽 (식)(어) extrapolation
외압 (식) external pressure
외양 (식) open sea
외양성 oceanic
외양성부유생물 oceanic plankton
외양수 oceanic water
외양수괴 oceanic water mass
외양종 oceanic species
외양플랑크톤 oceanic plankton

외온동물 ectotherm
외온성 ectothermy
외이 external ear
외인성 allochthonous, exogenic
외인성리듬 exogenous rhythm
외인성플랑크톤 exogenous plankton
외장용기 (식)(어) buter packaging
외줄낚기 single-line fishing
(어)(자) single-line
외줄낚시어업 (어)(자) single line fishery
외지성 allochthonous
외투강 mantle cavity
외투막 (식) mantle
외투막조직 mantle parenchyma
외투엽 mantle lobe
외판 outside plate
외피 pellicle
외항선 (어) ocean-going vessel
외해 (식)(어) open sea
외해수 offshore water
외해역 offshore zone
왼쪽꼬임 (식)(어) left-handed twist
왼쪽으로 감긴 sinistral
요각류 copepods
요동 (식) fluctuation
요산 (식) uric acid
요산배설형 (식) uricotelic type
요선 sonsort ship
요소 (식) urea
요소가수분해효소 (식) urease
요소배설형 (식) ureotelic type
요소분해효소 (식) urease
요양 (식) medical treatment
요오드 적정 (식) iodine titration
요오드값 (식) iodine value
요오드반응 (식) iodine reaction
요인 (식) factor
요인분석 (식) factorial analysis
요인설계 (식) factorial design
요인시험 (식) factorial experiment
용골 (어)(항) keel
용골흘수 (어)(항) keel draught
용균성 바이러스 (식) lytic virus
용균작용 (식) bacteolysis
용매 (식) solvent
용매추출법 (식) solvent extraction process
용매회수 (식) solvent recovery
용빙탱크 dip tank
용선 (어)(항) charter, chartered ship
용선계약 (어)(항) charter party
용선료 (어)(항) charterage
용승 (어) upwelling
용승류 (양)(어)(자) upwelling current
용승류광화작용 upwelling-current mineralization
용승어장 (어) upwelling fishing ground
용승역 (어) upwelling area
용액 (식) solution
용연향 ambergris
용오름 waterspout
용융점 (식) melting point
용적법 (식) volumetric method
용적채집 volumetric sampling
용존물질 (식)(양) dissolved substance
용존산소 (식)(양) dissolved oxygen (DO)
용존산소농도 (식)(양) dissolved oxygen concentration
용존산소량 (식)(양) dissolved oxygen amount
용존상태 (양) dissolved status
용존유기물 (양) dissolved organic

matter(DOM)
용질 (식) solute
용출 (식) elution
용출곡선 (식) elution curve
용출부피 (식) elution volume
용출액 (식) eluate
용해 (식)(어) dissolution
용해도 (식) solubility
용혈 (식) hemolysis
용혈성배당체 (식) hemolytic glycoside
우라늄 (식) uranium, U
우럭 (식)(양) rockfish
우럭조개류 soft-shell clam
우렁쉥이 (식)(양) ascidian (식) sea-squirt
우뭇가사리 (식) agar
우발적부유성 planktoxene
우상규조류 pinnate diatom (양) pennate diatom
우선권 preferential right
우세플랑크톤 prevalent plankton
우수건강기능식품제조기준 (식) good manufacturing practice(GMP)
우유 (식) milk
우점군 (식)(양)(자) dominant group
우점도 (자) dominance
우점도지수 (자) index of dominance (양) dominance index
우점종 (식)(양)(자) dominant species
우주식품 (식) space food
우지 ramus
우현 (어)(항) starboard
우현접안조종 (항) starboard alongside handling
운동기관 locomotion organ (양) locomotive organ
운동에너지 (식)(어) kinetic energy
운동학적상사 kinematic similarity
운반 (식) transport
운반선 (식)(어) fish carrier
운반체 (식) carrier
운송계약 contract of carriage
운송목록 manifest
운송약관 carriage clauses
운용어구 (어) movable fishing gear
운임 freight
운항 (어)(항) operation
운항비 (어)(항) operating expenses
울타리류 (어) barrier, fences
웅성발생 androgenesis
웅성배우자 antherozoid
웅성선숙 protandry
워터칠링유니트 (식) water chilling unit
워핑헤드 warping head
원거리회유 long distance migration
원격관측소 observatory-remote
원격어탐 (어) telesounder
원격조정 (어) remote control
원격측정 (어) telemetry
원격측정계 (어) remote measuring system
원격측정기 (어) telemetering machine
원격탐사 (어) remote sensing
원격탐지기 (어) remote detector
원구 blastopore
원기둥꼴의 cylindrical
원도래마디 basipodite
원료 (식) raw material
원료어 (식)(양) raw fish
원린 cycloid scale
원만도 roundness
원반상 discoid
원뿔사분법 cone and quartering

원뿔형그물 (어) conical net
원산지증명서 (식) certificate of catching area (식) certificate of producing area (식) certificate of origin
원산지표시 (식) origin mark
원산지표시제도 (식) labeling system for country of origin
원색동물 (식)(양)(자) protochordate
원생대 prosterozoic era
원생동물 (식) protozoa
원생식물 (식) protophyta
원생의 proterozoic
원소 (식) element
원소수지 element budget
원시어류 primitive fish
원시협동 protocooperation
원심농축기 (식) centrifugal evaporator
원심력 (식) centrifugal force
원심분리 (식) centrifugation
원심분리기 (식) centrifuger
원심여과기 (식)(양) centrifugal filter
원심펌프 (식) centrifugal pump
원심효과 (식) centrifugal effect
원양구역 ocean going area (어)(자) deep sea area
원양기선저인망어업 (어)(자) deep sea bottom trawl fishery
원양선 (어)(자) deep sea vessel
원양성회유어류 (식)(어) pelagic migratory fish
원양어선 (식)(어)(자) deep sea fishing vessel
원양어업 (식)(어)(자) deep sea fishery (어) pelagic fishery
원양어업국 (어)(자) deep sea fishing country
원양어업자 (어)(자) deep sea fisherman
원양트롤 (어) deep sea trawl
원양항로 (어)(항) ocean route
원양항해 (어)(항) long-distance cruise
원육회유 off-shore migration
원인물질 (식) causative substance
원일점 aphelion
원자 (식) atom
원자기호 (식) atomic symbol
원자량 (식) atomic weight
원자번호 (식) atomic number
원자흡광분광광도계 (식) atomic absorption spectrometer
원자흡광분광광도법 (식) atomic absorption spectrometry
원적외선 (식) far infrared ray
원적외선살균 (식) far infrared sterilization
원절 protopodite
원정미 protocercal tail
원줄 (어) main line
원지 nursery pond
원지점 apogee
원지점조류 apogean tidal current
원지점조석 apogean tide
원추체세포 cone cell
원추형플랑크톤 conical plankton
원침로 (항) course again
원터치캔 (식) easy opening end can
원통관 (식) cylindrical can
원통그물 (어) bag net
원통뜸 tubular float (어)(자) cylindical float
원통형부표 (어) cylindrical buoy
원통형의 (식) cylindrical
원판상초 table reef

원핵생물 (식) prokaryote
원핵세포 (식) prokaryotic cell
원형분포 circular distribution
원형어 (식) round fish
원형정규분포 circular normal distribution
원형질 (식) protoplasm
원형질분리 (식) plasmolysis
원형질체 protoplast
월동장 (어)(자) wintering ground
월령 (어)(자) month age
월령산란 moon-phase spawning
월령주기 lunar period
월조간격 lunitidal interval
월조부등 monthly inequality
월최고온도 monthly maximum temperature
월최저온도 monthly minimum temperature
월평균조위 monthly mean sea level
웨델물개 weddle seal
웨이브드심 (식) waved seam
웰치균 (식) *Clostridium perfringenes*
위 (식) stomach
위강 pseudocavity
위고둥 (식)(양)(어)(자) gold-mouthed tun
위공생 pseudo-commensalism
위구부 peristome
위내용물 (식)(자) stomach content
위내용물분석 (식)(자) stomach content analysis (SCA)
위도보정 latitude correction
위도효과 latitude effect
위보기자세 overhead position
위부 periproct
위분 pseudo-faeces
위빙 (항) weaving
위상각 phase angle
위상령 phase age
위상불일치 phase inequality
위상속도 phase velocity
위상지연 phase lag
위상차 phase difference
위상차현미경 (식) phase contrast microscope
위새 pseudobranchia
위생 (식) hygiene, sanitation
위생관리 (식) hygine control
위생의장품 sanitary outfit
위생지표세균 (식) sanitary indicative bacteria
위생탱크 sanitary tank
위생품질 (식) hygienic quality
위석 gastrolith
위성 satellite
위성궤도 satellitic orbit, orbit satellitic
위성위치계측기 GPS (global positioning system)
위성직하점 sub-satellite point
위성추적부표 Argos drift
위성통신시스템 satellite communication system
위성항법 (항) satellite navigation
위수강 gastrovascular cavity
위암 (식) stomach cancer, gastric cancer
위액 (식) gastric juice
위염 (식) gastritis
위장 camouflage
위족 pseudopod, psudopodium
위집분산 aggregation and dispersal
위총강 atrium
위축변형관 (식) panelled can

위치결정 fix
위치권 position circle
위치선 position line
위탁판매 consignment sale
위탁판매수수료 commission
위탁판매조성금 consignment sale subsidy
위해 (식) risk
위해관리 (식) risk management
위해분석 (식) risk analysis
위해요소 (식) hazard
위해요소분석 (식)(양) hazard analysis
위해요소중점관리기준 (식)(양) hazard analysis and critical point (HACCP)
위해요소확인 (식) hazard identification
위해인자 (식) risk factor
위해지수 (식) risk index
위해평가 (식) risk assessment
위험 (식) hazard
위험각 danger angle
위험반원 (항) dangerous semicircle
위험율모델 hazard rate model
위험인자 (식) risk factors
위협음 threatening
윈치 (어) winch
윈치드럼 (어) winch drum
윗아보정 phase correction
윗입술 labrum
윗턱 maxilla
윙클러법 Winkler method
유가 cradle cap, crusta lactea
유거 runoff
유공충 foraminifer, foraminiferans
유공충연니 foraminiferal ooze
유광대 photic zone (양) euphotic zone
유광층 euphotic zone
유기리간드 organic ligands
유기물(질) (식) organic material
유기물생산 organic production
유기브라인 (식) organic brine
유기산 (식) organic acid
유기수은 (식) organic mercury
유기염소제 (식) organochlorine
유기염소화합물 (식) organochlorine compound
유기용매 (식) organic solvent
유기인(제) (식) organic phosphate
유기종속영양 heterotrophic nutrition
유기종속영양생물 heterotroph organism
유기주석화합물질 (식) tributyl-tin (TBT)
유기질막 organic film
유기질쇄설물 organic detritus
유기착물 organic complex
유기호흡 (식) aerobic respiration
유기화합물 (식) organic compound
유기회유 (어)(자) larval migration
유당 (식) lactose
유당분해효소 (식) lactase
유도결합플라스마분석법 (식) inductively coupled plasma spectroscopy (ICP)
유도결합플라스마질량분석법 (식) inductively coupled plasma mass spectroscopy (ICP-MS)
유도기 (식) lag phase
유도기간 (식) induction period
유도단백질 (식) derived protein
유도단위 (어) derived unit
유도등 (어) lured light (양) leading light
유도상사비 secondary scale factor
유도지질 (식) derived lipid

유도함정 (어) induced trap
유독물질 (식) poisonous substance
유독성 (식) toxicity
유독성폐기물 (식) hazardous waste
유독어류 (식) poisonous fishes (양) toxic fishes
유독조류 (식) toxic algae
유독플랑크톤 (식) toxic plankton
유동성 (식) fluidity
유동식 (식) fluidity diet
유동층 (식) fluidized bed
유동층 건조기 (식) fluidized-bed dryer
유동층 건조법 (식) fludized-bed drying
유동층식 동결장치 (식) fluidized-bed freezer
유동패턴 (식) flow pattern
유두층 papillary layer
유량조절밸브 (식) flow control valve
유럽경제공동체 (식) European Economic Community (EEC)
유럽공동체 (식) European Community (EC)
유럽연합 (식) European Union (EU)
유럽자유무역연합 (식) European Free Trade Association (EFTA)
유령어업 ghost fishing
유류오염 oil pollution
유리기 (식) free radical
유리당 (식) free sugar
유리드립 (식) free drip
유리뜸 (어) glass float
유리섬유 (어) glass fiber
유리솜 (식) glass wool
유리아미노산 (식) free amino acid
유리잔류염소 (식) free residual chlorine
유리전극 (식) glass electrode
유리지방산 (식) free fatty acid
유리체 vitreous body
유리해면 glass sponge
유막 oil slick
유망 (어) drift net
유망어업 drift-net fishing (어)(자) drift-net fishery
유모류 cystoids (양) ciliophora
유목 (어) driftwood
유문수 (식) pyloric caeca
유병안 stalked eye
유분리기 (식) oil separator
유빙 pack ice
유사도 (식) similarity
유사도매시장 semi-wholesale market
유사도지수 index of similarity
유사분열 mitosis, mitotic cell division
유사식품 (식) analog
유사임의선택 quasirandom selection
유사태 flowslide
유산 (식) lactic acid
유산균 (식) lactic acid bacteria
유산발효 (식) lactic acid fermentation
유생 (식)(양) juvenile, larva
유생기 (식)(양) larval stage
유생사육 (식)(양) larva culture
유생사육용먹이 (식)(양) larva culture feed
유생사육장 (양) nursery ground
유생정체지역 larval retention area
유생플랑크톤단계 larval plankton stage
유생형 larval type
유생형의 larviparous
유선 stream line
유성도료 (식) oil paint
유성생식 sexual reproduction

유성세대 sexual generation
유성수지도료 (식) oleoresinous coatings
유성포자, 유성홀씨 sexual spore
유수동물 pogonophora
유수양식 (양) flowing-water culture
(양) raceway culture
유수저항 (어) current resistance
유수해동 (식) thawing in running water
유아식품 (식) infant food
유압구동식 (어) hydraulically-operated type
유압모터 (어) hydraulic motor
유압식 (식)(어) hydraulic
유압실린더 (식) hydraulic cylinder
유압탱크 pressure-oil tank
유어 (식) juvenile, young fish
(어)(자) sport fishing, recreation fishing, game fish
유어선 (어)(자) sport-fishing vessel
유어안내인 gillie
유엔합동식품첨가물전문가위원회
(식) Joint FAO/WHO Expert Committee on Food Additives (JECFA)
유연강색 (어) flexible wire rope
유연성 (어)(식) flexibility
유영각 pleopod
유영동물 nekton
유영성 nektonic
유영성어족 pelagic fish
유영성저서생물 nectonic benthos
유영속도 (어) swimming speed
유영어 pelagic fish
유영종 nectophore
유영층 swimming zone
유영행동 (어) swimming behavior
유용도 (식) availability
유용마력 (어) available horse power
유용미생물 (식) beneficial microorganism
유의수준 (식) significance level
유의차 (식)(어) significance
유의차 검정 (식) significance test
유의파 significant wave
유의파고 significant wave height
유인물질 (어) attractant
유인판 attraction plate
유인함정류 (어) lured traps
유인호르몬 pheromone
유입 inflow, recruitment
유입률 input rate
유자망 (어) drift gill net
유자형섀클 (어) U shaped shackle
유적 path, trajectory
유전가열 (식) dielectric heating
유전자 (식) gene
유전자공학 (식) gene engineering
유전자발현 gene expression
유전자변형생물체 (식)(양) Living Modified Organization (LMO)
유전자이식 gene transplantation
유전자조성 (식) gene composition
유전자풀 gene pool
유전자형 genotype
유전자형분산 genotypic variance
유전자확산 gene flow
유전적격리 genetic isolation
유전적다형 genetic polymorphism
유전정보 genome
유전학 genetics
유전해동 (식) dielectric thawing
유절동물 sea walnut

유조 (식) oil bath
유조류 (양) onychophora, floating seaweeds, drifting seaweed
유조선 (항) oil-tanker
유조직형 parenchymatous form
유조항법 current sailing
유종류 tintinnid
유주자 swarmer, swarmspore (양) planospore (양) zoospore (양) swarn spore
유주자낭 zoosporangium
유지 (식) oil and fat
유지산화변색 (식) rusting
유지시간 (식) holding time
유집 (어) attracting
유집반경 (어) radius of attracting area
유청단백질 (식) whey protein
유체마찰 (어) fluid friction
유체변속기 (어) torque converter coupling, hydraulic converter
유체변형 fluid deformation
유체성 (식) fluidity
유체역학 (식)(어) fluid dynamics (양) hydrodynamics
유체저항 (어) hydrodynamic resistance (양) luid resistance
유체평균반경 hydraulic radius
유체효율 (식)(양)(어) fluid efficiency
유축위족 axopodium
유출 (식) outflow (식) run-off
유출경계 outflow boundary
유출구 debouchure (양) excurrent canal
유출나선 outflow spiral
유출량 runoff
유충기 larval stage
유충의 larval
유취어 oily odor fish
유통 (식) distribution
유통경로 (식) distribution channels, marketing channels
유통시설 (식) distributive facilities
유통업자 (식)(어) distributor
유포 (식) oil cloth
유한모집단 finite population
유해군집 death assemblage (양) thanatocoenosis
유해금속 (식) harmful metal
유해물질 (식) harmful substance
유해플랑크톤 injurious plankton
유핵세포의 karyotic
유향 (어) current direction
유형동물 ribbon worms (양) nemerteans
유화 (식) emulsion
유화능 (식) emulsifying capacity
유화안정성 (식) emulsifying stability
유화제 (식) emulsifier
유화혼합기 (식) emulsifying mixer
유황 (식) sulfur(S)
유황박테리아 sulfur bacteria
유황생물계 sulfide biosystem
유효기일 (식) expiration date
유효냉각시간 (식) effective cooling time
유효냉동시간 (식) effective freezing time
유효농도 (식) effective concentration
유효도 (식) availability
유효동결속도 (식) effective freezing velocity
유효동력 (식)(어) effective power
유효마력 (식)(어) effective horse power
유효성분 (식)(어) active compound
유효어획강도 (어) effective fishing

intensity
유효어획노력량 (어) effective fishing effort
유효에너지 available energy
유효염소 (식) available chlorine
유효염소량 (식) concentration of available chlorine
유효전력 effective electric power
육경 pedicle
육골분 (식) meat bone meal (양) meat and bone meal
육낭 brood chamber, brood pouch
육대 girdle
육두구 (식) nutmeg
육류 맛 (식) meat taste
육리 land mile
육모 raising seeding
육분 (식)(양) meat meal
육분리기 (식) meat separator
육분의 (항) sextant
육상관리조직 ground management organization
육상수리미 (식) surimi on land
육생의 terrestrial
육성수면 nursery ground
육성의 terrigenous
육수세장치 (식) meat washer
육수학 limnology
육식동물 (식) carnivore
육식성 (식) carnivorous
육식성어류 (식) carnivorous fish
육식의 sarcophagous
육아낭 brood chamber
육안적 megascopic
육원의 terrigenous
육정제기 (식) meat refiner
육종장 nursery grounds
육충전기, 스토퍼 (식) meat stuffer
육탄당 (식) hexose
육풍 land breeze
윤년 leap year
윤문 (자) ring
윤번제조업 (어) catch rotation
윤채법 rotatory harvest
윤충류 rotifer
윤활제 lubricant
율속단계 rate determining step
융기 rising, uplift
융합 (식) amalgamation
융합의 concrescent
융해열 (식)(어) heat of melting
융해점 (식)(어) melting point
은대구 black cod
은붕어 silverfish
은빛물고기 shiner
은신처 hiding places
은어 (식)(양) sweet fish, (식) sweet smelt, (양) ayu
은연어 (식)(양)(어)(자) silver salmon (식)(양) coho salmon
은편모류 cryptomonads
은폐색 cryptic coloration
은화 silvering
음건 (식) drying in the shade
음경 penis
음극선관 cathode-ray tube
음부호 (식) negative sign
음상관관계 (식) negative correlation
음색 tone color
음생형 shade type
음성부력 negative buoyance
음성주성 negative taxis

음속 (어) sound velocity
음압레벨 sound pressure level
음영대 shadow zone
음영잡음 shadow and noise
음용수 (식) portable water
음원강도 source strength of sound
음이온 (식) anion
음이온교환 (식) anion exchange
음이온교환수지 (식) anion exchange resin
음이항분포 negative-binomial distribution
음작용 pynocytosis
음전하 (식) negative charge
음축 sound beam axis
음파 (어) acoustic wave
음파굴절 (어) acoustic refraction
음파레이다 acoustic radar
음파발진장치 (어) pinger
음파법의지속성 (어) duration in beam technique
음파산란 (어) acoustic scattering
음파산란층 (어) sonic scattering layer
음파생성어류 (어) sonic fishes
음파위치 sonic bearing
음파전선 sound front
음파측심 (어) acoustic sounding, sonic sounding
음파층대 sound channel
음파층수심 sonic layer depth
음파탐사 (어) sonic prospecting
음향생성해양동물 soniferous marine animal
음향어법 (어) acoustic fishing method
음향장벽 (어) acoustic screen
음향측심 (어) echo sounding
음향측심기 (어) echo sounder
음향탐지기부표 (어) sonobuoy
음향트롤감시시스템 (어) acoustic trawl monitoring systems
음향학 (어) acoustics
음향학적표지 (어) acoustic tag
음향학적해상도 (어) acoustic resolution
응결 (식) condensation
응결체 concretion
응고 (식) coagulation
응고단백질 (식) coagulated protein
응고열 (식) heat of freezing
응고제 (식) coagulant
응급조타장치 emergency steering gear
응급처치 first-aid treatment
응급키 jury rudder
응력 (식)(어) stress
응집 (식) aggregate (식) aggregation (식) flocculation
응집보조제 (식) coagulant aid
응집분포 (식) aggregate distribution
응집성 (식) cohesiveness
응집제 (식) flocculant
응집침전 flocculent deposit
응축 (식) condensation
응축계수 (식) coefficient of condensation
응축기 (식) condenser
응축압력조정밸브 (식) condensing pressure valve
의문반사 interrogative reflex
의사교환 (식) communication
의사밀봉 (식) false seam
의사상관 pseudocorrelation
의연체동물 pseudomolluscs (양) molluscoidea

의장공사 out fitting
의체강 pseudocoelome, pseudocoel
의태 mimesis, mimicry
이가철이온 (식) ferrous ion
이각 angle of declination
이각망 (어) both sides fyke net
이급아민 (식) secondary amine
이끼벌레 sea moss
이노신 (식) inosine
이노신산 (식) inosinic acid
이눌린 (식) inulin
이단가열 (식) two stage heating
이단압축 (식) two stage compression
이단압축기 (식) two stage compressor
이단액화법 (식) two stage liquefaction process
이당류 (식) disaccharide
이동상 (식) mobile phase
이동성핵상 migratory nucleus stage
이동속도 traveling speed
이동평균 moving average
이동하는 erratic
이등분한 bisected
이력현상 hysteresis
이론냉동사이클 (식) theoretical refrigerating cycle
이론적최대체장 theoretical maximum length
이료계수 food coefficient (양) feed coefficient
이료계열 food schedule
이류 advection
이매패 (식)(양) bivalve
이명법 binomial nomenclature
이물(질) (식) foreign material (식) impurity
이미 (식) off-taste
이미노산 (식) imino acid
이미다졸 (식) imidazole
이미지분석 (식) image analysis
이배체 (식) diploid
이백해리경제수역법 200 nautical mile economic zone
이분법 dichotomy
이분산 heteroscedasticity
이빨고래류 toothed whales
이삭작업 splitting
이산변수 discrete variable
이산화탄소 (식) carbon dioxide
이상 aberration, anomaly
이상 발효 (식) abnormal fermentation
이상기체 (식) ideal gas
이상냉수 abnormal cold water
이상대량폐사 (양) abnormal mass mortality
이상발생 epidemic
이상발효 (식) abnormal fermentation
이상발효젖산균 (식) heterofermentative lactic acid bacteria
이상변동치 anomaly
이상비대 hypertrophy
이상수축현상 abnormal shrinkage
이상액체 ideal liquid
이상조류순환 anomalistic tide cycle
이상파 extraordinary wave
이상해면 ideal sea level
이석 (양)(자) otolith
이성질체 (식) isomer
이성질화효소 (식) isomerase
이성체화 (식) isomerization
이소류신 (식) isoleucine
이소부티르산 (식) isobutyric acid

이소부틸아민 (식) isobutylamine
이소성 allopatric
이식 (양)(자) transplantation
이식동물 mud feeder (양) transplated animal
이식효과 transplantation effect
이심각 eccentric angle
이심률 eccentricity
이안류 (양)(어) offshore currents, rip currents
이안조종 departure handling
이어 mudfish, Chinese muddy loach
이열각 biserial
이열치 bifid
이오논 (식) ionone
이온강도 (식) ionic strength
이온결합 (식) ionic bond
이온교환 (식) ion exchange
이온교환막 (식) ion exchange membrane
이온교환수지 (식) ion exchange resin
이온농도 (식) ion concentration
이온쌍 (식) ion pairs
이온용액 (식) ionic solution
이온층 ionosphere
이온화 (식) ionization
이용가능자원량 (어)(자) available stock abundance
이용율 (어)(자) utility rate
이용이론 (어)(자) utility theory
이용효율 (어)(자)(식) utilization efficiency
이익 (식) profit
이익계획 profit management planning, profit planning
이익관리 profit control
이익율 interest rate
이입 (자) immigration
이입계수 (자) coefficient of immigration
이입률 (자) immigration rate
이입자 (자) immigrant
이입종 (자) immigration species
이전 ear plug, shifting
이절 cut-over
이정분포 bimodal distribution
이족류 heteropods
이종 immigration species
이종기생 heteroecism
이중겹실 cabled yarn
이중경사예인 double-oblique tow
이중계수 double coefficient
이중낙망 (어)(자) double trapped pound net, double trapped set net
이중막매듭그물감 (어) double trawler-knotted netting
이중망 (어) double netting
이중밀봉 (식) double seaming
이중밀봉관 (식) double seamed can
이중밀봉기 (식) double seamer
이중선체 (어)(항) double hull
이중어창 (어) jacketed fishroom
이중얽애그물류 (어) double-walled tangle nets
이중저 (어)(항) double bottom
이중정확도 double precision
이중파장법 dual-beam method
이중확산 (식) double diffusion
이지형 biramous
이진법의 binary
이진수 binary number
이질성 argillaceous
이질성검정 heterogeneity test
이차감염 (식) secondary infection

이차냉매 (식) secondary refrigerant
이차량 secondary quantity
이차발효 (식) secondary fermentation
이차생산 (식) secondary production
이차생산자 (식) secondary producer
이차생활조건 metabiosis
이차성징 secondary sexual characteristics
이차소비자 (식) secondary consumer
이차오염 (식) secondary contamination
이차오염물질 (식) secondary pollant
이초 mudreef
이출 (자) emigration
이출계수 (자) coefficient of emigration
이출율 (자) emigration rate
이출자 (자) emigrant
이취 (식) off-odor
이취어 off-flavored fish
이취제거 (식) odorizing
이토 mud
이피에이 (식) eicosapentaenoic acid(EPA)
이항검정 binomial test
이항계수 binomial coefficient
이항분포 binomial distribution
이형군집 heterotypic community
이형배우자성 heterogamous
이형성 dimorphism
이형세대 heteromorphic generation
이형세대교번 heteromorphic alternation of generation
이형유사콜라겐 (식) 2-type like collagen
이형의 heteromorphic
이형접합의 anlsogamous
이형접합체 heterozygote
이화작용 dissimilation
이화작용율 rate of catabolism
익상의 pterygoid
익스트루더 (식)(양) extruder
익스트루젼 (식) extrusion
익스팬딩 (양) expanding
익스팬션링 (식) expansion ring
익족류연니 pteropod ooze
인 (식) phosphorus (P)
인갑 scute
인경 scale radius (양) bulb
인공감미료 (식) artificial sweetener
인공건조 (양) artificial drying
인공미끼 (식)(어) artificial bait
인공부화 (양)(자) artificial incubation
인공부화방류 (양)(자) artificial hatching and plantation
인공분류법 artificial classification
인공사료 artificial feed
인공생태계 mesocosm
인공수정 artificial fertilization, artificial insemination
인공어초 (양)(어)(자) artificial fish reefs
인공용승 artificial upwelling
인공은신처 artificial shelter
인공종묘 (양) artificial seed
인공종묘생산 (양) artificial seed production
인공탈회제 artificial bate
인공해수 (양) artificial sea water
인공해조 artificial algae
인광 phosphorescence
인광세균 phosphorescent bacteria
인기망어법 (어) seine nets methods
인단백질 (식) phosphoprotein
인대 ligament
인두 pharynx

인두치 pharyngeal teeth
인망 (어) trawl
인산 (식) phosphoric acid
인산가수분해효소 (식) phosphatase
인산염 (식) phosphate
인산염인 phosphate phosphorus
인산칼슘 (식) calcium phosphate
인산화합물 (식) phosphate compound
인스턴트수프 (식) instant soup
인스턴트푸드 (식) instant food
인식음 recognition sound
인양고리 hoisting ring
인어 mermaid
인자 (식) factor
인장 (식) extension
인장봉 extension rod
인장시험 (식)(어) tensile test
인접해 adjacent sea
인조버터 (식) artificial butter
인조섬유 synthetic fiber
인지질 (식) phospholipid
인체발생열량 body heat production
인축공통전염병 (식) zoonosis
인터로크 interlock
인파 back rush
인화 inflammation
인화점 (식)(어) flash point
인회망 (어)(자) dragged nets methods, dragged gear
일각고래 narwhale
일간난생산량법 daily egg production method
일간섭식량 (양) daily ration
일간성장율 (양) daily growth rate
일간차이 daily difference
일간포란수감소법 DFR (daily fecundity reduction)
일관성 consistency
일교차 diurnal range
일기도 weather map
일기예보 weather forecast
일령 daily age
일륜 (자) daily growth ring
일매패 univalve shell
일반구성도 general arrangement
일반기체상수 universal gas constant
일반독성시험 (식) general toxicity test
일반생산량모델 (자) generalized production model
일반성분 (식) proximate composition
일반세균수 (식) viable cell count
일반해면어업 (어) general marine fishery
일변화 diurnal variation
일변화율 daily variation rate
일본공업규격 (식) Japanese Industrial Standard(JIS)
일사 insolation
일산화질소 (식) nitrogen monoxide
일산화철 (식) iron monoxide
일산화탄소 (식) carbon monoxide
일생부유생물 holoplankton
일시부유생물 meroplankton
일시의 transient
일시적분포 temporal distribution
일시적수온약층 transient thermocline
일시중형저서생물 temporary meiobenthos
일시표층성 meroepipelagic
일식 layout (양) solar eclipse
일월합성반일주조 luni-solar semidiurnal tide

일의 열당량 (식) heat equivalent of work
일일변화 day by day variation
(양) diurnal variation
일일변화율 diurnal variability
일일생산량 (어)(식) daily production
일일섭취량 (식)(양) acceptable daily intake (ADI)
일정도피 constant escapement
일정불변온도 stationary temperature
일정상태 steady state
일정수확율전략 constant harvest rate strategy
일조대차 great diurnal range
일조부등 diurnal inequality
일주기 daily period
일주기가열 diurnal heating
일주기냉각 diurnal cooling
일주기변동 diurnal fluctuation
일주기성 daily periodicity, photoperiodism
일주기수직회유 diurnal vertical migration
일주기진동 diurnal oscillation
일주기행동 diurnal behaviour
일주연직운동 diurnal vertical migration
일주조 diurnal tide
일주조류 diurnal current
일중항산소 (식) singlet oxygen
일진폭 diurnal amplitude
일차난모세포 primary oocyte
일차냉매 (식) primary refrigerant
일차대사 (식) primary metaboilism
일차대사산물 (식) primary metabolite
일차막 primary film
일차면역반응 (식) primary immune response
일차반응 (식) first order reaction
일차발효 (식) primary fermentation
일차방정식 (식) linear equation
일차배양 (식) primary culture
일차분석 (식) first order analysis
일차산업 (식) primary industry
일차생산 (식) primary production
일차생산력 (식) primary productivity
일차소비자 (식) primary consumer
일차오염물질 (식) primary pollutant
일차정모세포 primary spermatocyte
일차함수 (식) linear function
일치불일치가설 match-mismatch hypothesis
일평균조위면 daily mean sea level
임계각 (어) critical angle
임계속도 (어) critical velocity
임계수심 (어)(양) critical depth
임계역 (식) critical region
임계온도 (식)(어) critical temperature
임계일장 critical photoperiod
임계점 (식)(어) critical point
임계조위 critical tide level
임계치 (식)(어) critical value
임계크기 critical size
임금체계 wage system
임금형태 wage payment plan, wage form
임상시험 (식) clinical test
임상영양 (식) clinical nutrition
임시검사 occasional survey, contingent survey
임시노동 temporary labor
임시수선 (어) temporary mending, temporary repair

임연수어 (식) arabesque greenling, atka mackerel
임의교배 random mating
임의기생 facultative parasitism
임의분포 (식) random distribution
임의성 randomness
임의실험모형 randomized experimental design
임의의 facultative
임의정규편차 random normal deviates
임의추출 (식) random sampling
임의층별채집 stratified-random sampling design
임의표본 (식) random sample
임펠러 (식) impeller
임해지 ocean front
입거 docking
입금검사 classification survey
입도 (식) grain size
입도분석 (식) grain size analysis
입도분포 (식) grain size distribution
입도조성 (식) grain size composition
입력요소 input factor
입마디 peristomium
입사각 (어) angle of incidence
입사광선 incident rays
입사파 incident wave
입수공 buccal siphon
입수관 (식) inhalant siphon
입어권 (어) common of piscary right
입어료 (어) fishing fee, fishing fees
입연승 (어) vertical long line
입염지법 brine salting
입자 (식) particle
입자계수기 particle counter
입자밀도 (식) particle density
입자성물질 particulate matter
입자성유기물질 POM (particulate organic matter)
입자속도 particle velocity
입자크기 (식) particle size
입찰 (식) bid, (식) tender
입체도형각 solid angle
입체사진 stereophotos, stereoscopic photography
입체해석학적방법 stereological method
입표 beacon
입항 (어)(항) arrival in port
입항수속 (어)(항) clearance inwards
잉란수 fecundity
잉어 (식)(양) carp
잉어독 cyprinus toxin, carp toxin
잉여부력 (어) surplus buoyancy
잉여생산량 (자) surplus production
잉여원칙 surplus principle
잉여휘발성분 excess volatiles
잉태기간 gestation period
잎줄기섬유 leaf fiber

ㅈ

자가소화 (식) autolysis
자가소화법 (식) autodigestic method
자가소화효소 (식) autolysin
자가수정 self-fertilization
자가영양세균 (식) autotrophic bacteria
자가오염 (식)(양) water-borne pollution
자가효소 (식)(양) autolytic enzyme
자갈 gravel
자갈해저 gravel bottom
자건톳 (식) boiled (and) dried fusiforme, boiled (and) dried Hizikia fusiformis
자건품 (식) boiled (and) dried products
자국 track
자극 (어) magnetic pole, stimulation, stimulus
자극량법칙 (어) law of stimulus quantity
자극상치성 (어) tropotaxis
자극성 (어) magnetic polarity
자극역시 (어) atimulation time (양) presentation time
자극역치 (어) stimulation threshold
자급영양식물 autotrophic plant
자기단백분해 (식) autoproteolysis
자기상관 autocorrelation
자기수심계 (어) depth recorder
자기수온계 (어) thermographer
자기수위계 (어) hydrographer
자기식만능시험기 autograph universal testing machine
자기유지 magnetic latching
자기음향측심기 (어) echograph
자기의 (식) magnetic
자기자본 (어) equity capital
자기지체상관 lag correlation
자기촉매적산화반응 autocatalytic oxidation
자독 venom
자독어 venomous fish
자동검조기 automatic tide gauge
자동계선원치 automatic mooring winch
자동급이기 (식)(양) automatic feeder
자동부유생물채집기 automatic plankton sampler
자동분석기 (식) autoanalyser
자동뷰렛 (식) automatic biurette
자동사료공급기 (양) automatic feeder
자동산화 (식)(양) autoxidation
자동산화기구 (식) autoxidation mechanism
자동절단기 (식) automatic cutter
자동제어냉동장치 (식) auto-control refrigeration system
자동조타기 (어) gyropilot(=autopilot)
자동조타장치 (어) autopilot system
자동조획기 (어) sutomatic angling machine

자동주파수제어회로 automatic frequency control circuit
자동표시기 telltale
자력선별 (식) magnetic separation
자력선별기 (식) magnetic separator
자력이초 refloat by one's ship
자료길이 sample length
자료수정 (식) data correction
자료수집 (식) data collection
자료요구 data requirement
자료위성중계 satellite relay of data
자료은행 data bank
자료이용국 data utilization station
자료전송 (어) data transmission
자료처리 (어)(식) data processing
자료통신체계 data communication system
자료획득 data acquisition
자루그물 (어) body net (어)(자) bag net
자루따개비 stalked barnacle
자루입구 (어) opening of bag (어)(자) mouth of bag net
자리돔 (식) coralfish, damselfish
자망 (어)(자) gill net, (어) set gill net
자매종 sibling species
자바리 kelp bass, seven-banded gouper
자반고등어 (식) salted mackerel
자반병 purpura
자반연어 (식) salted salmon
자발적 spontaneous
자발적억제 abstention
자발적행동 spontaneous behavior
자배건가다랑어 (식) boiled, roasted and dried skipjack tuna
자배건품 (식) boiled, roasted and dried products
자본가적어업 (어) capitalistic fishery
자본제어업 (어) capitalized fishery
자사 own company
자새 reel
자생성, 자생의 authigenic
자생적플랑크톤 autogenic plankton
자선 (어)(자) catcher boat
자성발생 gynogenesis
자성선숙 protogyny
자세포 (식)(양) cnidoblast, thread cell, nematoblast
자속 magnetic flux
자숙 (식)(어) boiling
자숙압착 (식) boiling and expressing
자실체 (식) fruit body
자어 (식)(양) fry, larvae
자어기 (식)(양) fish larval stage
자어망 larval net
자어정체지역 larval retention area
자연건조 (식) natural drying
자연냉동 (식) natural freezing
자연대류 (식) natural convection
자연도태 natural selection
자연동건법 (식) freezing-drying method
자연드립 (식) free drip
자연발생 abiogenesis
자연발생적인 abiogenic
자연발효 (식) natural fermentation
자연방란 natural spawning
자연배지 (식) natural medium
자연사망 (어)(자) natural mortality
자연사망계수 (어)(자) natural mortality coefficient
자연사망률 (어)(자) natural mortality rate
자연산란 (어)(자) natural spawning

자연산수산물 (식) natural fishery products
자연생장 accretion
자연선택 natural selection
자연정화 natural purification
자연증가 natural increase
자연증가율 (어)(자) natural increasing rate
자연진주 (식) natural pearl
자연한천 (식) natural agar
자영어업 (어) self-management fishery
자오선 meridian circle
자오선각 meridian angle
자오선면도 meridian cross section
자오선정증시 time of meridian passage
자오선통과 meridian passage
자외선 (식) ultraviolet
자외선살균 (식) ultraviolet sterilization
자외선살균기 (식) ultraviolet sterilizer
자외효과 magnetostriction effect
자웅동체 hermaphroditic organism (양) hermaphrodite
자웅이체 (양) dioecious organism
자웅이체의 dioecious
자원 (식)(어)(자) resource
자원가입관계 (어)(자) stock-recruitment relationship
자원가입량 (어)(자) recruitment stock
자원개발 (어)(자) exploitation
자원개체수 (어)(자) population number
자원관리 (식)(어)(자) resource management
자원관리형어업 (어)(자) fisheries controlled for resource management
자원량 (식)(어)(자) biomass, resources
자원량일주변화 (어)(자) abundance diurnal changes
자원량지수 (어)(자) index of stock abundance (양) index of population size
자원량추정 (어)(자) stock estimation
자원생물 (어)(자)(식) resource organism
자원생산량모델 (어)(자) stock production model
자원예측 (식)(어)(자) resources prediction
자원종합모델 stock synthesis model
자원진단 (어)(자) stock diagnosis
자원평가 (어)(자) resources estimation
자유공간 free air space
자유도 (식) degree of freedom
자유라디칼 (식) free radical
자유라디칼소거제 (식) free radical scavenger
자유무역협정 (식)(양)(어) free trade agreement (FTA)
자유수 (식) free water
자유신경체 free neuromast
자유어업 (식)(양)(어)(자) free fishery
자유유영동물 free-swimmer
자유유영속도 (어) free swimming speed
자유진동 free oscillation
자유참가 free participation
자유파 free wave
자유판매제도 free sale system
자유항 free port
자유흐름계 free-flow system
자율갱신 (자) self-regulation
자율갱신가능자원 (자) self-regulating renewable resource
자율관리어업 (양) fishermen oriented self-management system
자이로스코우프 gyroscope

자이로오차 (어)(항) gyro error
자이로콤파스 (어)(항) gyrocompass
자전 rotation
자절 autotomy
자정작용 self purification
자주복 (식)(양)(어)(자) tiger puffer, ocellate puffer
자중 self sustaining weight, self-weight, tare weight
자지복 globe fish, purple puffer
자차 (어)(항) deviation
자치어 (식)(양) larva and juvenile
자침로 (어)(항) magnetic course
자침방위 (어)(항) magnetic bearing
자포 nematocysts
자포동물 Cnidaria
작도법 cartography
작살 (어)(자) harpoons
작업곡선 working curve
작업등 (어) deck flood light
작용기 (식) functional group
작용모델 (식) operating model
작용성환경 operational environment
작은가자미 dab
작은관 siphuncle
작은구멍 foramen
작은굴 bluepoint(oyster)
작은만 cove
작은상어 tope
작은섬 islet
작은융기 papula
작은이빨 paragnath
작은정어리 brit
작은진주알 seed pearl
작은파 wavelet
작은호수 laguna
잔류농약 (식) pesticide residues
잔류독성 (식) residual toxicity
잔류물 (식) residue
잔류성농약 (식) residual pesticide
잔류용매 (식) residual solvent
잔물결 ripple
잔사어분 (식) scrap meal
잔여 residual
잔여유속 residual velocity
잔존생물 relict organism (양) relict
잔존종 relic form, relict
잔차 (식) residual
잔차류 residual current
잔차분산 (식) residual variance
잔향 reverberation
잘피 eelgrass (양) seagrass
잠갱이 jingle shell
잠류 undercurrent
잠망경수심거리 periscope depth range
잠복기(간) (식) incubation period (식) latent period
잠복습성 burrowing habit
잠수 (어) diving, submergence
잠수구 (어) bathysphere, diving ball
잠수기 (어) diving apparatus
잠수기술자 aquanaut
잠수기어업 (양)(어) diving fishery
잠수병 (어) bends, caisson disease
잠수복 (어) diving suit
잠수부 (어) diver
잠수안경 (어) goggle (양) water spectacles
잠수어업 (양)(어) diving fishery
잠수용발갈퀴 (어) swimming fin
잠수용수중호흡기 (어) aqualung
잠수용혼합기체 heliox

잠수판 (어) depressor
잠수함 submarine
잠암 submerged rock
잠열 (식) latent heat
잠입동물 burrower
잠입생물 burrowing organism
잠입행동 burrowing behaviour
잠재생산량 (자) potential production
잠저성동물 infauna
잠정주간섭취허용량 (식) provisional tolerable weekly intake (PTWI)
잠혈동물 burrower
잡색체 chromoplast
잡식동물 (식)(양) omnivore
잡식성어류 (식)(양) omnivorous fish
잡식성의 (식)(양) omnivorous
잡식자 (양) omnivore
잡어 (양) rough fish
잡어구 (어) miscellaneous fishing gear
잡용해도 thin paper chart
잡음수준 noise level
잡음율 noise figure
잡종 hybrid
잡종교배 hybridization
장 (식) intestine
장(내)구균 (식) enterococcus
장간막 mesentery
장경 longitudinal axis
장관독 (식) enterotoxin
장관출혈성대장균 (식) enterohemorrhagic *E. coli*
장기 (식) organ
장기양성 long-term culture
장기차입자본 long-term borrowed money
장나선판 intestinal spiral valve
장내독소 (식) enterotoxin
장내미생물상 (식) intestinal flora
장내세균 (식) enterobactericeae
장대 bamboo
장동 nutation
장등 (어) leader net, headlight, mast light, mast head light
장력 (식)(어) tension
장력계 (식)(어) tension meter
장류 (식) fermented soy products
장벽 (식) barrier
장벽세포 intestine wall cell
장벽함정류 (어)(자) barriers traps
장섬유 (어) continuous fiber, endless fiber
장수거북 leatherback turtle
장어통발 (어)(자) eel pots
장염비브리오균 (식) *Vibrio parahaemolyticus*
장염비브리오중독 (식)(양) *Vibrio parahaemolyticus* food poisoning
장절 merus
장주기분조 long period constituent
장주기파 long period wave
장체강 enterocoel
장체강성 enterocelous
장티푸스 (식) typhoid fever
장파 long wave
재결정 (식) recrystallization
재고관리 (식) inventory control
재고관리시스템 (식) inventory control system
재광물화작용 remineralization
재래식낭장망 (어) traditional stow net
재래종 (양) native species (양) local variety

재료 (식)(양) material
재료비 (식) material cost
재료표 (식) material list
재무기화작용 remineralization
재배어업 (어) farming-fishery
재부유 resuspension
재생 (식) regeneration
재생비늘 regenerated scale
재생산 (식)(자) reproduction
재생산곡선 (자) reproduction curve
재생산모델 (식)(자) reproduction model (양) spawner-recruitment model
재생산자원관리형 (어)(자) type of renewable resource management
재생산치 (어) reproductive value
재생섬유 (어) regenerated fiber
재생(성)자원 (식)(자) renewable resource
재생체인 tickler chain
재순환 (식) recycle
재압축 (식) recompression
재용선 sub-charter
재용해 (식) resolution
재제조소금 (식) remanufactured salt
재포 (어)(자) recapture
재포어 (어)(자) recaptured fish
재포율 (어)(자) recapture rate
재현 recurrence
재현공식 recurrence formula
재화용적 (항) cargo capacity
재화용적톤수 (항) cargo capacity tonnage (양) cargo capacity measurement tonnage
재화중량톤수 (항) dead weight tonnage
잿방어 (식) amberjack, (식) rudder fish
쟁탈 piracy
쟝크선 junk boat
저격적트롤어법 (어)(자) aimed trawling method (양) aimed trawl
저고조 lower high water
저급지방산 (식) short chain fatty acid
저기압 low, low pressure
저류 trapping, undertow
저밀도지단백 (식) low density lipoprotein(LDL)
저밀도폴리에틸렌 (식) low density polyetylene
저분자화합물 (식) low molecular weight compound
저산성식품 (식) low acid food
저산소층 hypoxic layer
저생동물 zoobenthos
저생상자 benthic chamber
저생생물 benthos
저생어 demersal fish
저서계사슬 demersal chain
저서구 benthic division
저서군집 benthic community
저서규조류 benthic diatoms
저서동물 benthic animal
저서동물상 benthic fauna
저서무척추동물 benthic invertebrates
저서생물 (식)(양)(어)(자) benthos
저서생물포식어 benthos feeder
저서생태계 benthic ecosystem
저서섭식자 benthic feeder
저서성 (식) benthic, demersal
저서성부유생물 (식) benthic plankton, demersal plankton
저서성어류 (식)(어) benthic fish (자) bottom fish (자) demersal fish (양) demersal fishes
저서어업 (어)(자) demersal fishiry

저수분식품 (식) low moisture food
저수지 (식)(양) reservoir
저수지양식 resercoir aguaculture
저식염젓갈 (식) low salt-fermented fish
저압대 depression belt
저압성의 cyclonic
저압수액기 (식) surge drum
저압스위치 (식) low pressure switch
저압차단장치 (식) low pressure cut out switch
저압플로트밸브 (식) low pressure side float valve
저어 (식)(어) demersal fish
저어군집 (어)(자) demersal fish community
저어류 (어)(자) demersal fishes (어) bottom long line
저에너지환경 low energy environment
저연승 (어)(자) set long line, deep longline
저염젓 (식) low salt-fermented salt
저염해수 low salinity seawater
저영양세균 oligotrophic bacteria
저온미생물 (식) psychrophilic microorganism
저온박테리아 (식) psychrophilic bacteria
저온발육균 (식) psychrotrophic bacteria
저온분리공정 (식) low temperature separation process
저온분리장치 (식) low temperature separation unit
저온살균 (식) pasteurization
저온살균기 (식) pasteurizer
저온살균식품 (식) pasteuried food
저온세균 (식) psychrophilic bacteria
저온숙성 (식) low temperature ripening
저온유통 (식) cold-chain distribution
저온유통체계 (식) cold-chain distribution system
저온저장 (식)(어) chilled storage, low temperature storage
저울 (식) balance
저위도지방 low latitude
저이용어 (식) under-used fish (식) under-utilized fish
저인망 (어)(자) bottom trawl, bottom trawl net, drag net,
저자망 (어) bottom gill net
저장 (식) preservation, storage
저장가능기간 (식)(양) shelf-life
저장고 (식) reservior
저장다당류 (식) storage polysaccharide
저장성 (식) storage stability
저장수명 (식) shelf-life
저장액 hypotonic
저장탄성률 (식) storage modulus
저저조 lower low water
저정낭 seminal receptacle, seminal vesicle
저조 (양)(어) low water
저조간격 low water interval
저조위 low water level
저조위기준선 low water datum
저조위선 low water line
저주파(수) low frequency
저지방식품 (식) low fat food
저질 (양) bottom sediment (양) deposit (양) substratum
저차소비자 lower level consumer
저착성어종 (식) demersal fish
저체온 hypothermia

저층 (어) bottom layer
저층걸그물 (어) bottom gill net
저층고정걸그물 (어) bottom set gill net
저층끌그물류 (어) bottom trawls
저층낙망 (어) bottom pound net
저층류 (어) bottom current, bottom flow
저층산란어 (어) demersal spawner
저층수 (어) bottom water
저층수온 bottom temperature
저층쌍끌이 (어) bottom trawl with two boats (어)(자) bottom pair trawl
저층어업 (어) bottom fishery
저층연승어업 (어) bottom long-line fishing
저층예망 (어) bottom trawling
저층예망류 (어) bottom trawl
저층오타트롤 (어) bottom otter trawl
저층추적 bottom tracking
저층퇴적물 (어) bottom deposit
저층플랑크톤 (어) hypoplankton
저칼로리식품 (식) low calorie food
저탁류 turbidity bottom current
저표퇴적물식자 surface deposit feeder
저항 (식)(어) resistance
저항결합증폭기 resistance coupled amplifier
저항계수 (어) coefficient of drag
저항력 (어) resistance force
저해 (식) inhibition
저해제 (식) inhibitor
저혈압 (식) hypotension
적극적어법 (어) active fishing method
적도면도 (어) projection celestial equator
적도반류 (어) equatorial counter current
적도의 equatorial
적변 (식) reddening
적산수온 (양) integral water temperature
적산조도 cumulative illumination
적색 2호 (식) red no 2
적색소포 allophore
적색육 (식) red muscle
적색육어류 (식) dark fleshed fish
적수온대 (어) optimum temperature layer
적온 (식) optimum temperature
적외선 (식) infrared ray
적외선건조 (식) infrared drying
적외선건조기 (식) infrared dryer
적외선복사 (식)(양) infrared radiation
적외선분광광도계 (식) infrared spectrophotometer
적외선분광광도측정법 (식) infared spectrophotometry
적외선살균 (식) infared sterilization
적외선살균기 (식) infared sterilizer
적외선수분측정기 (식) infrared moisture meter
적위 declination
적윤식물 mesophyte
적응 adaptation
적응과정 (어) adjustment process
적응본능 adaptation instinct
적응성 adaptability
적정 (식) titration
적정가입체장 (자) optimum recruitment length
적정가입크기 (자) optimum recruitment size
적정개발율 optimum exploitable rate
적정곡선 (식) titration curve
적정그물코 (어)(자) optimum mesh

적정방법 (식) titration method
적정분석 (식) titrating analysis
적정산도 (식) titratable acidity
적정어획 (어)(자) optimum catch
적정어획강도 (어)(자) optimum catch intensity
적정어획곡선 (식)(어)(자) optimum catch curve
적정어획노력 (어)(자) optimum fishing effort
적정어획율 (어)(자) optimum catch rate
적정온도 (식)(양)(어)(자) optimum temperature
적정조절이론 (어)(자) optimal control theory
적정표본크기 (어)(자) optimal sample size
적정할당 (어)(자) optimal allocation
적정화방법 optimization method
적조 (식)(양)(자) red tide, red water
적층 (식) lamination
적층필름 (식) laminated film
적하목록 manifest
적합도 (식) goodness of fit
적합도검정 (식) test of goodness of fit
적합화된 관리 adaptive management
적합화된 채집 adaptive sampling
적혈구 (식) erythrocyte (식) red blood cell (식) red corpuscle
적혈구응집반응 (식) hemaglutination
전개각 divergence
전개곡선 (어) open curve
전개력 (어)(자) spreading force
전개력계수 (어)(자) spreading coefficient
전개면적비 (어) developed area ratio (어)(자) spreaded area ratio
전개장치 (어) developed device (어)(자) spreading device
전개판 (어) otter board
전갱이 (식) Japanese horse mackerel
전격막 alar septum
전구물질 (식)(양) precusor
전구엽 prostomium
전구체 (식)(양) precusor
전구촉수 prostomial tentacle
전극 (식) electrode
전극상 preclimax
전극홀더 electrode holder
전기가오리 (식) electric ray
전기구관측시스템 global observation system
전기로그 electric log
전기마비 electronarcosis
전기분해 (식) electrolysis
전기생 holoparasitism
전기어로 electric fishing
전기어법 (어) electrical fishing method, electrical fishing
전기영동 (식) electrophoresis
전기영동탈수법 (식) electrophoretic dehydration
전기오븐 (식) electric oven
전기유생 prelarva
전기음성도 (식) electronegativity
전기자어 prelarva
전기적마비어구류 (어) electrical stupefying fishing gear
전기적중성 (식) electroneutrality
전기전도도 (어)(식) electric conductance
전기탐사 (어) electrical prospecting
전기해동 (어)(식) electric thawing
전내부반사 total internal reflection

전단강도 (어)(식) shear strength
전단력 (어)(식) shearing force
전단변형 (어)(식) shear deformation
전단응력 (어)(식) shear stress
전단파열선 (어) shear crack
전달계수 (어)(식) transfer efficiency (양) coefficient of transmission
전달마력 (어) delivered horse power
전달효소 (식) transferase
전달효율 (식) transmission efficiency
전도 (식) conduction
전도도 (식) coductivity
전도온도계 reversing thermometer
전도채수기 reversing water bottle
전도현미경 inverted microscope
전동기 electromotor
전두기관 frontal organ
전두엽의 prefrontal
전락망어법 (어) entangling fishing method
전란 (식) whole egg
전마선 (어) junk boat
전매흡수체 proprietary absorbent
전면도 anterior view
전면층 fore-set beds
전방산란계수 (어) forward scattering coefficient
전방향성 omnidirection (양) isotropic
전복 (식)(양) abalone
전분 (식) starch
전분가수분해물 (식) starch hydrolysates
전분겔 (식) starch gel
전분결정화 starch crystallization
전분공업 (식) starch industry
전분당 (식) starch sugar
전분분해효소 (식) amylolytic enzyme, amylase
전분입자 (식) starch granule
전비공 anterior naris
전빈 foreshore
전사망계수 (어)(자) total mortality coefficient
전선 (어) front
전선어장 (어) frontal fishing ground
전성관 voice tube
전속력 flank speed
전수검사 (식) total inspection
전안방 anterior chamber
전압 total pressure
전압강하 voltage drop
전압경도 electric potential gradient
전압력 total pressure
전어 (식) gizzard shad (식) spotted sardine
전업어가 (어) full specializes fishery household, full time fishery household
전업어민 exclusive fishermen (어)(자) full time fishermen
전연 front edge, leading edge
전열 dissected
전외진동차 electrostrictive transducer
전외효과 electrostrictive effect
전용선 specific bulk carrier
전용어업 (어) exclusive fishery
전용어업권 (어) exclusive fishery right
전원면적비 disc area ratio
전위 inversion
전위차계 potentiometer
전위차기록계 potentiometric recorder
전이 (식) transition
전이계수 transition coefficient

전이금속 transition metal
전이대 transition zone
전이율 transition rate
전이층 transition layer
전입 immigration
전자계수기 (양) electronic counter
전자계측판 electronic measuring boards
전자기강도 total magnetic intensity
전자냉동 (식) electronic refrigeration
전자렌지 (식) microwave oven
전자렌지식품 (식) microwaveable food
전자렌지용용기 (식) microwaveable container
전자렌지용포장 (식) microwaveable packaging
전자리상어 (식)(양)(어)(자) angel shark, canopy shark
전자반사부표 (어) radio buoy
전자상거래 (식)(양)(어) e-commerce
전자속전류 electron flux current
전자식방위선 electronic bearing line
전자코 (식) electronic nose
전자편향 electromagnetic deflection
전자표지탐지기 electromagnetic tag-detector
전자해도 (어)(항) ECDIS(Electronic chart display and information system)
전자해류계 (어) GEK (geomagnetic electrokinetograph)
전자혀 (식) electronic tongue
전자현미경 (식) electron microscope
전자활동도 electron activity
전장 (식)(양)(자) total length
전재종 exclusive species
전진계수 advanced coefficient
전진운동 progressive motion
전진율 advanced ratio
전진투하법 ahead going anchor
전질소 (식)(양) total nitrogen
전처리 (식) pretreatment
전체물질수지 (식) total material balance
전체절 prosoma
전출 emigration
전통간장 (식) traditional soy sauce
전통고추장 (식) traditional gochujang
전통된장 (식) traditional soybean paste
전통발효식품 (식) traditional fermented food
전통수산발효식품 (식) traditional fermented seafood
전통차 (식) traditional tea
전파단계 (식) propagation step
전파보정 beam calibration
전파속도 (어) propagation speed
전파손실 (어) propagation loss, transmission loss
전파이상 propagation anomaly (양) non-standard propagation
전파팩시밀리기록계 radio-facsimile recorder
전파항법 (어)(항) electronic navigation
전폭 extreme breadth
전하 (식) charge, electric charge
전할 total cleavage
전해 (식) electrolysis
전해질 (식) electrolyte
전향력 (어)(항) coriolis force
전형기술 modulation coefficient
전형의 modular
전화당 (식) invert sugar

전환 (식) conversion
전환계수 (식) conversion coefficient
전환자 transformer
전후경사 tilt
전훈법 (식) electric smoking
절 node
절간성장 internodal growth
절개법 excision
절곡시험 (식) folding test
절단 (식) cutting
절단기 (식) cutter
절단주파수 cut-off frequency
절대단위계 absolute unit system
절대밀도 (식)(양)(자) absolute density
절대번식력 absolute fecundity
절대변동성 absolute variability
절대불안정 absolute instability
절대생체량 absolute biomass
절대성장 (자) absolute growth
절대성장률 (양)(자) absolute growth rate
절대속도 (식) absolute velocity
절대압력 (식) absolute pressure
절대혐기성세균 (식) obligate anaerobic bacteria
절멸 extinction
절수 (어)(자) knot number
절족동물 arthropod (양) arthropoda
절지동물 (식) arthropod
절편 (식) intercept
점근 asymptotic
점근석적성장모델 asymptotic growth model
점근회귀 asymptotic regression
점농어 (식) spotted sea bass
점도 (식)(어) viscosity
점문 punctae
점박이해표 harbor seal
점보형트롤 (어) jumbo trawl
점성체 (식)(어) viscous body
점성폐액 stickwater
점심해 bathypelagic sea
점액 (식) slime
점액계 mucous system
점액물질 (식) mucous
점액선 (식) mucous gland
점액성물질 (식) slimy material (양) mucilaginous substance
점음원 point sound source
점장도 (항) mercator chart
점장변위 (항) meridional difference
점장위도 (항) meridional part
점장위도항법 (항) mercator's sailing
점질 (식) slimy
점질다당류 (식) mucopolysaccharide
점착성 (식) cohesiveness
점프드심 (식) jumped seam
접번인대 hinge ligament
접속수역 contiguous zone
접융굴성 thigmotropism
접지전류 earth current
접착 (식) adhesion
접착망지 (어) bonding webbing
접촉식동결 (식) contact freezing
접촉식동결장치 (식) contact freezer
접촉식해동 (식) contact thawing
접촉제 contact substance (양) contact agent
접평면 tangential plane (양) tangent plane
접합 (식) conjugation
젓(갈) (식)(양) jeotgal (식)(양) salt-fermented fish

젓갈류 salted-fermented fish products
젓새우류 (식) salt-fermented shrimp
정거 zenith distance
정격출력 (어) standard out put (양) standard output
정규근사화 normal approximation
정규모집단 normal population
정규분포 (식)(자) normal distribution
정규분포곡선 (식)(자) normal distribution curve
정균작용 (식) germistatic action (양) bacteriostasis
정기성플랑크톤 meroplankton
정도 (식) degree
정량묘사분석 (식) quantitative descriptive analysis (QDA)
정량분석 (식) quantitative analysis
정량시험 (식) quantitative test
정량의 (식) quantitative
정량채집 quantitative sampling (양) quantitative collection
정량플랑크톤채집기 quantitative plankton sampler
정력학적평형 hydrostatic equilibrium
정류 slack water
정류상태 steady state
정맥 (식) vein
정미 homocercal tail
정미단백질이용율 net protein utilization
정미성 (식) tasty
정미성분 (식) taste compound
정밀도 (식) precision
정박 (어)(항) anchoring
정박기간 (어)(항) laydays, laytime (양) lay days
정박당직 (어)(항) anchor watch
정박등 (어)(항) riding light
정박설비 (어)(항) harbor accommodations
정박지 (어)(항) basin, anchorage
정상도 steadiness
정상류 (어)(식) steady flow
정상발효유산균(젖산균) (식) homofermentative lactic acid bacteria
정상분산 (식) normal distribution
정상상태 (식) steady state
정상속도 (식) steady velocity
정상수위 static level
정상시계열 stationary time series
정상운동 (식) stationary motion
정상위상 stationary phase
정상전류 electrical steady current, steady state current
정상치 normal value
정상파 stationary wave
정상해수 normal water
정색반응 (식) color reaction
정생의 terminal
정선 (식) cleaning
정선기 (식) cleaner
정선해양관측정점 (어) serial station
정성 quality
정성분석 (식) qualitative analysis
정성시험 (식) qualitative test
정성채집 qualitative sampling (양) qualitative collection
정성플랑크톤채집기 qualitative plankton sampler
정소 testis
정속전동기 constant speed motor

정수 deadwater (양) still water
정수면 still-water level
정수식물 emergents (양) emergend plant
정수압 (식) hydrostatic pressure
정수압레토르트 (식) hydrostatic retort
정수역 flat-water area
정압 (식) static pressure
정압밸브 (식) static pressure valve
정압변화 (식) constant pressure change
정압비열 (식) specific heat at constant pressure
정액 (양) sperm
정액주입 insemination
정어리 (식)(양) sardine
정어리기름 (식) sardine oil
정어리부시 (식) iwashi-bushu
정어리어분 (식)(양) sardine meal
정어리유 (식)(양) sardine oil
정온 calm
정온동물 homoiothermic animal
정원세포 spermatogonium
정위 (어) orientation
정자 (양) sperm
정자형성 spermatogenesis
정적비열 (식) specific heat at constant volume
정점 vertex, zenith
정제 (식) purification, refining, tablet
정제법 (식) purification procedure
정제소금 (식) refined salt
정제유 (식) refining oil
정제포도당 (식) refined glucose
정조 (양)(어) stand of tide
정주성생물 sedentaria
정지 (식) stationary
정지기 (식) stationary phase
정지마찰력 (어) stop friction power (양) static friction force
정지상 (식) stationary phase
정지용스위치 stop switch
정지추력 (어)(항) static thrust
정지추력계수 (어)(자) static thrust coefficient, static pull coefficient
정진동 seiche
정진동파 seiche wave
정착 (식)(어) settlement
정착성어종 (식)(어) sedentary fish species
정착세포 colloblast
정체수 stagnant water
정체압 stagnation pressure
정충 sperm (양) spermatozoon
정치망 (식)(어) set net
정치망어업 (어)(자) set net fishery
정치망어업권 (어)(자) set net fishery right
정치법 (식) setting method
정치식살균방법 (식)(양) static sterilization method
정치어구 (어) stationary fishing gear
정포 (양) spermatophore
정형육 (식) formed meat
정화 decontamination, purification
정확도 (식) accuracy
정확성 (식) accuracy
정횡거리 abeam distance
젖당 (식) lactose
젖당 분해효소 (식) lactase
젖산 (식) lactic acid
젖산 음료 (식) lactic acid drink
젖산균 (식) lactic acid bacteria

젖산균함유식품 (식) lactic acid bacterium-containing food
젖산발효 (식) lactic acid feremntation
제거 (식) elimination
제거제 (식) scanvenger
제곱 (식) square
제곱합 (식) sum of square
제동마력 (어) brake horse power
제로조업 zero operation
제방 embankment
제빙 (식) ice making
제빙공장 (식) ice plant
제빙기 (식)(양) ice machine
제빙능력 (식) ice making capacity
제빙부하 (식) ice making load
제빙속도 ice making speed
제빙장치 ice plant (양) deicer
제빙탱크 ice freezing tank
제상 (식) defrost
제상방법 (식) defrosting method
제습 (식) dehumidification
제습기 (식) dehumidifier
제습제 (식) dehumidifying agent
제습효과 (식) dehumidifying effect
제어 (식)(어) control
제어시스템 (식)(어) control system
제어온도 (식)(양) control temperature
제어요소 (식)(어) control element
제어장치 (어) control apparatus (양) control device
제육작업 (식) fleshing
제일밀봉 (식) first operation seaming
제조공정도 (식) flow sheet
제조공정분석 (식) process analysis
제조업 (식) manufacturing industry
제조업자 (식) manufacturer
제조장 (식) production place
제트-값 (식) Z-value
제트단백질 Z-protein
제트막 Z-membrane
제품 (식) product
제한급여 (양) controlled feeding (양) restricted feeding
제한아미노산 (식)(양) limiting amino acid
제한영양염류 limiting nutrient
제한요인 (식) limiting factor
제한체장 (어)(자) limiting body length
젤라틴 (식) gelatin(e)
젤라틴 젤리 (식) gelatin jelly
젤라틴겔 (식) gelatin gel
젤라틴화 (식) gelatinization
젤리 (식) jelly
젤리강도 (식) jelly strength
젤리미트 (식) jelly meat
조가비 shell
조간대 (양)(어) intertidal zone
조개 (식)(양) shellfish
조개그물 (어) shellfish dredge
조개껍질까기 (식) shuck
조개류 (식) clam (식) shellfish
조개젓 (식) salt-fermented shellfish
조건반사 (어) conditioned reflex
조건반사절 (어) theory of conditioned reflex
조건부자료 tied data
조건자극 conditioned stimulus
조건제어 (식) conditional control
조경 (어) oceanic front
조경어장 (어) current front fishing ground (양) current boundary fishing ground

조과기 carpogonium
조금 (양) neap tide
조난신호 distress signal
조단백질 (식)(양) crude protein
조도 (양) illumination, irradiance
조령 age of the tide, tidal age
조로선 (어) rowing boat
조류 (어) tidal current (식) algae
조류도 (어) tidal chart
조류이상증식 algal blooms (양) algal bloom
조류인플렌자 (식) avian influenza(AI)
조류타원 current ellipse
조류학 algology, phycology
조리과학 (식) cookery science
조리기 (식) cooker
조리냉동식품(조리동결식품) (식) precooked frozen food, prepared frozen food
조립식통발 (어) collapsible pot
조립식품 (식) farbricated food
조마가공품 (식) seasoned product
조목 current rips
조미 (식) seasoning
조미건제품 (식)(양) seasoned-dried product
조미건조꽁치 (식) seasoned-dried saury
조미건조어류 (식) seasoned-dried fish
조미공정 (식) seasoning process
조미구이방어 (식) seasoned grilled yellow tail
조미구이뱀장어 (식) seasoned roasted eel
조미구이제품 (식) seasoned-roasted product
조미김 (식) seasoned laver
조미김페이스트 (식) seasoned laver paste
조미료 (식) condiment (식) seasoning (식) seasoning agent
조미배건품 (식) seasoned roasted-dried products
조미자숙까나리 (식) seasoned-boiled sandlance
조미자숙새우 (식) seasoned-boiled shrimp
조미자숙오징어 (식) seasoned-boiled squid
조미자숙품 (식)(양) seasoned-boiled products
조미조림김 seasoned woked laver paste
조미조림다시다 (식) seasoned-cooked sea tangle
조미통조림 (식)(양) canned seasoned food
조방경영 extensive management
조방적양식 extensive aquaculture (양) extensive culture
조사료 roughage
조사선 (어) research vessel
조사설계 (어) survey design, research design
조사정밀도 (어) survey precision
조사정점 (어) survey station
조사제품 (식) irradiated food
조상대 supralittoral zone
조석 (양)(어) tide
조석기준면 datum level
조석력 tidal force
조석운동 (어) tidal movement (양) tidal motion
조석잔차류 tidal residual current

조석조화분석 harmonic analysis of tides
조석주기 tidal cycle
조석진파 tidal bore
조석파 tidal wave
조석표 (어) tide table (양) tidal table
조석학 tidology
조선소 (항) shipbuilding yard
조선업 (항) shipbuilding industry
조선회사 (항) shipbuilding company
조섬유 (식)(양) crude fiber
조성물질 (식) component
조성변화법 change in ratio method
조수역 tidal zone
조신 tidal information
조어구 (어) angling gear, line fishing gear
조업 (어) fishing operation
조업수역 (어)(자) fishing zone(area)
조업해구 (어) fishing area
조에아 zoea
조와저항 (어)(항) eddy making resistance
조위 (어) tidal level (양) tide water level (양) height of tide
조위기준면 (어) tidal datum
조일 tidal day
조임고리 (어) purse ring
조임줄 (어) purse line
조장 algal bed, submarine forest
조장조성 artificial formation of algal bed (양) artificial formation of seaweed bed
조절경쇄 regulatory light chain
조절단백질 (식) regulatory protein
조정 tuning
조정손잡이 adjusting handle
조종 steerage
조종성지수 (어) manoeuvability index
조지방 (식)(양) crude lipid
조직 (식) tissue
조직유출액 extracted liquid from tissue
조직지질 (식) tissue lipid
조직학 histology
조직화학적염색 histochemical staining
조차 (양)(어) tidal range
조추출물 (식) crude extracts
조타 (항) steering
조타설비 (항) steering equipment
조파기 (어) wave-generating machine, wave maker
조파저항 (어) wave making resistance
조피볼락 (식) black rockfish
조하대 sublittoral zone
조합 (식) combination
조합경영형태 (어) type of cooperative management
조합관리어업권 (어) fishery right given to fisheries
조합원 (어) cooperative member
조합해동법 (식) combined thawing
조화분석 harmonic analysis of tides
조화평균 (식) harmonic mean
조회분 (식)(양) crude ash
조획기구 angling mechanism
조획률 hook rate (어)(자) hooked rate
조효소 (식) crude enzyme
조후시 vulgar establishment
족사 byssus
족출 (식) vee
졸 (식) sol
졸복 (식) panther puffer
좀조개 shipworm

종 (식)(양)(어) species
종간경쟁 interspecific competition
종간상호작용 interaction between species
종개체군 (자) population
종결기 (식)(양) termination period
종결단계 (식) termination step
종골식구조 longitudinal framing system
종구성 species composition
종국 (식) seed koji
종굴 seed oyster
종균배양 (식) seed culture
종내경쟁 intraspecific competition
종내집단 intraspecific group
종다양성 (식) species diversity
종단 (어)(자) point cut, longitudinal cut
종단법 (어)(자) point cut method, longitudinal cutting method
종동정 species identification
종말점 (식) end point
종망 nersery net, seed net
종묘 (양) seed, seedling
종묘생산 (양) seed production
종묘생산기술 (양) seed production technology
종분류 (식) species identification
종상호작용 species interaction
종생플랑크톤 holoplankton
종선 (어)(자) subordinate vessel, (양) subordinant boat, subordinate boat
종속변수 (식) dependent variable
종속영양균 (식) heterotroph
종속영양생물 (식)(양) heterotrophic organism
종속영양세균 (식)(양) heterotrophic bacteria
종속영양체 (식) heterotroph
종속영양편모충 heterotrophic flagellates
종자섬유 seed fiber
종재 stringer
종조성 (어)(자) species composition
종족 race
종족보존본능 instinct of preservation of the species
종주근 longitudinal muscle
종축 vertical axis
종편모 longitudinal flagellum
종합항법장치 TNS(total navigation system)
종횡비 (어) aspect ratio
좌반원 left semicircle
좌우대칭 bilateral symmetry
좌초 aground, grounding
좌현 (어)(항) port
주걱벌레 spoon warm
주고성 thigmotaxis
주곡률 principal curvature
주광성 (어) phototaxis
주기구동식 main engine driving
주기성부유생물 periodic plankton
주기적수확 periodic harvesting
주기적수확정책 periodic harvest policy
주기적회귀 periodic regression
주기전도식 (어) main engine conductive
주낙(연승) (어) long line
주년성장 annual growth
주년채란 egg collection throughout the year
주둥이 mouth

주둥치 (식) soapy
주류성 (어) rheotaxis
주름률 plication (어)(자) shortening
주머니 (식)(어) pocket
주머니그물 (어)(자) pocket net
주머니얽애그물 drift net with pocket (어)(자) tangling net with pocket
주목망 (어) stow net on stake
주문자상표부착생산 (식) original eqipment manufacturing (OEM)
주방란기 main spawning period
주법선 principal normal
주사속도 scanning speed
주사율 scanning rate
주사전자현미경 (식) scanning electron microscope (SEM)
주상도표 histogram
주석 (식) tin
주석산 (식) tartaric acid
주석캔 (식) tin can
주성 (어) taxis
주성분 (식) major constituent (식) key component
주성분분석 (식) principal component analysis
주성형줄 principal net forming line
주야비교 day-night comparison
주야이동 diurnal movement, diurnal migration
주어구 (어) main fishing gear
주요목 principal particulars
주요원소 (식) major element
주입 (식) injection
주입구 (식) inlet
주전성 (어) electrotaxis, galvanotaxis
주지성 (어) geotaxis
주촉성 (어) thigmotaxis
주파수 (식)(어) frequency
주화성 (어) chemotaxis
주회로 main circuit
죽방렴 (식)(어)(자) bamboo screen pound
죽염 (식) bamboo salt
죽은물 dead water
준강력분 (식) semi-strong flour
준공 completion
준내서동물 semi-endobenthos
준설 (어) dredging
준설선 dredger
준조합원 semi-partner
준치 (식) slender shad
줄 (식) line, rope
줄기 (식) stem
줄기세포 (식) stem cell
줄기줄 main line
줄기채소류 (식) stem vegetables
줄매기 knotting and hitching
줄무늬농어 (양) striped bass
줄사리기 (어) arrangement of coiling rope, arrangement of rope
중간대사 (식) intermediary metabolism
중간반응 (식) intermediate reaction
중간배양 (양) intermediary rearing
중간산물 (식) intermediate product
중간생산 (식) intermediate production
중간수분식품 (식) intermediate moisture food
중간육성 (양) intermediate breeding
중간차단 intercept
중간층 (식) intermediate layer
중간파 intermediate wave
중간항 intermediate port
중간협온성의 stenomesothermic

중고선 (항) used ship
중공유생 amphiblastula larva
중규모 meso-scale
중금속 (식) heavy metal
중금속 시험법 (식) heavy metal test
중금속 오염 (식)(양) heavy metal contamination
중금속중독 (식) heavy metal poisoning
중금속함량 (식) heavy metal content
중급호염성세균 moderate halophilic
중난수 intermediate warm water
중난층 intermediate warm layer
중냉수 intermediate cold water (양) dichothermal water
중냉층 intermediate cold layer (양) dichothermy
중도매인 middlemen
중독 (식) poisoning
중독량 (식) toxic dose
중량 (식)(어)(자) weight
중량감소 (식) weight loss
중량법 gravimetric method
중량선별 (식)(양) weight sorting
중량선별기 (식) weight sorting device
중량채집 gravimetric sampling
중량측정 gravimetry
중량톤수 (항) dead-weight tonnage
중량화물 heavy cargo
중력 (식)(어) gravity
중력가속도 (식)(어) gravitational acceleration
중력계 (식) gravimeter
중력분 (식) medium flour
중력식채니기 gravity corer
중력파 gravity wave
중력함정류 gravity traps
중립사 medium sand
중립평형 neutral equilibrium
중매인 (어) middleman
중배엽 mesoderm
중배엽성 mesodermal
중배엽세포 mesodermal cell (양) mesoblast cell
중복 (식) duplication (식) overlap
중분위도항법 (항) middle latitude sailing
중생동물 mesozoan
중생식물 mesophyte
중성 (식) neutrality
중성단백질분해효소 (식) neutral protease
중성부력 (어) neutral buoyancy
중성세제 (식) neutral detergent
중성식물 (식) mesophyte
중성아미노산 (식) neutral amino acid
중성염 (식) neutral salt
중성영역 (식) neutral zone
중성의 (식) neutral
중성지질 (식) neutral lipid
중성포자 (식) meiospore
중성포자 (식) neutral spore
중성해안 neutral shoreline
중쇄 (식) heavy chain
중심 (어) center of gravity
중심경향 central tendency
중심낭 central capsule
중심력 (어) central force
중심립 centrioles, centriole
중심부 (식)(어) core, (식) center
중심분출 central eruption
중심온도 (식) internal temperature, core temperature

중심의 (식) central
중심점 (식) center mark, center point
중심층부성란 (양) bathypelagic egg
중심해의 mesopelagic
중심해저생물 mesobenthos
중안 median eye
중앙 (식) center
중앙값 (어)(식) median
중앙도매시장 (어) central wholesale market
중앙해난심판원 (항) central office of maritime accidents (양) Marine Accidents Inquiry Agency
중영양 mesotrophy
중영양형의 mesotrophic
중온미생물 (식) mesophilic microorganism
중온세균 (식)(양) mesophilic bacteria (식) mesophile
중온층 mesotherm
중요관리점 (식) critical control point (CCP)
중요치 importance value
중원양성 mesopelagic
중위각 median angle
중위도 middle latitude
중위수검정 median test
중이 middle ear
중장 midgut
중점관리점 (식) critical control point (CCP)
중첩 superposition
중추신경계 (식) central nervous system
중층 (어)(자) midwater, intermediate layer
중층걸그물 (어) midwater gill net
중층류 intermediate current, midwater current, stratified currents
중층성플랑크톤 mesopelagic plankton
중층수 intermediate water
중층수온 midwater temperature
중층쌍끌이트롤망류 (어)(자) midwater pair trawls, two boats midwater trawls, midwater pair trawl
중층어 mesopelagic fish
중층오타트롤 (어) midwater otter trawl
중층트롤 midwater trawl
중층표영대 mesopelagic zone
중크롬산 (식) dichromic acid
중크롬산염 (식) dichromate
중크롬산적정법 (식) dichrometry
중탄산나트륨 (식) sodium bicarbonate
중탄산염 (식) bicarbonate
중하심대의 inframedian
중합 (식) polymerization
중합도 (식) degree of polymerization
중합반응 (식) polymerization reaction
중합인산염 (식) polyphosphate
중합체 (식) polymer
중합효소 (식) polymerlase
중핵생물 mesokaryote
중형동물상 mesofauna
중형부유생물 mesoplankton
중형저서생물 meiobenthos, mesobenthos
중형플랑크톤 mesoplankton
중화 (식) neutralization
중화곡선 (식) neutralization curve
중화반응 (식) naturalizing reaction
중화적정 (식) neutralization titration
중화제 (식) neutralizer (식) neutralizing agent

중황란 mesolecithal egg
쥐가오리 (식) devil ray (식) spinetail mobula
쥐노래미 (식) fat cod, (식) greenling
쥐돌고래 sea hog, harbour porpoise
쥐돔 (식)(양)(어)(자) scalpel sawtail, (어) surgeonfish
쥐치 (식) filefish
즉석식품 (식) instant food
즉석조리식품 (식) ready-to-eat food
즐판대 comb row
증감목 (어) increasing and decreasing of mesh
증균배양 (식) diffusion culture
증기 (식) steam
증기멸균 (식) steam sterilization
증기분사냉동법 (식)(양) steam jet refrigeration
증기분사법 (식) steam injected system
증기선 steam ship
증기압 (식) vapour pressure
증기자숙법 (식) steam cooking method
증기트랩 (식) steam trap
증대포자 auxospore
증류 (식) distillation
증류수 (식) distilled water
증목 (어) increasing of mesh
증발 (식) evaporation
증발기 (식) evaporator
증발산작용 evapotranspiration
증발식응축기 (식) evaporative condenser
증발압력조절밸브 (식) evaporating pressure valve
증발잔류물 (식) evaporated residues
증발잠열 (식) latent heat of evaporation
증분개정표 increment and corrections
증산 (식) transpiration
증속기 step-up gear (양) gear box
증식 (식) growth
증식곡선 (식)(양) growth curve
증식배지 (식) reproducible medium
증식속도 (식)(양) growth rate
증식인자 (식) growth factor
증식효과 (식) growth efficiency
증육계수 (양) increment coefficient, growth coefficient
증자 (식) steaming
증폭기 (식)(어) amplifier
지각 crust, lag
지구물리학 geophysics
지구별수산업협동조합 (식)(양)(어) district fisheries cooperative association
지구온난화 (식) global warming
지구원초의 primordial
지구자전전향력 (어) coriolis force of earth rotation
지구화학 (식) geochemistry
지구화학적평형 geochemical balance
지극 pole
지근 (식) slow muscle
지기교란 magnetic disturbance
지느러미 (식) fin
지느러미막 fin membrane
지느러미발 flipper
지느러미식 fin formula
지느러미줄기 fin ray
지능 (식) intelligence
지도작성 map plotting
지도첩 (양) atlas
지렁이 (식) earthworm (어)(자) worm
지렁이낚시 (어) worm fishing

지렛대들망 (어) lever net
지름 (식) diameter
지리마일 geographical mile
지리적분포 (식) geographic distribution
지문항법 (항) geonavigation
지방 (식) lipid
지방간 (식) fatty liver
지방변이 local variation
지방산 (식) fatty acid
지방산화 (식) lipid oxidation
지방세포 (식) adipocyte
지방시 (항) local time
지방시각 (항) local hour angle
지방조직 (식) adipose tissue
지방족 (식) aliphatic
지방족 화합물 (식) aliphatic compound
지방질의 (식) fatty
지방층 blubber
지상기차 terrestrial refraction
지선어민 (어) shore fisherman
지선어업 (어) shore fishery
지선어장 (어) shore fishing area (어)(자) shore fishing ground
지속가능어획량 (어)(자) sustainable yield
지속경향 persistence tendency
지속기간 (식) duration
지속기간제한의 duration limited
지속성 (식) persistence
지속시간 (식) duration time
지속예보 persistence forecast
지속적생산량 (식)(어)(자) sustainable yield
지속최대속력 (어) sustainable maximum speed
지속효과 (식) persistent effect
지수 (식) index
지수성장곡선 (식)(자) exponential growth curve
지수식양식 (양) pond culture
지시 (식) instructions
지시마력 (식)(어) indicated horse power
지시약 (식) indicator
지시조정기 indication controller
지심경도 geocentric longitude
지심시차 geocentric parallax
지심위도 geocentric latitude
지엠피 (식) good manufacturing practise (GMP)
지역간의 interregional
지역변화 local change
지역예보 regional forecast
지역적인 (식) local
지역형 local form
지연 (식) retardation, (식) delay
지연회로 delay circuit
지오이드 geoid
지용성 (식) fat soluble (식) lipid soluble
지용성비타민 (식) fat-soluble vitamin
지위 geographical position
지의류 lichen
지인망 (어)(자) beach seine net
지절 dactylus
지점 solstice
지정양륙항 (어)(항) designated landing port
지정온도 (식)(양) setting temperature
지중양식 (양) pond culture
지중해담치 (식) sea mussel
지지줄 guy
지질 (식) lipid
지질단백질 (식) lipoprotein
지질대사 (식) lipid metabolism

지질변패 (식) lipid deterioration
지질분해효소 (식) lipase
지질산화효소 (식) lipoxidase
지질생합성 (식) lipogenesis
지질해양학 geological oceanography
지체 (식) retardation
지침 (식) guideline
지침값 indicative value
지표 (식) index (식) indicator
지표생물 (식) indicator organism
지표세균 (식) indicator bacteria
지표종 (식) indicator species
지향각 (어) beam angle
지향선도 direction pattern
지향성 (어) directional property, directivity
지향성무선표지 range beacon
지향율 directivity factor
지향적분할 directional separation
지향주성 (어) topotaxis
지향지수 directivity index
지향함수 directional function
직거래 (식) direct marketing (식) direct selling
직결식평형증폭기 direct coupled balance amplifier
직경 (식)(어) diameter
직교계 orthogonal system
직교성 orthogonality
직류전동기 direct current motor
직망지 (어) woven netting (양) woven webbing
직선교차 intersection of line
직선수로 sea reach
직선해안선 graded shreline
직영제도 direct management system (양) direct management works
직접 (식) direct
직접가열 (식) direct heating
직접경로 (식) direct route
직접계수법 (식)(자) direct counting method
직접관찰법 (식)(자) direct observing method (양) direct observation microscopy
직접냉매 (식) direct refrigerant
직접발생 direct development
직접순환 (식) direct circulation
직접오염 (식) direct contamination
직접적탐어 direct location of fish school (어)(자) direct locating
직접조사 (식)(자) direct survey
진갈색 (식) strong brown
진골어류 (양) teleosts
진공 (식) vacuum
진공건조기 (식) vacuum dryer
진공건조법 (식) vacuum drying
진공계 (식) vacuum gauge
진공냉각 (식) vacuum cooling
진공농축기 (식) vacuum evaporator
진공도 (식) degree of vacuum
진공도검사 (식) vacuum can test
진공동결 (식) vacuum freezing
진공동결건조법 (식)(양) lyophilization (식) vacuum freeze drying
진공밀봉기 (식) vacuum seamer
진공시험 (식) vacuum test
진공여과 (식) vacuum filtration
진공펌프 (식)(어) vacuum pump
진공포장 (식) vacuum packaging
진공해동 (식) vacuum thawing
진광대 euphotic zone

진균독증 (식) mycotoxicosis
진균성육아종병 mycotic granulomatosis
진단 (양) diagnosis
진동 (식)(항) oscillation, vibration
진동수 (식)(항) vibration frequency
진동주기 (식)(항) cyclic period of vibration, period of motion
진동체 (식) shaking seive
진두발 Irish moss, Irish moss carragheen, curely moss
진드기 (식) mite (식) tick
진면 true face
진방위 (항) true bearing
진성기생 euparasitism
진성표영성의 eupelagic
진수식 launching ceremony
진정세균 (식) eubacteria
진정세대교번 metagenesis
진정저서생물 eubenthos
진정플랑크톤 euplankton
진주 (식)(양) pearl
진주담치 (식) sea mussel
진주모패 (양) mother of pearl
진주양식 (양) pearl culture
진주양식장 (양) pearl farm
진주조개 (식)(양) pearl oyster
진주채취업 (어) pearl fishing
진주층 (양) nacreous layer
진주층의 (양) nacreous
진주패 (양) pearl shell
진체강 coelom
진침로 true course
진탕 (식) shaking
진탕항온기 (식) shaking incubator
진폭 (식)(어) amplitude
진피 (식) epiderm (식)(양) corium
진피층 (식) corium layer
진핵생물 (식) eukaryotes
진핵생물체 (식) eukaryotic organism
진핵세포 (식) eukaryotic cell
진행 (식) advance (식) proceeding (식) precession
진행각도(영각) (어) angle of attack
진행선 proceeding line
진행파 (식) progressive wave
진화 (식) evolution
진흙 (식)(어) mud (식) clay
질 (식) quality
질량보존 (식) conservation of mass
질량분석계 (식) mass spectrometer
질량분석법 (식) mass spectrometry
질량수송 mass transport
질량수지 (식) mass balance
질량이동 mass movement
질산 (식) nitric acid
질산염 (식) nitrate
질산염질소 (식) nitrate nitrogen
질산은 (식) nitrate silver
질산이온 (식) nitrate ion
질산칼슘 (식) calcium nitrate
질소 (식) nitrogen (N)
질소가스포장 (식) nitrogen gas flush packaging
질소고정 (식) nitrogen fixation
질소고정박테리아 (식) nitrogen fixing bacteria
질소수지 nitrogen budget
질소순환 nitrogen cycle
질소중독 nitrogen narcosis
질소화 nitrification
질식 suffocation

질점 material point
질화세균 (양) nitrifying bacteria
질화작용 (양) nitrification
짐대 (어)(항) boom
집게 hermit crab
집게 hermit crab
집게다리 cheliped
집게발 chela
집단멸종 mass extinction
집단분포 cluster distribution
집단이동 mass movement
집단추출 cluster sampling
집락 (식) colony
집락계수기 (식) colony counter
집란 (식) egg collection
집약경영 intensive management
집약적어업 (어) intensive fishery
집어 (어) fish gathering
집어등 (어) attracting fish lamp
(어)(자) attracting fish light
집어등어업 (어)(자) light fishery
집어선 (어)(자) light vessel
집적 (식) accumulation
집적회로 integrated circuit
집적효과 accumulated effect
집하 collection of cargo
짓가림제 (어) lay system
짝배 (어) secondary boat
짝짓기 copulation, mating
짠맛 (식) saline taste (식) salty taste
(식) saltiness
쪽대그물 (어) spoon net
찌꺼기 (식) scrap
찐마른치 (식) boiled-dried fish
찐어묵 (식) steamed surimi gel,
(식) cooked surimi gel

ㅊ

차 (식) tea
차단 (차) intercepting
차단유도 (어) intercepting and inducing
차단전류 cut off current (양) breaking current
차등가열 differential heating
차랑갑판선 shelter deck vessel
차례 (식) order
차림표 (식) menu
차림표 표시 (식) menu display
차분법 method of finite difference, finite difference method
차상기 furca (양) fourchette
차아염소산 (식) hypochlorous acid
차염소산나트륨 (식) sodium hypochlorite
차원 (식) dimension
차원분석 (식) dimensional analysis
차원상수 (식) dimensional constant
차원식 (식) dimension equation
차원적균일성 dimensional homogeneity
차원해석 (어) dimensional analysis
차입자본 borrowed money
차폐 (식) masking
차폐색소 screening pigment
착빙 icing
착상 implantation
착색 (식) coloration
착색제 (식) colorant (양) pigments
착색필름 (식) colored film
착생남조류 epiphytic cyanobacteria
착생밀도 epiphytic density
착생식물 epiphytes
착생조류 epiphytic algae
착염 (식) complex salt
착저기 settlement period
착향료 (식) flavoring agents
참가자미 (식) brown sale, (식) smallmouth sole
참고래 fin whale
참기름 (식) sesame oil
참김 (식) *Pyropia tenera*
참깨 (식) sesame
참나무 (식) oak
참놀래기 wrasse
참다랑어 (식)(양) bluefin tuna
참돔 (식)(양)(어)(자) red sea bream, genuine porgy
참매듭 (어) reef knot
참매듭그물감 reef-knotted netting (어)(자) reef knot(flat knot)
참복 (식) eyespot puffer
참붕어 (식) false dice, topmouthed minnow
참새우 scampi, prawn
참서대 (식)(양)(어)(자) red tongue sole
참조기 (식)(양)(어)(자) small yellow

croaker
참치기름담금통조림 (식) canned tuna in oil
참치방어 (식)(양)(어)(자) blue striped runner, rainbow runner, Hawaiian salmon
참홍어 (식) mottled skate
찹쌀 (식) glutinous rice
찹쌀가루 (식) glutinous rice flour
창그물 (어) flapper net, flapper
창란젓 (식) Changran-jeot (식) salted stomach and intestine of Alaska pollock
창류 lances, spears
창자 (식) intestine
창자파래 link confertti
창조 (어) flood tide
창조류 (어) flood currents, flood current
창조최강유속 (어) maximum flood
채그물 (어) scoop net
채낚기 (어) jigging, rip hook
채낚기어업 (양)(어)(자) jigging fishery
채니기 (어) bottom sampler
채들망 (어) lever lift nets (양) lever lift net
채란 (식)(양) egg collection
채란기 (식)(양) egg collector
채묘 (양) seed collection
채묘기 (양) seed collector
채묘법 (양) seed collection method
채소류 (식) vegetables
채수 (양) water sampling
채수기 (양) water sampler
채수병 (양) water-sampling bottle
채식성 hervivorous
채유법 (식)(양) oil extraction method
채육 (식) meat separating
채육기 (식) fish meat separator
채조업 seaweed collecting
채집노력량 sampling effort
채집률 sampling rate
채집반경 sampling diameter
채집부피 sampling volume
채집설계 sampling design
채집오차 sampling error
채집이론 sampling theory
채집정점 sampling site
채집폭 sampling width
채집형태 sampling form
채취 (식) collection
채패업 (어)(자) shellfish fishery
처녀생식 parthenogenesis
처녀자원 (어)(자) unexploited stock, virgin stock
처진상태 sagging state
척 (식) chuck
척도적분기출력 scaling integrator output
척색 notochord
척색동물 (식) chordata
척수 (식) spinal cord
척추 (식)(자) vertebra
척추동물 (식) vertebrate
척추주 vertebral column
척추체 vertebral centrum (양) vertebral body
천공동물 borers
천공성 perforate
천공성동물 boring animal
천구 celestial sphere
천구좌표계 celestial coordinate, celestial coordinate system

천문위치 (항) astronomical position
천문조석 (항) astronomical tide
천문학 (항) astronomy
천문항법 (항) celo navigation
천분율 (양) permillage
천수 shallow water
천수계수 shoaling coefficient
천수효과 shallow water effect
천어취 river fish odor
천연가스 natural gas
천연감미료 (식) natural sweetener
천연먹이 natural food
천연물 (식) natural product
천연미끼 (식)(어) natural bait
천연방란 (식) natural spawning
천연배지 (식) natural medium
천연사료 (식)(양) natural feed
천연산화방지제 (식) natural antioxidant
천연색소 (식) natural pigment
천연섬유 (식)(어) natural fiber
천연수지 (식) natural resin
천연어초 (어) natural reef
천연염전 salt pan
천연자원 (식)(자) natural resources
천연조미료 (식) natural seasoning
천연진주 natural pearl
천연착향료 (식) natural flavoring substance
천연채묘 natural seed collection (양) natural seeding
천연첨가물 (식) natural additives
천연친어 naturally breeding fish
천연케이싱 (식) natural casing
천연항산화제 (식) natural antioxidant
천연향미료 (식) natural flavoring
천연향신료 (식) natural spice
천이 succession
천일건조 (식) sun drying
천일염 (식) solar salt
천일제염법 (식) solar salt production
천자배양 (식) stab culture
천장망 (어)(자) square net
천저 nadir
천적 (식)(자) natural enemy
천정 zenith
천체방위각 azimuth angle
천해 (어) shallow sea
천해대 littoral zone
천해산란층 shallow scattering layer
천해양식 (양) shallow water aquaculture
천해어 shallow-sea fish
천해어업 (어) shallow water fisheries (어)(자) shallow sea fishery (양) shallow-sea fishery
천해역 shallow-water area (양) neritic region
천해의 littoral, neritic
천해저서군집 shallow-water benthic community
천해저서생물 shallow-water benthos
천해퇴적물 shallow sea deposit
천해파 (양)(어) shallow water wave
철 (식) iron(Fe)
철갑상어 (식)(양) manchurian sturgeon, (식)(양) Chinese sturgeon
철결핍 (식) iron deficiency
철결핍빈혈 (식) deficiency anemia
철결합능 (식) iron binding capacity
철구 (어) steel ball
철모새우 coonstripe, coonstriped shrimp
철발돌 (어) iron sinker

첨가 (식) addition
첨가물(제) (식)(양) additives
첨도 steepness, kurtosis
청각 (식)(어) sea staghorn, auditory
청각기관 (식)(어) auditory organ
청각촉수 auditory tentacle
청니 blue mud
청변 (식) blue discoloration (양) blue stain
청변육 (식) blue meat
청상아리 blue pointer, shortfin mako
청새리상어 (식) blue shark
청새치 (식)(양)(어)(자) mitsukuri's marine, spearfish
청색 (식) blue
청수 (식) fresh water
청신경 auditory nerve
청어 (식) Pacific herring
청어골 (식) Pacific herring bone
청어난 (식) Pacific herring roe
청어무리 shad
청어뼈 (식) Pacific herring bone
청어알 (어) Pacific herring roe
청어어분 (식) herring meal
청자고등 cone shell
청장기간 depuration period
청정 (식) cleaning
청정제 (식) clearifying agent
청정해수 (식) clean sea water
청정해역 (식)(양) blue belt
청조 blue tide
청주 (식) clear rice wine
청크 (식) chunk
청크 팩 (식) chunk pack
체 (식) sieve
체가름 (식) sieving
체감능력 sensory capability
체강 body cavity
체계 (식) system
체고 (식)(어)(자) body height
체내공생 (식) endosymbiosis
체내공생자 (식) endosymbiont
체내기생자 endoparasite
체내수정 (식) internal fertilization
체내지방 (식) internal deposit fat
체내축적 (식) bioaccumulation
체눈금 (식) mesh
체력 (식) physical fitness
체류 (식) retention
체류시간 (식) retention time
체선료 demurrage
체선별 (식) sieve separation
체선별기 (식) sieve separator
체세포분열 (식) mitosis
체외수정 (식) external fertilization
체장 (식)(양) body length
체장변이 body length variation
체장분석 (식) body length analysis
체장성조성 length-sex composition
체장제한 (어)(자) body length limitation
체장조성 (자) body length composition
체장체중관계 (자)(양) length-weight relationship
체장측정 (식)(양)(어)(자) body length measurement
체적변형 bulk strain
체적산란 (어) volume scattering
체적속도 volume velocity
체적손실 volume loss
체적수송량 volume transport
체적효율 volumetric efficiency
체절 (자) somite

체절적형질 (자) meristic character
체조성 (식) body composition
체지방 (식) body fat
체진동기 (식) sieve shaker
체측근육 (식) lateral muscle
체폭 (식) body width
체표색소 (양) surface chromatophore
체환 annulus
초 reef
초감소 hyperdepletion
초고온 (식) ultra-high temperature (UHT)
초고온살균 (식) ultra high temperature (UHT) sterilization
초고온살균법 (식) ultra-high temperature sterilization method
초극미소부유생물 femtoplankton
초기각 initial angle
초기감모 (자) early reduction
초기기록 initial reading (양) initial recording
초기단계 (식)(자) initial step
초기먹이 initial feed
초기반응 (식) initial reaction
초기발생 (식)(양)(자) early life stage
초기상태 (식)(양) initial state
초기생활사단계 (식)(양)(자) early life stage
초기속도 (식) initial velocity
초기속성과정 early diagenesis
초기이료 initial feed, starter diet
초기자료 (식) raw data
초기자원량 initial stock abundance
초기조건 (식) initial condition
초기추정치 first estimation value
초기폐사 (양) early death, early reduction
초기하분포 hypergeometric distribution
초기화 (식) initialization
초대형부유생물 megaplankton
초대형저서생물 megabenthos
초록홍합 (식) green mussel
초망 (어)(자) scoop net
초망어법 (어) scoop net method
초미세플랑크톤 ultraplankton
초생달꼴 lunate
초생수 juvenile water
초성숙연령 age at first maturity
초속도 initial velocity
초식동물 (식) herbivore
초식먹이사슬 grazing food chain
초식성 (식) herbivorous
초식성어류 (식) herbivorous fish
초심해대 superabyssal zone
초심해대표영성동물 hadopelagic animal
초심해대표영성의 hadopelagic
초심해저의 ultra-abyssal
초음파 (어)(식) ultrasonic wave
초음파 파쇄기 (식) ultrasonicator
초음파건조법 (식) ultrasonic drying
초음파세척기 (식) ultrasonic cleaner
초음파영상 (어) ultrasonic imaging
초음파접착법 ultrasonic sealing
초임계류 (식) supercritical flow
초임계이산화탄소추출 (식) supercritical carbon dioxide extraction
초임계추출 (식) supercritical fluid extraction
초저온냉동 (식) deep freezing
초저온냉동기 (식) deep freezer

초저온냉동식품 (식) deep frozen food
초절임품 (식) pickled product
초침전 (식) super-precipitation
초퍼 (식)(양) chopper
초퍼드 (식) chopped
초포식동물 hyperpredator
초포식자 super-predator
초핑 (식) chopping
촉각 (식) antenna, tactile sense
촉각기관 (식) tactual sensory organ
촉각비늘, 촉각인편 antennal scale
촉매 (식) catalyzer
촉매반응 (식) catalytic reaction
촉매작용 (식) catalysis
촉수 (식) tentacle
촉수초 tentacular sheath
촉수포 tentaculocyst
촉완 tentacle
촉진제 (식) accelerator
촌충 (식) tapeworm
촛불고기 candlefish
총가용(성)고형물 (식) total soluble solid
총고형물 (식) total solid
총내부반사 total internal reflection
총담 lophophore
총도 general chart
총동화량 gross assimilation amount
총량혼합 gross-austausch
총산도 (식) total acidity
총산소요구량 (식)(양) total oxygen demand
총생산량 (식)(양)(어)(자) gross production amount
총생산력 (식)(양)(어)(자) gross productivity
총성장효율 (식)(양) gross growth efficiency
총세균수 (식) total bacterial count
총수은 (식) total mercury
총승조원 all hands
총알고등 periwinkle
총원승선 (항) all aboard
총이용효율 gross efficiency
총일차생산량 gross primary production amount
총자기강도 total magnetic intensity
총질소 (식) total nitrogen
총콜레스테롤 (식) total cholesterol
총톤수 (식)(어)(항) gross tonnage
총허용어획량 (식)(어)(자) total allowable catch(TAC)
최강썰물 strength of ebb
최고수위선 high-water mark
최고연령 maximum age
최고온도 (식) maximum temperature
최고조위 highest sea level
최고혈압 (식) maximal blood pressure
최근사위치 most provable position
최단정지거리 (어)(항) shortest stopping distance
최대값 (식) maximum value
최대경제생산량 (식)(어)(자) maximum economic yield
최대밀도온도 temperature of maximum density
최대빙결정생성대 (식) zone of maximum ice crystal formation
최대속도 (식) maximum speed
최대순생산량 (식)(양)(어) maximum net yield
최대온도 (식) maximum temperature
최대유효영각 (어) most effective angle

of attack
최대유효타각 (어)(항) most effective steering angle
최대조차 maximum tidal difference
최대지속생산량 (식)(양)(어)(자) maximum sustainable yield
최대지속적평균생산량 (식)(어)(자) maximum sustainable average yield
최대캠버 maximum camber
최대평형생산량 (식)(양)(어)(자) maximum equilibrium yield
최대허용농도 (식) maximal allowable concentration
최대허용량 (식) maximum permissible dose
최대혼탁 maximum turbidity
최빈값 (식)(자) mode
최소가격배합표 (양) least cost formula
최소값 (식) minimum value
최소검출차이 minimum detectable difference
최소낙조 minimum ebb
최소비용선형계획법 least cost linear programing
최소억제농도 (식) minimum inhibitory concentration
최소역 minimal area
최소유의차 (식) least significant difference
최소유의차검정 (식) least significant difference test
최소자승 (식) least square
최소자승법 (식)(어) method of least square
최소창조 minimum flood
최저산소층 oxygen minimum layer
최저속류 minimum current
최저수분활성도 (식) minimum water activity
최저온도 (식) minimum temperature
최저운임 minimum freight
최저저지농도 (식) minimum inhibitory concentration (MIC)
최저조 lowest low water
최저조위 lowest sea level
최적감도 (식) optimum sensitivity
최적경제생산량 (어)(식) optimum economic yield
최적광도 optimal irradiance
최적반응조건 (식) optimum reaction condition
최적비율 (식) optimum ratio
최적생산 (식)(양) optimum production
최적생산규모 (식)(양) optimum plant size
최적생육기간 (식)(양) optimum growth period
최적생장온도 (식)(양) optimim growth temeprature
최적설정 (식) optimum setting
최적성장률 (식)(양) optimum growth rate
최적수율 (식) optimum yield
최적습도 (식) optimum humidity
최적어획 (식)(어) optimum catch
최적염분 (식)(양) optimum salinity
최적온도 (식)(양) optimum temperature
최적온도대 (식) optimum temperature range
최적추정량 best estimator
최적 pH (식)(양) optimum pH
최적화 (식) optimization

최적환경 (식)(양) optimal environment
최정시험 presumptive test
최종농도 (식) final concentration
최종생성물 (식) final product, end product
최종수율 (식) final yield
최초섭이자어 (양) first feeding larval fish
최확수 (식) most probable number (MPN)
최확수법 (식) most probable number(MPN) method
최확수표 (식) table for most probable number
추 (식) weight
추가정보 (식) additional information
추가항목 (식) additional item
추계대번식 autumn bloom
추력 (어) thrust
추력감소계수 (어) thrust reduction coefficient
추력마력 (어) thrust horse power
추분기 autumn equinoctical period
추살류 fish plummets
추성 trophism (양) pearl mark
추세 (식) pattern (식) trend
추세선 (식) trend line
추월선 (항) overtaking ship
추적 tracking
추적자 (식) tracer
추적포식자 pursuing predator
추정 (식)(자) estimation
추정곡선 (자) raking curve
추정량 (식)(자) estimator
추종장치 follow up mechanism
추진계수 (어)(항) propulsive coefficient
추진기 (식)(어)(항) propeller
추진기류 (어)(항) screw current
추진기저항 (식)(어)(항) propeller resistance
추진기효율 (식)(어)(항) propeller efficiency
추출 (식) extraction
추출공정 (식) extraction process
추출기 (식) extractor
추출률 (식) extraction rate
추출물(추출액) (식) extracts
추출법 (식) extraction method
추출성분 (식) extractives
추출장치 (식) extractor
추측위치 (어)(항) estimated position
추측항법 (어)(항) dead reckoning navigation
축결율 hanging ratio
축로 shaft trunk
축마력 (어) shaft horse power
축방향 (식) axial
축분포 (식) axial distribution
축소 (식) reduction
축양 (양) preservation of fish or shellfish
축적 (식) accumulation
축적지방 (식) depot fat
축적지질 (식) depot lipid
축제식양식 (양) enclosure culture
축척 scale ratio
춘계대번식 spring bloom
춘분 vernal equinox
출거 undocking
출력 (식)(어) output
출발침로 departure course, initial course
출산율 birth rate, fertility

출생표 fertility table
출수공 (식) excurrent siphon
출수관 (식) excurrent canal
출아(법) (식) budding (식) gemmation
출어권 (어) fishing right
출어일수 (어) number of fishing days
출입제한 (어) limited entry
출자자본 amount of investment
출처 (식) source
출항 (어) departure
출항금지 (어) embargo
출항면허 (어) certificate of clearance
출항신고서 (어) bill of clearance
출항준비 (어) departure standby
출현빈도 (식) frequency of occurrence
출혈 (식) bleeding
충 opposition
충격 (식) impulsive force
충격균열 concussion crack
충격시험 (식) impact test
충격식롤러 (식) impact roller
충격식조쇄 (식) impact crushing
충돌 (식)(항) collision
충돌예방 (항) preventing collisions
충실 zooecium
충전 (식) filling
충전물 (식) packing material
충전칼럼 (식) packed column
충조 zooxanthella
췌액 (식) pancreas juice
췌장 (식) pancreas
취송 fetch
취송거리 fetch length
취송류 (어) wind-driven current
취송층 wind drift layer
측각기 goniometer
측고 hypsography
측고곡선 hypsographic curve
측근 lateral root
측면도 drawing of lateral view
측면이동 lateral migration
측면주사음향측심기 side scan sonar
측면혼합 lateral mixing
측면확산 lateral diffusion
측방의 lateral
측방표지 lateral marks
측새 pleurobranchs
측선 lateral line
측선계 lateral line system
측선기관 (어)(자) lateral sense organ
측심 (어) bathymetry, sounding
측심기 (어) bathymeter
측심의 (어) depth finder
측압작용 lateral wash of screw current
측정 (식)(어) measurement
측정값 (식)(어) measured value
측정변수 (식)(어) measured variable
측정오차 (식)(어) measurement error
측정요소 (식)(어) measuring element
측정한계 (식)(어) limit of determination
측지 parapodium, tentilla
측지학 geodesy
측치 lateral teeth
층 (식) layer
층류 (식) laminar flow
층류역 (식) laminar region
층별채집법 stratified sampling
층별화 stratification
층상발광 sheet-type luminescence
층수심 layer depth
층수심효과 layer depth effect
층후패턴 thickness pattern

치매 (식) dememtia
치사농도 (식)(양) lethal concentration
치사량 (식)(양) lethal dose (LD)
치사범위 (식)(양) lethal range
치사선량 (식) lethal dose
치사온도 (식)(양) lethal temperature
치사용존산소량 (식)(양) lethal dissolved oxygen
치사율 (식)(양) lethal rate
치수비 (어) scale ratio
치식 dental formula
치어 (식)(양)(자) juvenile, larvae
치어기 (식)(양)(자) juvenile stage
치어망 (자) juvenile net
치어회유 (자) larval migration
치자 (식)(자) gardenia seed
치자수송 (자) larval transport
치자어 (식)(양) larva and juvenile
치자어기회유 (자) larval migration
치자적색소 (식) gardenia red
치자청색소 (식) gardenia blue
치자황색소 (식) gardenia yellow
치패 (양)(자) shellfish larvae
치하 (양) juvenile shrimp
치하기 (양) juvenile shrimp stage
치해 (양) juvenile crab
치해기 juvenile crab stage
치환 (식) replacement, substitution
치환반응 (식) replacement reaction
치환자원량 replacement abundance
치환체적 displacement volume
친수공간 (양)(어) waterfront space
친수공원 water-based park
친수기 (식) hydrophilic group
친수성어류단백농축물 (식) hydrophilic fish protein concentrates
친수성의 (식)(양) hydrophilic
친어 (식)(양)(자) broodstock fish
친어량 (자) adult stock
친유성의 (식) lipophilic
친화도 (식) affinity
칠성장어 (식) arctic lamprey
칡녹말 (식) arrow starch
칡뿌리 (식) arrow root
침강 (식)(어) sink (식) subsidence
침강량 settling volume
침강력 (어) sinking force
침강법 (식) sedimentation method
침강설 subsidence theory
침강속도 (식)(어) setting velocity (양) sinking rate
침강장치 depressor tool
침로 (항) course
침로각 (항) course angle
침몰 (항) submergence
침몰선 (항) sunken ship
침성란 demersal egg
침수 submergence
침수구획 bilge compartment
침수면적 submerged area
침식 (양)(어) erosion
침자 (어) sinker
침자강 (어) sinker line
침적속도 accumulation rate
침전 sinking (식) precipitation
침전물 (식) precipitate, sediment
침전보조제 (식) precipitation aid
침전작용 (식) precipitation
침지 (식)(양) dipping, immersion, soaking
침지동결 (식) immersion freezing
침지법 (식) dipping method

침지시간 (식)(어) soaking time
침지식동결법 (식) immersion freezing method
침출 (식) leaching
침투 (식) penetration
침하란 non-floating egg
침하설 subsidence theory
칩입성대장균 enteroinvasive E. coli
칭량 (식) weighing
칭량병 (식) weighing bottle

ㅋ

카놀라유 (식) canola oil
카뎁신 (식) cathepsin
카드뮴 (식) cadmium (Cd)
카드뮴중독 (식) cadmium poisoning
카라기난 (식) carrageenan
카라기닌 (식) carrageenin
카라멜 (식) caramel
카라멜반응 (식) caramelization reaction
카라멜색소 (식) caramel colorant
카라멜화 (식) caramelization
카레 (식) curry
카로테노이드 (식) carotenoid
카로테노이드색소 (식) carotenoid pigment
카로틴 (식) carotene
카르노신 (식) carnosine
카르보닐 (식) carbonyl
카르보닐값 (식) carbonyl value (COV)
카르보닐기 (식) carbonyl group
카르보닐화합물 (식) carbonyl compound
카르복시기 (식) carboxyl group
카르복시말단 (식) carboxy terminus
카르복시펩티다제 (식) carboxy peptidase
카르복실화 (식) carboxylation
카운터싱크 (식) counter sink
카제인 (식) casein
카제인 나트륨 (식) sodium caseinate
카타라제 (식) catalase
카테콜 (식) catechol
카페인 (식) caffeine
칼라기난 겔 (식) carageenan gel
칼로리 (식) calorie
칼륨 (식) potassium (K)
칼립토유생 calytopis
칼베트네트 calvet net
칼슘 (식) calcium (Ca)
칼슘과 인의 비율 (식) ratio of calcium and phosphorus
캐리어가스 (식) carrier gas
캐비닛건조기 (식) cabinet dryer
캐비아 (식) caviar
캔 (식) can
캔들링 (식) candling
캔마크 (식) can mark
캔바디 (식) can body
캔시머 (식) can seamer
캘리퍼스 (식) calipers
캡 (식) cap
캡사이신 (식) capsaicin
캡슐 (식) capsule
캡슐충전기 (식) capsule filler
캡슐화 (식) encapsulation
캡스턴 (어) capstan
캡핑 (식) capping
커드 (식) curd
커버그물 (어)(자) cover net

커버훅 (식) cover hook (CH)
커버훅길이 (식) cover hook (CH) length
커얼 (식) curl
커트시임 (식) cut seam
컨베이어 (식)(어) conveyor
컨베이어건조기 (식) conveyor drier
컨베이어벨트 (식) conveyor belt
컨테이너 (식) container
컨테이너하역 container loading and unloading
컬러어군탐지기 (어) color fish finder
컴업타임 (식) come up time
컴퍼스오차 (항) compass error
케라틴 (식) keratin
케라틴층 (식) keratin layer
케로진중합체 kerosene polymers
케이값 (식) K value
케이슨 caisson
케이싱 (식) casing
케이킹방지제 (식) anticaking agent
케첩 (식) ketchup
케토스 (식) ketose
케톤 (식) ketone
케톤기 (식) ketone group
켈빈온도 (식) Kelvin temperature
켈프 (식) kelp
코끼리물개 elephant seal
코리올리가속도 Coriolis acceleration
코리올리효과 Coriolis effect
코발트 (식) cobalt (Co)
코브식부어트롤 Cobb pelagic trawl
코셔푸드 (식) Kosher food
코어링 core ring
코일냉각기 (식) coil condenser
코지 (식) koji
코코넛 (식) coconut
코코넛유 (식) coconut oil
코팅 (식) coating
코팅제 (식) coating agent
코페포디드기 copepodid stage
코호트분석 (어)(자) cohort analysis
콕트바디 (식) cocked body
콘드로이틴 (식) chondroitin
콘드로이틴황산 (식) chondroitin sulfate
콘웨이미량확산법 (식) Conway's micro-diffusion method
콘크리트멍 concrete sandbag
콜드체인 (식) cold chain
콜라겐 (식) collagen
콜라겐분해효소 (식) collagenase
콜라겐소시지케이싱 (식) collagen sausage casing
콜레라 (식) *Vibrio cholera*
콜레스테롤 (식) cholesterol
콜렉터 (식) collector
콜로니 (식) colony
콜로니생성 (식) colonization
콜로니측정기 (식) colony counter
콜로니카운터 (식) colony count
콜로이드 (식) colloid
콜로이드밀 (식) colloid mill
콜린 (식) choline
콜린염기 (식) choline base
콜트노즐추진기 kort nozzle propeller
콤파운드로프 (어) compound rope
콤파운드압축기 (식) compound compressor
콧대 pressing stick
콩 (식) soybean
콩가루 (식) soybean flour
콩나물 (식) bean sprout
콩팥 (식) kidney

쿠로시오 (식)(어) Kuroshio
쿼터조업 (식)(어) quota fishing
큐씨 (식) quality control (QC)
크기 (식) magnitude
크기변이 variation with size
크기보존곡선 size-retention curve
크기선택성 (식)(어) size selectivity
크기제한 (어) limited size, size regulation
크레모나 (어) cremona
크레아티닌 (식) creatinine
크레아틴 (식) creatin
크레졸 (식) cresol
크로노미터 chronometer
크로마토그래피 (식) chromatography
크로켓 (식) croquette
크롬 (식) chromium (Cr)
크리프현상 (식) creep phenomena
크릴 (식) krill
크림수프 (식) cream soup
크산토필 (식) xanthophyll
큰가리비 giant scallop
큰가리비맛 taste of scallop
큰고래 finback, finwhales
큰나선고리 body whorl
큰너울 blind rollers
큰바람 gale
큰입상어 megamouth shark
큰입우럭 (식)(양)(어)(자) largemouth black bass, chub
큰자갈방책 boulder barricade
큰턱 mandible
큰파도 surge
클라크범퍼스플랑크톤채집기 Clarke-Bumpus plankton sampler
클로라민 (식) chloramine
클로라민 (식) chloramine
클로렐라 (식)(양) chlorella
클로로포름 (식) chloroform
클로로필 (식) chlorophyll
클로우미트 (식) claw meat
클린벤치 (식) clean bench
키 rudder
키모신 (식) chymosin
키모트립시노겐 (식) chymotrypsinogen
키모트립신 (식) chymotrypsin
키모트립신억제제(인히비터) (식) chymotrypsin inhibitor
키오프닝캔 (식) key opening can
키조개 (식)(양)(어)(자) comb pen shell
키토산 (식) chitosan
키토산(가수)분해효소 (식) chitosanase
키토올리고당 (식) chitooligosaccharide
키틴 (식) chitin
키틴(가수)분해효소 (식) chitinase
키틴질 (식) chitinous substance
키틴질분해세균 (식) chitinoclastic bacteria
키틴질의 (식) chitinous
키포노테스유생 cyphonautes larva
키프리스유생 cypris larva
킬레이트 (식) chelate
킬레이트제 (식) chelating agent
킬레이트화 (식) chelation
킬레이트화합물 (식) chelate compound
킹크 (어) kink

ㅌ

타 (어)(항) rudder
타가수정 (어)(항) allogamy
타가토스 (식) tagatose
타검검사 (식) tapping test
타검봉 (식) percussion rod for can
타격어법 (어) striking fishing method
타력 (어)(항) head way
타뢰망 (어) small sailing trawl
타르색소 (식) tar color
타르타르산 (식) tartaric acid
타발관 (식) drawn can
타발압연관 (식) drawn and ironed can(DI can)
타상파 uprush
타생적 allochthonous
타생종 allochthonous species
타생플랑크톤 allogenetic plankton
타성 inertia
타액선 (식) salivary gland
타양식물 heterophyte
타우린 (식) taurine
타원관 (식) oval can
타원형전개판 (어) ellipse type otter board
타이로시나제 (식) tyrosinase
타이로신 (식) tyrosine
탁도 (식) turbidity
탁도계 (식) turbidimeter
탁본 rubbing
탁월연급군 (자)(어) predominant year class
탄내 (식) burnt smell
탄닌 (식) tannin
탄닌산 (식) tannic acid
탄닌제법 (식) tanning
탄력성 (식) springiness
탄산염보상심도 carbonate compensation depth
탄산염알칼리도 carbonate alkalinity
탄산질퇴적물 carbonaceous sediment
탄산칼슘 (식) calcium carbonate ($CaCO_3$)
탄산탈수소효소 (식) carbonate dehydrogenase
탄성 (식)(어) elasticity
탄성섬유 (어) elastic fiber
탄성신장도 (식)(어) elastic elongation
탄성한계 (식)(어) elastic limit
탄소 (식) carbon (C)
탄소고정 (식) carbon fixation
탄소량 (식) carbon content
탄소원 (식) carbon source
탄수화물 (식) carbohydrate
탄수화물박테리아 (식) carbohydrate bacteria
탄화수소 (식) hydrocarbon
탄화작용 caronization
탈각 (식) shucked shellfish, exuvium
탈각기 (식) sheller

탈검 (식) degumming
탈검공정 (식) degumming process
탈검제 (식) degumming agent
탈기 (식) exhaust (식) exhausting
탈기함 (식) exhausting box
탈납 (식) dewaxing
탈모작업 (식) dehairing
탈물 exuvium
탈산공정 (식) deacidification process
탈산소 (식) deoxygenation
탈산소제 (식) oxygen scavenger
탈산처리 (식) deacidification
탈색 (식) decoloration, decolorization
탈색제 (식) decolorant
탈색처리 (식) decolorization
탈석회 (식) decalcification
탈수 (식) dehydration, dewatering
탈수기 (식) dehydrator
탈수동결 (식) dehydro-freezing
탈수변성 (식) dehydro-denaturation
탈수작용 (식) dehydration
탈아미노반응 (식) deamination
탈아세틸화 (식) deacetylation
탈아실화 (식) deacylation
탈알킬화 (식) dealkylation
탈염 (식) desalting
탈이온수 (식) deionized water
탈지 (식) defatting
탈지미강 (양) defatted rice bran
탈지분유 (식) dried skim milk
탈지어분 (식)(양) defatted fish meal
탈지유 (양)(식) skim milk
탈질산화세균 denitrifying bacteria
탈질산화작용 (식)(양) denitrification
탈취 (식) deodorization
탈취기 (식) deodorizer
탈취제 (식) deodorant
탈취처리 (식) deodorizing treatment
탈탄산반응 (식) decarboxylation
탈피 (식) skining (양) dehulling, ecdysis, moulting
탈피기 (식) shedder, (식) skinner
탈피대두박 (양) skinner soybean meal
탈혈 (식) bleeding
탈회 (식) decalcification, demineralization
탐구반사 (어) exploration reflex
탐구반사설 (어) theory of explorative reflex
탐구본능 (어) research instinct
탐구행동 (어) research behavior
탐사 exploration
탐어 (어)(자) fish finding(detecting)
탐조등 (어) search light
탐침 (식) probe, stylet
탑재자선 (어) loadable catcher
탑재정 (어) loading boat
태각 protoconch
태생 viviparity
태생어 (양) viviparity fish, live-bearer
태생의 live-bearing
태양관측궤도위성 orbiting solar observatory
태양광달의 photobathic
태양광반사율 albedo
태양년 solar year
태양복사 solar radiation
태양상수 solar constant
태양주기 solar cycle
태음간격 lunar interval
태음년 lunar year
태음시 lunar time

태음월분조 lunar monthly constituent
태음일 lunar day
태음조석 lunar tide
태음조석상수 lunar tidal coefficient
태음주기 lunar periodicity
태음지방평균시 lunar local mean-time
태초의 primordial
태평양산꽁치 (식) Pacific saury
탱크용증발기 tank type evaporator
터널냉동기 (식) tunnel freezer
터널형건조기 (식) tunnel dryer
터보압축기 (식) turbo compressor
턱다리 maxillipeds
털게 hairing crab
털낚시 (어) feather jig
텃세권 territory
테 hoop
테두리줄 (어) guarding line
테트라사이클린 (식) tetracycline
테트라포드 (식) tetrapod
테트라피롤색소 (식) tetrapyrole pigment
테트로도톡신 (식)(양) tetrodotoxin
테플론 (식) Teflon
텍스쳐 (식) texture
텍스튜로메터 (식) texturometer
템퍼도 (식) temper degree
토굴 (식) flat oyster, lamellated oyster
토르나리아유생 tornaria larva
토마토 퓨레 (식) tomato puree
토마토소스 (식) tomato sauce
토마토소스통조림 (식)(양) canned fish in tomato sauce
토마토케첩 (식) tomato ketchup
토마토펄프 (식) tomato pulp
토막썰기 (식) dicing
토막지느러미 fin-let
토잉블록 (어) towing block
토착성 (식) autochthonous
토착종 (식) native species
토출 (식) discharge
토출관 delivery pipe
토코페롤 (식) tocopherol
토판천일염 (식) gray salt
톤수 (어)(항) tonnage
톨루엔 (식) toluene
톱상어 (식)(양)(어)(자) saw shark, halberd shark
톳 (식) fusiforme
통계(량) (식) statistics
통계가설 (식) statistical hypothesis
통계분석 (식)(어)(자) statistical analysis
통계오차 (식)(어)(자) statistical error
통계유의성 (식) statistical significance
통계자료 (식)(어)(자) statistical data
통계적가중치 (식) statistical weight
통계적모델 (식) statistical model
통계적모집단 (식) statistical population
통계적방법 (식) statistical method
통계적분석 (식) statistical analysis
통계적실험 계획(디자인) (식) statistical design
통계적예측 (식) statistical prediction
통계적유의성 (식) statistical significance
통계조사 (식) statistical survey
통계확률 (식) statistical probability
통관수속 clearance
통관신고서 bill of entry
통구이 (식) bqrbecue
통그물 (어)(자) chamber net, fish court
통낭 utriculus
통로 passage
통발 (식)(어) fish pots

통부자 barrel buoy
통부표 can buoy
통성혐기성세균 (식)(양) facultative anaerobic bacteria
통신소 communication station
통신위성 communication satellite
통조림 (식) canned foods
통조림 따개 (식) can opener
통조림공장 (식) cannery
통조림식품 (식) canned foods
통조림용내면도료 (식) inside coating of can
통조림장비 (식) canning equipment
통조림제조업자 (식) packer
통조림진공계 (식) vacuum can tester
통풍통 (어) ventilator
통합수산양식 intergrated aquaculture
통항분리항로 (항) traffic separation route
퇴 bank
퇴적물 (양)(자) sediment, (양)(자) deposit
퇴적물식자 deposit feeder
퇴적물오염 (식) sediment pollution
퇴적물주상채취기 piston corer
퇴적물표이 sediment drift
퇴초어장 (어) fishing ground around bank
퇴행성질환 (식) degenerative disease
퇴행적진화 regressive evolution
퇴화 (식) degeneration
투과 (식) permeation
투과계수 (식) permeability coefficient
투과광선 (식) transmitted light
투과막 (식) permeable membrane
투과성 (식) permeability
투과속도 (식) permeation rate
투과율 (식) transmittance
투과전자현미경 (식) transmission electron microscope (TEM)
투광수층 euphotic zone
투광측정계 transmissometer
투광층 photic zone
투구게 (양) horseshoe crab
투구조개 dog cockle
투기 (어)(자) discard
투기어 (어)(자) discarded fish
투기장소 (어)(자) dumping ground
투망 (어) cast net
투망류 (어) hand thrown cast nets
투망류 (어) hand thrown cast nets
투명대 transparent zone
투명도 (식)(어) transparency
투명도수심 transparency depth
투명도판 (어) Secchi disc
투명빙 (식) transparent ice
투명층 transparent layer
투묘 (어)(항) anchorage
투석 (식) dialysis
투석기 (식) dialyzer
투석막 (식) dialysis membrane
투석액 (식) dialysate
투수성 (식) permeability
투수층 pervious bed
투승 (어) shooting lay out, set line
투시 (식) scanning
투약 (식) medication
투여량 (식) dosage, dose
투영 projection
투영면적 (어) projective area (양) projected area
투피스캔 (식) two piece can
튀김 (식) frying

튀김기 (식) fryer
튀김기름 (식) frying oil
튀김어묵 (식) fried surimi gel
튀김옷 (식) batter
트라이네트 (어) try net
트랜스 지방산 (식) trans fatty acid
트랜스글루타미나제 (식) transglutaminase
트랜스지방 (식) trans fat
트레오닌 (식) threonine
트로코포아 trochophore
트로포닌 (식) troponin
트로포미오신 (식) tropomyosin
트롤 (어) trawl
트롤선 (어) trawler
트롤어구 (어) trawl gear (어)(자) trawl fishing gear
트롤어업 (어) trawl fishery
트롤어획량 (어) trawl catches
트롤예인거리 (어) trawl towing distance
트롤원치 (어) trawl winch
트리메틸아민 (식) trimethylamine (TMA)
트리메틸아민옥시드 (식) trimethylamin oxide (TMAO)
트리부틸주석 (식) tributhyltin (TBT)
트리할로메탄 (식) trihalomethane
트림 (식) trim
트립시노겐 (식)(양) trypsinogen
트립신 (식)(양) trypsin
트립신저해제 (식) trypsin inhibitor
트립토판 (식)(양) tryptophane
트윈 (식) Tween
특별관측선 selected ship station
특성방정식 characteristic equation
특수관측 special observation
특수식품 (식) special purposed food
특수하역설비 special cargo gears
특이성 (식) specificity
특이점 singular point
특이체질 (식) idiosyncrasy
틀 (식) form, (식) frame
틀방 (어)(자) dredges
티라민 (식) thyramine
티로시나제 (식)(양) tyrocinase
티로신 (식)(양) tyrocine
티백 (식) tea bag
티시에이회로효소 (식) TCA-cycle enzymes
티아미나아제 (식) thiaminase
티아민 (식)(양) thiamine
티티티 (식) time-temperature tolerance
틸라피아 (식)(양)(어)(자) Mozambique tilapia

ㅍ

파 (어) wave
파감쇠 wave decay
파고 wave height
파고계 wave recorder
파고계수 wave height coefficient
파고점 wave crest
파곡 trough
파괴 (어) destruction
파괴검사 (식) destructive test
파군 wave group
파단력 (식)(어) breaking strength
파단신장도 (식)(어) breaking elongation
파단응력 (식)(어) breaking strain
파대역 (어)(자) band shear, band width
파동 (식) wave
파동열 wave train
파동주파수 wave frequency
파동형교란 wave-type disturbance
파두 wave front
파라핀 (식) paraffin
파랑 (어) waves
파랑가변성 variability of waves
파랑계 wave meter
파랑계급 wave scale
파랑골 wave trough
파랑관측 wave observation
파랑굴절 wave refraction
파랑볼우럭 bluegill
파랑생성 generation of waves
파랑스펙트럼 wave spectrum
파랑에너지 wave energy
파랑주기 wave period
파래 sea lettuce
파력 wave force
파령 wave age
파마루 wave crest
파면 wave front
파봉 crest
파생성 wave generation
파성류 wave current
파성장 wave growth
파소멸 wave decay
파속 (어) wave speed, wave velocity
파속도 wave celerity
파손 (식) breakage
파쇄 (식) crushing (양) cracking
파쇄기 (식) crusher
파쇄롤러 (식) crushing roller
파수 wave number
파압 wave pressure
파열 (식) rupture, wave train
파열시험 (식) puncture test
파인성 wave-induced
파일럿플랜트 (식) pilot plant
파장 (식) wavelength
파종기 seeder
파주력 (어)(항) holding power
파주력계수 (어)(항) coefficient of holding

power
파지 (식) phage
파진폭 wave amplitude
파치망 boat seine of drawers type (어)(자) anchovy boat seine
파킨슨병 (식) Pakinson's disease
파킨슨증후군 (식) Parkinson's syndrome
파파인 (식)(양) papain
파향 wave direction, wave form
파형기울기 wave steepness
파흡수장치 wave absorber
판 valve
판빙 (식) plate ice
판크레아틴 (식) pancreatin
판토텐산 (식) pantothenic acid
팔미톨레산 (식) palmitoleic acid
팔미트산 (식) palmitic acid
팜유 (식) palm oil
패각 (식) shell
패각근반흔 adductor muscle scar
패각의 shelly
패널 (식) panel
패덤 fathom
패독 (식)(양) shelfish poison
패들 (식) paddle
패들교반기 (식) paddle agitator
패류 (식)(양) shellfish
패류독 (식)(양) shellfish toxins
패류독화현상 (식) shellfish toxification phenomenon
패류망 (어) shellfish dredge
패류어업 (식)(어)(자) shellfish fishery
패류조미자숙품 (식) seasoned-boiled shellfish
패류채취기류 shell harvesting machines
패류학 conchology
패스트푸드 (식) fast food
패주 (식) adductor
패주근 (식) adductor muscle
패총 shell mounds
패치분포 patch distribution
패킹밀도 packing density
패턴 (식) pattern
패티 (식) patty
패혈증 (식) septicemia
팩 (식) pack
팬 (식) pan
팬닝 (식) panning
팬드레스 (식) pan-dressed
팬분리작업 (식) depanning
팬시미트 (식) fancy meat
팽윤 (식) swelling
팽창 dilatation (식) expansion, swell
팽창관 (식) swelled can
팽창밸브 (식) expansion valve
팽화 (식) puffing
팽화건조 (식) puff drying
팽화식품 (식) puffed food
퍼센트 (식) percent
퍼센트 농도 (식) percent concentration
퍼짐 (식) spreading
펄 (식)(양)(어) mud
펄닭새우 (식)(양)(어)(자) Japanese spear lobster
펄밭 mud flat
펄새우 (양) mud shrimp
펄새우 mud shrimp
펄스신호 (어) pulse signal
펄스폭 (어) pulse width
펄프 (식)(어) pulp

펌프 (어)(식) pump
페널캔 (식) panelled can
페논 phenon
페놀 (식) phenol
페놀성 화합물 (식) phenolic compound
페놀수지 (식) phenol resin
페놀수지도료 (식) phenol resin coating
페놀프탈레인 (식) phenolphthalein
페니실린 (식) penicillin
페닐알라닌 (식)(양) phenylalanine
페오플랑크톤 phaeoplankton
페이스트 (식) paste
페이퍼크로마토그래피 (식) paper chromatography
펙트산 (식) pectic acid
펙틴 (식) pectin
펙틴질 (식) pectic substance
펜탄산 (식) pentanoic acid
펜토스 (식) pentose
펜토스 (식) pentose
펠렛 밀 (양) pellet meal
펠렛사료 (식)(양) pellet feed
펠티에효과 (식) Peltier effect
펩시노겐 (식) pepsinogen
펩신 (식) pepsin
펩신소화 (식) pepsin digeation
펩톤 (식) pepton
펩티다제 (식) peptidase
펩티드 (식)(양) peptide
펩티드결합 (식) peptide bond
편각 (식) angle of declination
편광 (식) polarization
편광현미경 (식) polarizing microscope
편극 polarization
편기표본 biased sample
편낙망 (어) one side pound net
편류 driftway
편리공생 commensalism
편망 (어) netting, webbing
편망기 (어) netting machine
편모 (식) flagella
편성저온성세균 (식) obligate psychrophile
편성혐기성세균 (식) obligate anaerobic bacteria
편성호기성세균 (식) obligate aerobic bacteria
편성호냉세균 (식) obligate psychrophilic bacteria
편의식품 (식) convenience foods
편의점 (식) convenience store
편차 (식)(어) deviation
편차보정 (식)(어) bias correction
편평어 flat fish
편해공생 amensalism
편향 deflection
편향력 deviating force
편향판 deflection plate
편형동물 flatworm
평균 (식)(어) average (식)(어) mean
평균값 (식)(어) mean value
평균결빙한계선 average ice extent
평균고고조 mean higher high water
평균고조 mean high water
평균기대여명 mean expectation of further life
평균대저조 mean spring low water
평균밀도 (식) mean density
평균변동율 (식) average variability
평균생산량 (식)(어) average production
평균생체량추정치 (자) mean biomass estimate

평균세대기간 mean generation time
평균소조고 mean neap rise
평균소조차 mean neap range
평균속도 (식) mean velocity, average velocity
평균수명 (식) mean life span
평균수심 (식) average depth
평균수위면 mean water level
평균심도 (식) average depth
평균연간어획량 (어)(자) average annual catch
평균오차 (식) average error
평균일고조부등 mean diurnal high water (양) mean diurnal high water inequality
평균일변화율 small diurnal range
평균일저조부등 mean interdiurnal variability (양) mean diurnal high water inequality
평균일최고온도 mean daily maximum temperature
평균일최저온도 mean daily minimum temperature
평균저저조 mean lower low water
평균저조 mean low water
평균제곱 (식) mean square
평균조고 mean rise
평균조위 mean tide level
평균조차 mean water interval
평균치 (식) average value (식) mean value
평균크기추정치 mean size estimate
평균태양년 mean solar year
평균태양시 mean solar time
평균편차 (식) mean deviation
평균품온 (식) equalization temperature
평균해수면 mean sea level
평년수익액 (어)(자) annual production mean earning
평면그물 (어) plane net
평면도 (어) plane chart
평면산패 (식) flat sour
평면항법 plane sailing
평생포란수 lifetime(or total) fecundity
평저선 flat-bottom boat
평점법 scoring test
평정해산 guyot
평판계수법 (식) plate count
평판도말법 (식) streak plat method
평판배양 (식) plate culture
평판배지 (식) plate medium
평판형전개판 (어) plane type otter board
평행류계 parallel current system
평행성검정 parallel test
평행저서생물군집 parallel benthic community
평행진화 parallel evolution
평형 (식)(자) equilibrium
평형군집 parallel community, equilibrium community
평형농도 (식) equilibrium concentration
평형방법 equilibrium method
평형부하 balance load
평형상대습도 (식) equilibrium relative humidity
평형상수 (식) equilibrium constant
평형상태 (식)(어)(자) equilibrium state
평형생산량 (어)(자) equilibrium yield
평형수분 (식) equilibrium moisture
평형수분함량 (식) equilibrium moisture content

평형어획량 (어)(자) equilibrium catch
평형연령분포 (어)(자) stationary age distribution
평형이론 equilibrium theory
평형조 equilibrium tide
평형주름통 balancing bellow
평형포 statocyst
평형흡수 equilibrium absorption
평활근 (식) smooth muscle
평활화 (식) smoothing
평활화과정 smoothing process
폐 (식) lung
폐결핵 (식) pulmonary tuberculosis
폐경 (식) menopause
폐기물 (식) waste
폐기물공해 (식) waste pollution
폐기물정화 (식) waste purification
폐기물처리 (식) waste disposal
폐기화물 jetsam
폐렴 (식) pneumonia
폐물 raffle
폐색 occupation
폐선 hulk
폐선해체업자 ship-breaker
폐쇄개체군 closed population
폐쇄계 (식) closed system
폐쇄구역 closed area
폐쇄기간 closed season
폐쇄만 closed bay
폐쇄생태계 (식) closed ecosystem
폐쇄성해역 enclosed waters
폐쇄순환계 closed circulation system
폐쇄식망 closing net
폐쇄어군 closed population
폐쇄해 closed sea
폐수 (식) wastewater
폐수처리 (식) wastewater treatment
폐암 (식) lung cancer
포경 (어) whaling
포경선 (어)(자) whaling vessel
포경어구 (어) whaling gear
포경업 (어) whale fishery
포경용작살 (어) harpoon (어)(자) harpoons
포구 cape, harbor
포낭 utricle
포도당 (식) glucose
포도상구균 (식) *Streptococcus*
포도씨 (식) grape seed
포도씨유 (식) grape seed oil
포란수 fecundity
포란의 gravid
포렐수색계 Forel scale
포르말린 (식)(양) formalin
포말 (식) foam
포말건조 (식) foam mat drying
포말건조기 (식) foam mat dryer
포말건조법 (식) foam-mat drying method
포물선 parabola
포배 blastula
포배기 blastula stage
포복성의 replant
포스파타제 (식) phosphatase
포스파티딜세린 (식) phosphatidylserine
포스파티딜에탄올아민 (식) phosphatidylethanolamine
포스파티딜이노시톨 (식) phosphatidylinositol
포스파티딜콜린 (식) phosphatidylcholine
포스포세린 (식) phosphoserine

포식 predation
포식계수 ecotrophic coefficient
포식관계 prey-predator relationships
포식기생자 parasitoid
포식동물 (식) predator
포식량 amount of satiation
포식성의 (식) predatory
포식어 (식) predatory fish
포식자 (식)(양) predator
포식자위험치 predator threshold
포식자피식자 관계 predator prey relationship
포엽 bract
포유류 (식) mammals
포자 (식) spore
포자낭 (식) spore sac
포자낭충 sporocyst
포자엽 (식) sporophyll
포자체 (식) sporophyte
포자체세대 sporophyte generation
포자형성 (식) sporogenesis
포장기(계) (식) packer (식) packing machine
포장날자 (식) pack date
포장물 (식) package
포장식품 (식) packaged food
포장어묵 (식) packed surimi gel
포장재료 (식) packaging material
포장종이 (식) packaging paper
포장필름 (식) packaging film
포절선 foam line
포집제 (식) collector
포피란 (식) porphyran
포피린 (식) porphyrin
포피린링 (식) porphyrin ring
포화 (식) saturation
포화공기 (식) saturated air
포화밀도 saturation density
포화백분률 saturation percentage
포화상태 (식) saturated state
포화수증기압 (식) saturated vapor pressure
포화습도 (식) saturated humidity
포화식염수 (식) saturated saline solution
포화심도 saturation depth
포화압력 (식) saturated pressure
포화온도 saturated temperature
포화용액 (식) saturated solution
포화잠수 saturated diving
포화증기 (식) saturated vapor
포화지방산 (식)(양) saturated fatty acids
포획 (식)(어) capture
포획제거원소 scavenged elements
폭기조 (식) aeration tank
폭발물어법 (어) explosive fishing methods
폭풍경로 storm track
폭풍경보 storm warning
폭풍해일 storm surge
폴리비닐알콜 (식)(어) polyvinyl alcohol (PVA)
폴리비닐클로라이드 (식)(어) polyvinyl chloride (PVC)
폴리아미드 (식)(어) polyamide (PA)
폴리염화비닐 (식)(어) polychlorinated biphenyl (PCB)
폴리우레탄 (식) polyurethane
폴리인산염 (식) polyphosphate
폴리페놀 (식) polyphenol
폴리페놀옥시다제 (식) polyphenol oxidase
폴립 polyp

폴산 (식) folic acid
폴섬플랑크톤분할기 folsom plankton splitter
폴시임 (식) false seam
폼블록 (식) foam block
표 (식) table
표고 elevation
표류 drift
표류물 drifter
표류병 (어) drift bottle
표류부표 drogue
표류성유생 drift-larva
표류엽서 drift card
표류작용 driftage
표류해초 driftweed
표면경화 (식) case-hardening (식) skin effect
표면류 surface current
표면막 surface film
표면반사 (어) surface reflection
표면산란층 (어) surface scattering layer
표면수온 (양)(어) surface water temperature
표면응력 (식) surface stress
표면이상 surface anomaly
표면장력 (식) surface tension
표면조도 surface roughness
표면증발 (식) surface evaporation
표면파 surface wave
표백 (식) bleaching
표백분 (식) bleaching powder
표백제 (식) bleaching agents
표범물개 leopard seal
표본 (식)(어)(자) sample
표본단위 (식) sampling unit
표본요소크기 sample element size
표본자료 data sample
표본조사 (식)(어)(자) sample survey
표본추출 (식)(어)(자) sampling
표본평균 (어)(자) sample mean
표사 drift sand
표생생물군 epibiose, epibiota
표생식물 epiflora
표생저서생물 epibenic animal
표서동물 epibenthos, epifauna
표수층 epilimnion
표시법 (식)(자) marking
표시순위검정 (식)(자) signed rank test
표식 (식)(자) tagging, (식) marking
표영구 pelagic division
표영생물 (어)(양)(자) pelagic organism
표영생태계 pelagic ecosystem
표영성 pelagic
표영환경 pelagic environment
표재동물 epifauna
표재저서동물 (표재저서생물) epibenthos
표적강도 (어) target strength
표적분류 target identification
표준 (식)(어) standard
표준계기 (식) standard instrument
표준곡선 (식) standard curve
표준기준물질 (식) standard reference material
표준냉동사이클 (식) standard refrigeration cycle
표준단위 (어)(식) standard unit
표준등급 (식) standard grade
표준상태 (식)(어) standard state
표준시 (항) standard time
표준시료 (식) standard sample
표준시약 (식) standard reagent

표준오차 (식) standard error
표준용액 (식) standard solution
표준정규분포 (식) standard normal distribution
표준척도 nominal scale
표준체 (식) standard sieve
표준체장 (식)(양)(자) standard length
표준편차 (식)(어) standard deviation
표준평판법 (식) standard plate count method
표준해수 standard mean ocean water
표준해수면 standard sea level
표준화 (어)(식) standardization
표지개체 marked individual
표지기 (어) mark flag
표지등 (어) mark light
표지방류 (어)(자) release of marking fish
표지방류후재포획법 mark and recapture method
표지부최소사망률 minimum tagging mortality
표지부표 (어) mark buoy
표지실험 marking(or tagging) experiment
표지어 (어)(자) tagged fish
표지어방류 (어)(자) liberation of tagged fish
표지재포 (어)(자) mark-recapture
표지탈락율 (어)(자) rate of tag loss
표지표 (식)(어)(자) tag
표지표법 (어)(자) tagging
표착해조 beach wrack
표층 (식) surface layer
표층걸그물 (어)(자) surface gill net
표층끌그물 (어)(자) furface trawl
표층란 neuston egg
표층벽개 superficial cleavage
표층부성란 epipelagic eggs
표층성부유생물 epiplankton
표층수온 (식)(양)(어)(자) surface water temperature
표층어 (식)(어)(자) pelagic fish
표층표영대 epipelagic zone
표층플랑크톤 epiplankton
표층혈합근 superficial dark muscle
표피 (식) epiderm
표피세포 (식) epidermal cell
표피조직 (식) epidermal tissue
표할 superficial cleavage
표해수성 epipelagic
표해수성플랑크톤 epipelagic plankton
푸드뱅크 (식) food bank
푸드스타일리스트 (식) food stylist
푸드코디네이터 (식) food coordinator
푸드코터 (식) food court
푸르키네현상 purkine phenomenon
푸른곰팡이속 (식) *Penicillium*
푸석푸석함 (식) crumbliness
푼톤 pontoon
풀제 pool account system
품질 (식) quality
품질개선제 (식) quality improver
품질검사법 (식) quality inspection
품질관리 (식) quality control (QC)
품질기준 (식) quality standard
품질보증 (식) quality assurance
품질유지곡선 (식) keeping quality curve
품질저장성 (식) quality stability
품질저하 (식) quality deterioration
품질특성 (식) quality characteristics
풍도 (어)(자) abundance, richness
풍도추정 (어)(자) abundance estimation

풍랑 (어) wind wave
풍력 (어) wind force
풍력계 (어) anemometer
풍력계급 (어) wind scale
풍미 (식) flavor
풍미강화제 (식) flavor enhancer
풍상연흔 wind ripple
풍성순환 wind-driven circulation
풍성해류 wind-driven current
풍속 wind speed
풍압차 leeway
풍어 (어)(자) bumper, good catch
풍어년 year of good catch (어)(자) bumper year
풍하의 leeward
풍하현 (어) leeside
풍향풍속계 (어) anemometer
풍화 weathering
풍화지수 weathering index
퓨란 (식) furan
퓨린염기 (식) purine base
퓨전음식 (식) fusion food
퓨코스 (식) fucose
퓨코이단 (식) fucoidan
프락토스 (식) fructose
프락토올리고당 (식) fructooligosaccharide
프랜차이즈 (식) franchise
프랜차이즈시스템 (식) franchise system
프레온 (식) Freon
프레온냉매 (식) freon refrigerant
프로바이오틱스 (식) probiotics
프로바이오틱식품 (식) probiotic food
프로비타민 (식) provitamin
프로비타민디 (식) provitamin D
프로비타민에이 (식) provitamin A
프로제스테론 progesterone
프로타민 (식)(양) protamine
프로테아제 (식)(양) proteinase
프로테오스 (식) proteose
프로토조아 (식)(양) protozoa
프로피온산 (식) propionic acid
프로필렌 (식)(어) propylene(PP)
프로필렌글리콜 (식) propylene glycol(PG)
프롤린 (식)(양) proline
프리라디칼 (식) free radical
프리저번 (식) freezer burn
플라눌라유생 planula larvae
플라보노이드 (식) flavonoid
플라세보 (식) placebo
플라세보효과 (식) placebo effect
플라스크 (식) flask
플라스테인 (식) plastein
플라스테인반응 (식) plastein reaction
플라스틱 (식)(어) plastic
플라스틱구형부자 (어) plastic globular type float
플라스틱백 (식) plastic bag
플라스틱접시 (식) plastic tray
플라스틱통발 (어) plastic pot, (어) plastic trap
플라스틱필름 (식) plastic film
플라즈마 (식) plasma
플랑크톤 (식)(양)(자) plankton
플랑크톤네트 (자) plankton net
플랑크톤섭식동물 plankton feeder
플랑크톤식성의 plankton feeding
플랑크톤식의 planktotrophic
플랑크톤식자 planktivores
플랑크톤영양형발생 planktotrophic development

플래싱 (식) flashing
플랜저 (식) plunger
플랜지 (식) flange
플랫샤워 (식) flat sour
플레이크 (식)(양) flake
플레이크식품 (식) flake food
플로트팽창밸브 (식) float expansion valve
플록 (식) floc
플루오르 (식) fluoro (F)
플루테우스유생 pluteus larva
플리퍼 (식) flipper
피각 cortical shell
피골 membrane bone
피기디움 pygidium
피난계수 sheltering coefficient
피난항 (어) port of refuge
피낭유충 metacercaria
피낭체 cyst
피닉스캡병 (식) phoenix cap bottle
피레노이드 pyrenoid
피로인산염 (식) pyrophosphate
피류 skin current
피르브산 (식) pyruvic acid
피리독신 (식) pyridoxine
피막 lorica
피막건조법 (식) drum drying
피복 (식) coating
피복성 encrusting, incrusting
피복성조류 incrusting algae
피복제 (식) coating agent
피복층 overlying strata
피복판 veneer
피부 (식) skin
피부각 cutaneous sense, skin sense
피부독 skin poison
피부뼈 dermal bone
피부암 (식) skin cancer
피부염 (식) dermatitis
피부조직 (식) dermal tissue
피쉬밀 (식)(양) fish meal
피쉬바 (식) fish bar
피쉬볼 (식) fish ball
피쉬블록 (식) fish block
피쉬솔루블농축물 (식) fish soluble concentrate
피쉬솔류블 (식)(양) fish soluble
피쉬스크랩 (식) fish scrap
피쉬스크랩밀 (식)(양) fish scrap meal
피쉬스틱 (식) fish stick
피쉬어분 (식)(양) fish meal
피쉬펌프 (식)(양)(어) fish pump
피쉬플레이션 (식)(어) fishflation
피쉬플레이크 (양)(식) fish flake
피스톤시추기 piston corer
피시태클 (어) fish tackle
피식자 (양) prey
피식자포식자상호작용 prey-predator interaction
피신 (식) ficin
피조개 (식)(양)(어)(자) broughton's ribbed ark
피층 dermal layer
피층반응 cortical reaction
피코빌린색소 (식) phycobilin pigment
피코시아닌 (식) phycocyanin
피코에리드린 (식) phycoerythrin
피코플랑크톤 picoplankton
피킹 (식) picking
피페리딘 (식) piperidine
피펫 (식) pipette
피포 epiboly

피피엠 (식) parts per million (ppm)
피하공간 subdermal space
피하조직 (식) subcutaneous tissue
피하지방 (식) subcutaneous fat
피항 (어)(항) escape sailing
피험선 (어)(항) clearing line
피혁분 (양) hydrolyzed leather feather
핀셋 (식) pincette
핀코일식증발기 fin-coil type evaporator
핀홀 (식) pin hole
필라멘트 (식)(어) filament
필레 (양)(식) fillet
필레처리 (식) filleting
필레처리기 (식) filleting machine
필로소마유생 phyllosoma larva
필름 (식) film
필리듐유생 pilidium larva
필수아미노산 (식)(양) essential amino acid(EAA)
필수원소 (식) essential element
필수지방산 (식)(양) essential fatty aicd(EFA)
필터 (식) filter
핑거 (어) pinger

ㅎ

하계최소번식 summer minimum
하구 (어)(자) mouths of rivers, estuary
하구어업 (어) estuarine fishery
하구역 estuary
하구펄 estuarine muds
하구플랑크톤 estuarine plankton
하드스웰 (식) hard swell
하면 aestivation
하면기 aestivation stage
하면만곡도 (어) lower camber ratio
하부공극 (식) lower clearance(LC)
하부연안대 infralittoral zone
하부조간대의 infralittoral
하서생물군집 hypobiose
하선 disembarkation
하수 (식) sewage
하수슬러지 (식) sewage sludge
하수처리 (식) sewage treatment
하역능률 efficiency of operation
하역설비 (항) cargo equipment
하역작업 (항) cargo work
하역장치 (항) cargo handling gear
하연 lower edge
하이드로겐 스웰 (식) hydrogen swell
하이드로시 (식) hydroxy
하이드로시기 (식) hydroxy group
하이드로포일선 hydrofoil vessel
하이드록시아파타이트 (식) hydroxyapatite
하이드록시프롤린 (식) hydroxyproline
하이드록시화 (식) hydroxylation
하이드록실 (식) hydroxyl
하이드록실기 (식) hydroxyl group
하이포산틴 (식) hypoxanthine
하조간대 sublittoral zone
하지 summer solstice
하천동식물 fluvial animals and plants
하천양식 (양) fish culture in the river
하천어업 (어) river fishery
하천잔류형 river resident form
하천플랑크톤 potamoplankton
하천회유 potamodromous migration
하층류 undercurrent
하치생선 offal fish
하향탐지부 downward sounding transducer
하향표류 downlap
학공치 (식) half beak
학교급식 (식) school foodservice
학교급식법 (식) School Meals Act
학교보건법 (식) School Health Act
학명 (식) scientific name
한계기준 (식) critical limit (CL)
한계덱스트린 (식) limit dextrin
한계수분량 (식) critical moisture content
한계수온 threshold temperature
한계심도 threshold depth

한계요인 limiting factor
한국과학기술단체총연합회 (식)(어) The Korean Federation of Science and Technology Societies (KOFST)
한국과학재단 (식)(어) Korea Science and Engineering Foundation (KOSEF)
한국산업표준 (식) Korean Industrial Standard (KS)
한국식품과학회 (식) Korean Society of Food Science and Technology
한국식품영양과학회 (식) Korean Society of Food Science and Nutrition
한국영양학회 (식) The Korean Nutrition Society
한국해양과학기술진흥원 (식)(양)(어)(자) Korea Institute of Marine Science and Technology Promotion
한국해양수산개발원 (식)(양)(어)(자) Korea Maritime Institute (KMI)
한냉성부유생물 borealplankton
한대생물군계 polar biome
한류 (양)(어) cold current
한외여과 (식) ultrafiltration
한외여과법 (식) ultrafiltration method
한일공동규제수역 Republic of Korea-Japan joint fisheries regulation water
한일어업협정 (식)(어) Agreement on Fisheries between the Republic of Korea and Japan
한천 (식) agar-agar
한천배지 (식) nutrient agar medium
한천산업 (식) agar industry
할당제도 (어) quota system
할랄식품 (식) halal food
할로겐 (식) halogen
할인율 discount rate
할철구 (어) devided iron ball
함대 fleet
함몰 depression
함몰사태 slumping
함수결정포도당 (식) hydrated crystalline glucose
함수량 (식) water content
함수양식 (양) mariculture
함수층 aquifer
함정어법 (어) trap fishing method
함질소엑스성분 (식) N-containing extractive
함황아미노산 (식) sulfur-containing amino acid
합금 (식) alloy
합류 confluent
합병증 (식) complication
합성 (식) synthesis
합성감미료 (식) synthetic sweetener
합성고무 (식)(어) synthetic rubber
합성곡선 (자) resultant curve
합성배지 (식) synthetic medium
합성섬유 (식)(어) synthetic fiber
합성수지 (식)(어) synthetic resin
합성수지뜸 (어) plastic float
합성예보도 composite prognostic chart
합성항산화제 (식)(양) synthetic antioxidant
합성해수배양액 synthetic sea water medium
합작어업 (어) joint-venture fishery
합체절 tagma, cormidium
합체절화 tagmatization
항 (어) harbor, port
항곰팡이제 (양) mold inhibitor
항구물개 harbour seal

항구물동량 harbor volume
항궤양성성분 (식) antiulcerous component
항균성성분 (식)(양) antibacterial component
항균작용 (식)(양) antibacterial action
항균제 (식)(양) antimicrobial agent
항균포장필름 (식) antimicrobial packaging film
항균화합물 (식)(양) antimicrobial compound
항균활성 (식)(양) antimicrobial activity
항균효과 (식) antimicrobial effect
항기성 aerotolerant
항독소 (식)(양) antitoxin
항독소의 (식) antitoxic
항돌연변이유발원 (식) antimutagen
항량 (식) constant weight
항력 (식)(어) drag force
항력가속 (식)(어) drag acceleration
항력계수 (식)(어) drag coefficient
항로 (어)(항) sea road, seaway
항로표지 (어)(항) aids to navigation, navigation marks
항류 (식) constant flow, permanent current
항률건조 (식) constant rate of drying
항률건조기간 (식) constant rate period of drying
항만 (어) port
항만사용료 (어) port dues
항만진동 harbor oscillation
항문 anus
항문마디 pygidium
항박도 (어)(항) harbor chart
항법 (어)(항) sailing
항법규정 (어)(항) sailing rules
항복점 (어) yielding point
항비타민 (식) anti-vitamin
항산구리 (식) cupric sulfate ($CuSO_4$)
항산화제 (식) antioxidant
항삼투압성동물 (식) homoisomotic animal
항삼투압적 (식) homoiosmotic
항상성 homeostasis
항생물질 (식)(양) antibiotics
항생작용 (식)(양) antibiosis
항생제 (식) antibiotics
항성시간 sidereal hour angle
항아리 (어) pot
항암물질 (식) anticarcinogen
항암성 (식) anticarcinogenicity
항암제 (식) anticancer drug, antitumor agent
항암활성 (식) antitumor activity
항암효과 (식) antitumor effect
항양도 sailing chart
항염성 homoiosmotic
항염증효과 (식) antiinflammatory activity
항영양인자 (양) anti-nutrient factor
항온기 (식) incubator
항온동물 homeothermal animal, homoiotherm, warm-blooded animal
항온수조 (식) thermostatic water bath
항온항습 (식) isothermal-isohumidity
항우울증 (식) antidepressant
항원 (식) antigen
항원항체반응 (식) antigen-antibody reaction
항장력 (식)(어) tensile strength
항적 ship wave, track wave (양) track

(양) wake
항적류 wake current
항정 (어)(항) nautical distance
항정선 (어)(항) rhumb line
항정선항법 (어)(항) rhumb line sailing
항종양활성물질 (식) antitumor active substance
항체 (식) antibody
항풍 permanent wind
항해 (어)(항) navigation
항해계기 (어)(항) navigational equipment
항해계획 (어)(항) navigation plan
항해등 (어)(항) navigation light
항해사 (어)(항) officer navigator, officer, navigator
항해상태 (어)(항) service condition
항해속력 (어)(항) nautical speed, service speed
항해용해도 (어)(항) navigation chart
항해일지 (어)(항) log book, navigation log book
항해제비용 disbursement
항해표 (어)(항) nautical tables
항행경보 (어)(항) navigation warning
항행구역 (어)(항) navigation area
항행중 (어)(항) under way
항행통보 (어)(항) navigational message, notice to mariner
항혈청 (식) antiserum
항히스타민제 (식) antihistamine
해경 (식) off-rigor (어) coast guard
해구 trench
해군기지 naval base
해기면허장 (어)(항) license of marine technician
해난 (어)(항) marine casualty(or disaster)
해난구조 (어)(항) salvage
해난보고서 (어)(항) sea protest
해난심판소 (어)(항) maritime distress inquiry agency
해난증명서 (어)(항) captain's protest, Certified Copy of Master's Protest
해니 sea mud
해달 sea otter
해당경로 (식) glycolytic pathway
해당계효소 (식) glycolytic enzyme
해당작용 (식) glycolysis
해도 (어)(항) chart
해도도식 (어)(항) chart symbols and abbreviations
해도수심기준점 chart datum
해독 decoding (식) detoxication
해동 (식) thawing
해동경직 (식) thaw rigor
해동곡선 (식) thawing curve
해동기 (식) thawer
해동매체 (식) thawing medium
해동속도 (식) thawing velocity
해로 sea road
해록색 sea green
해류 (어) ocean current
해류곡선 current curve
해류단면 current profile
해류도 current chart
해류도표 current diagram
해류병 drift bottle
해리 disaggregation, nautical mile
해마 (양) sea horses (식) common seahorse
해머밀 (식) hammer mill
해머파쇄기 (식) hammer crusher

해면 (식)(어) sponge
해면경계층 surface boundary layer
해면경정 reduction to sea level
해면류 (식)(어) sponges
해면류유생 parenchymula
해면반사 surface reflection
해면수온 (어) sea surface temperature
해면양식 (양) mariculture, seaculture
해면어업 (어) sea fishery, (어) marine fishery
해면질 spongin
해무 (어)(항) sea fog
해바라기씨박 (양) sunflower seed meal
해바라기씨유 (식)(양) sunflower seed oil
해발고도 sea level elevation
해빈 beach
해빈공원 beach park
해사 maritime affairs
해사감정 marine survey
해사법규 (어)(항) maritime laws and regulations
해사산업 maritime industry
해사위성 maritime satellite
해산 seamount
해산경골어류 marine bony fishes
해산권패 sea snail
해산동물 (식) marine animals
해산동물유 (식) marine animal oil
해산물 (식) marine products
해산식물 (식) marine plant
해산어류 (식)(어) marine fish
해산연골어류 (식) marine cartilaginous fishes
해산포유류 (식) marine mammals
해삼 (식)(양) sea cucumber
해상 sea elephant, sea state
해상관측기 observation seaplane
해상교통안전법 (어)(항) maritime traffic safety law
해상노동 marine labor
해상력 resolution, sea power
해상보험 (어)(항) marine insurance
해상상태 (어)(항) sea state
해상수송 (어)(항) marine transport
해상운송계약 (어)(항) contract of affreightment
해상조난안전시스템 (어)(항) global maritime distress & safety system (GMDSS)
해상충돌예방법 (어)(항) the regulation for preventing collision at sea
해선망 (어) stow net on boat
해수 (식) seawater
해수교환 (식) seawater exchange
해수냉각장치 (식) seawater cooling device
해수면 sea level
해수면교정 sea level correction
해수면변동 sea level change
해수면순환 sea level cycle
해수면야행성 nyctipelagic
해수면윤회 sea level cycle
해수산무지개송어 (식) sea rainbow trout
해수성분비일정성 constancy of sea water composition
해수성질 seawater properties
해수어 (식)(어) sea fish
해수업 (어) marine mammel fishery
해수연령 age of water
해수온도 (양)(어) sea water temperature
해수온도계 (양)(어) seawater

thermometer
해수욕 sea bathing
해수용존자원 seawater-solved resources
해수유 blubber oils
해수플랑크톤 haloplankton
해안 (식) coast, (식) seashore
해안공학 coastal engineering
해안류 shore current
해안무선국 coast radio station
해안방파 sea wall
해안선 (어)(자) coastline, shoreline
해안쓰레기 rejectamenta
해안으로 ashore
해안지역 coastal area
해안측량 coastal survey
해안측지조사 coast and geodetic survey
해안침식 coastal erosion
해양 (양)(어) ocean
해양고고학 marine archeology
해양공학 ocean engineering
해양과학 (어) marine sciences
해양관측 (어) marine observation
해양관측선 (어) marine research ship
해양관측점 (어) oceanographic station
해양기상학 (어) marine meteorology
해양기후학 marine climatology
해양대기교환작용 ocean-atmosphere interaction
해양대수족관 oceanarium
해양도 oceanicity, oceanographic chart
해양목장 (양) marine ranching (양) marine ranch
해양미생물 (식) marine microorganism
해양법 marine(or maritime) law
해양부식질 marine humus
해양부유생물 (식) marine plankton
해양산업 (식)(양)(어) ocean industry
해양생물 (식)(양)(어) marine life (식) marine organism
해양생물공학 (식) marine biotechnology
해양생물학 (식)(어) marine biology
해양생태계 (식)(어) marine ecosystem
해양생태학 (식)(어) marine ecology
해양성 oceanic, ocean type
해양성공기 maritime air
해양세균 (식) marine bacteria
해양수산물증양식 (양) sea farming
해양수산부 (식)(어) Ministry of Oceans and Fisheries
해양식물플랑크톤 (식) marine phytoplankton
해양심층수 (식)(양) deep sea water
해양양식 (식)(양) marine aquaculture
해양어업 (어)(식) sea fishery
해양연구 (어) oceanic research
해양연구소 (어) Oceanographic Institute
해양연구장비 (어) oceanographic equipment
해양연구조사선 (어) oceanographic vessel
해양예보 (어) marine forecast
해양오염 (식)(어) marine pollution
해양오염방지법 (식)(양)(어) preventive law for oceanic pollution
해양음향학 (어) marine acoustics
해양의 oceanic
해양자료 hydrographic data
해양자원 (식)(어)(자) marine resources
해양전선 (어) ocean front, oceanic front
해양조사 (어) oceanographic

investigation
해양지정경제학상입장 marine geo-politico-economic position
해양지질학 marine geology
해양천공생물 marine borer
해양탐험 oceanographic expedition
해양퇴적물 (식) marine sediment
해양포유동물 (식) sea mammals
해양플랑크톤 (식)(양) marine plankton
해양학 (어) oceanography
해양학상의 oceanographic
해양학자 oceanographer
해양학적 모델 oceanographic model
해양학적분석 oceanographic analysis
해양학적예보 oceanographic forecasting
해양화학 (어) chemical oceanography
해양환경 (어) marine environment
해양환경오염 (식)(어)(양)(자) pollution of the marine environment
해양회유 oceanodromous migration
해염 sea salt
해외선망어업 (어)(자) over sea purse seine fishery
해외어업 (어)(자) over seas fishery
해우 sea cow
해운계 shipping community, shipping world
해운기업 (항) shipping enterprise
해운업 (항) shipping business
해운회사 (항) shipping company
해원 mariner, seaman
해일 (어)(항) surge
해저 (어) sea bottom (어) sea bed
해저산 seamounts
해저식물 (식) submarine plant
해저오염 (식)(양) sediment pollution
해저자원 (식)(어)(자) submarine resources
해저지형도 bathymetric chart
해저퇴적물 (식) marine sediments
해적생물 (양) fouling organism
해조 (새) sea bird
해조 (식)(양) sea vegetable (식)(양) seaweeds
해조공업 (식) seaweed industry
해조류 (식)(양) sea vegetable, (식)(양) seaweeds
해조류양식 (식)(양) seaweed culture
해조류양식어업 (식)(양) seaweed culture industry
해조밭 (양) seaweed bed
해조장 submarine forest
해조중독 algal poisoning
해조채취기류 seaweed harvesting machines
해조파편 wrack
해중경관 underseascape
해중기술 subsea technology
해중도 mid-oceanic islands
해중등온선 isobathytherm
해중림 (양) seaweed bed (양)(자) sea jungle
해체 disaggregation
해초 marine algae, seaweed (양) marine seagrass
해초군집(해초류) seagrass community
해충 (식) insect pest
해충방제 (식) pest control
해태 (식) laver
해파리 (식) jellyfish
해파리유생 ephyra

해파리형 medusa
해풍 sea breeze
해협 channel, strait
해황 (어) sea condition, (어) sea state
핵 (식) nucleus
핵단백질 (식) nucleoproteins
핵산 (식) nucleic acid
핵심 (식) core
핵자기공명 (식) nuclear magnetic resonance (NMR)
핵자기공명분광법 (식) nuclear magnetic resonance spectroscopy
핵종 nuclide
핵형성 nucleation
핸드믹서 (식) hand mixer
햄 (식) ham
햄버거 (식) hamburger
햄버거스테이크 (식) hamburger steak
행동 (식)(어) behavior
행동권 (어)(자) behavior range
행동반응 (어) behavioral responses
행동학 (어) ethology
행잉체인 (어) hanging chain
행태 behavior
향광성 klinotaxis
향미 (식) flavor
향미료 (식) flavoring
향미성분 (식) flavor component
향미증진제 (식) flavor enhancer
향미프로파일 (식) flavor profile
향성 tropism
향신료 (식) spice
향안류 onshore current
향유고래 sperm whale
향유고래기름 sperm oil
향일성 heliotrophism
향점 vertex
향점속도 vertex velocity
허가어업 (어) permissive fishery
허가정수 (어) license limitation
허니컴 (식) honey comb
허브 (식) herb
허용 오차 (식) allowable error
허용량 (식)(어)(자) allowance
허용어획량 (식)(자)(어) allowable catch
허용온도 (식) allowable temperature
허용장력 (어) working tension
허용한계 (식) allowable limit
허파 (식) lung
헌터색차계 (식) Hunter color meter
헛발 pseudopodia
헛뿌리 (식) rhizoid
헛연륜 (자) false annual ring
헛통 (어) barrier net
헤드레스 (식) headless
헤드스페이스 (식) headspace
헤링본 증발기 (식) herringbone type evaporator
헤마틴 (식) hematin
헤마틴화합물 (식) hematin compound
헤머분쇄기 (양) hammer mill
헤모글로빈 (식) hemoglobin
헤모시아닌 (식) hemocyanin
헤모크롬 (식) hemochrome
헤스페리딘 (식) hesperidin
헤엄다리 pleopod
헤테로고리화합물 (식) heterocyclic compound
헥산 (식) hexane
헬륨 (식) helium (He)
헴 (식) heme
헴색소 (식) heme pigment

헴철 (식) heme iron
혀 (식) tongue
혀그물 (어) flapper
현등 (어)(항) side light
현수(곡)선 (어) catenary
현열 (식) sensible heat
현장수온 water temperature in situ
현장시험 field-test
현재가치 present value
현존량 (어)(자) standing stock
현존자원량 (어)(자) standing stock size
현지 field
현지성 autochthonous
현지조사 sea truth
현측식트롤 (어) side trawl
현탁 (식) suspension
현탁물섭식 suspension feeding
현탁물섭식자 suspension feeder
현탁물질 (식) suspended matter
현탁잔재 suspended detritus
현호 (어) sheer
현혹 optical disorientation
현혹설 (어) theory of optical disorientation
혈강 haemocoel
혈관 (식) blood vessel
혈관벽 (식) blood vessel wall
혈구 (식) corpuscle, hemocyte
혈구응집소 (식) conglutinin
혈당 (식) blood sugar
혈당강하제 (식) hypoglycemic agent
혈당검사 (식) blood sugar test
혈당량 (식) blood glucose level
혈당조절 (식) regulation of blood glucose
혈당지수 (식) glycemic index (GI)
혈류 (식) blood flow
혈분 (식)(양) blood meal
혈소판 (식) platelet
혈압 (식) blood pressure
혈압강하성분 (식) hypotensive component
혈압강하제 (식) antihypertensive drug
혈압강하펩타이드 (식) antihypertensive peptide
혈액 (식) blood
혈액검사 (식) blood test
혈액단백질 (식) blood protein
혈액량 (식) blood volume
혈액색소 (식) blood pigment
혈액응고 (식) blood coagulation
혈액응고인자 (식) blood coagulation factor
혈액학 (식) haematology
혈장 (식) plasma
혈장단백질 (식) plasma protein
혈장응고효소 (식) plasma coagulase
혈전 (식) thrombus
혈전억제펩타이드 (식) antithrombotic peptide
혈전용해 (식) thrombolysis
혈청 (식) serum
혈청 글로부린 (식) serum globulin
혈청단백질 (식) serum protein
혈청알부민 (식) serum albumin
혈청침강반응 (식) serum precipitation reaction
혈청콜레스테롤 (식) serum cholesterol
혈합육 (식) dark meat
혐광성플랑크톤 disphotic plankton
혐기상태 (식)(양) anaerobic condition
혐기성균 (식) anaerobic bacteria

혐기성대사 (식)(양) anaerobic metabolism
혐기성생물 (식)(양) anaerobe
혐기성세균 (식) anaerobic bacteria
혐기성처리법 (식) anaerobic treatment
혐기적호흡 (식) anaerobic respiration
혐기퇴적물 (식) anaerobic sediment
혐압성 barophobic
협염성생물 stenohaline organism
협각 cheliped
협광성의 stenophotic
협동양식어업 (양) cooperation aquaculture
협동어업 (어) cooperation fishery
협동조합경영 (어) cooperative management
협서성의 stenoecious
협수로 (어) narrow channel
협식성의 stenophagous
협심성생물 stenobath
협심성의 stenobathic
협업경영 (식) cooperative management
협업화 (식) collaboration
협염성 stenohaline
협염성생물 stenohaline organism
협온성 stenotherm
협온성동물 stenohaline animal
협온성생물 stenotherm
협온성의 stenothermal
형광 (식) fluorescence
형광물질 (식) fluorescent substances
형광색소 (식) fluorescent pigment
형망 (어)(자) dredges
형상저항 (어) form resistance
형상저항계수 (어) profile drag efficiency
형상항력 form drag
형성인자 formation factor
형성층 cambium layer
형태시각 (어) morphologic vision
형태측정학 morphometry
형태학 morphology
형태형성 morphogenesis
호건성 (식) xerophilic
호광 alternating light
호광성플랑크톤 panteplankton
호기상태 (식)(양) aerobic condition
호기생활 (식)(양) aerobiosis
호기성 (식)(양) aerobic
호기성대사 (식) aerobic metabolism
호기성미생물 aerobe
호기성세균 (식) aerobic bacteria
호기성처리법 (식) aerobic treatment
호깅 (항) hogging
호냉세균 (식) psychrophilic bacteria
호도박 (양) walnut meal
호두조개 nut clam
호료 (식) gelling agents
호르몬 (식) hormone
호망 (어)(자) pound net
(어)(자) rectangular set net
호부유성 planktophile
호소산송어 (어) freshwater trout
호소어업 (어) lake fishery
호소학 (양) limnology
호수부영양화 eutrophication of lake
호수플랑크톤 eulimnoplankton
호안제 coastal levee
호안제방 shore bank
호압성 (식) barophilic
호압세균 (식) barophilic bacteria
호열세균 (식) thermophilic bacteria
호염성 (식)(양) halophilic

호염세균 (식) halophilic bacteria
호적수온 (어) favorable water temperature
호적조도설 (어) theory of optimum illumination
호중온세균 mesophilic bacteria
호퍼 (식) hopper
호퍼식준설선 hopper dredger
호하성회유 anadromous migration
호흡 (식) respiration
호흡계 (식) respiratory system
호흡율 (식) respiratory rate
혹등고래 humpback whale
혼부시 (식) hon-bushi
혼연강색 (어) mixed wire rope
혼연그물실 (어) mixed netting twine
혼연사 (어) mixed twine
혼연섬유로프 (어) mixed fiber rope
혼인색 (어) nuptial coloration
혼탁도 (식) turbidity
혼탁류 (식) turbidity current
혼합 (식)(양) blending
혼합가스 mixed gas
혼합간장 (식) blended soy sauce
혼합노력모형 mixed efforts model
혼합물 (식) mixture
혼합배양 (식) mixed culture
혼합수심 mixing depth
혼합시료 (식) composite sample
혼합양식 (양) polyculture
혼합영양의 mixotrophic
혼합영양자 mixotroph
혼합조 mixed tide
혼합지시약 (식) mixed indicator
혼합층 mixing layer
혼합층심도 mixing layer depth
혼획 (어)(자) incidental catch
홀 (식) whole
홀로효소 (식) holoenzyme
홍국 (식) red koji
홍색소포 iridophore
홍어 (식) skate ray
홍연어 (식)(양)(어)(자) sockeye salmon, red salmon
홍조류 (식) red algae
홍조소 (식) phycobiline
홍채 iris
홍채진주 iris pearl
홍합 (식) hard-shelled mussel
홑눈 ocellus
홑지느러미 unpaired fin
화물 (항) cargo
화물선 (어)(자)(항) red salmon, cargo vessel
화산조개 volcano shell
화살게 arrow crab
화살벌레 arrow worm
화염살균 (식) flaming sterlization
화입 (식) fire into
화학값 (식) chemical score
화학미끼 (어) chemical bait
화학반응 (식) chemical reaction
화학반응식 (식) chemical equation
화학발광 chemiluminescence
화학분석 (식) chemical analysis
화학섬유 (식)(어) chemical fiber
화학성분 (식) chemical component
화학수용기 chemoreceptor
화학식 (식) chemical reaction formula
화학약품 (식) chemicals
화학에너지 (식) chemical energy
화학요법 chemotherapy

화학요법제 chemical therapeutics
화학적감각 chemical sensation
화학적검사 (식) chemical test
화학적독립영양생물 chemoautotrophs
화학적마비어구류 (어)(자) chemical stupefying fishing gear
화학적방법 (식) chemical method
화학적방어 (식) chemical defense
화학적변패 (식) chemical deterioration
화학적산소요구량 (식) chemical oxygen demand (COD)
화학적소화 (식) chemicl digestion
화학적판정법 (식) chemical evaluation
화학조미료 (식) chemical seasoning
화학종 chemical species
화학주성 chemotaxis
화학합성 (식) chemosynthesis
화학합성생물 chemotrophs
화학해양학 chemical oceanography
화학흡착 (식) chemisorption
화합물 (식) compound
확고함 robustness
확률 (식) probability
확률론적모델 stochastic model
확률예측 stochastic forecasting
확산 (식) diffusion
확산계수 (식) diffusion coefficient
확인실험 (식) pilot experiment
확장 (식) spreading
확장률 (식) spreading rate
확장축 spreading axis
환경 (양)(식) environment
환경공학 (식) environmental
환경관리 (식)(양)(어) environmental management
환경민감도지수 environmental sensitivity index
환경보존 (식)(양) environment conservation
환경보호 (식)(양) environmental protection
환경수용량 environmental carrying capacity
환경순응 (양) acclimatization
환경오염 (식)(양)(어) environmental pollution
환경오염물질 (식)(양) environmental pollutant
환경요인 (식)(양) environmental factor
환경장벽 environmental barrier
환경저항 environmental resistance
환경친화기술 (식) environment-friendly technology
환경호르몬 (식)(양)(자) environmental hormone
환기 (식) ventilation
환기팬 (식) ventilating fan
환도상어 (식)(양)(어)(자) pelagic thresher shark, fox shark, whitetail shark
환류 gyre (식) reflux
환상결선 ring connection
환상관 circular canal
환상근 (식) circular muscle
환상산호초 atoll reef
환상화합물 (식) cyclic compound
환수비 water exchange ratio
환원 (식) reduction
환원당 (식) reducing sugar
환원력 (식) reducing power
환원반응 (식) reduction reaction
환원어분 (식)(양) reconstituted fish meal
환원점도 (식) reduced viscosity

환원제 (식) reducing agent, reductant
환원환경 reducing environment
환자 (식) patient
환자식 (식) diet for patient
환초 atoll
환형동물 annelids
환형동물의 annelidan
활동도 (식) activity
활동도계수 (식) activity coefficient
활동층 active layer
활성(도) (식) activity
활성산소 (식) active oxygen
활성산소법 (식) active oxygen method
활성산소종 (식) reactive oxygen species
활성슬러지 (식) activated sludge
활성오니 (식) activated sludge
활성제 (식)(양) activator
활성탄 (식)(양) activated charcoal
활성화 (식)(양) activation
활어 (식)(양)(어) alive fish
활어가두리 (양) corf, crawl
활어선창 (양)(어) alive fish hold
활어수송 (식)(양) alive fish transportation
활어수송법 (식)(양) alive fish transportation method
활어운반 (식)(양)(어) alive fish transportation
활어운반선 (양)(어) alive fish carrier
활어조 (양)(어) alive fish hold
활어조소형어선 smack
활엽수 (식) broad-leaved tree
황 (식) sulfur(S)
황국균 (식) *Aspergillus oryzae*
황금색조류 golden algae
황다랑어 (식)(양)(어)(자) yellowfin albacore, Pacific yellowfin tuna
황록공생조류 zooxanthella
황매퉁이 (식)(양)(어)(자) snake fish, (식) lizard fish, ground spearing
황박 (양) scrap meal
황박테리아 thiobacteria
황산 (식) sulfuric acid (H_2SO_4)
황산마그네슘 (식) magnesium sulfate ($MgSO_4$)
황산암모늄 (식) ammonium sulfate
황산염 (식) sulfate
황산염환원세균 sulfate-reducing bacteria
황산이온 (식) sulfate ion
황산지 (식) parchment paper
황산칼슘 (식) calcium sulfate($CaSO_4$)
황산콘드로이틴 (식) chondroitin sulfite
황산화세균 sulfur-oxidizing bacteria
황산화유 sulfonated oil
황새치 (식) common swordfish, (식) broadbill
황색기생조류 zooxanthellae
황색물질 yellow substance
황색해면조직 chloragogue
황세균 sulfur bacteria
황순환 sulfur cycle
황어 (식)(양)(어)(자) dace (식)(양)(어)(자) sea runeace, sea shiner
황적조류 peridinians
황줄돔 (식)(양)(어)(자) boarfish, (식)(양)(어)(자) sailfin boarhead
황천 stormy weather
황천항법 handling in heavy weather
황태 (식)(어) frozen-dried Alaska pollock
황화수소 (식) hydrosulfide (H_2S)
회귀 (식) regression

회귀계수 (식) regression coefficient
회귀곡선 (식)(어)(자) regression curve
회귀방정식 (식) regression equation
회귀본능 homing instinct
회귀부등 tropic inequalities
회귀분석 (어)(자)(식) regression analysis
회귀선 (식) regression line
회귀성어류 (식) migratory fish
회귀습성 homing habit
회귀식 (식)(어)(자) regression equation
회귀율 (식)(자) homing rate, (식) recurrent ratio
회류식 circulatory
회복 resilience
회복기 recovering stage
회분 (식) ash
회분식 (식) non-continuous type, batch type
회분함량 (식) ash content
회사어업 (어) company fishery
회색고래 gray whale
회생불능시점 point of no return
회수율 (식) recovery rate
회유 (식)(어)(자) migration
회유사이클 (식) migration cycle
회유어 (식)(어) migratory fish
회유통로 migration corridor
회전건조기 (식) rotary dryer
회전능률 moment of force
회전수감속장치 revolution reduction gear
회전시간 turnover time
회전식압축기 (식) rotary compressor
회전중심 center of rotation
회전펌프 revolution pump
회절 (식)(어) diffraction
회절변형 transformation of diffraction
회절파 diffracted wave
회포 (식) boiled-dried abalone
회화 (식) ashing
획득적행동 (어) learned behavior, (어) acquired behavior
획분 (식) fraction
획분채취기 (식) fraction collector
횡격막 diaphragm
횡격벽 transverse
횡관 laterals
횡단면 (식)(어) transverse section, (식)(어) cross-section
횡단법 (어) mesh cut
횡력 sideforce
횡목 (어) lateral mesh
횡문근 (식) striated muscle
횡방배열 broadside array
횡식구조 transverse framing system
횡형셀튜브식응축기 (식) horizontal shell tube type condenser
횡형압축기 (식) vertical compressor (양) horizontal compressor
효모 (식) yeast
효소 (식) enzyme
효소갈변반응 (식) enzymatic browning reaction
효소고정화 (식) enzyme immobilization
효소공학 (식) enzymic engineering
효소기질반응 (식) enzyme-substrate reaction
효소기호 (식) enzyme code
효소당화법 (식) enzymic saccharification
효소면역측정법 (식) enzyme immunoassay

효소반응 (식) enzyme reaction
효소번호 (양) enzyme code number
효소법 (식) enzymic method
효소분석기법 (식) enzymatic assay
효소불활성화 (식) enzyme inactivation
효소식품 (식) enzyme food
효소안정화 (식) enzyme stabilization
효소작용 (식)(양) enzymatic reaction
효소저해 (식) enzyme inhibitor
효소적갈변 (식) enzymatic browning
효소특이성 (식) enzyme specificity
효소항체법 (식) enzyme antibody technique
효소활성(도) (식)(양) enzyme activity
효율 (식) efficiency
후각 (식)(어) olfactory sense, (식)(어) sense of smell
후각기관 (식)(어) olfactory organ
후각동물 (식)(어) olfactory animal
후거초 back reef
후구 olfactory bulb
후극상 post climax
후기유생 post-larvae
후기층별화 poststratification
후드 (식) hood
후라이드스틱 (식) fried stick
후릿그물 (어) seine net
후릿줄 (자) sweep line (어)(자) hand rope
후면각 backface angle
후면분포 posterior distribution
후방산란 (어) backscattering
후부경사 back slope
후부선교 after bridge
후비공 posterio naris, posterior naris
후상피색소 olfactory pigment
후생부유동물 metazooplankton
후연 rear edge
후엽 olfactory lobe
후유생 postlarva
후장 hindgut
후진력 backing power
후진투하법 astern anchoring
후천적행동 (어) learned(or acquired) behavior, (어) acquired behavior
후체절 metasoma
후추 (식) pepper
후퇴의 regresslve, retrocedence
훈건의 (식) smoke-dried
훈액 (식) smoke solution, liquid smoke
훈연기 (식) smoker
훈연발생기 (식) smoke generator
훈연실 (식) smoking chamber
훈연재 (식) smoking wood
훈제 (식)(양) smoking
훈제굴 (식) smoked oyster
훈제기름담금통조림 (식) canned smoked foods in oil
훈제법 (식) smoking method
훈제실 (식) smoke house
훈제어 (양) smoked fish
훈제연어 (식)(양) smoked salmon
훈제온도 (식) smoking temperature
훈제용살코기 flitch
훈제장 (식) smoke house
훈제품 (식) smoked product
훈증소독 fumigation
휘발물질 (식) volatile substance
휘발산 (식) volatile acid
휘발성 (식) volatility, (식) volatile
휘발성아민 (식) volatile amine
휘발성염기질소 (식) volatile base nitrogen (VBN)

휘발성화합물 (식) volatile compound
휘발성환원물질 (식) volatile reducing substance
휨 deflection
휨장력계 deflection-type tensionmeter
휴면 (식) dormancy
휴면란 resting egg (양) dormant egg
휴면포자 (식) resting spore
휴민산 (식) humic acid
휴식기 (식) resting stage
휴조 salck water
휴지대 resting zone
흉각 perion
흉골 sternum
흉곽 thorax
흉대 pectoral girdle, pectoral
흉막 thoracic membrane
흉부의 pectoral girdle
흉어 poor catch
흉지 pereiopod
흐름 (식) stream
흐름형태 (식) flow pattern
흑니색 black mud
흑변 (식)(어) blackening
흑변통조림 (식) darked canned foods
흔적량 (식) trace
흘림걸그물 (어) drift gill net
흘림낚시 (어) drift lines
흘림주낙 (어)(자) drifting long line
흘수 (어)(항) draft
흘수표 (어)(항) freeboard mark
흡광도 (식) absorbance
흡반 (식)(어) sucker
흡수 (식) absorption
흡수계수 (식) absorption coefficient
흡수도 absorbance
흡수복원성 properties for rehydration
흡수선량 (식) absorbed dose
흡수성 (식) hygroscopic
흡수손실 absorption loss
흡수식냉동기 (식) absorption refrigeratior
흡수율 (식) absorption rate
흡수제 (식) absorbent (식) absorber
흡습성 (식) hygroscopicity
흡입관 induction(or inlet) pipe
흡착 (식) absorption
흡착제 (식) absorbent
흡착탈색법 (식) absorption decolorization
흡충류 fluke
희귀종 rare species
희석 (식) dilution
흰동가리 (식)(양)(어)(자) twoband anemonefish
히스타민 (식) histamine
히스티딘 (식) histidine
히알루산 (식) hyaluronic acid
히트펌프 (식) heat pump
힘 (식)(어) force
힘의성분 component of force
힘의합성 composition of force
힘줄 (어)(자) main rope (식) tendon
district fisheries cooperative association

영-한 수산과학기술용어

KOSFAS
사단법인 한국수산과학회
The Korean Society of Fisheries and Aquatic Science

A

abalone (식) 전복
ABC (acceptable biological catch) (식)(어)(자) 생물학적 허용어획량
abdomen (식) 복부
abdominal (식) 복부의
abdominal fin (식) 복부지느러미
abdominal meat (식) 배육
abdominal nerve cord 복신경절
abdominal segment (양) 복부절단
abeam distance 정횡거리
aberration (식) 광학수차
abiogenesis 자연발생
abiogenic 자연발생적인
abiotic zone 무생물대, 무생물적
abnormal (식) 비정상의
abnormal cold water 이상냉수
abnormal fermentation (식) 이상 발효
abnormal mass mortality (양) 이상대량폐사
abnormal mortality (식) 이상폐사
abnormal shrinkage (식) 이상수축현상
abrasion (식)(어) 마멸, 마찰
absolute biomass (식) 절대 바이오메스량
absolute density (식)(자) 절대밀도
absolute fecundity 절대번식력
absolute growth (어)(자) 절대성장
absolute growth rate (식) 절대성장률
absolute instability (식) 절대불안정
absolute pressure (식) 절대압력
absolute unit system (식) 절대단위계
absolute variability (식) 절대변동성
absolute velocity (식) 절대속도
absorbance (식) 흡광도, 흡수도
absorbed dose (식) 흡수선량
absorbent (식) 흡착제
absorber (식) 흡수제
absorption (식) 흡수, 흡착
absorption coefficient (식) 흡수계수
absorption decolorization (식) 흡착탈색법
absorption loss 흡수손실
absorption rate (식) 흡수율
absorption refrigeratior (식) 흡수식냉동기
abstention 자발적억제
abundance (어)(자) 풍도
abundance diurnal changes 자원량일주변화
abundance estimation (어)(자) 자원량추정
abundance of egg-laying (자) 산란량
abyss 심해성
abyssal 심해성의
abyssal-benthic 심해저생의
abyssal circulation 심해순환
abyssal environment 심해환경
abyssal plankton 심해플랑크톤

abyssopelagic 심해수층의
acanthodians 극어류
acanthopterigian 극기어류
acceleration (식) 가속도
accelerator (식) 촉진제
acceptability (식) 선호도
acceptable biological catch (ABC) (식)(어)(자) 생물학적 허용어획량
acceptable daily intake (ADI) (식) 에디아이 (식) 일일섭취량
accepted depth 공인수심
accessory muscle scars 부차적근육반흔
acclima(tiza)tion (식)(양) 환경순응, 환경순화
accommodation deck 거주갑판
accommodation plan 거실배치도
accommodation quarter 거주구역
accommodation space 거주공간
accretion 부착성장, 자연생장
accumulated effect 집적효과
accumulation 집적 (식) 축적
accumulation of humus 부식집적작용
accumulation rate (식)(어) 침적속도
accuracy (식)(어) 정확도, 정확성
ACE (angiotensin-I-converting enzyme) (식) 안지오텐신-I 전환 효소
acetic acid (식) 아세트산
acetone (식)(양) 아세톤
acetyl (식) 아세틸
acetyl group (식) 아세틸기
acetylation (식) 아세틸화
acetylene (식) 아세틸렌
achromogenic 색소비생산성
acid (식) 산
acid-base balance(acid-base equilibrium) (식) 산염기평형
acid base reaction (식) 산염기반응
acid base titration (식) 산염기적정
acid earth (식) 산성백토
acid food (식) 산성식품
acid hydrolysis (식) 산가수분해
acid hydrolysis method (식) 산분해법
acid-insoluble ash (식) 산불용성회분
acid phosphatase (식) 산성포스파타제
acid producing bacteria (식) 산생성세균
acid protease (식) 산성단백분해효소
acid rain 산성비
acid resistant (식) 내산성
acid titration (식) 산적정
acid value(AV) (식) 산가
acidic amino acid (식) 산성아미노산
acidity (식) 산(성)도
acoelomata 무체강동물
acoustic fishing method 음향어법
acoustic orientation 반향정위
acoustic radar 음파레이다
acoustic refraction (어) 음파굴절
acoustic resolution (어) 음향학적해상도
acoustic scattering (어) 음파산란
acoustic screen 음향장벽
acoustic tag (자) 음향학적 표지
acoustic trawl monitoring systems (어) 음향트롤감시시스템
acoustic wave (어) 음파
acoustics (어) 음향학
acrolein (식) 아크롤레인
acryl (식) 아크릴
acryl resin (식) 아크릴 수지

acrylamide (식) 아크릴아미드
actin (식) 액틴
actinomycetes (식) 방선균
actinotroch larva 악티노트로카유생
activated charcoal (식) 활성탄
activated sludge (식) 활성슬러지 (식) 활성오니
activation (식) 활성화
activator (식) 활성제
active compounds (식) 활성성분
active fishing gear (어) 능동어구
active fishing method 적극적어법 (어)(자) 능동어법
active layer 활동층
active oxygen (식) 활성산소
active oxygen method (식) 활성산소법
active sonar 능동소오나
active transport 능동수송
activity (식) 활동도 (식) 활성(도)
activity coefficient (식) 활동(도)계수
actomyosin (식) 액토미오신
actual navigation 실측항법
actual rate of increase 실제증가율
acute intoxication (식) 급성중독
acute toxicity test (식) 급성독성실험
acyl group (식) 아실기
acylated fish protein (식) 아실화어단백
acylation (식) 아실화
adaptability (식) 적응성
adaptation (식) 적응
adaptation instinct 적응본능
adaptive management 적합화된 관리
adaptive sampling 적합화된 채집
addition (식) 첨가
additional information(식) 추가정보
additional item (식) 추가 항목
additive process (식) 부가작용
additives (식) 첨가물(제)
additives for food manufacture (식) 식품제조용 첨가물
adductor (식)(양) 패주
adductor muscle (식)(양) 패주근
adductor muscle scar 폐각근반흔
adenine (식)(양) 아데닌
adenosine (식)(양) 아데노신
adenosine diphosphate (ADP) (식)(양) 아데노신이인산
adenosine monophosphate (AMP) (식)(양) 아데노신일인산
adenosine triphosphatase (ATPase) (식)(양) 아데노신포스파타제
adenosine triphosphate (ATP) (식)(양) 아데노신인산
adhesion (식) 어드히젼, 점착
adhesive egg 부착란
adhesive form (식) 고착형
adhesiveness (식) 부착성
ADI (acceptable daily intake) (식) 일일섭취량, 에이디아이
adiabatic change (식) 단열변화
adiabatic compression (식) 단열압축
adiabatic curve (식) 단열곡선
adiabatic expansion (식) 단열팽창
adipocyte (식) 지방세포
adipose fin 기름지느러미
adipose tissue (식) 지방조직
adjacent sea (식) 근해, 부속해, 인접해
adjustable pitch propeller 가변피치추진기
adjusting handle 조정손잡이
adjustment process 적응과정

ADP (adenosine diphosphate) (식) 에이디피, 아데노신이인산
adsorption isotherm (식) 등온흡습곡선
adult (식) 성체
adult fish (식)(어) 성어
adult migration (식)(어)(자) 성육회유
adult stage 성충기
adult stock 성어자원량, 친어량
adulteration 부정
advance (식) 진전
advanced coefficient 진전계수
advanced fry 부상치어
advanced ratio 전진율
advection 이류
aeration tank (식) 폭기조
aerial trap (양)(어) 공중함정류
aerial trap gear (어) 도약어 받이 어구류
aerobe (식) 호기성미생물
aerobic (식) 호기성
aerobic bacteria (식) 호기성세균
aerobic condition (식) 호기상태
aerobic metabolism (식) 호기성대사
aerobic respiration (식) 유기호흡
aerobic treatment (식) 호기성처리법
aerobiosis (식) 호기생활
aerofoil type otter board (어) 날개형 전개판
aerotolerant 항기성
aestivation 하면
aestivation stage 하면기
affinity (식) 친화도
aflatoxin (식) 아플라톡신
after bridge (어)(항) 후부선교
after-draught (어)(항) 선미흘수
after perpendicular (어)(항) 선미수선
after wing net (어) 뒷섶
aftertaste (식) 뒷맛
agar (식) 우뭇가사리 (식) 한천
agar industry (식) 한천산업
agarlose (식) 아가로스
agaropectin (식) 아가로펙틴
age (식)(어)(자) 연령, 시기
age at complete recruitment (어)(자) 완전가입연령
age at first capture (식)(어)(자) 어획개시연령
age at first maturity (어)(자) 최소성숙연령
age at maturation (식)(어)(자) 성숙연령
age at recruitment (양)(어)(자) 가입연령
age character (어)(자) 연령형질
age class (어)(자) 연령군
age composition (식)(어)(자) 연령조성
age composition table (식)(어)(자) 연령조성표
age determination (어)(자) 연령측정
age-determination errors (어)(자) 연령사정오차
age determination method (어)(자) 연령측정법
age distribution (식)(어)(자) 연령분포
age of the tide 조령
age of vessel (어) 선령
age of water 해수연령
age-specific birth rate 연령별출산율
age-specific mortality rate (어)(자) 연령별사망율
age structure (식) 연령구조
age-structured model (식) 연령구조모델

aggradation 매적작용
aggregate (aggregation) (식) 응집
aggregate distribution (식) 응집분포
aggregation and dispersal 위집분산
aging (식) 노화 (식) 숙성
aging phenomena (식) 노화현상, 노화숙성
agitated extractor (식) 교반추출기
agitation (양) 교반
agitator (식) 교반기
agmatine (식) 아그마틴
Agricultural and Fishery Produces Quality Control Act (식) 농수산물품질관리법
aground 좌초
aguaje 아구아제
ahead going anchor (어)(항) 전진투하법
AI (avian influence) (식) 조류인플루엔자
aids to navigation (어)(항) 항로표지
aimed trawl (어)(양) 저격적트롤
aimed trawling method (어)(자) 저격적트롤어법
air bladder (식)(어)(자) 부레
air-bladder disease 부레병
air-blast freezer (식) 송풍동결장치
air-blast freezing (식) 송풍동결법
air-blast thawer (식) 송풍해동장치
air-blast thawing (식) 송풍해동법
airboat (항) 수상기
airborne bacteria (식) 공중낙하세균
air bubble curtain 기포막, 기포커턴
air bubble type (어) 기포식
air bubbled float (어) 기포형뜸
air cell 기포
air circulating incubator (식) 공기순환식항온기
air-cooled condenser (식)(양) 공랭식 응축기
aircraft counting survey 비행계수조사
air duct (양) 기도관
air embolism 공기색전증
air gun 에어건
air mass 기단
air pocket (식)(항) 에어 포켓
air pollution (식) 대기오염
air sac (양) 기낭
air-sea interaction 대기해양상호작용
air tight test 기밀시험
akaryotic 무핵성의
akineton 아키네톤
Al (aluminum) (식) 알루미늄
alanine (식)(양) 알라닌
alar septum 전격막
alarm substance 경보물질, 공포물질
Alaska cod (식) 대구
Alaska pollack bottom gill net (어)(자) 명태저층자망
Alaska pollock (식)(어) 명태
Alaskan pink shrimp (식)(양)(어)(자) 북쪽분홍새우
albacore (식)(어) 날개다랑어
albedo 알베도, 태양광반사율
albinism 백화현상
albumin (식) 알부민
alcohol (식) 알코올
alcohol fermentation (식) 알코올 발효
alcohol-like odor (식) 알코올냄새
alcoholic beverage (식) 알코올성 음료
alcoholic cirrhosis (식) 알코올성 간경화

alcoholic fatty liver (식) 알코올성지방간
alcoholic hepatitis (식) 알코올성 간염
alcoholic liver disease (식) 알코올성 간질환
alcoholysis (식) 알코올분해
aldhyde (식) 알데히드
aldol condensation (식) 알돌축합
aldose (식) 알도스
algae (식) 조류
algal bed (어) 해조숲
algal bloom (양) 조류이상증식
algal film 미세조류막
algal poisoning 해조중독
alginate (식) 알긴산염
alginic acid (식) 알긴산
algology 조류학
aliphatic (식) 지방족
aliphatic compound (식) 지방족 화합물
aliquot (식) 분취량
alive fish (식)(양)(어) 활어
alive fish carrier (식)(양)(어) 활어운반선
alive fish hold (양)(어) 활어조, 활어선창
alive fish transporation (양)(어) 활어수송
alive fish transporation method (양)(어) 활어수송법
alkali detergent (식) 알칼리성 세제
alkali-digestion method (식) 알칼리 소화법
alkali treatment (식) 알칼리처리
alkaline foods (식) 알칼리성식품
alkaline leaching (식) 알칼리 추출
alkaline protease (식) 알칼리성 단백분해효소
alkaline reaction (식) 알칼리 반응
alkalinity (식) 알칼리도
alkalization (식) 알칼리화
alkene (식) 알켄
alkyd resin (식) 알키드수지
alkyl (식) 알킬
alkyl group (식) 알킬기
alkyne (식) 알킨
all aboard (항) 총원승선
all hands (항) 총승조원
allele 대립유전자
allergic (식) 알러지성
allergic food poisoning (식) 알러지성 식중독
allergic foods (식) 알러지 식품
allergy (식) 알러지
allocation 배선
allochthonous 외지성, 타생적
allochthonous species 타생종
allogenic (식) 타지성, 유입성
allogenic succession 타지적천이
allogenous detritus (식) 타지성데트리터스, 외부환경영향에의한생물상변화
allopatric 이소성
allophore 적색소포
allowable catch (식)(어)(자) 허용어획량
allowable error (식)(어) 허용 오차
allowable limit (식)(어) 허용한계
allowable temperature (식) 허용온도
allowance (식) 허용량, 수당
alloy (식) 합금
alongshore current 안류, 연안류
alongshoreman 연안어부
alphabetical flag 문자기
alternating light 호광

alternation of generations 세대교번
alternative hypothesis (식) 대립가설
alternative operation method 상호조업방법
altitude (식)(어)(항) 고도
altitude difference (식)(어)(항) 고도차
aluminum (Al) (식) 알루미늄
aluminum alloy float 알루미늄합금뜸
aluminum can (식) 알루미늄관
aluminum foil (식) 알루미늄호일
aluminum foil laminated film (식) 알루미늄박적층필름
alveolus (식) 소포실
Alzheimer's dementia (식) 알츠하이머치매
Alzheimer's disease (식) 알츠하이머병
amalgam (식) 아말감
amalgamation (식) 아말감법 (식) 융합
ambergris 용연향
amberjack (식)(어) 잿방어, (식)(어) 부시리
ambulacrum 보대
ameba (식)(양) 아메바
amensalism 편해공생
American lobster (식)(양)(어)(자) 바닷가재
American type purse seine (어) 미국식 건착망
amide (식) 아미드
amine (식) 아민
amino acid (식) 아미노산
amino acid analysis (식) 아미노산분석
amino acid analyzer (식) 아미노산 분석기
amino acid composition (식) 아미노산 조성
amino acid fermentation (식) 아미노산 발효
amino acid score (식) 아미노산 스코어
amino acid sequence (식) 아미노산 서열 (식) 아미노산시컨스
amino-carbonyl reaction (식) 아미노-카르보닐반응
amino group (식) 아미노기
amino nitrogen (식) 아미노 질소
amino peptidase (식) 아미노펩티다제
amino resin (식) 아미노 수지
amino sugar (식) 아미노당
amino terminal group (식) 아미노말단기
amino terminus (식) 아미노말단
ammocortes larve 암모시이테스유생
ammonia (식) 암모니아
ammonia nitrogen (식) 암모니아질소
ammonia-oxidizing bacteria 암모니아산화성세균
ammonia water (식) 암모니아수
ammonification 암모니아화작용
ammoniotelic type (식) 암모니아배설형
ammonite 암몬조개 (식) 암모나이트
ammonium (식) 암모늄
ammonium compound (식) 암모늄화합물
ammonium ion (식) 암모늄이온
ammonium salt (식) 암모늄염
ammonium sulfate (식) 황산암모늄
ammonoid 암모노이드류의
ammual yield (식)(어) 연간어획량
amnesic shellfish poison (ASP) (식)(양) 기억상실성패류독
amoebic dysentery (식) 아메바성이질
amoebocyte (식) 아메바성변형세포

amorphous (식) 부정형의, 비정질의
amorphous substance 비결정물질
amount of investment 출자자본
amount of satiation 포식량
AMP (adenosine monophosphate) (식) 에이엠피, 아데노신일인산
amphibians 양서류
amphiblastula larva 중공유생
amphidrome 무조
amphidromic point 무조점
amphidromous migration 양측회유
amphipathic compound (식) 양성화합물
amphipoda (식)(양) 단각류
ampholite (식) 양쪽성전해질
ampholyte (식) 양쪽성물질 (양) 양쪽성전해질
amplifier (식)(어) 증폭기
amplitude (어) 진폭
amur stickle-back (식)(양)(어)(자) 가시고기
amylase (식) 아밀라제
amylase inhibitor (식) 아밀라제 저해제
amylolytic enzyme (식) 전분분해효소
amylopectin (식) 아밀로펙틴
amylose (식) 아밀로스
anabolism (식) 동화작용
anadromous (식) 소하성
anadromous fish (식)(어) 소하성어류
anadromous migration (식)(어)(자) 소하회유
anadromous resource (식)(자) 소하성자원
anaerobe (식) 혐기성생물
anaerobic bacteria (식)(양) 혐기성세균
anaerobic condition (식) 혐기상태
anaerobic metabolism (식) 혐기성대사
anaerobic respiration (식) 혐기적호흡 (식) 무기호흡
anaerobic sediment (식) 혐기퇴적물
anaerobic treatment (식) 혐기성처리법
anal fin (식) 뒷지느러미
analog (식) 유사식품
analysis of variance (ANOVA) (식) 분산분석
analytical concentration (식) 분석농도
analytical error (식) 분석오차
analytical model (식) 분석모델
anaphotic plant 무광식물
anchor (식)(어)(항) 닻, 앵커
anchor buoy (어)(항) 앵커부이
anchor cap (식) 앵커캡
anchor cap jar (식) 앵커병
anchor chain (어)(항) 닻줄, 앵커체인
anchor ground (어)(항) 묘박지
anchor seining (어) 손방
anchor shackle (어)(항) 앵커섀클
anchor watch (어)(항) 닻당직, 정박당직
anchor work (어)(항)(양) 닻작업
anchorage (어)(항) 묘지, 투묘
anchoring (어)(항) 묘박, 정박
anchovy (식)(어) 멸치
anchovy boat seine (어)(자) 파치망
anchovy boat seine net (어)(자) 멸치권현망
anchovy lift net (어) 멸치들망
anchovy sauce (식) 멸치액젓
anchovy scoop net (어)(자) 멸치챗배그물
anchovy small set net (어) 멸치소대망
andom sample (식) 임의표본

androgen (식) 안드로겐
androgenesis 웅성발생
anemometer 풍력계, 풍향풍속계
aneroid barometer 아네로이드기압계
angel shark (식)(양)(어)(자) 전자리상어
angelfish (식)(양)(어)(자) 두동가리돔
angiotensin-Ⅰ converting enzyme (ACE) (식) 안지오텐신 전환 효소
angle meter (어)(항) 각도계
angle of attack (어) 진행각도(영각)
angle of declination (어) 이각 (식) 편각
angle of incidence (어)(항) 입사각
angle of inclination (어)(항) 경사각
angler (어) 낚시꾼, (식)(양)(어)(자) 아귀
angling (어)(자) 낚시
angling bait (어)(자) 낚시미끼
angling fishing gears (어)(자) 낚시어구류
angling fishing method (어)(자) 낚기어법
angling gear 조어구
angling mechanism (어) 조획기구
angling worm (어)(자) 낚시용지렁이
angular displacement 각변위
angular distance 각도거리
angular frequency 각주파수
angular momentum 각운동량
angular spreading 각전파
angular spreading factor 각전파요인
angular transformation 각도변형
angular velocity 각속도
anhydride 무수물, 경석고
anhydrous crystalline glucose (식) 무수결정포도당
animal by-product feed (양) 동물성 사료
animal exclusion theory 동물배제론
animal fats (양) 동물성 지방
animal fiber (어) 동물섬유
animal food (식) 동물성식품
animal protein (식) 동물성단백질
animal protein feed (양) 동물성 단백질사료
animal virus (식) 동물바이러스
anion (식) 음이온
anion exchange (식) 음이온교환
anion exchange resin (식) 음이온교환수지
anisotropy 비등방성
anlsogamous 이형접합의
annelidan 환형동물의
annelids 환형동물
announcement of economic zone 경제수역선포
annual anomaly (식) 연간편차
annual catch (어)(식) 연간어획량
annual cyclic behaviour (어) 연주기행동
annual growth 주년성장
annual inequality 연주부등, 연차부등성
annual life cycle (식)(어) 생활년주기
annual production mean earning (어)(자) 평년수익액
annual production value 평년수익액
annual range 연교차
annual ring (양) 나이테(비늘)
annual spawning curve (식)(어)(자) 연간산란량곡선
annual variation (식)(어)(자) 연변화
annual yield (식)(어) 연간어획량
annulus 체환

anode 산화전극 (식) 양극
anodic reaction (식)(어) 양극반응
anomalistic tide cycle 이상조류순환
anomaly 예년변화, 이상변동치
ANOVA (analysis of variance) (식) 분산분석
anoxia 무산소 , 산소결핍증
anoxic 무산소상태
anoxidation 무산소화
anserine (식) 안세린
antagonism (식) 길항작용
antagonist (식) 길항물질 (식) 길항제
antagonistic effect (식) 길항효과
Antarctic krill (식)(어) 남극크릴
Antarctic Ocean (식) 남극양
Antarctica 남극대륙
antenna 더듬이, 안테나
antennal scale 촉각비늘, 촉각인편
antennule 소촉각
anterior chamber 전안방
anterior naris 전비공
anterior view 전면도
anthelminthic (식) 구충제
antherozoid 웅성배우자
anthocyanin (식) 안토시아닌
antiaging agent (식) 노화방지제
antibacterial action (식) 항균 작용
antibacterial component (식) 항균성 성분
antibiosis (식) 항생작용
antibiotic (식) 항생제, 항생물질
antibody (식) 항체
anticaking agent (식) 케이킹 방지제
anticancer drug (식) 항암제
anticarcinogen (식) 항암물질
anticarcinogenicity (식) 항암성
anticline 배사구조
anticlockwise 반시계방향의
anticorrosion (양) 방식
anticorrosive paint 방식페인트
anticyclone (어) 고기압
anticyclonic (어) 고기압성의
antidepressant (식) 항우울증
antifoamer (식) 소포제
antifouling paint (식) 방오도료
antifreeze proteins (식) 내동성단백질
antigen (식) 항원
antigen-antibody reaction (식) 항원항체반응
antihistamine (식) 항히스타민제
antihypertensive drug (식) 혈압강하제
antihypertensive peptide (식) 혈압강하펩타이드
antiinflammatory activity (식) 항염증활성
antimicrobial activity (식) 항균활성
antimicrobial agent (식) 항균제
antimicrobial compound (식) 항균화합물
antimicrobial effect (식) 항균효과
antimicrobial packaging film (식) 항균포장필름
antimutagen (식) 항돌연변이유발원
antimutagenic substance (식) 돌연변이억제물질
antinutrient factor (양) 항영양인자
antioxidant (식) 산화방지제 (식) 항산화제
antioxidative effect (식) 산화방지효과
antiphlogistic method (식)(양) 소염법
antipolarity 역극성
antiseptics (식) 보존료

antiserum (식) 항혈청
antithrombotic peptide (식) 혈전억제 펩타이드
antitoxic (식) 항독소의
antitoxin (식) 항독소
antitumor active substance (식) 항종양활성물질
antitumor activity (식) 항암활성
antitumor agent (식) 항암제
antitumor effect (식) 항암효과
antiulcerous component (식) 항궤양성성분
antivitamin (식) 항비타민
antizoea 엔티조에아
antizoeal stage (양) 안티조에아유생단계
anto-rolling tank 안정수조
anus 항문
AOU (apparent oxygen utilization) 겉보기산소소비량
aperiodic motion 비주기성운동
aperiodic oscillation 비주기성진동
apertural face 개구면
aperture 개구, 구경
aphelion 원일점
aphotic zone 무광대, 무광층
apod 무족동물
apodal 무족의
apoenzyme (식) 아포효소
apogean tidal current 원지점조류
apogean tide 원지점조석
apogee 원지점
apparent biomass 겉보기자원량
apparent course 시침로
apparent dissociation constant 겉보기해리상수
apparent force 겉보기 힘
apparent horizon 시수평
apparent midnight 시자정
apparent noon 시정오
apparent slip ratio 외관상실각률
apparent solar day 시태양일
apparent solar time 시태양시
apparent velocity (식) 겉보기속도
appearance (식) 겉모양 (식) 외관
appendage 부속기
appendicularian 아펜디큘라리아
apprentice (어)(항) 실습생
apprentice engineer (어)(항) 기관부실습생
apprentice officer (어)(항) 갑판부실습생
approximate lowest low water 약최저저조면
approximate value (식) 근사치
approximation (식) 근사
aqua scooter 수중스쿠터
aquacade 수상쇼
aquaculture (식) 수산양식
aquaculture management (식) 양식경영
aquaculture organism (식) 양식생물
aquaculture standard water (양) 양식수질기준
aquafarm 어패류양식장
aqualung 수중호흡기, 잠수용수중호흡기
aquanaut (양) 잠수기술자
aquarium (양) 수생동식물양식수조
aquarium fish (양) 관상어
aquatic (식) 수생의 (식) 수산동식물
aquatic animals (양) 수중동물

aquatic bioassay (식) 수중생물검정
aquatic biotoxin (식) 수중생물독소
aquatic ecosystem (식) 수중생태계
aquatic food organism (식) 수산먹이생물
aquatic fungi (식) 수생균
aquatic life (식) 수서생물
aquatic mammals 수생포유류
aquatic organism (식) 수산생물 (양) 수산동식물
Aquatic Organism Disease Management Act (식) 수산생물질병관리법
aquatic phycomycetes (식) 수생조균류
aquatic resource management (식) 수산자원관리
aquatic sports 수상스포츠
aqueous solution (식) 수용액
aquifer 대수층, 함수층
arabesque greenling (식) 임연수어
arabia gum (식) 아라비아검
arabinose (식) 아라비노스
arachidonic acid (식) 아라키돈산
archaeogastropoda 고복족류
archerfish 물총어, 사수어
archipelagic apron (양) 도변
archipelago 다도해 (양) 군도
Arctic 북극
Arctic circle 북극권
Arctic lamprey (식)(양)(자) 칠성장어
arenaceous diatom 사질성규조류
areolation 소공형성
argentines 샛별과어류
argillaceous 이질성
arginine (식)(양) 알기닌
Argos drift 위성추적부표
arid belt(arid zone) (양) 건조대
arithmetic mean method (식) 산술평균방법
armor 동식물방호기관
armpit 겨드랑이, 옆구리
aroma (식) 방향, (식) 향
aromatic (식) 방향족
aromatic agent (식) 방향제
aromatic alcohol (식) 방향족 알코올
aromatic aldehyde (식) 방향족 알데하이드
aromatic amino acid (식) 방향족 아미노산
aromatic carboxyl acid (식) 방향족 카르복실산
aromatic compound (식) 방향족 화합물
aromatic hydrocarbon (식) 방향족 탄화수소
arrangement of coiling rope(arrangement of rope) 줄사리기
arrangement plan 배치도
arrival in port 입항
arrow crab 화살게
arrow root (식) 칡뿌리
arrow starch (식) 칡녹말
arrow worm 화살벌레
arsenic (As) (식)(양)(어)(자) 비소
arsenic poisoning (식) 비소중독
arteriosclerosis (식) 동맥경화 (식) 동맥경화증
arthropod (식) 절지동물
article of consumption 소모품
articulation (식) 관절
artificial agar (식) 과학한천, (식) 공업한천, (식) 인공해조

artificial bait (식)(어) 인공미끼
artificial bate 인공탈회제
artificial drying (양) 인공건조
artificial feed 인공사료
artificial fertilization 인공수정
artificial fish reefs (어)(자) 인공어초
artificial fly 모침
artificial formation of algal bed (artificial formation of seaweed bed) 해조장조성
artificial hatching and plantation 인공부화방류
artificial incubation 인공부화
artificial insemination 인공수정
artificial pearl (식) 모조진주
artificial sea water 인공해수
artificial seed 인공종묘
artificial seed production 인공종묘생산
artificial shelter 인공은신처
artificial sweetener (식) 인공감미료
artificial upwelling 인공용승
artisanal fisheries household management (어) 영세어가경영
As (arsenic) (식) 비소
asbestos (식) 석면
ascension 상승
ascidian (식) 멍게 (식) 우렁쉥이
ascorbic acid (식) 아스코르빈산
asepsis bacteria free (식) 무균
aseptic culture (양) 무균배양
asexual generation (식) 무성세대
asexual reproduction (식) 무성생식
asexual spore (식) 무성홀씨
ash (식) 회분
ash content (식) 회분함량
ashing (식) 회화
ashore 해안으로
Asiatic rice fish (식)(양)(자) 송사리
ASP (amnesic shellfish poison) (식)(양) 기억상실성 패류독
asparagine (식)(양) 아스파라긴
asparagus (식) 아스파라거스
aspartame (식) 아스파탐
aspartic acid (식)(양) 아스파르트산
aspect ratio 가로세로비, 종횡비
Aspergillus oryzae (식) 황국균
aspinose 무극의
asporogenous yeast 무포자효모
assimilation (식) 동화
assimilation coefficient (식) 동화계수
assimilation number 동화수
assorted feed (식)(양) 배합사료
astaxanthin (식) 아스타산틴
astern anchoring 후진투하법
astringent taste (식) 떫은맛
astronomical position 천문위치
astronomical tide 천문조석
astronomy 천문학
asymmetry (식) 비대칭
asymptotic 점근
asymptotic growth model 점근석적성장모델
asymptotic regression 점근회귀
atimulation time 자극역시
Atlantic common mackerel 대서양산고등어
Atlantic north-west fishing ground 대서양북서부어장
atlas (양) 지도첩
atmospheric pressure (식) 대기압
atoll reef 환상산호초

atom (식) 원자
atomic absorption spectrometer (식) 원자흡광분광광도계
atomic absorption spectrometry (식) 원자흡광분광광도법
atomic number (식) 원자번호
atomic symbol (식) 원자기호
atomic weight (식) 원자량
ATP(adenosine triphosphate) (식) 에이티피, 아데노신삼인산
atrium 심방, 위총강
attached algae (식) 부착조류
attached animal 부착동물체
attached bacteria (식) 부착세균
attached diatom 부착성규조
attached egg (식) 부착란
attached harmful organism 부착성해적생물
attached spat 부착치패
attaching repellent compounds (양) 기피물질
attaching shackle 결착용섀클
attenuation 감쇠
attenuation coefficient 감쇠계수
attenuation loss 감쇠손실
attractant (식)(어) 유인물질
attracting (식)(어) 유인
attracting fish lamp 집어등
attraction plate 유인판
auction 경매
audible frequency (어) 가청주파수
auditory nerve (어) 청신경
auditory organ (어) 청각기관
auditory tentacle 청각촉수
aural null 소음점
auramine 아우라민
auricularia larva 오리큘라리아유생
aurora 극광
austausch coefficient 교환계수
austral 남쪽의
autecology 개생태학
authigenic 자생성, 자생의
autoanalyser (식) 자동분석기
autocatalytic oxidation (식) 자기촉매적산화반응
autochthonous 토착성, 현지성
autoclave (식) 고압증기살균기 (식) 오토클레이브
autocontrol refrigeration system (식) 자동제어냉동장치
autocorrelation 자기상관
autodigestic method (식) 자가소화법
autogenic plankton 자생적플랑크톤
autograph universal testing machine 자기식만능시험기
autolysin (식) 자가소화효소
autolysis (식) 자가소화
autolytic enzyme (양) 자가소화효소
automatic angling machine (어) 자동조획기
automatic bait feeder (식) 자동사료공급기, (양) 자동급이기
automatic biurette (식) 자동뷰렛
automatic cutter (식) 자동절단기
automatic feeder (양) 자동급이기
automatic feeding machine (양) 자동사료공급기
automatic frequency control circuit 자동주파수제어회로
automatic mooring winch 자동계선윈치
automatic plankton sampler 자동부

유생물채집기
autonomic reflex (양)(어) 무조건반사
automatic tide gauge 자동검조기
autopelagic plankton 영구표층플랑크톤
autopilot (어)(항) 자동조타
autopilot system (어)(항) 자동조타장치
autopollution (식) 자가오염
autoproteolysis (식) 자기단백분해
autotomy 자절
autotrope (식) 독립영양, 독립영양체
autotrophic (양) 독립영양성
autotrophic bacteria (식) 독립영양세균
autotrophic organism (식) 독립영양생물
autotrophic plant 독립영양식물
autotrophism (양) 독립영양, 독립영양체
autotrophy (식) 독립영양, (식) 독립영양체
autoxidation (식)(양) 자동산화
autoxidation mechanism (식) 자동산화기구
autumn bloom 추계대번식
autumn equinoctical period 추분기
auxiliaries (어) 보조기계
auxiliary data (식)(양) 보조자료
auxiliary engine (식) 보조기관
auxiliary fishing gears (어) 보조어구, (어) 부어구
auxiliary generator (어) 보조발전기
auxiliary light (어) 부등
auxiliary rope (어) 보조줄
auxiliary sailing ship (어) 기범선
auxiliary thermometer (식) 부온도계
auxospore 증대포자
auxotroph 영양요구체
availability (식) 유용도 (식) 유효도
available chlorine (식) 유효염소
available energy (식) 가용에너지, (식) 유효에너지
available horse power (식)(어) 유용마력
available stock (어)(자) 가용자원
available stock abundance (어)(자) 이용가능자원량
average (식) 평균
average annual catch (식)(어)(자) 연간평균어획량
average annual yied (식)(어)(자) 연간평균어획량
average depth (식) 평균수심, (식) 평균심도
average error (식)(양)(어)(자) 평균오차
average ice extent 평균결빙한계선
average production (식)(어) 평균생산량
average value (식) 평균치
average variability (식) 평균변동율
average velocity (식) 평균속도
avian influenza(AI) (식) 조류인플렌자
avitaminosis (식) 비타민 결핍증
avoidance behaviour (양) 도피행동
axial (식) 축방향
axial distribution (식) 축분포
axonic 무생대
axopodium 유축위족
azeotropic mixed refrigerant (식) 공비혼합냉매
azimuth (항) 방위
azimuth angle (항) 천체방위각

azimuth circle (항) 방위권, 방위환
azimuthal projection (항) 방위도법
azocasein (식) 아조카제인
azoic water 무생물수층
azoic zone 무동물대, 무생대의

B

baby clam (식)(양)(어)(자) 바지락
baby clam sheller (양)(어) 바지락탈각기
bacillus (식) 간균 (식) 바실러스
Bacillus subtilus (식) 고초균
back bay (양) 내만
backbone (식) 등뼈
backcast (어) 뒤로던지기(낚시)
backface angle (어) 후면각
backing power (어) 후진력
back reef 후거초
back rush 인파
back slope 배면경사, 후부경사
back titration (식) 역적정
backscattering 후방산란
backshore 배안
backwash 뒷물결
backwind 역풍
bacteolysis (식) 용균작용
bacteria (식) 박테리아, 세균(복수)
bacterial contamination (식) 세균오염
bacterial disease 세균병 (식) 세균성 질병
bacterial flora (식) 세균상
bacterial food (식) 세균오염식품
bacterial food poisoning (식) 세균성 식중독
bacterial gill disease 세균성아가미병
bacterial toxin (식) 세균독소
bacteriocidal antibiotics (양) 살균제
bacteriological evaluation of freshness (식) 세균학적 선도판정법
bacteriological examination (식) 세균 검사
bacteriological quality (식) 세균학적 품질
bacteriology (식) 세균학
bacteriostasis (양) 정균작용
bacterium (식) 세균(단수)
bag net 몸그물 (어)(자) 자루그물
bait (어)(식) 미끼
bait box (어) 미끼통
bait cutter 미끼절단기
bait fish 미끼용 벌레
bait-plankton 먹이플랑크톤
bait worm (어)(자) 미끼용 벌레
baiting (어) 등판
baker 연어용 모조낚시
balance (식) 저울
balance load (식) 평형부하
balance type hook (어) 보채낚시
balanced feed (식) 균형사료
balancing bellow 평형주름통
baleen 수염
baleen plates 고래수염판
ball mill (식)(양) 볼밀
ball type net hauler (어) 볼형양망기
ballast 바닥짐, 밸러스트
ballast tank 밸러스트탱크

ballistospore yeast 사출홀씨효모
balloon fish 가시복
balloon type shrimp trawl (어) 기구형 새우트롤
bamboo (식)(어) 대나무
bamboo blind (식) 대발
bamboo pot (식)(어) 대통발
bamboo salt (식) 죽염
bamboo screen (식) 대나무, 대나무발
bamboo screen labyrinth (어)(자) 어전
bamboo screen pound (어)(자) 죽방렴
banana sailfin (식)(양)(어)(자) 돛새치
band cap (식) 밴드캡
band cap bottle (식) 밴드캡병
band rope (어) 고리줄
band shear (어)(자) 파대역
band width 대폭, 띠폭, 파대역
bandwidth 대역폭
bank 퇴
bar roller 가로롤러
barb (어) 미늘(낚시)
barbel 물고기수염
barge 거룻배
barker (양) 군성숙곡선 (양) 박편 (양) 박피기
barometer (식) 기압계
barometric effect 기압효과
barophilic (식) 호압성
barophilic bacteria (식) 호압세균
barophobic 혐압성
barracudas 꼬치고기과 어류
barrel buoy 통부자
barrier (식)(어) 장벽
barrier net (어) 헛통
barrier reef 보초
barrier sand bar 연해사주
barriers (어) 장벽함정류
barriers traps (어)(자) 장벽함정류
basal body 기저소체
basal diet 기본먹이
basal metabolic rate (식) 기초대사율
basal metabolism (식) 기초대사
basal plane 기저면
basal plate 기절판
base (식) 염기
base box (식) 베이스 박스
base course (양) 기층
base level 기면
base net (어) 밑그물(까래)
base twist (양)(어) 밑꼬임
baseline (식) 베이스라인, (식) 기준라인
baseline of the territorial sea 영해기선
basement 기저, 기초
basement depth 기반수심
basement membrane 기저막
basic (식) 염기성
basic design (양) 기본설계
basic flow 기본류
basic system 기본계
basin 내만, 분지
basipodite (양) 기절
basipodite 원도래마디
basis (양)(자) 밑마디
basket (어) 광주리
basking shark (식)(양)(어)(자) 고래상어
bastard halibut (식)(어) 광어 (식)(어) 넙치
batch culture (식) 비연속 배양
batch type (식) 배치식, (식) 비연속식
bathyal (양) 반심해성
bathybenthic zone 상부심해저서대
bathybenthos 심해저서동물

bathycurrent 심해류
bathyelagic (양) 반심해원양성
bathymeter (식)(어) 측심기
bathymetric (식) 수심의
bathymetric chart 수심도, 해저지형도
bathymetric limits 수심한계
bathymetric trend 수심경향
bathymetry (어)(자) 수심
bathypelagic 대양반심해의
bathypelagic egg (양) 중심층부성란
bathypelagic fish 대양심해어, 반심해원양성어류
bathypelagic plankton 심층성부유생물
bathypelagic sea 점심해
bathypelagic zone 상부심해표영대
bathyphotometer 심해광도계
bathysphere 구형잠수기
battering (식) 배터링
bay 만
bay deltas 만삼각주
bay top shell (식) 골뱅이
Bayesian analysis 베이시안분석
bayfront 만안부
bayou 완류
beach 해빈
beach erosion 해안침식
beach flea 갯벼룩
beach front 비치프론트
beach park 해빈공원
beach seine (어) 지인망
beach seine net (어)(자) 지인망
beach wrack 표착해조
beacon 입표
beak 부리
beaker (식) 비커
beam (식) 빔
beam angle (어) 지향각
beam calibration 전파보정
beam shrimp trawl (어) 빔식새우트롤
beam tide 옆조류
beam trawl 빔트롤 (어)(자) 비입트론
beam width (어) 빔폭
beam wind 옆바람
bean sprout (식) 콩나물
beard (어) 미늘(낚시)
bearing compass 방위측정용 콤파스
bearing finding equipment 방위측정설비
beat 맥
beating 맥놀이
Beaufort's wind scale 보퍼트풍력계급
beauty foods (식) 미용식품
bed load 밑점
bed rock 기반암
beef (식) 쇠고기
behavior (어)(식) 행동, 행태
behavior of fish school (어) 어군행동
behavior range (어)(자) 행동권
behavioral characteristics of target fish (어) 목표어행동특성
behavioral responses (식)(어) 행동반응
beheading (식) 두부제거
beheading machine (식) 두부절단기
behind propeller efficiency 선후추진기효율
belly (어)(자) 밑판 (식) 복부
belly protect net (어)(자) 밑판보호망
belt conveyer (식) 벨트 컨베이어
bencher 노젓는 사람
bend (어) 결색, 결삭
bending strength (어) 굴곡강도

bending stress (어) 굽이응력
bends 잠수병
beneficial microorganism (식) 유용미생물
benthic (식) 저서성
benthic algae 고착조류
benthic animal (식) 저서동물
benthic chamber 저생상자
benthic community (식) 저서군집
benthic diatoms 저서규조류
benthic division 저서구
benthic ecosystem (식) 저서생태계
benthic fauna 저서동물상
benthic feeder 저서섭식자
benthic fish (식) 저서어족
benthic invertebrates (식) 저서무척추동물
benthic organism (식) 저서생물
benthic plankton (식) 저서성부유생물
benthos 저생생물
benthos feeder 저서생물포식어
benzen (식) 벤젠
benzen ring (식) 벤젠링
benzoic acid (식) 벤조산 (식) 안식향산
benzopyrene (식) 벤조피렌
Bering Sea (식)(어) 베링해
berth (어)(항) 정박지
Bertrand method (식)(양) 버트란트법
best estimator 최적추정량
betaine (식) 베타인
bevel gear 베벨기어
BH (body hook) length (식) 바디훅길이
BHA (butylatld hydroxyanisole) (식) 비에이치에이
BHT (butylatld hydroxytoluene) (식) 비에치티
bias correction (식) 편차보정
bias cut (어) 사단법
biased sample 편기표본
bicarbonate (식) 중탄산염
bid 입찰
biennial oscillation 격년주기운동
bifid 이열치
bifurcation 분기
big eyed herring (식) 밴댕이
bigeye tuna (식)(어) 눈다랑어
bigeyes (식)(양)(어)(자) 뿔돔과어류
bight 개만
bilateral symmetry 좌우대칭
bile (식) 쓸개즙
bile acid (식) 쓸개즙산
bile pigment (식) 담즙색소
bilge 빌지
bilge compartment 침수구획
bilge pump 빌지배출
bilge well 빌지웰
bill of clearance (어)(항) 출항신고서
bill of entry (어)(항) 통관신고서
bill of loading(BL) (항) 선하증권
bilogical test (식) 생물학적검사
bimodal distribution (식) 양봉분포
binary 이진법의
binary number 이진수
binding method (식) 결속법
binomial coefficient (식) 이항계수
binomial distribution (식) 이항분포
binomial nomenclature (식) 이명법
binomial test (식) 이항검정
bioaccumulation (식) 생물농축, (식) 생물체내농축, (식) 체내축적
bioacoustics 생체음향학
bioassay (식)(어)(자) 생물검정

biochemical oxygen demand (BOD) (식) 생화학적산소요구량
biochemical polymorphism 생화학적다형
biochemistry (식) 생화학
bioclock 생체시계
biocoenosis 생물군집
biocycle 생물순환
biodegradability (식) 생분해성
biodegradation (식) 생물분해
biodiversity (식) 생물다양성
bioenergy (식) 바이오에너지
bioengineering (식) 생체공학
biofacies 생물상
biofeed (식) 생사료
biofood (식) 바이오식품
biofouling 생물오손
biogenesis 생물발생, 생체내합성
biogenic (식) 생물기원의
biogenic amine (식) 바이오제닉아민
biogenic deposit (식) 생물기원퇴적물
bioindustry (식) 바이오산업
biolimiting 생물제한적
biological active substance (식) 생리활성물질
biological assay (식)(어)(자) 생물검정
biological chemistry (식) 생물화학
biological clock 생체시계
biological digestion (식) 생물학적소화
biological disease 생물학적질병
biological factor (식) 생물적요인
biological filter (식) 생물학적여과
biological filtering system (식) 생물여과 시스템
biological filtration (양) 생물학적여과
biological half-life 생물학적반감기
biological indicator 생물지표
biological indicator species (식) 생물지표종
biological minimum size (어)(자) 생물학적최소형
biological objectives 생물학적 목적
biological oceanography 생물해양학
biological oxidation (식) 생체산화
biological oxygen demand(BOD) (식) 생물학적산소요구량
biological polar distribution 생물극성분포
biological processes (식) 생물학적 과정
biological production (식) 생물생산량
biological reference point (식) 생물학적 기준점
biological system (식) 생물시스템
biological test (양) 생물학적 검사
biological treatment (식) 생물학적 처리
biological treatment of wastewater (식) 생물학적 폐수처리
biological unit (식) 생물학적 단위
biological waste water treatment (식) 생물학적 폐수처리
biological zero 생물학적영점
biology (식)(어)(자) 생물학
bioluminescence (식)(양) 생물발광, 생체발광
bioluminescent display 생체발광현시
biomagnification (식)(양) 생물증폭
biomass (식)(어)(자) 바이오메스, (식)(어)(자) 생물량, 생체량
biomass dynamics model (식)(자) 생체량 역학모델

biome 생물군계
biometer (식) 생물이용환경측정
biometry (식) 생물통계
bionics (식) 생체공학
biopolymers (식) 생물고분자
biopreservation 생물적보장
bioreactor (식) 생물반응기
biosea water 생해수
biosection 생물절편
biosensor (식) 바이오센서
bioseries 생물진화계열
biospeleology 동굴생물학
biosphere 생물권
biostatistics (식) 생물통계학
biosynthesis (식) 생합성
biota 생물상
biotechnology (식) 생물공학
biotic community (식) 생물군집
biotic community structure (식) 생물군집구조
biotic succession 생물천이
biotin (식) 비오틴
biotope 소생활권
bioturbation 생물교란
biotype 생물형
bipinnaria larva (양) 비피나리아유생
bipolarity (식) 양극성
biramous 이지형
birth rate 출산율
bisected (식) 이등분한
biserial 이열각
bisphenol (식) 비스페놀
bitter compound (식) 쓴맛 화합물
bitter peptide (식) 쓴맛펩타이드
bitter substance (식) 쓴맛물질
bitter taste(bitterness) (식) 쓴맛
bittern (식) 간수
biuret (식) 뷰렛
biuret reaction (식) 뷰렛 반응
bivalve (식)(양) 이매패
BL(bill of loading) (항) 선하증권
BL(body length) (식) 비엘, (식) 바디길이
black barnacle (식) 따개비
black cod 은대구
black fish 둥근머리돌고래
black kingfish (식)(양)(어)(자) 날쌔기
black mud 흑니색
black pine 검은 솔
black porgy (식)(어)(양) 감성돔
black scraper (식)(어) 말쥐치
black small red bean (식) 검은팥
black tassel 검은 수염
blackbeard (양) 검은 수염
blackened canned foods (식) 흑변통조림
blackening (식) 흑변
blackfish (양) 등지느러미고래
blackmouth goose fish (식)(양)(어)(자) 아귀
bladder kelp (양) 기포해조
bladder worm disease 난충병
blade 엽상
blance sheet of food (식) 식료수급표
blanched and salted sea mustard (식) 데친간미역
blanching (식) 블랜칭 (식) 데치기
blank (식) 바탕값
blank test (식) 공시험
blanket nets 다척들망류
blastopore 원구
blastula 포배
blastula stage 포배기

bleaching (식) 표백
bleaching agents (식) 표백제
bleaching powder (식) 표백분
bleeder (식) 블리더
bleeding (식) 방혈 (식) 탈혈 (식) 출혈
blended soy sauce (식) 혼합간장
blending (식)(양) 혼합
blind rollers 큰너울
blister 기포
blister wrack 기포해조
block freezing (식) 블록동결
block shackle (어) 블록섀클
block type net hauler (어) 블록형양망기
blockade 봉쇄
blood (식) 혈액
blood coagulation (식) 혈액응고
blood coagulation factor (식) 혈액응고인자
blood flow (식) 혈류
blood glucose level (식) 혈당량
blood meal (식) 혈어분
blood pigment (식) 혈액색소
blood pressure (식) 혈압
blood protein (식) 혈액단백질
blood sugar (식) 혈당
blood sugar test (식) 혈당검사
blood test (식) 혈액검사
blood vessel (식) 혈관
blood volume (식) 혈액량
blooming 대발생
blotched eelpout (양) 등가시치
blowhole 분수공
blowing spray 날린물보라
blubber 지방층
blubber oils 해수유
blue (식) 청색
blue belt (식)(어)(양) 청정해역
blue discoloration (식) 청변
blue-green algae (식) 남조류
blue meat (식) 청변육
blue mud (식) 청니
blue pointer 청상아리
blue shark (식) 청새리상어
blue spotted boxfish (식)(양)(어)(자) 거북복
blue-spotted snapper (식)(양)(어)(자) 물통돔
blue-striped runner (식)(양)(어)(자) 참치방어
blue tide 청조
blue water 대해원
bluefin searobin (식)(양)(어)(자) 성대
bluefin tuna (식)(어) 참다랑어
bluegill 블루길
BM(bench mark) 수준점
boarding (항) 승선
boarfish (식)(양)(어)(자) 황줄돔
boat (어) 단정
boat dredge (어) 배틀방그물
boat drill (어) 보트훈련
boat seine (어) 배후리, (어) 선인망 (어)(자) 방
boat seine of drawers type (어) 파치망
boat seining (어) 방
bob 낚시뚱
bobbin (어) 보빈
BOD (biochemical oxygen demand) (식) 생화학적산소요구량
BOD (biological oxygen demand) (식) 생물학적산소요구량
body cavity 체강

body composition (식) 체조성
body fat (식) 체지방
body force 체력
body heat production 인체발생열량
body height (식)(어)(자) 체고
body hook (식) 바디훅
body hook length (BH length) (식) 바디훅 길이
body length (BL) (식)(어)(자) 체장
body length analysis (식)(어)(자) 체장분석
body length composition (식)(어)(자) 체장조성
body length limitation (식)(어)(자) 체장제한
body length measurement (식)(어)(자) 체장측정
body length variation (양)(자) 체장변이
body net (어) 몸그물, 자루그물
body whorl 큰나선고리
body width (식) 체폭
boiled (and) dried abalone (식) 마른전복
boiled (and) dried anchovy (식) 마른멸치
boiled (and) dried cartilage (식) 명골
boiled (and) dried fish (식) 자건어
boiled (and) dried fusiforme (식) 자건톳
boiled (and) dried oyster (식) 마른굴
boiled (and) dried products (식) 자건품
boiled (and) dried sea cucumber (식) 마른해삼
boiled (and) dried shark fin ray (식) 마른상어지느러미
boiled (and) dried shellfish (식) 마른조개
boiled (and) dried shrimp (식) 마른새우
boiled, roasted and dried products (식) 자배건품
boiled, roasted and dried skipjack tuna (식) 자배건가다랑어
boiler (식) 보일러
boiling (식)(양) 자숙
boiling and expressing (식) 자숙압착
boiling point (식) 끓는점 (식) 비등점
bollard (양)(어)(항) 계선주
bollard pull (어)(항) 계류예인력, 계선주
bonded warehouse 보세창고
bonding webbing (어) 접착망지
bone (식) 뼈, 뼈대
bone density (식) 뼈밀도
bone glue (식) 뼈아교
bone meal (식) 골분 어분
bone oil (식) 뼈유
bongo net 봉고네트
bonification 다산성측정
bonito (어)(자) 가다랑어
bonny fish toleost (식) 경골어류
book gill 서새
book lung 갈피허파
boom 붐, 짐대
border (양) 가장자리
boreal 북방의
borealplankton 한냉성부유생물
borer (식)(양)(어)(자) 먹장어
boric acid (식) 붕산
boring 시추
boring animal 천공성동물
boring mud (양) 굴삭니
borrowed money 차입자본
boss ratio (어) 보스비
both eye vision (어) 양안시

both sides fyke net (어) 이각망
both sides pound net (어) 양낙망
bottling (식) 병조림
bottom composition (어) 저질
bottom current 저층류
bottom deposit 저층퇴적물
bottom fish (어)(자) 저서성어류
bottom fishery (어) 저층어업
bottom flow 저층류
bottom fouling 선저부착물
bottom gill net (어) 바닥자망, 저자망, 저층걸그물
bottom layer (어) 저층
bottom long line (어)(자) 층주낙, 땅주낙
bottom long-line fishing (어) 저층연승어업
bottom material (양) 저질
bottom net (어) 까래
bottom otter trawl (어) 저층오타트롤
bottom paint (어) 선저도료
bottom pair trawl (어)(자) 쌍끌이기선저인망
bottom pound net (어) 저층낙망
bottom sampler (어)(자) 채니기
bottom set gill net (어) 바닥고정걸그물, 저층고정걸그물
bottom slab (양) 밑판
bottom structure (어) 선저부구조
bottom temperature (어) 저층수온
bottom tracking 저층추적
bottom trawl (양) 저층트롤 (어)(자) 저인망
bottom trawl with two boats 저층쌍끌이트롤
bottom trawling (어) 저층예망어법
bottom trawls (어) 저층끌그물류
bottom water 저층수
botulinus toxin (식) 보툴리누스독소
botulism (식) 보툴리눔 식중독
Boudelot type cooler (식) 부들로냉각기
boulder 거력
boulder barricade 큰자갈방책
bound water (식) 결합수
boundary 경계
boundary condition 경계조건
boundary current 경계류
boundary distance 경계거리
boundary layer 경계층
boundary surface 경계면
boundary velocity 계면속도
bourdon tube (식) 버어돈관
bovine serum albumin (식) 소혈청알부민
bow 뱃머리 (어)(자)선수
bow line (어)(항) 선수줄
bow rudder (어)(항) 선수타
bow thruster (어)(항) 선수프로펠러
bow wave 선수파
bower anchor (어)(항) 선수닻
box corer 박스주상채니기
brachiopod 완족류
bracket (어) 멍에, 브라켓
brackish 기수성
brackish fish (양) 기수어
brackish lake (양) 기수호
brackish plankton 기수성부유생물
brackish water 기수, 담함수
brackish water basin 기수역
brackish water fish (식) 기수어
brackish water fishery (어) 기수어업
brackish water zone (양) 기수역

bract 포엽
brake horse power (어) 제동마력
branch line (어) 가짓줄, 아릿줄
branchia (식) 아가미
branchial cavity 새강
branchial ciliary movement 아가미섬모운동
branchial pore 새공
branchial septum 아가미격막
branchiopoda 새각류
branchiostegite 덮개판
branding 낙인찍기
breach 고래의 도약
bread stick (식) 빵가루 묻힌 스틱
breaded (식) 브레디드
breaded fish (식) 브레디드 피쉬
breakage (식) 파손
breakdown test 내구시험
break-even point 손익분기점
breaking current (양) 차단전류
breaking elongation (식)(어) 파단신장도
breaking strain (식)(어) 파단응력
breaking strength (식)(어) 파단력
breakwater 방파제
breast purse seine (어) 깃조임줄
breeding (어)(자) 번식
breeding fish (식) 알밴물고기
breeding ground (어)(자) 번식장
breeding migration (어)(자) 산란회유
breeding place (양)(어)(자) 번식장
breeding pond (양) 양어지
breeding season (식)(어)(자) 산란기, 번식기
breeze 미풍
bridge (어)(항) 선교
bridge deck (어)(항) 선교갑판
bridle (어)(자) 갈랫줄, 고팡줄
bridle chain (어) 뒷줄
brightness sense 광각, 명암각
brine (식) 브라인, 소금물
brine agitator (식) 브라인 교반기
brine freezer (식) 브라인 동결장치
brine freezing (식) 브라인 동결(냉동)
brine injection (식) 염수주사
brine salting (식) 물간법
brink 벼랑물가
bristl 강모
bristle worm 갯지렁이
brit 작은정어리
brittle star 거미불가사리
brittleness (식) 부서짐성
brix (식) 브릭스
brix degree (식) 당도
broadbill (식)(양)(어)(자) 황새치
broad-leaved tree (식) 활엽수
broadside array 횡방배열
broker 객주
bromide 브로마이드
bromine(Br) (식) 브롬
brood chamber 육아낭
broodstock fish (양) 친어
broughton's ribbed ark (식)(양)(어)(자) 피조개
brown algae (식) 갈조류
brown croaker (식)(양)(어)(자) 민어
brown fishmeal (식)(양) 갈색어분
brown meat (식) 갈변육
brown mud 갈니
brown tube type fish finder 영상식어군탐지기
browning (식) 갈변

browning inhibitor (식) 갈변억제제
browning reaction (식) 갈변반응
Brucella (식) 브루셀라균
brush traps 덤불통발
bryophyte 선태류
BT (bathythermograph) 수심수온기록계
bubble (양) 기포
bubble pulse 기포펄스
bubble shell 물민챙이
bubble type fiber 발포섬유
buccal apparatus 구부장치
buccal mass 구구
buccal siphon 입수공
Buchner funnel (식) 뷰허깔때기
bucket dredger 버켓준설기
buckled can (식) 돌출변형관, 버클관
buckling (식) 돌출변형, 버클링
budding (식) 발아, 출아, 출아법
buffer action (식) 완충작용
buffer capacity (식) 완충능력
buffer solution (식) 완충(용)액
bulb (양) 인경
bulb shape (양) 구형, 구침
bulk strain 체적변형
bulkhead 격벽, 선미격벽
bulwark 뱃전
bumpback whale 곱사고래
bumper (어)(자) 풍어
bumper year (어)(자) 풍어년
bundle (식) 속
bundle line (어) 묶음줄
bunt (어)(자) 반디그물(어포부), 고기받이
bunt line (어) 머거리
buoy (어)(자) 부표
buoy light (어)(자) 부표등
buoyancy (buoyancy force) (어) 부력
buoyancy curve (어) 부력곡선
buoyancy effect (어) 부력효과
buoyant smoke signal (어)(항) 발연부신호
burger (식) 버거
burial at sea 수장
burning point (식) 발화점
burnt smell (식) 탄내
burrow 벌레구멍
burrower 잠입동물, 잠혈동물
burrowing behaviour 잠입행동
burrowing habit 잠복습성
burrowing organism 잠입생물
burst speed (양) 순간최대속도
bushi (식) 부시
butchering (식) 부처링
butterfish (식)(양)(어)(자) 병어
butterfly fish (식)(양)(어)(자) 쏠배감펭
butylated hydroxyanisole (BHA) (식) 비에이치에이
butylated hydroxytoluene (BHT) (어) 비에이치티
by catch (어)(자) 부수어획
by-products (식) 부산물
byssus 족사

C

C(carbon) (식)(양)(어)(자) 탄소
Ca(calcium) (식)(양)(어)(자) 칼슘
cabin (항) 객실
cabinet dryer (식) 상자형건조기, (식) 캐비닛 건조기
cabled yarn (어) 이중겹실
cabotage 연안무역
caccum 맹낭
cachalot 말향고래
cadmium (Cd) (식) 카드뮴
cadmium poisoning (식) 카드뮴중독
cadophore 배아경
caffeine (식) 카페인
cage culture (식) 가두리양식
cage farm (양) 가두리양식장
cage net (어) 가두리그물
caisson disease 잠수병
calcareous algae 석회조류, 석회성조류
calcareous coral 석회산호
calcareous sponge 석회해면
calcification (식) 석회화
calcium carbonate ($CaCO_3$) (식) 탄산칼슘
calcium chloride ($CaCl_2$) (식) 염화칼슘
calcium nitrate (식) 질산칼슘
calcium oxide (CaO) (식) 산화칼슘
calcium phosphate (식) 인산칼슘
calcium silicate (식) 규산칼슘
calcium sulfate ($CaSO_4$) (식) 황산칼슘
calcium (Ca) (식) 칼슘
calculation result (양) 계산결과
calibration (식)(어) 검정 (식) 보정
calibration curve (식) 검량선 (식) 검정곡선
calipers (식)(어) 캘리퍼스
calling port (양)(어) 기항지
calm 정온
calorie (식) 열량, 칼로리
calvet net 칼베트네트
calving grounds 분만장
calytopis 칼립토유생
camber ratio (어) 만곡도, 시고비
cambered otter board (어) 만곡형전개판
cambium layer 형성층
camouflage 위장
can (식) 관, 캔
can body (식) 관동, (식) 캔바디
can buoy (어) 통부표
can cover (식) 관뚜껑
can height (식) 관고, (식) 관높이
can mark (식) 관마크, (식) 캔마크
can opener (식) 관따개, (식) 통조림 따개
can seamer (식) 캔시머
can washer (식) 세관기
canalis caroticus 경동맥관
cancellate 망상의

cancer cell (식) 암세포
candling (식) 검란, 캔들링
cane molasses (양) 사탕수수 당밀
canned boiled crab (식) 게보일드통조림
canned boiled fish (식) 보일드통조림
canned boiled mackerel (식) 고등어보일드통조림
canned boiled oyster (식) 굴보일드통조림
canned boiled saury (식) 꽁치보일드통조림
canned boiled squid (식) 오징어보일드통조림
canned fish in oil (식) 기름담금어류통조림
canned fish in tomato sauce (식)(양) 토마토소스통조림
canned foods (식) 통조림(식품)
canned foods in oil (양) 기름담금통조림
canned mackerel fillet in oil (식) 고등어필렛기름담금통조림
canned oyster (식) 굴통조림
canned saury in tomato sauce (식) 꽁치토마토소스담금통조림
canned seasoned fish and shellfish (식) 어패류조미통조림
canned seasoned foods (식) 가미통조림
canned skipjack tuna in oil (식) 가다랑어기름담금통조림
canned smoked foods in oil (식) 훈제기름담금통조림
canned smoked oysters in oil (식) 굴훈제기름담금통조림
canned tuna in oil (식) 참치기름담금통조림
cannery (식) 통조림공장
cannibalism 공식, 동종포식
canning (식) 캐닝
canning equipment (식) 통조림장비
canola oil (식) 카놀라유
canopy shark (식)(양)(어)(자) 전자리상어
canvas (어) 범포
canvas type shearing device (어)(자) 범포식전개장치
canvas type stow net (어) 범포식안강망
cap (식) 캡, (식) 뚜껑
cape 갑, 곶, 포구
cape hake 남아민대구
cape horse mackerel 남아전갱이
capillary column (식) 모세관칼럼
capillary condensation 모관응축
capitalistic fishery (어) 자본가적어업, 자본제어업
capitulum 곤봉돌기
capitulum 두상돌기
capping (식) 캡핑
capsaicin (식) 캡사이신
capsosiphon 매생이
capstan (어) 캡스턴
capsule (식) 캡슐
capsule filler (식) 캡슐충전기
captacula 두사
captain (어)(자) 선장
captain's protest 해난증명서
capture (식)(어) 포획
caput (양) 두상돌기
carageenan gel (식) 칼라기난 겔
caramel (식) 카라멜
caramel colorant (식) 카라멜색소

caramelization (식) 카라멜화
caramelization reaction (식) 카라멜 반응
carapace 갑골, 두흉갑
carbohydrate (식) 탄수화물
carbohydrate bacteria (식) 탄수화물박테리아
carbon (C) (식) 탄소
carbon content (식) 탄소량
carbon dioxide (식) 이산화탄소
carbon fixation (식) 탄소고정
carbon monoxide (식) 일산화탄소
carbon source (식) 탄소원
carbonaceous sediment 탄산질퇴적물
carbonate alkalinity 탄산염알칼리도
carbonate compensation depth 탄산염보상심도
carbonate dehydrogenase (식) 탄산탈수소효소
carbonyl (식) 카르보닐
carbonyl compound (식) 카르보닐화합물
carbonyl group (식) 카르보닐기
carbonyl value (COV) (식) 카르보닐값
carboxy peptidase (식) 카르복시펩티다제
carboxy terminus (식) 카르복시 말단
carboxyl group (식) 카르복시기
carboxylation (식) 카르복실화
carcinogenesis (식) 발암
carcinogenic substance (식) 발암성물질
carcinology 갑각류학
cardiac muscle (식) 심근
cardiac muscle fiber (식) 심근섬유
cardinal marks (항) 방위표지
cardinal points 사방점
cardioplegia (식) 심장마비
cardiovascular disease (식) 심혈관계질환
cardiovascular system (식) 심혈관계
cargo (항) 화물
cargo capacity (항) 재화용적
cargo capacity measurement tonnage (양)(항) 재화용적톤수
cargo capacity tonnage (항) 재화용적톤수
cargo equipment (항) 하역설비
cargo handling gear (항) 하역장치
cargo ship (항) 화물선
cargo vessel (어)(자) 화물선
cargo winch (어)(항) 양화기
cargo work (어)(항) 하역작업
carnivore (식) 육식동물
carnivorous (식) 육식성
carnivorous fish (식)(어)(자) 육식성어류
carnosine (식) 카르노신
caronization 탄화작용
carotene (식) 카로틴
carotenoid (식) 카로테노이드
carotenoid pigment (식) 카로테노이드색소
carp (식) 잉어
carp toxin (양) 잉어독
carpogonium 조과기
carpophore (식) 자실체
carposporangium 과포자낭
carpospore 과포자
carposporophyte 과포자체
carrageenan (식) 카라기난
carrageenin (식) 카라기닌

carriage clauses 운송약관
carrier (식)(어) 운반체
carrier gas (식) 캐리어 가스
carring capacity (양) 양육량
cartilage (어)(식) 물렁뼈 (식) 연골
cartilaginous fish (식) 연골어류
cartilaginous tissue (식) 연골조직
cartography 작도법
carved stamp 각인
carving 고래해체
case-hardening (식) 표면경화
casein (식) 카제인
casing (식) 케이싱
cast net (어) 투망
cast nets for boats (어) 단정투망류
casting (어) 연체동물 배설물의 석화
cat fish (식)(양) 메기
catabolism 분해대사
catabolite 분해대사물
catadromous (식) 강하성
catadromous fish (식) 강하성어류
catadromous migration (식)(어)(자) 강하성회유
catalase (식) 카타라제
catalysis (식) 촉매작용
catalytic reaction (식) 촉매반응
catalyzer (식) 촉매
catastrophism 격변설
catch (식)(어)(자) 어획, 어획량
catch-at-age (어)(자) 연령별어획량
catchability (어)(자)(양) 어획효율
catchability coefficient (어)(자) 어획계수
catchable population(catchable stock) (어)(자) 어획가능자원
catch control (식)(어)(자) 어획조절
catch curve (식)(어)(자) 어획곡선
catch equation (식)(어)(자) 어획방정식
catch in number (식)(어)(자) 어획미수
catch in weight (식)(어)(자) 어획중량
catch limit (식)(어)(자) 어획량규제
catch per unit (식)(어)(자) 단위어획량
catch per unit area (어)(자) 단위면적당어획량
catch per unit hook (어)(자) 단위낚시당어획량
catch per unit mesh (어)(자) 단위그물코당어획량
catch quota (어)(식) 어획량코터
catch rotation 윤번제조업
catch sampling 어획물표본
catch statistic (어)(식) 어획통계
catch theory (어) 어획이론
catch weight (어)(자) 어획중량
catch weight per unit effort (식)(어)(자) 단위노력당어획중량
catcher boat (어)(자) 자선
catching efficiency (어)(자) 어획성능
catching rate (어)(자) 어획율
catechol (식) 카테콜
catenary (어) 현수(곡)선
cathepsin (식) 카뎁신
cathode-ray tube 음극선관
cation (식) 양이온
cation exchange resin (식) 양이온교환수지
caudal 꼬리쪽
caudal fin (식) 꼬리지느러미
caudal peduncle 꼬리자루
causative substance (식) 원인물질
caviar (식) 캐비아
cavitation (양) 공동현상

cavity (양) 공동
cavity phenomena 공동현상
CCP(critical wntrol point) (식) 중점관리점
celestial coordinate 천구좌표계
celestial coordinate system (양) 천구좌표계
celestial sphere 천구
cell (식) 세포
cell culture (식) 세포배양
cell damage (식) 세포손상
cell density (식) 세포밀도
cell division (식) 세포분열
cell fusion (식) 세포융합
cell layer (식) 세포층
cell membrane (식) 세포막
cell wall (식) 세포벽
cellobiose (식) 셀로비오스
cellophane (식) 셀로판
cellulase (식) 셀루라제
cellulose (식) 셀룰로스
celo navigation (어)(항) 천문항법
cement 고결물
cementation 교결작용
C-enamel (식) 씨-에나멜
census of fishery 어업조사
center (식) 중앙
center mark (식) 중심점
center of byoyancy (어) 부력중심
center of dynamic pressure (어) 동압력중심
center of gravity (어) 중심
center of pressure (어) 압력중심
center of rotation 회전중심
center of symmetry 대칭중심
center of visual sense 시각중추
central (식) 중심의
central capsule 중심낭
central eruption 중심분출
central force 중심력
central nervous system (식) 중추신경계
central office of maritime accidents (어)(항) 중앙해난심판원
central tendency 중심경향
central wholesale market 중앙도매시장
centrifugal effect (식) 원심효과
centrifugal evaporator (식) 원심농축기
centrifugal filter (식)(양) 원심여과기
centrifugal force (식) 원심력
centrifugal pump (식) 원심펌프
centrifugation (식) 원심분리
centrifuger (식) 원심분리기
centriole (양) 중심립
centripetal force (어) 구심력
centrolophidae (양) 샛돔(병어)류
cephalic fins 머리지느러미
cephalin (식) 세파린
cephalochorda (양) 두색동물
cephalodium (양) 두상체
cephalopochordates 두색동물
cephalopoda (식) 두족류
cephalosome 두상체
cephalothorax 두흉부
cephalothorax length (어)(자) 두흉갑장
ceramic (식) 세라믹
cerata 세라타
cercaria 세르카리아
cercopod 미지
cerebral ganglion 뇌신경절
certificate of catching area (식) 원산

지증명
certificate of clearance (어)(항) 출항면허
certificate of inscription (어)(항) 등록증
certificate of producing area (식) 원산지 증명
certificate of ship's nationality (어)(항) 선박국적증서, 국적증서 (양) 국적증서
Certified Copy of Master's Protest (양)(어)(항) 해난증명서
certified copy of ship resistration (양)(어)(항) 선박원부등본
cesium (Cs) (식) 세슘
cestod 촌충
cetin 세틴
CH length(cover hook length) (식) 커버훅길이
chaetognaths 모악동물
chain 묘쇄
chain island 열도
chamber net (어)(자) 통그물(정치망)
change in ratio method 조성변화법
Changranjeot (식) 창란젓
channel 수로
character of light 등질
charactered ship (어)(항) 용선
characteristic curve of towing force (어) 예망력 특성곡선
characteristic equation 특성방정식
charcoal (식) 숯
charge (식) 전하
chart (어)(항) 해도
chart datum 해도수심기준점
chart symbols and abbreviations 해도도식
charter (어)(항) 용선
charter party (어)(항) 용선계약
charterage (어)(항) 용선료
charactered ship (어)(항) 용선
checker 검수원
chela 집게발
chelate (식) 킬레이트
chelate compound (식) 킬레이트화합물
chelating agent (식) 킬레이트제
chelation (식) 킬레이트화
cheliped 집게다리, 협각
chemical analysis (식) 화학분석
chemical bait 화학미끼
chemical component (식) 화학성분
chemical defense (식) 화학적방어
chemical deterioration (식) 화학적변패
chemical digestion (식) 화학적소화
chemical energy (식) 화학에너지
chemical equation (식) 화학반응식
chemical evaluation (식) 화학적판정법
chemical fiber 화학섬유
chemical formula (식) 화학식
chemical method (식) 화학적방법
chemical oceanography 화학해양학, 해양화학
chemical oxygen demand (COD) (식) 화학적산소요구량
chemical reaction (식) 화학반응
chemical score (식) 화학값
chemical sensation 화학적감각
chemical species 화학종
chemical stupefying fishing gear (어)(자) 화학적 마비어구류
chemical test (식) 화학적검사

chemical therapeutics 화학요법제
chemically processed soy sauce (식) 아미노산간장
chemicals (식) 화학약품
chemiluminescence 화학발광
chemisorption (식) 화학흡착
chemoautotrophs 화학적독립영양생물
chemoreceptor 화학수용기
chemosphere 화학권
chemostat 화학물질환경조절장치
chemosynthesis (식) 화학합성
chemotaxis (어) 주화성, 화학주성
chemotherapy 화학요법
chemotrophism 화학굴성
chemotrophs 화학합성생물
chewiness (식) 씹힘성
chief engineer's log book 기관일지
chilled fish (식) 냉장어
chilled foods (식) 냉장식품
chilled storage (식) 저온저장
chiller (식) 냉각기
chilling (식) 냉각
chilling injury (식) 냉해
Chinese keyhole limpet (식)(양) 구멍삿갓조개과
Chinese muddy loach (양) 미꾸라지
Chinese nine spine (양) 가시고기
Chinese sturgeon (식)(양) 철갑상어
chitin (식) 키틴
chitinase (식) 키틴 가수분해효소
chitinoclastic bacteria (식) 키틴질분해세균
chitinous (식) 키틴질의
chitinous substance (식) 키틴질
chiton 군부
chitooligosaccharide (식) 키토올리고당
chitosan (식) 키토산
chitosanase (식) 키토산 가수분해효소
chloragogue 황색해면조직
chloramine (식) 클로라민
chlorate (식) 염소산염
chlorella (식) 클로렐라
chlorination (식) 염소처리, 염소소독
chlorine disinfection (식) 염소살균
chlorine equivalent (식) 염소당량
chlorine gas (식) 염소가스
chlorine water (식) 염소수
chlorinity (식) 염소량
chlorite (식) 아염소산염
chloroform (식) 클로로포름
chlorophyll (식) 엽록소, 클로로필
chlorophyll maximum layer 엽록소최대층
chloroplast (식) 엽록체
chlorosis 백화현상
chlorous acid (식) 아염소산
cholesterol (식) 콜레스테롤
choline (식) 콜린
choline base (식) 콜린염기
chondroitin (식) 콘드로이틴
chondroitin sulfate (식) 콘드로이틴황산
chondroitin sulfite (식) 황산콘드로이틴
chopped (식) 초퍼된
chopper (식) 초퍼
chopping (식) 초핑
chopping board (식) 도마
chopping wave 삼각파
choppy sea 거친파랑
chordata (양) 척색동물

chromatic granule 염색질과립
chromatin 염색질
chromatography (식) 크로마토그래피
chromatophore (양) 색소포
chromium(Cr) (식) 크롬
chromoplast 잡색체
chromosome 염색체
chronic (식) 만성
chronic poison (식) 만성중독
chronic toxicity (식) 만성독성
chronic toxicity test (식) 만성독성시험
chronology 연대학
chronometer 시진의, 크로노미터
chub (식)(양)(어)(자) 큰입우럭
chub mackerel (식)(양)(어)(자) 고등어
chuck (식) 척
chucking forces (양) 고정력
chum 밑밥
chum salmon (식)(양)(어)(자) 연어
chunk (식) 청크
chunk pack (식) 청크 팩
chute channel (양) 급수로
chymosin (식) 키모신
chymotrypsin (식) 키모트립신
chymotrypsin inhibitor (식) 키모트립신 억제제
chymotrypsinogen (식) 키모트립시노겐
ciguatera toxin (식) 시가테라독
cilia 섬모
ciliary band 섬모환
ciliary body 모양체
ciliated groove 섬모구
ciliated thread fish (식)(양)(어)(자) 실전갱이
ciliates 섬모충
ciliophora (양) 유모류
cingulum 섬모대
circle of inertia 관성원
circular canal 환상관
circular distribution 원형분포
circular muscle 환상근
circular normal distribution 원형정규분포
circulating culture (식) 순환식양식
circulating filter pond 순환여과지
circulation (식) 순환
circulation pattern (식) 순환패턴
circulation speed (식) 순환속도
circulation type (식) 순환형
circulative filtration of brackish water 기수순환여과식
circulatory (식) 회류식
circulatory system (식) 순환계
cirrus (식) 극모, 만각
citric acid (식) 구연산
civil time 상용시
civil twilight 상용박명
clade (양) 계통군
clarifying agent (식) 청정제
Clarke-Bumpus plankton sampler 클라크범퍼스플랑크톤채집기
clasper 교미기
class (식) 강
classification (식) 분류법 (어)(항) 선급
classification certificate (어)(항) 선급증서
classification survey (어)(항) 선급검사
claw meat (식) 클로우미트
clay (식) 진흙
clean bench (식) 클린벤치
clean sea water (식) 청정해수

cleaner (식) 정선기
cleaning (식) 세정, 정선, 청정
cleaning agent (식) 세정제
clearance (어)(항) 통관수속
clearance gap (식) 간극
clearance inwards 입항수속
clearing line (어)(항) 피험선
cleavage (식) 난할 (식) 분열
cleavage period (식) 난할기
climatic change (식) 기후변동
climatic migration (식) 기후회유
climax 극상
climax community 극상군집
clinch (양) 가밀봉
clincher (식) 가밀봉기
clinching (식) 가밀봉처리
clinical nutrition (식) 임상영양
clinical test (식) 임상시험
clinometer 경사계
clone (식) 클론 (식) 복제 (식) 분지계 (식) 영양계
closed area 폐쇄구역
closed bay 폐쇄만
closed circulation system (식) 폐쇄순환계
closed ecosystem (식) 폐쇄생태계
closed loop system 닫힌루프시스템
closed population 폐쇄개체군, 폐쇄어군
closed port 불개항
closed sea 폐쇄해
closed season (식)(양)(어) 금어기
closed system (식) 폐쇄계
closing net 폐쇄망
Clostridium botulinium (식) 보툴리누스균
Clostridium perfringenes (식) 웰치균
clumped distribution pattern 괴상분포형
cluster analysis (식)(양) 군집분석
cluster distribution (식) 집단분포
cluster sampling (식) 집단추출
cnidaria 자포동물
cnidoblast (양) 자세포
coagulant (식) 응고제
coagulant aid (식) 응집보조제
coagulated protein (식) 응고단백질
coagulation (식) 응고
coamplitude line (양) 등진폭선
coast (어)(식) 연안
coast and geodetic survey 해안측지조사
coast radio station 해안무선국
coastal and offshore fishery (어) 연근해어업
coastal area 연안침식, 연안해역, 해안지역
coastal boundary current 연안경계류
coastal broken wave 연안쇄파
coastal circulation 연안순환
coastal climate 연안기후
coastal culture and management 연안양식관리
coastal engineering (식) 연안공학, 해안공학
coastal erosion (식) 해안침식
coastal fisherman (어)(자) 연안어부
coastal fishery (어) 연안어업
coastal fishery structure improvement (어) 연안어업구조개선사업
coastal fishing boat (어) 연안어선
coastal fishing ground (어) 연안어장

coastal fishing vessel (어)(자) 연안어선
coastal levee 호안제
coastal migratory fish 연안성회유어
coastal navigation (어) 연안항법
coastal observation (어) 연안관측
coastal oceanography (어) 연안해양학
coastal protection 연안보전
coastal sailing vessel (어)(항) 연안항행선
coastal sand bar 연안사주
coastal sea 앞바다(연안해)
coastal state 연안국
coastal survey 해안측량
coastal upwelling 연안운반
coastal water 연안수, 연안수역
coastal water column(coastal water mass) 연안수괴
coasting route (양) 근해항로
coastland 연안지역
coastline 해안선
coastwise route 근해항로
coating (식) 코팅, (식) 피복
coating agent (식) 코팅제, 피복제
cob 바다갈매기
cobalt(Co) (식) 코발트
Cobb pelagic trawl 코브식부어트롤
coccolithophore (양) 석회비늘편모류
coccus (식) 구균
cochlea (양) 달팽이관
cochlea canal (식) 달팽이관
cocked body (식) 콕트바디
coconut (식) 코코넛
coconut oil (식) 코코넛유
cocoon type incubator 견형부화기
cocurrent line (양) 동조시선
cod (식)(어)(자) 대구
COD(chemical oxygen demand) (식) 화학적 산소요구량
cod bottom gill net (어) 대구저자망
cod end (어) 끝자루
cod fish meal (식) 대구어분
cod liver (식) 대구간
cod liver oil (식) 대구간유
code flag 신호기
Codex Alimentarius (식) 국제식품규격
Codex Alimentarius Commission (식) 국제식품규격위원회
coductivity (식)(어) 전도도
coefficient of alienation (양) 비결정계수
coefficient of compression (식) 압축계수
coefficient of condensation (식) 응축계수
coefficient of determination (식) 결정계수
coefficient of direction 방향계수
coefficient of drag (어) 저항계수
coefficient of emigration 이출계수
coefficient of fatness (식)(어)(자) 비만계수, (식)(어)(자) 비만도
coefficient of growth (식) 성장계수
coefficient of holding power (어)(항) 파주력계수
coefficient of immigration (식) 이입계수
coefficient of lift (어) 양력계수
coefficient of loss (식) 손실계수
coefficient of non-determination (식) 비결정계수
coefficient of pressure resistance (식)(어) 압력저항계수

coefficient of selectivity (식)(어)(자) 선택계수
coefficient of strength (식) 강도계수
coefficient of transmission (식)(양) 전달계수
coefficient of variation (식)(양) 변이계수
coelenterate (식)(양) 강장동물
coelom 진체강
coenzyme (식) 조효소
cofactor 공통인자
cog 소형어선
coherence 상관성
cohesiveness (식) 응집성, 점착성
coho salmon (식)(양)(어)(자) 은연어
cohort (어)(자) 동일발생연급군
cohort analysis (어)(자) 동일연급군분석, 연급군분석, 코호트분석, 코호트분석법
cohort life table 연급군생명표
coil (어) 사리(로우프의 기본단위) (식) 코일
coil condenser (식) 코일응축기
coincidental correlation 부합상관
coincidental regression 동시회귀
coinsurance (식) 공동보험
cold air-blast dryer (식) 냉풍건조기
cold air-blast drying (식) 냉풍건조법
cold chain (식) 콜드체인
cold-chain distribution (식) 저온유통
cold-chain distribution system (식) 저온유통체계
cold contraction (식)(양) 냉각수축
cold-core ring 냉수핵링
cold current (식) 한류
cold peening 냉간피닝
cold point (식) 냉점
cold pool (식) 냉수대
cold room (식) 냉장실
cold shortening (식) 냉각수축
cold smoked Pacific herring (식) 냉훈청어
cold smoked products (식) 냉훈품
cold smoked salmon (식) 냉훈연어
cold smoked yellow tail (식) 냉훈방어
cold smoking (식) 냉훈법
cold sterilization (식) 냉살균
cold storage (식) 냉각저장, 냉장
cold storage method (식) 냉각저장법, 냉장법
cold store (식) 냉장창고
cold wall 냉수벽
cold water fish (식)(어)(자) 냉수성어종
cold water fish aquaculture (식) 냉수어양식
cold water fish culture (식)(양) 냉수어양식
cold water-mass (식)(어)(자) 냉수괴
coliform group (식) 대장균군
coliform group test (식) 대장균군 검사법
collagen (식) 콜라겐
collagen sausage casing (식) 콜라겐소시지케이싱
collagen tissue (식) 교원조직
collagenase (식) 콜라겐분해효소
collapsible pot 조립식통발
collar-type tag 깃표지
collection (식) 채취
collection of cargo 집하
collector (식) 콜렉터, 포집제
collema nigresceus 돌김

collision (식) 충돌
colloblast (식) 정착세포
colloid (식) 콜로이드
colloid mill (식) 콜로이드밀
colonial coral 군체산호
colonial form 군체형
colonization (식) 콜로니 생성
colony (식) 군체, 집락, 콜로니
colony count (식) 콜로니수
colony counter (식) 집락계수기, 콜로니측정기
color (식) 색
color blindnes (식) 색맹
color blindness test (식) 색맹검사
color carp 비단잉어
color difference (식) 색차
color fish finder (어) 컬러어군탐지기
color fixing agent (양) 발색제
color reaction (식) 정색반응
color scanner 색상주사장치
colorant (식) 발색제, 착색제
coloration (식) 착색
colored film (식) 착색필름
colorimeter (식) 비색계
colorimetric analysis (식) 비색분석
colorimetric titration (식) 비색적정
colorimetry (식) 비색법
coloring matters for food (식) 식용색소
column (식) 열, 칼럼
comb 볏
comb jellyfish (양) 빗해파리
comb pen shell (식)(어)(양)(자) 키조개
comb plates 빗판
comb row 즐판대
comber (식)(양)(어)(자) 농어
combination (식) 조합
combination net (어) 겸용형그물
combination rope (어) 컴비네이션 로프
combination thawing (식) 조합해동법
combined (어)(자) 겸용형그물
combustion (식) 연소
come up time (식) 살균온도도달시간, 컴업타임
comfort air-conditioning 보건용공기조화
commensalism 편리공생
commercial (식) 상업적
commercial catches (식)(어) 상업적어획
commercial sterilization (식) 상업적살균
commercial storage (식) 상업적 저장
commission 위탁판매수수료
common anchor (어)(항) 십자앵커
common ashos (식)(양)(어)(자) 보리멸
common brakish goby (식)(양)(어)(자) 문절망둑
common eel (식)(양)(어)(자) 뱀장어
common eel harpoon (어)(자) 뱀장어작살
common eel harrow (어) 뱀장어 써레
common eel pots (어)(자) 장어통발
common eel rake (어)(자) 뱀장어 써레
common eel spear (어) 뱀장어 작살
common eel tube (어) 뱀장어통
common fisheries policy (어) 공동어업정책
common fishery (어) 공동어업
common fishing ground (어) 공동어장
common fishing right (어) 공동어업권

common gray mullet(common mullet) (식)(양)(어)(자) 숭어
common hammerhead (식)(양)(어)(자) 귀상어
common of piscary right (어) 입어권
common orient clam (식)(양)(어)(자) 백합
common stalked barnacle (식) 거북손
common swordfish (식)(양)(어)(자) 개복치
communication (식) 의사교환
communication satellite 통신위성
communication station (식) 통신소
community (자) 군집
community analysis (자) 군집분석
community-based fishery (어) 마을어업
community diversity (자) 군집다양성
community ecology (자) 군집생태학
community instinct (자) 공동본능
community stability (자) 군집안정성
community structure (자) 군집구조
commural management (양)(어) 공동관리
compaction 압밀작용
company fishery (어) 회사어업
comparing point (식) 비교점
comparison error rate (식) 비교오차율
comparison flow analysis 비교유량분석
comparison test (식) 비교법
compass (어)(항) 나침반
compass bearing (어)(항) 나침방위
compass course (어)(항) 나침로
compass error (어)(항) 컴퍼스오차
compensation current 보류
compensation depth 보상심도
compensation irradiance 보상조도
compensation light intensity 보상광도
compensation point 보상점
compensatory growth (양) 보상성장
compensatory mortality 보상사망율
competing reaction (식) 경쟁반응
competition (식) 경쟁
competitive exclusion principle (식) 경쟁 배제원리
competitive inhibition principle 경쟁치환원리
competitive organism 경쟁생물
competitive reaction (식) 경쟁반응
complement of work 선원정원
complete animal nutrition (양) 완전동물성영양
complete competitor 완전경쟁자
complete test (식) 완전시험
complete thawing (식) 완전해동
completely controlled aquaculture 완전양식
completely randomized design 완전임의배치법
completion 준공
complex 누층군
complex salt (식) 착염
complication (식) 합병증
component (식) 조성물질 (식) 성분
component current 분조류, 성분류
component of force 힘의성분
component velocities 성분속도
composite prognostic chart (양) 합성예보도
composite sample (식) 복합시료, 혼성시료
composition of feedstuff (양) 사료조성

composition of force 힘의합성
compound (식) 화합물
compound animal 군체동물
compound compressor (식) 다단압축기
compound cyst 복합피낭체
compound eye 복안
compound genital somite 복합생식체절
compound lipid (식) 복합지질
compound paint (식) 복합형도료
compound rope (어) 복합밧줄 (어) 컴파운드로프
compound shoreline 복합해안선
compound tide 복합조
compressible (식) 압축가능의
compressible fluid (식) 압축성유체
compression (식) 압축
compression strain (식) 압축변형
compressor (식) 압축기
computational instability 계산불안정성
computed altitude 계산고도
computed bearing 계산방위
computer product 계산결과
concentrate (식) 농축물
concentrate supplement (양) 농축사료
concentrated extracts (식) 농축엑스분
concentration (식) 농도, 농축
concentration method (식) 농축법
concentration of available chlorine (식) 유효염소량
concentration time (식) 농축시간
concentrator (식) 농축기
conceptacle 생식기소
conchology 패류학
conchosporangium 각포자낭
conchospore 각포자
concrescent 융합의
concrete sandbag (어) 콘크리트 멍
concretion 결괴, 응결체
concussion crack 충격균열
condensation (식) 응결, 응축
condensed bittern 농후간수
condensed fish soluble (식) 피쉬솔루블농축물
condensed milk (식) 연유
condenser (식) 응축기
condensing pressure valve (식) 응축압력조정밸브
condiment (식) 조미료 (식) 양념
conditional control (식) 조건제어
conditioned reflex (어) 조건반사
conditioned stimulus (어) 조건자극
conditioning (식) 숙성
conduction (식) 전도
conduit (양) 도관
cone and quartering 원뿔사분법
cone cell 원추체세포
cone shell 청자고둥
confidence (식) 신뢰성
confidence coefficient (식) 신뢰도
confidence limit (식) 신뢰한계
confidence region (식) 신뢰영역
confluent 합류
conger eel (식)(어) 붕장어
conger pike (식)(양)(어)(자) 갯장어
conglutinin (식) 혈구응집소
congruent dissolution 완전용해
conical net 원뿔형그물
conical plankton 원추형플랑크톤

conjugated protein (식) 복합단백질
conjugation 결막 (식) 접합
conjunctiva (양) 결막
connection system 결부제
connective tissue (식) 결체조직, 결합조직
consecutive average (식) 연속평균치
conservation (식)(어)(자) 보전, 보호
conservation area (어)(자) 보호수면
conservation of angular momentum 각운동량보존
conservation of energy (식) 에너지보존
conservation of fishery resources (식)(어)(자) 어업자원보호, 수산자원보호
conservation of mass (식) 질량보존
conserved area (양)(어)(자) 보호수면
consignment 수탁매매
consignment sale 위탁판매
consignment sale subsidy 위탁판매조성금
consignment sales place in a production center (어) 산지위판장
consistency (식) 일관성
consolidated sediments 고결퇴적물, 고화퇴적물
consolidation 고결작용, 고화, 석화작용(양) 고결
constancy of sea water composition 해수성분비일정성
constant (식) 상수
constant enthalpy line (식) 등엔탈피선
constant entrophy line (식) 등엔트로피
constant flow (식) 항류
constant harvest rate strategy 일정수확율전략
constant pressure change (식) 정압변화
constant pressure line (식) 등압선
constant rate of drying (식) 항률건조
constant rate period of drying (식) 항률건조기간
constant speed motor 정속전동기
constant temperature (식)(어) 등온
constant temperature line (식)(어) 등온선
constant weight (식) 항량
constituent (식) 성분
constituents of tides 분조
consumable stores 소모비품
consumer (식) 소비자
consumer acceptance (식) 소비자수용도
consumer complaint (식) 소비자 불만
consumer inspactor for food sanitation (식) 소비자위생감시원
consumer preference (식) 소비자 선호도
consumer preference test (식) 소비자 선호도 검사
consumer price index (식) 소ㅂ 가지수
consumer response (식) 소비ㅈ
consumer survey (식) 소비자 ㅈ
consumption (식) 소비
contact agent (식)(양) 접촉제
contact freezer (식) 접촉식동결
contact freezing (식) 접촉식동ㅈ (식) 접촉식동결
contact substance (식) 접촉제

contact thawing (식) 접촉식해동
container (식) 컨테이너
container loading and unloading 컨테이너하역
contaminant (식) 불순물
contaminant (식) 오염물질
contamination (식) 오염
contiguous zone 접속수역
continental area 대륙붕해역
continental climate 대륙성기후
continental drift (양) 대륙이동
continental margin 대륙연변부
continental rise 대륙대
continental shelf (식)(어)(자) 대륙붕
continental shelf fishery resources (식)(어)(자) 대륙붕어업자원
continental shelf fishing ground (식)(어)(자) 대륙붕어장
continental slope 대륙사면
contingency correction 분할보정
contingency table 분할표
contingent survey (양) 임시검사
continuity equation 연속방정식, 연속성
continum hypothesis 연속성가설
continuous cooker (식) 연속자숙기
continuous culture (식) 연속배양
continuous fiber (어) 장섬유
continuous fishing method (어) 연속어법
continuous plankton recorder 연속플랑크톤기록계
continuous processing (식) 연속식제조방법
ontinuous records (식) 연속기록
ntinuous recruitment 연속가입
continuous spawning 연속산란
continuous trawling (어) 연속트롤
continun hypothesis 연속성가설
contour chart 등치선도
contour interval 등치선간격
contract (식) 계약
contract of affreightment (항) 해상운송계약
contract of carriage (항) 운송계약
contract of marine hull insurance (항) 선박보험계약
contractile muscle (식) 수축근
contractile protein (식) 수축단백질
contractile vacuole 수축포
control (식)(어) 대조구, 제어
control device (식)(양)(어) 제어장치
control element (식) 제어요소
control group (식) 대조군
control system (식)(어) 제어시스템
controlled feeding (양) 제한급여
controlled fishery (어)(자) 관리형어업
convection (식) 대류
convection heat transfer (식) 대류열전달
convection heat transfer rate (식) 대류열전달 속도
convenience foods (식) 간편식품, (식) 편의식품
convenience store (식) 편의점
convergence 수렴
convergence wave 수렴파
convergent evolution 수렴진화
conversion (식) 전환
conversion coefficient (식) 전환계수
conveyer belt (식)(어) 컨베이어 벨트
conveyer drier (식) 컨베이어 건조기

conveyor (식) 컨베이어
convolution 교적
convulsion (양) 경련
Conway micro-diffusion method (식)(양) 콘웨이미량확산법
cooked flavor (식) 가열향(미)
cooker (식) 조리기
cookery science (식) 조리과학
coolant (식) 냉각제
cooler (식) 냉각기
cooling (식) 냉각
cooling and refrigeration transport (식) 냉장냉동수송
cooling anesthetic transportation (식) 냉각마취운반
cooling capacity (식)(양) 냉장능력
cooling coil (식) 냉각코일
cooling fan (식) 냉각팬
cooling function (식) 냉각기능
cooling load (식) 냉장부하
cooling process (식) 냉각공정
cooling tank (식) 냉각탱크
cooling tower (식) 냉각탑
cooling water (식) 냉각수
coolithophorids 석회비늘편모류
coonstriped shrimp (양) 도화새우
cooperation 협업화
cooperation aquaculture 협동양식어업
cooperation fishery (어) 협동어업
cooperation management (어) 협업경영
cooperative consignment (어) 수협위판
cooperative management (어) 협동조합경영
cooperative member (어) 조합원
cooperative sales place (어) 수협공판장
coordination compound 배위화합물
copepodid stage 코페포디드기
copepods 요각류
cophase line 등조위선
copiotrophic bacteria 고영양세균, 부영양세균
copolymer (식) 공중합물
copper (Cu) (식) 구리
coprecipitation 공침
copulation 짝짓기
copulatory organ (양) 교미기
coral 산호
coral community 산호군집
coral mud 산호니
coral reef(coralline algae) 산호성조류, 산호조
coralfish (식) 자리돔
corange line 등조차선
core (식)(어) 중심부 (식)(어) 핵심
core of rope 로우프심
core ring 코어링
core sample 시추시료
core temperature (식) 중심온도
corf 활어가두리
coring 시추
Coriolis acceleration 코리올리가속도
Coriolis effect 코리올리효과
coriolis force 전향력
coriolis force of earth rotation 지구자전전향력
corium (양) 진피
corium layer (식) 진피층
cormidium (식) 간균

cormorant 가마우지
corn (식) 옥수수
corn gluten (식) 옥수수글루텐
corn oil (식) 옥수수유
cornea 각막
cornetfishes 대치과어류
coronary heart disease 관상심장질환
corporate company 법인회사
corporate Eochon-gye 법인어촌계
corpus adiposum (식) 안와지방체
corpuscle (식) 혈구
correction for continuity 연속성보정
correction for noise 소음보정
correction of missing plot (양) 결측구 추정
correction term 어항
correlation (식) 대비, 상관, 상관관계
correlation analysis (식) 상관분석
correlation coefficient (식) 상관계수
correlation factor (식) 상관인자
correlation index (식) 상관지수
correlation method (식) 상관법
correlation ratio (식) 상관비
correspondence variable (식)(양) 대응 변수
corresponding speed (식)(양) 대응속도
corresponding variable (식) 대응변수
corrosion (식) 부식
cortical alveoli (양) 난황포
cortical reaction 피층반응
cortical shell 피각
cosmopolitan species 범세계종, 보편종
cosmopolitic species (양) 보편종
cospectra (양) 공스펙트럼
cost benefit ratio 경비이익비
costa (식)(어)(항) 늑골
cotidal chart 등조시도
cotidal hour 등조시
cotidal lines 등조시선
countercurrent (식) 역류
countercurrent system 대항류계
counterradiation 반복사
countersink (식) 카운터싱크
counting serveys (식) 계수조사
course (어)(항) 침로
course again (어)(항) 원침로
course angle (어)(항) 침로각
course keeping quality 보침성
courship behaviour (어)(자) 구애행동
courtship 구애행위, 배우행동
covalent bond (식) 공유결합
covariance 공분산
cove 작은만
cover (식) 뚜껑
cover hook (CH) (식) 커버훅
cover hook length (CH length) (식) 커버훅 길이
cover net 커버그물 (어)(자) 덮그물
covering plate (양) 덮개판
coxa (양)(자) 바닥마의
CPUE (catch per unit effort) (어)(자) 단위노력당어획량
crab (식) 게
crab meat analog (식) 게맛살
crab pot (양)(어) 게통발
crab shell (식) 갑각
crab stick (양) 게맛살
crab trap (어) 게통발
crabber 게잡이배
crack (식)(양) 균열
cradle cap 유가

cranium 두개골
crash (식) 붕괴
craw 활어가두리
cream soup (식) 크림수프
creatin (식) 크레아틴
creatinine (식) 크레아티닌
creel 고기바구니
creep phenomena (식) 크리프현상
cremona (어) 크레모나
cresol (식) 크레졸
crest 마루, 파봉
crest width 마루폭
cresthead cutlassfish (식)(양)(어)(자) 분장어
crew (어)(항) 승조원
crinoid 바다나리
criterion 기준
critical angle (식)(어) 임계각
critical control point (CCP) (식) 씨씨피 (식) 중요관리점 (식) 중점관리점
critical depth (어)(양) 임계수심
critical limit (CL) (식) 한계기준
critical moisture content (식) 한계수분량
critical period 과도기
critical photoperiod 임계일장
critical point (식) 임계점
critical region (식) 임계역
critical size 임계크기
critical spawning temperature (어)(자) 산란임계온도
critical temperature (식)(어)(자) 임계온도
critical tide level 임계조위
critical value (식) 임계치
critical velocity 임계속도
croceine croaker (식) 부세
croquette (식) 크로켓
cross bar (어) 가로장쇠
cross contamination (식) 교차오염
cross section diagram (양)(식) 단면도
cross wind 옆바람
cross-correlation (식) 상호상관
crossed factor (식) 교차요인
crossing wave (양) 교차파
cross-section (식)(어) 횡단면, 가로단면
crosswise props 강다리
crosswise support stick (양) 강다리
crown of thorn 악마불가사리
crow's nest (어) 망통
crucian carp (식) 붕어
crude ash (식) 조회분
crude extracts (식) 조추출물
crude fiber (식)(양) 조섬유
crude lipid (식) 조지방, 조직지질
crude maltose (식) 엿
crude protein (식) 조단백질
cruising speed 내구속도, 순영속력
crumbliness (식) 푸석푸석함
crushed ice (식) 쇄빙
crushed zone 압쇄대
crusher (식) 파쇄기
crushing (식) 파쇄
crushing roller (식) 파쇄롤러
crust 지각
crustacea (식) 갑각류
crustacean toxin (식) 갑각류독
cryoprotective compounds (식) 동결변성억제제
cryptic coloration 은폐색
cryptomonads 은편모류
crystal oscillator 수정발진기

crystalline ice (식) 결정빙
crystalline lens 수정체
crystallization (식) 결정화
crystalloid (양) 결정빙
CTD (conductivity-temperature-depth) meter (어) 씨티미디터
ctenidia 빗살아가미
ctenoid scale 빗비늘
Cu (copper) (식)(양)(어)(자) 구리
culling 도태
culmination 남중
cultivation of bacterium (식) 세균배양
culture in still-water pond 지수식양식
culture of larva 유생사육
culture tank 사육조
cultured cell (식) 배양세포
cultured fish (식) 양식어
cultured fisheries product (식) 양식수산물
culturing at a tideland 간석지양성
culturing in a rice field 논양어
culturist 양식업자
cumulative curve 누적곡선
cumulative effort 누적노력량
cumulative illumination 적산조도
cupric sulfate ($CuSO_4$) (식) 황산구리
curd (식) 커드
curl (식) 커얼
current boundary fishing ground (양) 조경어장
current chart 해류도
current curve 해류곡선
current diagram 해류도표
current direction 유향
current ellipse 조류타원
current front fishing ground (어)(자) 조경어장
current profile 해류단면
current resistance (어) 유수저항
current ripple 연흔
current rips (어)(자) 조목
current sailing 유조항법
curry (식) 카레
curuature (양) 굴곡
curved plane net 곡면그물
custom house 세관
cut off current 차단전류
cut-off frequency 절단주파수
cut-over (식) 커트오버
cut seam (식) 커트시임
cutaneous sense, skin sense 피부각
cutter (식) 절단기
cutting (식) 절단
cuttle fish (식)(어) 갑오징어
cyanide poisoning (식) 시안중독
cyanobacteria (식) 시아노박테리아
cyanogenic glycoside (식) 시안배당체
cyclamate (식) 시클라메이트
cycle (식) 사이클
cycle process (식) 순환과정
cyclic compound (식) 환상화합물
cyclic period of vibration (식) 진동주기
cyclic salts 순환염
cycloid scale (자) 둥근비늘, 원린
cyclone (식) 사이클론
cyclone separator (식) 사이클론 분리기
cyclonic 저압성의
cyclopteridae (양) 도치과어류
cylinder (식) 실린더
cylindical float (어)(자) 원통뜸

cylindrical (식) 원통형의
cylindrical buoy 원통형부표
cylindrical can (식) 원통관
cyphonautes larva 키포노테스유생
cyprinus toxin 잉어독
cypris larva(e) 키프리스유생
cyprus larva(e) 시프리스유생
cyst 낭포, 시스트, 피낭체
cysteine (식)(양) 시스테인
cystine (식)(양) 시스틴
cystocarp (양) 낭과
cystoids 유모류
cytochrome (식) 시토크롬
cytological (식) 세포학적
cytology (식) 세포학
cytoplasm (식) 세포질
cytoplasmic membrane (식) 세포질막
cytotoxic (식) 세포독성물질
cytotoxic reaction (식) 세포독성반응
cytotoxicity (식) 세포독성
cytotoxicity test (식) 세포독성 시험
cytotoxin (식) 세포독소

D

D value (식) 디값
dab 작은가자미
dace (식)(양)(어)(자) 황어
dactylus 지절
daily age 일령
daily difference 일간차이
daily egg production method 일간난생산량법
daily growth rate (식) 일일성장율
daily growth ring (자) 일륜
daily mean sea level 일평균조위면
daily period (어)(자) 일주기
daily periodicity (어)(자) 일주기성
daily production (식)(어)(자) 일일생산량
daily ration 일일섭식량
daily variation rate (식) 일일변화율
damage to ship's hull 선체손상
damped oscillation 감쇠진동
damped oscillatory current 감쇠진동전류
damper 댐퍼
damping device 완충장치
damselfish 자리돔
danger angle (어)(항) 위험각
dangerous semicircle (어)(항) 위험반원
danish scine (어)(자) 외끌이기선저인망
daphnid 물벼룩
dark-banded rockfish (식)(양)(어)(자) 볼락
dark fleshed fish (식)(양) 적색육어류
dark meat (식) 혈합육
dark reaction 암반응
darting speed (어) 돌진속도, 순간최대속도
data acquisition 자료획득
data bank (식) 자료은행
data collection (식) 자료수집
data communication system 자료통신체계
data correction (식) 자료수정
data processing (식) 자료처리
data requirement 자료요구
data sample (어)(자) 표본자료
data transmission 자료전송
data utilization station 자료이용국
date line 날짜변경선
dating 연대결정
datum level (어) 조석기준면
daughter cell (식) 딸세포
daughter nuclide (식) 딸핵종
daum point 수준점
day by day variation 일일변화
day-night comparison 주야비교
dblique haul 사행예인
DCP (digestible crude protein) (양) 소화조단백질
deacetylation (식) 탈아세틸화
deacidification (식) 탈산처리

deacidification process (식) 탈산공정
deacylation (식) 탈아실화
dead neap 대저조
dead rate curve (식)(어)(자) 사망률곡선
dead reckoning navigation (어)(항) 추측항법
dead volume 불감부피
dead water 죽은물
dead weight tonnage (어)(항) 재화중량톤수
dead zone 무생물해역(빈산소수역)
dealkylation (식) 탈알킬화
deamination (식) 탈아미노반응
death assemblage 유해군집
death curve (식) 사멸곡선
death phase (식) 사멸기
death rate (식) 사멸율
death time (식) 사멸시간
debittering (식) 쓴맛제거
debouchure 유출구
debris (식) 부스러기, 쇄설물
decalcification (식) 탈석회
decanter (식) 디켄터
decapod 십각류
decarboxylation (식) 탈탄산반응
decay constant 붕괴상수
decay distance 감쇠거리
decay time 감쇠시간
decision table (양) 결정표
decision theory (식) 결정이론
deck (어)(항) 갑판
deck flood light (어)(항) 작업등
deck girder (어)(항) 갑판거더
declination 적위
declining phase (식) 사멸기
decoding 해독
decolorant (식) 탈색제
decoloration(decolorization) (식) 탈색
decomposer 분해자
decomposition (식) 분해
decompression (식) 감압
decompression chamber (식) 감압실
decompression sickness 감압증
decontamination (식) 정화
decreasing amount (식) 감소량
decreasing phase (식) 감수기
decreasing rate (식) 감소율
decreasing rate of drying (식) 감률건조단계
deep anchoring 심해투하법
deep freezer (식) 초저온냉동기
deep freezing (식) 초저온냉동
deep frozen food (식) 초저온냉동식품
deep layer 심층
deep long line (양)(어) 저연승
deep sea (어)(자) 심해
deep sea bottom 심해저
deep sea bottom trawl fishery (어)(자) 원양기선저인망어업
deep sea fish (양)(어) 심해어
deep sea fisherman (어)(자) 원양어업자
deep sea fishery (식)(어)(자) 원양어업
deep sea fishing country (어)(자)원양어업국
deep sea fishing vessel (식)(어)(자) 원양어선
deep-frozen laver net 냉동김발양식
deep-sea animal 심해동물
deep-sea benthic community 심해저서생물군집
deep-sea deposits 심해성침전물
deep-sea fauna 심해동물상

deep-sea fish (식)(어) 심해어
deep-sea fish species (어)(식) 심해성 어종
deep sea trawl (어) 원양트롤
deep sea vessel (어)(자) 원양선
deep sea water (식) 해양심층수
deep water (식) 심층수
deep water wave 심해파
defatted fish meal (식) 탈지어분
defatted rice bran (양) 탈지강
defatting (식) 탈지
defective food (식) 불량식품
deficiency anemia (식) 철결핍빈혈
deflection 편향, 휨
deflection plate 편향판
deflection-type tensionmeter 휨장력계
deformation (식) 변형
defrost (식) 제상
defrosting (식) 성에 제거
defrosting method (식) 제상방법
degaussing 소자
degeneration (식) 퇴화
degenerative disease (식) 퇴행성질환
degradation (식) 분해
degree (식) 정도
degree of freedom (식) 자유도
degree of hydrolysis (식) 가수분해도
degree of polymerization (식) 중합도
degree of scattering (식) 산포도
degree of unsaturation (식) 불포화도
degree of vacuum (식) 진공도
degrowth 역성장
degumming (식) 탈검
degumming agent (식) 탈검제
degumming process (식) 탈검공정
dehairing (식) 탈모작업
dehulled soybean meal (양) 탈피대두박
dehulling (양) 탈피
dehumidification (식) 제습
dehumidifier (식) 제습기
dehumidifying agent (식) 제습제
dehumidifying effect (식) 제습효과
dehydration (식) 탈수작용
dehydrator (식) 탈수기
dehydro-denaturation (식) 탈수변성
dehydro-freezing (식) 탈수동결
deicer (양) 제빙장치
deionized water (식) 탈이온수
delay circuit 지연회로
delicate flavor (양) 구수한 맛
delivered horse power 전달마력
delivery pipe 토출관
delta jointer (어) 삼각형조인터
demarcated fishery (어) 구획어업
demarcated fishery right (어) 구획어업권
dememtia (식) 치매
demersal (식) 저서성
demersal chain 저서계사슬
demersal egg 침성란
demersal fish (어)(자) 저서성 어류
demersal fish community (어)(자) 저어성 어류 군집
demersal fishiry (어)(자) 저서어업
demersal plankton (식) 저서성 부유생물
demersal spawner 저층산란어
demineralization (식) 탈회
demurrage 체선료
denaturated protein (식) 변성단백질

denaturation (식) 변성
dendritic 수지상
dendrobranchs 수상새
dendrogram 덴드로그람, 수상도
denier (어) 데니어
denitrification (식) 탈질소화작용
denitrifying bacteria (식) 탈질소세균
dense culture 밀식
dense fog 농무
dense fog warning 농무주의보
dense planting (양) 밀식
densed schools (어)(자) 밀집어군
density (식)(어)(자) 밀도
density current 밀도류
density dependent growth (자) 밀도종속적성장
density dependent process 밀도종속과정
density effect (자) 밀도효과
density layer 밀도층
density of fish school (자) 어군밀도
density regulation (자) 밀도조절
dental formula 치식
denticle 소치
dentin 상아질
deodorant (식) 탈취제
deodorization (식) 탈취
deodorizer (식) 탈취기
deodorizing treatment (식) 탈취처리
deoxidizer (식) 탈산소제
deoxy ribo-nucleic acid(DNA) (식) 데옥시리보핵산
deoxygenation (식) 탈산소
depanning (식) 팬분리
departure (어)(항) 출항
departure course (어)(항) 출발침로
departure handling 이안조종
departure standby (어)(항) 출항준비
dependency on fisheries 어업의존도
dependent variable (식) 종속변수
depletion (식)(어)(자) 고갈, 소진
depletion experiment (식) 감소실험
depletion factor (식) 감소인자
deposit (양) 저질
deposit feeder 퇴적물식자
depot fat (식) 축적지방
depot lipid (식) 축적지질
depot ship 모선
depreciation cost (식)(어) 감가상각비
depression 함몰 (식) 우울증
depression belt 저압대
depressor (어) 잠수판
depressor tool 침강장치
depth (어) 수심 (식) 깊이
depth anomaly 수심이상
depth factor 깊이인자, 심도
depth finder (어) 측심의
depth migration 심천회유
depth monitoring 수심감시
depth of net (어) 망심
depth recorder (어) 수심계, 자기수심계
depuration period 청장기간
derived lipid (식) 유도지질
derived protein (식) 유도단백질
derived unit 유도단위
dermal bone 피부뼈
dermal layer 피층
dermal tissue (식) 피부조직
dermatitis (식) 피부염
derrick (어)(항) 데릭
desalination (식) 담수화 (식) 탈염

desalination seawater 담수화해수
desalting (식) 염제거 (식) 탈염
descriptive model 기술적모델
descriptive statistics 기술통계학
desiccation 고갈현상
design (식)(어) 설계
design conditon (식) 설계조건
design wave 설계파
designated landing port 지정양륙항
desorption (식) 탈착
desorption isotherm (식) 등온탈습곡선
destructive inspection (식) 파괴검사
detail chart 상세도
detection (식) 검출
detection efficient (식) 검출효율
detection function 검출함수
detection limit (식) 검출한계
detector (식) 검출기
detergent (식) 세제
deterioration (식) 변패
determinate cleavage 결정적난할
deterministic process 결정론적과정
detoxication (식) 해독
detritus 암설, 데트리터스
detritus feeder 데트리터스식자
detritus food chain 데트리터스먹이사슬
deveined (식) (새우)내장제거
developed area ratio 전개면적비
developed device (어) 전개장치
development (자) 발생, (식) 개발
development biology 발생생물학
developmental biology (양) 발생생물학
developmental speed 발생속도
developmental stage (자) 발육단계
deviating force 편향력
deviation (어)(항) 자차 (식) 편차
devided iron ball 할철구
devil ray (양) 쥐가오리
devil stinger (식)(양)(어)(자) 쑤기미
dewatering (식) 탈수
dewaxing (식) 탈납
dewing phenomena 결로현상
dextral 오른쪽으로 감긴
dextrin (식) 덱스트린
DFR (daily fecundity reduction) 일간포란수감소법
DG (diglycerid) (식) 디글리세리드
DHA (docosahexaenoic acid) (식) 도코사핵사엔산
DI (drawned and ironed) can (식) 디아이관 (식) 타발압연관
diabetes (식) 당뇨병
diabetic food (식) 당뇨식품
diadromous fish 민물바다물회유어류, 양측회유어
diadromous migration 왕복성회유
diagenesis 속성작용
diagenetic redistribution 속성재분배
diagnosis (식) 진단, 특성
dialysate (식) 투석액
dialysis (식) 투석
dialysis membrane (식) 투석막
dialyzer (식) 투석기
diameter (식) 지름 (식) 직경
diaphone 다이아폰
diaphragm (식) 횡격막, 격막
diarrhetic shellfish poison (식) 설사성패독
diarrhoeic shellfish poisoning (DSP)

(식) 설사성패류중독
diastatic enzyme (식) 당화효소
diastatic reaction (식) 당화작용
diastem 다이아스템
diatom 규조
diatom attached laver 규조부착김
diatomaceous earth filter (식) 규조토여과기
diatomaceous ooze 규조연니
diatomaceous sponge 규조해면
diatomite 규조암(토)
dice (식) 다이스
dichothermal water (양) 중냉수
dichothermy (양) 중냉층
dichotomous (식) 양분된, 이분법의
dichotomy (식) 이분법 (식) 양분 (식) 이분
dichromate (식) 중크롬산염
dichrometry (식) 중크롬산적정법
dichromic acid (식) 중크롬산
dicing (식) 토막썰기
dielectric heating (식) 유전가열
dielectric thawing (식) 유전해동
diet for patient (식) 환자식
diet therapy (식) 식사요법, 식이요법
dietary fiber (식) 식이섬유
dietary intake (식) 식사섭취
dietary intake history (식) 식사섭취이력
dietary reference intake (DRI) (식) 영양섭취기준
dietary supplement (식) 식이보충제
difference of latitude (어)(항) 변위
difference of longitude (어)(항) 변경
differential heating 차등가열
differential scanning calorimetry (DSC) (식) 시차주사열량법
differential thermal analysis (DTA) (식) 시차열분석
differential thermometer (식) 시차온도계
differentiation 분화작용
diffracted wave 회절파
diffraction (식) 회절
diffusion (식) 확산
diffusion coefficient (식) 확산계수
diffusion culture (식) 증균배양
digenetic trematodes 세대교번성흡충류
digestibility (식)(양) 소화율
digestible crude protein (DCP) (양) 소화조단백질
digestible energy (DE) (양) 소화에너지
digestible nutrient (양) 소화영양소
digestion (식) 소화
digestion efficiency (식) 소화율
digestive enzyme (식)(양) 소화효소
digestive organ (식) 소화기관
digital integrated circuit 계수집적회로
digitization 계수화
diglyceride (DG) (식) 디글리세리드
dilatation (식) 팽창, (식) 확장
diluted acid (식) 묽은산
dilution (식) 희석
dimension (어) 차원
dimension equation (식)(어) 차원식
dimension of mesh 그물기본치수
dimensional analysis (식)(어) 차원해석, (식) 단위분석
dimensional constant (식) 차원상수
dimensional homogeneity (식) 차원

적균일성
dimensionless (식) 무차원
dimethyl sulfide (식) 디메틸황
dimethylamine (식) 디메틸아민
dimorphism (식) 이형성
dinoflagellate (식) 와편모조류
dioecious (식) 자웅이체의, (식) 암수딴 몸의
dioecious organism (식) 자웅이체
dioxine (식) 다이옥신
dip (식) 경사
dip net (어) 반두그물
dip tank (식) 침지탱크, 탈빙탱크
diplococcus (식)(양) 쌍구균
diploid (식)(양) 이배체
dipping (식)(어) 침지
dipping method (식) 침지법
direct (식) 직접
direct circulation (식) 직접순환
direct contamination (식) 직접오염
direct counting method (식) 직접계수법
direct coupled amplifier 직결식증폭기
direct current motor (식) 직류전동기
direct development (식) 직접발생
direct heating (식) 직접가열
direct locating (어)(자) 직접적탐어
direct management system (식) 직영제도
direct management works (양) 직영제도
direct observation microscopy (양) 직접관찰법
direct observing method (식) 직접관찰법
direct refrigerant (식) 직접냉매
direct route (식) 직접경로
direct survey (식) 직접조사
direct transaction 직거래
direction finder (어)(항) 방향탐지기
direction pattern 지향선도
directional function (양) 지향함수
directional properties (어) 지향성
directional separation (양) 지향적분할
directivity (식) 지향성
directivity factor (식) 지향계수
directivity index (식) 지향지수
disaccharide (식) 이당류
disaggregation (식) 해체 (식) 분리
disastar (식) 재난
disbudding (양) 눈따기
disbursement 항해제비용
disc (식) 디스크
disc area ratio 면적비
discard (식)(어)(자) 투기
discharge (식) 배출 (식) 토출
discharge concentration (식) 배출농도
discharging port 양육항
discoid 원반상
discoloration (식) 변색
discomfort index(DI) (식) 불쾌지수
discontinuity (식) 불연속, 불연속성
discontinuous distribution (식) 불연속분포
discontinuous spawning (식) 불연속산란
discordance (식) 부조화 (식) 불일치
discount rate (식) 할인율
discrete variable (식) 이산변수
discriminative test of naturally occurring phytotoxin (식) 식물성자연독

식별검사
discriminative vision 구분시
disembarkation 하선
disinfectant (식) 소독제
disinfection (식) 소독
disinfestation (식) 기생충구제 (식) 살충
disorientation (식) 방향상실
dispersal effect (식) 분산효과
dispersal pattern (식) 분산유형
dispersed phase (식) 분산상
dispersion (식) 산포, 분산
dispersion coefficient (식) 분산계수
dispersion relation (식) 분산관계
disphotic (식) 협광성
disphotic plankton (식) 협광성플랑크톤
disphotic zone (식) 박광층 (양) 미광대
displacement (식)(어) 배수량
displacement tonnage (식)(어) 배수톤수
displacement volume (어) 배수체적
displaying action 과시행동
dissected 전열
dissimilation (식)(양) 이화작용
dissolution (식)(양) 용해
dissolved material (식)(양) 용존물질
dissolved organic matter (DOM) (식) 용존유기물
dissolved oxygen (DO) (식)(양) 용존산소
dissolved oxygen amount (식)(양) 용존산소량
dissolved oxygen concentration (식)(양) 용존산소농도
dissolved status (식) 용존상태
dissolved substance (식) 용존물질
distance boundary (양) 경계거리
distance tabel 거리표
distance through the water 대수항정
distichous 대생
distillation (식) 증류
distilled water (식) 증류수
distress signal (어)(항) 조난신호
distributary (식) 분류
distribution (식) 분포, 유통
distribution cost (식) 물류비용
distribution density (식)(어)(자) 분포밀도
distribution diagram (식) 계통도
distribution graph (distribution map) (식) 분포도
distribution route (식) 유통경로
distributive facilities (식) 유통시설
distributor (식) 유통업자
district fisheries cooperative association (식)(어) 지구별수산업협동조합
disturbance (식)(어) 교란, 방해
diurnal (식) 주행성
diurnal amplitude (항) 일진폭
diurnal behaviour (식)(어) 일주기행동
diurnal cooling (식) 일주기냉각
diurnal current (식) 일주기조류
diurnal fluctuation (식) 일변화
diurnal freeze thaw (식) 일주기 동결해동
diurnal heating 일주기가열
diurnal inequality (양) 일조차
diurnal migration (양) 주야이동
diurnal oscillation (어)(항) 일주기진동
diurnal range (식) 일교차
diurnal tide (어)(항) 일주조
diurnal variability (식)(양) 일일변화율

diurnal variation (식)(양) 일변화
diurnal vertical migration (양)(어) 주야수직회유
diver (식)(어) 잠수부
divergence (식) 발산, 전개각
divergence evolution 발산진화
divergence loss 발산손실
diversity (식) 다양성
diversity index (식)(자) 다양도지수
diverticulum 맹관
diving (양)(어) 잠수
diving apparatus (어) 잠수기
diving fishery (양)(어) 잠수기어업, (어)(양) 잠수어업
diving suit (양)(어) 잠수복
DNA (deoxyribonucleic acid) (식) 디옥시리보핵산, (식) 디엔에이
DO (dissolved oxygen) (식)(양)(어) 용존산소
docent (양) 수족관안내인
dock (어)(항) 독, 선거
docking (어)(항) 입거
dockside (어)(항) 선창
docosahexaenoic acid (DHA) (식)(양) 디에이치에이, (식)(양) 도코사핵사엔산
docosapentaenoic acid (DPA) (식)(양)(어) 도코사펜타엔산
dog cockle 투구조개
dogfish shark (식)(양)(어)(자) 돔발상어
dog salmon (식)(양)(어)(자) 연어
doliolarian larva(e) (양) 돌리오라리아유생
dolly verden (식)(양)(어)(자) 곤돌메기
dolomite 백운석
dolphinarium 돌고래수족관
dolphins (식) 만세기과 (어)(항) 돌핀
DOM (dissolved organic matter) (식) 용존유기물
domestic base fishery (어) 국내기지어업
domestic sewage (식) 생활하수
domestic sewage pollution (식) 생활하수오염
dominance (식)(자) 우점성
dominance index (양)(자) 우점도지수
dominant group (식)(자) 우점군
dominant species (식)(자) 우점종
dominant year class (자) 탁월연급군
domoic acid (식) 도모인산
Doppler effect (어) 도플러효과
dormancy (식)(양) 휴면
dormant egg (식)(양) 휴면란
dormant state (식) 휴면상태
dorsal (식) 등쪽
dorsal fin (식) 등지느러미
dorsal light reaction 배광반응
dorsal stolon 배아경
dosage (식) 투여량, (식) 조사량
dose (식) 선량, 조사량
dosinia shell (양) 떡조개
double bottom (어)(항) 이중저
double coefficient 이중계수
double decker 복갑판선
double diffusion (식) 이중확산
double hull 이중선체
double jacket 더블재킷
double netting (어) 이중망
double-oblique tow 이중경사예인
double plate type otter board (어) 복판형전개판
double precision (식) 이배정밀도

double seamed can (식) 이중밀봉관
double seamer (식) 이중밀봉기
double seaming (식) 이중밀봉
double sheet bend net (어)(자) 겹막대등그물
double tide 쌍조
double trapped pound net (어)(자) 이중낙망
double trawler knott (어)(자) 겹막매듭그물
double trawler knotted netting (어) 겹막매듭그물 (어) 이중막매듭그물감
double-walled tangle nets 이중얽애그물류
double yarn 겹실
dough (식) 반죽
downlap 하향표류
downward sounding transducer 하향탐지부
DPA (docosapentaenoic acid) (식) 도코펜타엔산
draft (어)(항) 흘수
drag acceleration (어)(항) 항력가속
drag coefficient (식)(어)(항) 항력계수
drag force (식)(어)(항) 항력
drag of net (어) 그물항력
dragged fishing gear (어) 예망어구
dragged gears (어) 끌어구류
dragged nets methods (어)(자) 인회망
dragged scoop net (양)(어) 두손반디그물
dragged scoop net with light (어) 멸치챗배그물, 분기초망
drain (식) 드레인
drainage pattern 수계형
drainageway (식) 배수구
drastic recovery (어) 신장회복도
drawing of fishing gear (어)(자) 어구설계도
drawing of lateral view 측면도
drawn and ironed can (DI can) (식) 타발압연관 (식) 디아이관
drawn can (식) 타발관
dredges (어)(자) 틀방, 형망
dredging ship 준설선
dressed (식) 드레스
DRI (dietary reference intake) (식) 영양섭취기준
dried cod (식) 마른대구
dried feed (양) 건조사료
dried fish (식) 건조어류, 말린생선
dried food (식) 건조식품
dried formula feed (식) 건조배합사료
dried kelp (식) 마른다시마
dried laver (식) 마른김
dried peeled shrimp (식) 마른탈피새우
dried plankton (식) 건조플랑크톤
dried sea mustard (식)(양) 마른미역
dried shark fin (식)(양) 마른상어지느러미
dried squid (식) 마른오징어
dried weight (식) 마른무게 (식) 건조무게
dried yeast (식) 건조효모
drier (식) 건조기
drift 표류
drift bottle (어)(항) 표류병, 해류병
drift card (항) 표류엽서
drift gill net (어) 유자망 (어) 흘림걸그물
drift larva(e) 표류성유생
drift lines (어) 흘림낚시
drift net (어) 유망

drift-net fishery (어)(자) 유망어업
drift-net fishing (어) 유망어업
drift net with pocket (유) 주머니얽애 그물
drift sand 표사
driftage 표류작용
drifter 표류물
drifting long line (어) 뜬주낙, 부연승 (자) 흘림주낙
drifting seaweed (양) 유조류
driftway 편류
driftweed 표류해초
driftwood (어) 유목
drilling mud 굴삭니
drinking water (식) 먹는물
drip (식) 드립
drive-in fishery (어)(자) 몰이어업
drive-in net (어) 몰잇그물
driving gear 구동톱니바퀴
driving shaft center 구동축중심
drogue 드로그, 표류부표
drooping (식) 수하
dropping speed 낙하속도
drop line (어) 선주낙
drop velocity (양) 낙하속도
drum dryer (식) 드럼건조기
drum drying (식) 드럼건조, (식) 피막건조법
drum drying method (식)(양) 드럼건조법
drusen (양) 균괴
dry basis (식) 건물기준, (식) 건물당
dry-bulb temperature (식) 건구온도, 건구온도계
dry heat sterilizer (식) 건열살균기
dry ice (식) 드라이아이스
dry salting (식) 마른간법
dry-salting method (식) 건염법
dry strength (식) 건조강도
dry weight (식) 건조중량
dry zone (식) 건조대
dryer (양) 건조기
drying (식) 건조
drying characteristic curve (식) 건조특성곡선
drying characteristics (식)(양) 건조특성
drying compressed food (식) 건조압축식품
drying curve (식) 건조곡선
drying field 건조장
drying in the shade (식) 음건
drying oil (식) 건성유
drying period (식) 건조기간
drying rack (식) 건조대
drying rate (식) 건조속도
drying shrinkage (식)(양) 건조수축
drying time (식) 건조시간
DSC (differential scanning calorimetry) (식) 시차주사열량법
DSL (deep scattering layer) 심해산란층
DSP (diarrhoeic shellfish poisoning) (식) 설사성패독
DTA (differential thermal analysis) (식) 시차열분석
dual-beam method 이중파장법
ducting (식) 도관조직
dugong 듀공
dummy variable 외견상변수
dumping ground 투기장소
dun 반점모양갈변
duodenum (식) 십이지장

duplication (식) 중복
duration (식) 지속기간
duration in beam technique 음파법 의지속성
duration limited 지속기간 제한의
duration of growing period (식) 생장기 지속시간
duration time (식) 지속시간
dust (식) 먼지, (식) 분진
dustpan-like encircling net (어) 쓰레받기형두리그물
duty, watch (식) 의무, (어) 당직
dwarf male 난장이숫컷(왜웅)
dye streak line 색소선
dyeing (식) 염색
dynamic altitude 역학적고도
dynamic dapth (어) 역학수심
dynamic meter 다이나믹미터
dynamic pressure (식) 동압
dynamic similarity 역학적상사, 역학적유사성
dynamic stability (식) 역학적안정성

E

EAA (essential amino acid) (식) 필수아미노산
eagle lay (식)(양) 매가오리
ear plug (식) 귀마개
early death 초기폐사
early development 초기발생
early diagenesis 초기속성과정
early life stage 초기생활사단계
early reduction (자) 초기감소
earth current 접지전류
earthworm (양) 지렁이
East China Sea (어)(식) 동중국해
East Korean Warm Current (식)(어) 동한난류
East Sea (식)(어) 동해
easy-mending (어) 간이수선
easy opening end can (식) 원터치캔
ebb axis 낙조류방향
ebb current 낙조류
ebb interval 낙조간격
ebb strength 낙조유속
ebb tide (양)(어)(자) 썰물
EC (European Community) (식) 유럽공동체
eccentric angle 이심각
eccentricity 이심률
ECDIS (Electronic chart display and information system) (양)(어)(항) 전자해도
ecdysis 탈피
ecdysone 엑다이손
echinoderm (식) 극피동물
echinopluteus (양) 에키노플루테우스유생
echo (어) 반향
echo counting 반사음계수, 반사파계수법
echo integration 반사파통합법
echo sounder (어) 음향측심기
echo sounding (어) 음파측심, 음향측심
echograph (어) 자기음향측심기
Ecklonia cava (식) 감태
ecoclimate (식) 생태기후
ecodynamics (식) 생태역학
ecological distribution (식) 생태분포
ecological dominant (식) 생태적우점자
ecological efficiency (식) 생태학적효율
ecological equivalent 생태적동위자
ecological form 생태형
ecological group 생태군
ecological group spectrum 생태군스펙트럼
ecological isolation 생태적격리
ecological longevity 생태적수명
ecological method 생태학적방법
ecological niche 생태학지위
ecological optimum 생태적최적

ecological potency 생태학적잠재력
ecological properties 생태적성상
ecology (식) 생태학
economic objectives (식) 경제적목적
economic optimum fishing (어)(자) 경제적적정어획
economic zone (식) 경제수역
ecophenotype 생태적표현형
ecospecies (식) 생태종
ecosystem (식) 생태계
ecosystem ecology 생태계생태학
ecosystem model (식) 생태계모델
ecotoxicology 생물독성학
ecotrophic coefficient 포식계수
ecotype 생태형
ectoderm 외배엽
ectodermal 외배엽성
ectodermal cell 외배엽세포
ectosymbiont 외부공생자
ectosymbiosis 외부기생
ectotherm 외온동물
ectothermy 외온성
EDCs(endocrine disrupting chemicals) (식)(양)(자) 내분비계장애추정물질
eddy (어) 소용돌이, (어) 와동
eddy fishing ground (어) 와류어장
eddy making resistance 조와저항
eddy motion 소용돌이운동
edge (식) 가장자리
edible films (식) 가식성 필름
edible fish meal (식) 식용어분
edible hardened oil (식) 식용경화유
edible ice (식) 식용얼음
edible oil and fat (식) 식용유지
edible parts (식) 가식부(위)
edible peanut oil (식) 식용땅콩유
edible portion (식) 가식부(위)
edible salt (식) 식용소금
edible sea lettuce 식용파래
edible seaweeds (식) 식용해조류
EDTA (ethylenediaminetetraacetic acid) (식) 에틸렌디아민테트라아세트산
EEC (european Economic Community) (식) 유럽경제공동체
EEZ (Exclusive Economic Zone) (어) 배타적 경제수역
EFA (essential fatty acid) (식) 필수지방산
effect of air bubbles 기포효과
effective concentration (식) 유효농도
effective cooling time (식) 유효냉각시간
effective electric power (식)(어) 유효전력
effective fishing effort 유효어획노력량
effective fishing intensity (어) 유효어획강도
effective freezing time (식) 유효냉동시간
effective freezing velocity (식) 유효동결속도
effective horse power (식)(어) 유효마력
effective power (식) 유효동력
efficiency (식) 효율
efficiency of fishing ability (어)(자) 어획성능
efficiency of fishing gear (어) 어구성능
efficiency of operation (항) 하역능률
effluent (식) 배출액
EFTA (European Free Trade Association)

(어) 유럽자유무역연합
egg (식) 난
egg capsule (식) 난낭
egg chamber (양) 난실
egg cockle (식)(양) 새조개
egg collection (식) 집란, 채란
egg collection throughout the year 주년채란
egg collector (식) 채란기
egg diameter (식) 난경
egg membrane (식) 난막
egg production method 난생산량법
egg shell (식)(양) 난각
egg surveys (식) 난조사
egg-washing method of insemination 세란법
egg white (식) 난백
egg yolk (식) 난황
eicosapentaenoic acid (EPA) (식) 에이코사펜타엔산, 이피에이
eicosatetraenoic acid (ETA) (식) 에이코사테트라엔산, 이티에이
eigenvalue (식) 고유값
eigenvector 고유벡터
ejaculatory duct 사정관
ejection (식) 분출
Ekman spiral 에크만나선
El Nino (식) 엘리뇨
elastic elongation (식)(어) 탄성신장도
elastic fiber (식)(어) 탄성섬유
elastic limit (식)(어) 탄성한계
elasticity (식)(어) 탄성, 탄력성
elastin (식) 엘라스틴
electric charge (식) 전하
electric conductance (식)(어) 전기전도도
electric fish 발전어류
electric fishing (어) 전기어로
electric log (한) 전기로그
electric oven (식) 전기오븐
electric potential gradient 전압경도
electric ray (식)(양) 전기가오리
electric smoking (식) 전훈법
electric thawing (식) 전기해동
electrical fishing (어)(양) 전기어법
electrical prospecting 전기탐사
electrical steady current (식) 정상전류
electrical stupefying fishing gear (어) 전기적마비어구류
electrode (식) 전극
electrode holder (식) 전극홀더
electro-hydraulic steering gear (어)(항) 동력조타장치
electrolysis (식) 전기분해
electromagnetic deflection 전자편향
electromagnetic tag-detector (어) 전자표지어탐지기
electromotive force (식) 기전력
electromotor (어) 전동기
electron activity (식) 전자활동도
electron flux current 전자속전류
electron microscope (식)(양)(어)(자) 전자현미경
electronarcosis (식)(어) 전기마비
electronegativity (식) 전기음성도
electroneutrality (식) 전기적중성
electronic bearing line 전자식방위선
electronic counter (양) 전자계수기
electronic measuring boards 전자계측판
electronic navigation (어)(항) 전파항법
electronic nose (식) 전자코

electronic refrigeration (식) 전자냉동
electronic tongue (식) 전자혀
electrophoresis (식) 전기영동
electrophoretic dehydration (식) 전기영동탈수법
electrostrictive effect (어) 전외효과
electrostrictive transducer 전외진동차
electrotaxis (어) 주전반응, 주전성
electrotropism (어) 굴전성
element (식) 원소
element budget 원소수지
elevation (식) 상승, 증대
elevator tool 부양장치
elimination (식) 소거, 제거
ellipse type otter board (어) 타원형전개판
elliptic set net (어)(자) 대모망
elongation (식)(어) 신장, 연장
eluate (식) 용출액
elution (식) 용출
elution curve (식) 용출곡선
elution volume (식) 용출부피
emarginate 오목꼴
embakation (항) 승선
embankment 제방
embargo (어)(항) 출항금지
embayment 안입
embayment degree 내만도
embryo (식)(양) 배
embryogenesis (식)(양) 배형성, 배(아)발생
embryology (식)(양) 발생학
embryonic period (식)(양) 배발생기간
embryospore (양) 배포자
emergency station bill (항) 비상배치표
emergency steering gear (어)(항) 응급조타장치
emergend plant (양) 정수식물
emergents 정수식물
emigrant 이출자
emigration (식)(어)(자) 이출, 전출 (식) 회유
emigration rate (식)(어)(자) 이출율
emission (식) 방출, 배출
empirical equation (식) 실험식
employment conditions (식) 고용조건
employment management (식) 고용관리
empty can (식) 공관
emulsification (식) 에멀젼화, (식) 유화
emulsifier (식) 유화제
emulsifying capacity (식) 유화능
emulsifying mixer (식) 유화혼합기
emulsifying stability (식) 유화안정성
emulsion (식) 유화, (식) 에멀젼
enamelled can (식) 에나멜도료관
encapsulation (식) 캡슐화
encircling gill net (어) 선자망
enclosed waters 폐쇄성해역
enclosure culture (양) 축제식양식
encrusting 피복성
end point (식) 종말점
end product (식) 최종산물
end ring 엔드링
end seam (식) 엔드시임
endangered species (식) 멸종위험종
endemic (식)(양) 특정집단고유의
endemic species (식)(양) 고유종, 특산종
endemism (식)(양) 고유성
endite (어) 내돌기, 밑마디기절

endless fiber 무한섬유
endobenthos (식)(양)(어)(자) 내생저서생물, 내서동물
endobiose (식) 내생생물군
endocrine (식)(양) 내분비
endocrine system (식)(양) 내분비계
endocytoplasmic reticulum (식) 소포체
endoderm (식)(양) 내배엽
endodermal (식)(양) 내배엽성
endodermal cell (식)(양) 내배엽성세포
endogenous detritus 내인성잔재
endogenous plankton (식)(양) 내인성플랑크톤
endomysium (식)(양) 근내막
endoparasite (식)(양) 내부기생생물, 체내기생자
endopeptidase (식) 엔도프로티아제
endoplasmic reticulum (식) 소포체
endopodite 내지
endopsammon 미세사생물상
endoskeleton (식) 내골격
endospore (식) 내생포자
endosternite 내복판
endosymbiont (식) 체내공생자
endosymbiosis (식) 체내공생
endotherm (식) 내온동물
endothermy (식) 내온성
endotoxin (식) 균체내독소
energy (식) 에너지
energy balance (식) 에너지수지
engine (식) 엔진
engine efficiency (식)(어) 기관효율
engine room (어) 기관실
engine telegraph 엔질텔레그래프
engineering unit system (식) 공학적단위계
engineer's logbook (어)(양) 기관일지
english knot (어) 막매듭
enmeshed rate (어) 나망율
enmeshment (어) 나망
enriched foods (식) (영양)강화 식품
enrichment (식) 영양강화
enrichment factor 농축도
ENSO(El Nino Southern Oscillation) 엘리뇨남방진동
entangling eggs 낙란
entangling fishing method (어) 전락망어법
entangling nets (어) 얽애그물류
entero bactericeae (식) 장내세균과
enterocelous 장체강성
enterococcus (식) 장구균, (식) 장내구균
enterocoel 장체강
enterohemorrhagic *E. coli* (식) 장관출혈성대장균
enteroinvasive *E. coli* (식) 칩입성대장균
enterotoxin (식) 장관독, 장내독소, 엔테로톡신
enthalpy (식) 엔탈피
entomostracan 내부기생충
entrainment 동반이행
entrainment force 연행력
entropy (식) 엔트로피
enumeration data 계산자료
enumeration method 계산방법
environment (식) 환경
environment conservation (식) 환경보존
environment-friendly technology (양)(자) 환경친화기술

environment of fishing ground (어) 어장환경
environmental barrier 환경장벽
environmental carrying capacity (식) 환경수용량
environmental factor (식) 환경요인
environmental hormone (식) 환경호르몬
environmental management (식)(어) 환경관리
environmental pollutant (식)(양)(어) 환경오염물질
environmental pollution (식)(어) 환경오염
environmental protection (식)(양)(어) 환경보호
environmental resistance (양)(자) 환경저항
environmental sensitivity index (양)(자) 환경민감도지수
enzymatic assay (식) 효소분석기법
enzymatic browning (식) 효소적갈변
enzymatic browning reaction (식) 효소갈변반응
enzymatic reaction (식) 효소작용
enzyme (식) 효소
enzyme activity (식) 효소 활성(도)
enzyme antibody technique (식) 효소항체법
enzyme code 효소번호 (식) 효소기호
enzyme code number (양) 효소번호
enzyme food (식) 효소식품
enzyme immobilization (식) 효소고정화
enzyme immunoassay (식) 효소면역측정법
enzyme inactivation (식) 효소불활성화
enzyme inhibitor (식) 효소 저해
enzyme reaction (식) 효소반응
enzyme specificity (식) 효소특이성
enzyme stabilization (식) 효소안정화
enzyme-substrate reaction (식) 효소기질반응
enzymic engineering (식) 효소공학
enzymic method (식) 효소법
enzymic oxidation (식) 효소산화
enzymic saccharification (식) 효소당화법
eosin (식) 에오신
EPA(eicosapentaenoic acid) (식) 에이코사펜타엔산, 이피에이
epeiric sea (양) 내륙해
ephemeris 역표
ephyra (양) 해파리유생
epibenthos 표서동물, 표재저서동물, 표재저서생물
epibentic animal 표서저서동물
epibiose 표생생물군
epibiota (양) 표생생물군
epiboly 피포
epicone 상각
epicontinental sedimentation 연해퇴적
epideictic behavio (양) 과시행동
epidemic 이상발생
epidemiologic survey (식) 역학조사
epiderm (식) 진피, 표피
epidermal cell (식) 표피세포
epidermal tissue (식) 표피조직
epifauna 표재동물 (양) 표서동물
epiflora 표생식물

epilepsy 간질
epilimnion 표수층
epimorphosis 부가형성
epimysium (식)(양) 근상막
epineuston 수표상생물
epiparasite 외부기생생물
epipelagic 표해수성
epipelagic eggs 표층부성란
epipelagic plankton 표해수성플랑크톤
epipelagic zone 표층표영대
epipelic diatom 니질성규조류
epiphytes 착생식물
epiphytic algae 착생조류
epiphytic cyanobacteria 착생남조류
epiphytic density 착생밀도
epiplankton 표층성부유생물, 표층플랑크톤, 표층성플랑크톤
epipodite 부지, 엽상판
epistome 구상돌기
epitheca 표벽, 상각, 외각
epithelial cell (식) 상피세포
epithelial layer (식) 상피층
epithelium (식) 상피
epizoon 동물체착생의 동식물
epoch 세
epoxy (식) 에폭시
epoxy resin (식) 에폭시 수지
epoxy resin paint (식) 에폭시수지계도료
equal cleavage (식) 등할
equal variance (양) 등분산
equalization temperature (식) 평균품온
equation of state (식) 상태방정식
equatorial (식) 적도의
equatorial counter current 적도반류
equidistance (식) 등거리
equilateral (식) 등변의
equilibrium (식) 평형
equilibrium absorption (식) 평형흡수
equilibrium catch (어)(자) 평형어획량
equilibrium community 평형군집
equilibrium concentration (식) 평형농도
equilibrium constant (식) 평형상수
equilibrium method 평형방법
equilibrium moisture (식) 평형수분
equilibrium phase diagram 상평형도
equilibrium relative humidity (식) 평형상대습도
equilibrium state (자)(식) 평형상태
equilibrium theory 평형이론
equilibrium tide 평형조
equilibrium yield (어)(자) 적정어획, 평형생산량
equinoctial point 분조점, 분점
equinoctial spring tides 분점대조
equinoctial tide 분점조
equitransparency line 등투명도선
equity capital 자기자본
equivalence theorem 등가정리
equivalent (식) 당량
equivalve 등각
era (식) 시대
ergotoxin (식) 에르고톡신
erosion (식) 부식, 침식
erratic 이동하는
error (식) 오차
error range (식) 오차범위
erythorbate (식) 에리소르브산염
erythorbic acid (식) 에리소르브산
erythrocyte (식) 적혈구

escape sailing (항) 피항
escaping behavior (어) 도피행동
escaping instinct (어) 도피본능
Escherichia coli (식) 대장균
Escherichia coli O157:H7 (식) 병원성대장균 O157:H7
essential amino acid (EAA) (식) 필수아미노산
essential element (식) 필수원소
essential fatty aicd (EFA) (식) 필수지방산
ester (식) 에스테르
ester reaction (식) 에스테르 반응
esterification (식) 에스테르화
estimated position 추측위치
estimation (식)(자) 추정
estimation of missing observaion 결측구추정
estimation of parameter (식) 매개변수추정
estimator (식) 추정량
estuarine fishery (어) 하구어업
estuarine muds (자) 하구펄
estuarine plankton (양) 하구플랑크톤
estuarione fishery (어) 가수어업
estuary 염하구, 하구역
ETA (eicosatetraenoic acid) (식) 에이코사테트라엔산
etesian 계절적
ethan (식) 에탄
ethanol (식) 에탄올, 에틸알코올
ether (식) 에테르
ethology (어) 행동학
ethyl (식) 에틸
ethylene (식) 에틸렌
ethylene glycol (식) 에틸렌글리콜
ethylenediaminetetraacetic acid (EDTA) (식) 이디티에이, (식) 에틸렌디아민테트라아세트산
EU(European Union) (식) 유럽연합
eubacteria (식) 진정세균
eubenthos 진정저서생물
eukaryotes (식) 진핵생물
eukaryotic cell (식) 진핵세포
eukaryotic organism (양) 진핵생물체
eulimnoplankton 호수플랑크톤
euparasitism 진성기생
eupelagic 진성표영성의
euphausiids 난바다곤쟁이류
euphotic zone 수광대, 유광층, 진광대 (양) 유광대
euplankton 진정플랑크톤
European Community (EC) (식) 유럽공동체
European Economic Community (EEC) (식) 유럽경제공동체
European Free Trade Association (EFTA) (식) 유럽자유무역연합
European Union (EU) (식) 유럽연합
eurybathic 광심성의
eurybathic organism 광심성생물
euryhaline 광염성의
euryhaline organism 광염성생물
euryphagous 광식성의
eurythermal (식) 광온성의
eurythermal organism (식) 광온성생물
eurythermic growth stage 광온성성장기
eutectic point (식) 공융점, (식) 공정점
eutrophic (식) 부영양의
eutrophic lake (식) 부영양호
eutrophic phenomena (식) 부영양화

현상
eutrophic plankton (식) 부영양성플랑크톤
eutrophication (식) 부영양화
eutrophication of lake (식) 호수부영양화
eutrophy (식) 부영양
evaporated residues (식) 증발잔류물
evaporating pressure valve (식) 증발압력밸브
evaporation (식) 증발
evaporative condenser (식) 증발식응축기
evaporator (식) 증발기, (식) 농축기
evapotranspiration (식) 표면증산작용
even keel (양)(어)(항) 등흘수
even keel draft (어)(항) 등흘수
evenness 균등도
evisceration (식)(양) 내장제거
evolution (식) 진화
excess volatiles (식) 잉여휘발성분
exceteta (양) 배설물
excision (식) 절개법
exclusive economic zone (EEZ) (식)(어) 배타적경제수역
exclusive fishermen (어) 전업어민
exclusive fishery (어) 전용어업
exclusive fishery right (어) 전용어업권
exclusive fishery zone (어) 어업전관수역
exclusive species 배재종
excretion (식) 배설, (식) 배출
excretory pore (식) 배설공
excurrent canal (식) 출수관 (양) 유출구
excurrent siphon (식) 출수공
exhaust (식) 탈기
exhaust package (식) 탈기포장
exhausting (식) 탈기처리
exhausting box (식) 탈기함
exogenous plankton 외인성플랑크톤
exopeptidase (식) 엑소펩티다제
exophthalmos (식)(양) 안구돌출
exopodite 바깥다리
exoskeleton (식) 외골격
exotic species (식) 외래종
exotoxin (식) 균체외독소
expanding (식) 팽창
expansion (식) 팽창
expansion ring (식) 역륜, 익스팬션링
expansion valve (식) 팽창밸브
expectation value (식) 기대값
expense of laying up 계선비
experiment (식)(양)(어)(자) 실험
experiment design (식)(양)(어)(자) 실험설계
experimental condition (식)(양)(어)(자) 실험조건
experimental error (식)(양)(어)(자) 실험오차
experimental fishing (어)(자) 시험조업
experimental management (식)(양)(어)(자) 실험관리
experimental unit (식)(양)(어)(자) 실험단위
expiration date (식) 유효기간
exploitable plankton 어업대상플랑크톤
exploitation (식)(자) (자원)개발
exploitation rate (식) 개발율
exploration (식) 탐사
exploration reflex (어) 탐구반사
exploratory fishing (양) 개발시험조업

explosive fishing methods (어) 폭발물어법
exponential growth curve (식)(자) 지수성장곡선
exponential increase (식)(자) 기하급수적증가
export license (식) 수출허가서
exposure (식) 노출
exposure dose (식) 노출선량
expressible drip (식) 압출드립
extensing wing (어)(자) 앞날개
extension (식) 인장, 심장
extension rod (식) 인장봉
extension wing (어) 오비기(권현망)
extensive aquaculture (양) 조방적양식
extensive culture (양) 개방식양성, 조방적양식
extensive management 조방경영
external energy (식) 외부에너지
external environment (식) 외부적환경
external fertilization (식) 체외수정
external force (식)(어) 외력
external pressure (식) 외압
external secretion (식) 외분비
extinction (식) 멸종
extinction coefficient 소광계수, 소산계수
extinction cross-section 교차소광
extracapsular cytoplasm 낭외세포질
extracellular bioluminescence (식) 세포외 생체발광
extracellular digestion (식) 세포외 소화
extracellular enzyme (식) 세포외 효소
extracellular freezing (식) 세포외 동결
extracellular ice formation (식) 세포외 빙결정 형성
extracellular matrix(ECM) (식) 세포외 기질
extracellular protein (식) 세포외단백질
extracted liquid from tissue (식) 조직추출액
extracted liquid tea (식) 액상추출차
extraction (식) 추출
extraction method (식) 추출법
extraction process (식) 추출공정
extraction rate (식) 추출률
extractives (식) 추출성분, 엑스분
extractor (식) 추출기, (식) 추출장치
extracts (식) 추출물, (식) 추출액
extraordinary wave 이상파
extrapolation (식)(양)(어)(자) 외삽
extratropical cyclone (어)(항) 온대저기압
extreme breadth 전폭
extreme halophilic bacteria (식) 상급호염성세균
extremes (식) 극치
extrudate (식) 압출성형물
extruder (식) 압출기, (식)(양) 익스트루더
extrusion (식) 익스트루젼, (식) 압출
extrusion molding (식) 압출성형
exumbrella (식) 상산면
exuvium 탈각, 탈물
eye observation (어)(자) 목측
eye splice 삭안, 아이스플라이스
eye spot 안점
eyeball (식) 안구
eyed egg 발안란
eyed period (양) 발안기
eyehook 아이후크
eyeing period 발안기
eyestalk 눈자루

F

F value (식) 에프값
F_0 value (식) 에프제로값
faces 배설물
facies map 상분포도
factor (식)(어)(자) 요인, 인자
factorial analysis (식) 요인분석
factorial design (식) 요인설계
factorial experiment (식) 요인시험
factory sanitation (식) 공장 위생
factory ship (식)(어) 가공선
factory-ship fisheries (양) 공선식어업
factory-ship type fisheries (어)(자) 공모선어업, 공모선어업
factory trawler (어) 공선식트롤선
factory type trawler (어)(자) 공선식트롤선
facultative (식) 선택적인, 통성
facultative aerobic bacteria (양) 통성호기성세균
facultative anaerobic bacteria (식) 통성혐기성세균
facultative parasitism (식) 불완전기생, 임의기생
failure (식) 파괴
failure to thrive factor 성장장해요인
fair tides (어)(항) 순조류
fair winds (어)(항) 순풍
fair way 수로
fairy shrimp 무갑류새우
falling net (어) 덮그물
falling net fishing methods (어) 덮그물어법
falling rate of drying (식) 감률건조
falling rate period of drying (식) 감률건조기간
falling tide (양)(어)(자) 썰물
false albacora (식)(양)(어)(자) 물치다래
false annual ring 헛연륜
false belly (어) 밑판보호망
false bottom 가저
false chafer (양) 밑판보호망
false garafting 가접
false seam (식) 의사밀봉, 폴시임
family (식) 과
family fishery (어) 동족어업
family labor 가족노동력
family workforce (양) 가족노동력
famine (식) 기근
fancy carp (양) 비단잉어
fancy meat (식) 팬시미트
FAO (Food and Agriculture Organization) (식) 식량농업기구
far infrared ray (식) 원적외선
far infrared sterilization (식) 원적외선살균
far sea purse seine fishery 해외선망어업
farbricated food (식) 조립식품

farming-fishery (어) 재배어업
fascine (어) 섶(건착망)
fast food (식) 패스트푸드
fast muscle (식) 속근
fat cod (식) 쥐노래미
fat liquoring (식) 기름먹이기
fat soluble (식) 지용성
fat-soluble vitamin (식) 지용성비타민
fathom 패덤(수심단위, 1.8m)
fatty (식)(양) 지방질의
fatty acid (식)(양) 지방산
fatty liver (식)(양) 지방간
fauna (식)(양) 동물상
fauna realms (양) 동물지리구 (식) 동물세계
favorite food (식) 기호식품
FDA (Food and Drug Administration) (식) 미국식품의약국
Fe(ferrum) (식) 철
feather jig (어) 털낚시
feather star 바다나리류
fecal coliform (식) 분변계대장균
fecal coliform group (식) 분변계대장균군
fecal pellet (식)(양) 고형사료, 고형배설물
fecundity (식)(양) 다산성, 생식력, 잉란수, 포란수
feed (식)(양) 사료
feed additive (식)(양) 사료첨가제
feed analysis (양) 사료분석
feed coefficient (식) 사료계수 (양) 이료계수
feed conversion efficiency (식)(양) 사료전환효율
feed culture (양) 급이양식
feed efficiency (식)(양) 사료효율
feed grade (식)(양) 사료용
feed grade phosphoric acid (식)(양) 사료용 인산
feed method (식)(양) 급이방법
feed mixer (식)(양) 사료배합기
feed processing machine (식)(양) 사료제조기
feed production (식)(양) 사료생산
feed ration (식)(양) 급여량
feed science (양) 사료학
feed value (식)(양) 사료가치
feedback control 되먹임제어
feedback process 귀환작용
feedback resistance 귀환저항
feeder (양) 급이기 (식) 사료공급기
feeder beach 공급해안
feeder channels (양) 급수로
feeder current (양) 급수류
feeding (식)(양)(어)(자) 급이, 색이, 섭식
feeding amount (식)(양) 급이량, 먹이공급량
feeding attractant (식)(어) 섭이유인물질
feeding bahaviour (식)(어)(자) 섭식행동, 식이행동
feeding efficiency (식)(양) 섭식효율
feeding experiment (양) 사양실험
feeding ground (식)(어)(자) 색이장, 섭식장
feeding group (식)(양) 색이군
feeding habit (식)(양)(어)(자) 섭식습성, 섭식생태
feeding migration (식)(어)(자) 색이회유, 섭이회유
feeding pattern (식)(어)(자) 섭식양상

feeding rate (식)(어)(자) 섭식률
feeding school (식)(어)(자) 색이군
feeding season (식)(어)(자) 색이기
feeding standard (양) 사양표준
feeding stimulants (식)(양) 섭이촉진물질
feeding success (양) 섭이성공
feeding success rate (양) 섭이성공율
feeding time (식) 급이시간
female (식)(어)(자) 암컷
femtoplankton 초극미소부유생물
fence net 항만
fender (어) 방현재
fermentation (식) 발효
fermentation industry (식) 발효공업
fermentation period (식) 발효기간
fermentation process (식) 발효공정
fermentation processing (식) 발효가공
fermentation rate (식) 발효속도
fermentation technology (식) 발효기술
fermented fish sauce (식) 발효어간장
fermented foods (식) 발효식품
fermented seasoned foods (식) 발효조미식품
fermented seasoning (식) 발효조미료
fermented soy products (식) 장류
fermented soy sauce (식) 양조간장
fermentor (식) 발효기, 발효조
ferrous ion (식) 이가철이온
ferrum(Fe) (식) 철
ferry boat (항) 연락선
fertility (식) 비옥함 (식)(양) 수정능력
fertility ratio (식) 출산율
fertility table 출생표
fertilization (식) 비옥화 (식)(양) 수정
fertilization cone 수정돌기
fertilized egg 수정란 (양) 수정난
fertilizer (식) 비료
fetch 취송
fetch length 취송거리
fiber lyase (식) 섬유소분해효소
fiber rope (어) 섬유로우프
fibroin (양) 견섬유
fibrous feeds (양) 섬유질사료
fibrous protein (식) 섬유상단백질
fibrous structure (식)(어) 섬유상 구조
fibrous tissue (식)(어) 섬유조직
ficin (식) 피신(효소의 일종)
fiddler crab 농게
fiducial point 보정기준점
field (식) 야외, 현지
field note 야장
field-test (식)(어) 현장시험
filament (어)(식) 필라멘트
filamentous algae (식) 사상조류
filamentous bacteria (식) 사상세균
filamentous form (식) 사상, 사상체, 사상체형
filamentous fungi (식) 사상균
filefish (식)(어) 쥐치
filibranchia 사새류
filiform 섬유상
filipino venus (식)(양)(어)(자) 바지락
fillet (식) 필레
filleting (식) 필레처리
filleting machine (식) 필레처리기
filling (식) 살쟁임, (식) 충전
film (식) 필름
filopodium 사상위족
filter (식) 여과기, (식) 필터
filter cake (식) 여과박

filter cloth (식) 여과포
filter feeder (식) 여과섭식자
filter feeding (식) 여과섭식
filter feeding animal (식) 여과섭식동물
filter net (식) 거름망
filter press (식) 압착여과기
filtering disk 여과디스크
filtering effect (식) 여과효과
filtering efficiency (식) 여과효율
filtering layer (식) 여과층
filtering organ (식) 여과기관
filtering rate (식) 여과율
filtering speed (식) 여과속도
filtering tank (식) 여과탱크
filtering volume (식) 여과수량
filtrates (식) 여액
filtration (식) 여과
filtration method (식) 여과법
fin (식) 지느러미
fin-clipping 기절법
fin-coil type evaporator 핀코일식증발기
final concentration (식) 최종농도
final course 도착침로
final product (식) 최종 생성물
final yield (식) 최종 수율
fine sand (식) 고운모래, 세사
fine silt 고운세사
finishing (식) 마무리작업
finite difference method (양) 유한차분법
finite population 유한모집단
finny tribes (식) 어족
fire control equipment (어)(항) 소화장치
fire fighting drill (어)(항) 방화훈련
fire fighting equipment (어)(항) 소화설비
fireboat 소방선
first-aid treatment (식) 응급처치
first estimation value 초기추정치
first feeding larval fish 최초섭이자어
first operation seaming (식) 제일밀봉
first order analysis (식)(양)(어)(자) 일차분석
first order reaction (식)(양)(어)(자) 일차반응
first quarter 상현
firth 깊숙한 내만 (양) 강어귀
fish (식)(양)(어)(자) 어류
fish ability (어)(자) 어획가능성
fish and shellfish farm (양) 어패류양식장
fish and shellfish farmer (양) 어패류양식업자
fish and shellfishes (식) 어패류
fish attracting lamp (어) (집어등)어로등
fish ball (식) 어단, 피쉬볼
fish bar (식) 피쉬바
fish behavior (어) 어군행동
fish block (어)(식) 피쉬블록
fish bone (식)(양) 어류뼈
fish burger (식) 생선버거
fish byproduct (식) 생선부산물, (식) 어류부산물
fish cake (식) 어박
fish carring vessel (식)(어)(자) 어획물운반선
fish carver 생선용식칼
fish container (식)(어) 고기상자
fish court (어) 통그물(정치망)

fish culture (양) 어류양식
fish culture in paddies 수전양식
fish culture in stream water (양) 유수양식
fish culture in the river (양) 하천양식
fish culture with warmed water 가온식양식
fish culturist 양식가
fish detecting (식) 어군탐지
fish detection boat (식) 어탐선
fish disease 어병
fish eggs (식) 어란
fish farm (양) 양어장
fish farmer (양) 어패류 양식업자
fish farming 양어법
fish fence net (어)(자) 개막이그물
fish fertilizer (식) 어비
fish find amplifier (어) 어탐증폭기
fish finder (어)(자) 어군탐지기
fish finding (어)(자) 탐어
fish flake (식) 피쉬플레이크
fish flesh (식) 어육
fish frying (식) 생선튀김
fish gathering (식)(어) 집어
fish gathering method (어)(자) 집어어법
fish gelatin (식) 어류 젤라틴
fish glue (식) 어교
fish grader (식) 어류선별기, 생선선별기
fish ham (식) 어육햄
fish hamburger (식) 어육햄버거
fish handling (식) 어획물처리
fish handling-processing (어)(자) 어획물처리
fish hold (어)(식) 어창
fish holding net (식) 가두리 그물
fish hydrolysate (식) 생선가수분해물
fish identification (식) 어종판별
fish jerky (식) 어(육)포
fish ladder 어도
fish larval period (식) 자어기
fish larval stage (식) 자어기
fish liver (식) 생선간, (식) 어류간
fish liver oil (식) 생선간유, (식) 어간유
fish market (식) 어시장
fish mass mortality (양) 어류대량폐사
fish meal (식) 어분, 피쉬밀
fish meat (식) 어육
fish meat grinder (식) 고기갈이기
fish meat grinding (식) 고기갈이
fish meat mincer (식) 어육마쇄기
fish meat separator (식) 어육채취기
fish odor (식) 어취
fish odor-causing substance (식) 어취원인물질
fish oil (식) 어유, 생선기름
fish paste (식) 어육페이스트
fish path (식) 어도
fish pathology (식) 어병
fish plummets 추달린 작살
fish pond (양) 양어지
fish pot (식)(어) 통발
fish product (식) 어류가공품
fish protein (식) 어류단백질
fish protein concentrate(FPC) (식) 농축어육단백질
fish protein hydrolysates (식) 어류단백질가수분해물
fish pump (식) 피쉬펌프
fish sauce (식) 어간장
fish sausage (식) 생선소시지, 어육소시지

fish-scale disease (양) 어류피부병
fish school (어)(자) 어군
fish scouting (어)(자) 어군탐색
fish scrap (식) 피쉬스크랩, 어류잔사
fish scrap meal (식) 피쉬스크랩밀
fish skin (식) 어피, 어류껍질
fish skin tissue (식) 어피조직, 어류껍질 조직
fish soluble (식) 피쉬솔류블
fish spear (식)(어) 작살
fish stick (식) 피쉬스틱
fish stock (어)(자) 어류자원 (식) 생선육수
fish tackle (어) 피시태클(물고기 끌어올리는 도르래)
fish water standard (식) 수산용수기준
fish weir (어) 어전
fishbowl (식) (유리)어항
fisheries (어)(자) 어업
fisheries acoustics (어) 수산음향학
fisheries adjustment (어) 어업조정
fisheries administration (식)(어) 수산행정
fisheries agreement (식)(어) 어업협정
fisheries animal (식)(어) 수산동물
fisheries biology (식)(어) 수산생물학, 어업생물학
fisheries controlled for resource management (어) 자원관리형어업
fisheries cooperative association (식)(어) 수산업협동조합
fisheries cooperative credit system 계통금융
fisheries direct distribution (어) 수산물직거래
fisheries distribution (식)(어) 수산물유통
fisheries employee (식)(어) 수산업종사자
fisheries fertilizer (식) 수산비료
fisheries financing (식) 수산금융
fisheries guidance boat (어) 수산지도선
fisheries guidance station (어) 수산지도소
fisheries household fishery (어) 어가어업
fisheries household management (어) 어가경영
fisheries income (어) 어업수입
fisheries inspection vessel (어) 수산물검사선
fisheries jurisdictional waters (어) 어업전관수역
fisheries laws and regulations (어) 수산법규
fisheries limit (어) 수산규제
fisheries management (어) 수산관리, 어업관리
fisheries management capital 수산경영자본
fisheries manager (식)(어) 수산경영자
fisheries manufacture (식) 수산물제조업
fisheries market (식)(어) 수산물시장
fisheries marketing (식)(어) 수산물마케팅
fisheries meteorology (어) 수산기상
fisheries oceanography (어) 수산해양학
fisheries policy (식)(어) 어업정책
fisheries processing (어)(식) 수산가공

fisheries products (어)(식) 수산가공품
fisheries regulation system (식)(어) 수산규제제도
fisheries research ship (어) 수산시험선
fisheries research station (어) 수산시험장
fisheries research vessel (어) 어업조사선
fisheries resource ecology (어)(자) 수산자원생태학
fisheries resource protection decree (식)(어)(자) 수산자원보호령
fisheries resources (식)(어)(자) 수산자원
fisheries science (양)(어)(자) 수산학
fisheries seeds (식) 수산종묘
fisheries technician (어)(자) 수산기술자
fisheries training ship (어) 어업실습선
fisherman (어) 어부, 어민
fisherman's village (어)(식) 어촌
fish-farmer 어패류양식업자
fishing (어) 어로 (양) 고기잡이
fishing amount (식) 어획고
fishing area (식)(어) 조업구역
fishing automation (어) 어업자동화
fishing bait (어) 낚시미끼
fishing bank (어) 어초
fishing base (어) 어업기지
fishing boat (어) 어선
fishing boat law (어) 어선법
fishing community (식)(어) 어업공동체
fishing conditions (어) 어황
fishing curve (어)(자) 어획곡선
fishing drawing of fishing gear (어) 어구설계도
fishing eagle (어) 어식맹금류
fishing efficienty (어)(자) 어획능률
fishing effort (어) 어획노력
fishing facility (어) 어로시설
fishing fees (어)(양) 입어료
fishing fleet (어) 어선단
fishing fleet fishery (어) 선단조업
fishing fleet organization 선단조직
fishing forecast (어) 어획예보
fishing gear (식) 어구
fishing gear avoidance (어) 어구도피
fishing gear selectivity (어)(자) 어구선택성
fishing gear technology (어) 어구학
fishing ground (식)(어) 어장
fishing ground around bank (어) 퇴초어장
fishing ground chart (어) 어장도
fishing ground farming project (어) 어장목장화사업
fishing ground management (식)(어) 어장관리
fishing ground management by law 어장관리규약
fishing ground ownership and fisheries regulation (어) 어업제도
fishing information (어) 어업정보
fishing intensity (어) 어획강도
fishing lamp (어) 집어등
fishing light (어)(자) 어로등
fishing machine (어) 어로기계, 어획기계
fishing machine and instrument (어) 어업기기
fishing master (어) 어로장
fishing method (어) 어법
fishing methodology (어) 어법학
fishing mortality (식)(어) 어획사망, 어

회사망률
fishing mortality coefficient (어) 어획사망계수
fishing net (어) 그물어구
fishing operation (어) 어로작업, (어) 어로활동, (어) 조업
fishing operations in the international waters (어) 국제수역조업활동
fishing people (식) 어부
fishing period (어)(식) 어기
fishing place (어) 낚시터
fishing pole (어) 낚시대
fishing port (어) 어항
fishing port improvement plan (어) 어항정비계획
fishing port law (어) 어항법
fishing power (어) 어획강도
fishing power coefficient (어) 어획강도계수
fishing production (식)(어) 어업생산
fishing rate (식)(어) 어획률
fishing right (어) 출어권
fishing season (식)(어) 어기
fishing smack 소형어선
fishing sport (어) 낚시터
fishing system (어) 어업시스템
fishing tax (어) 어업세
fishing technology (어)(자) 어로학
fishing vessel avoidance (어) 어선도피
fishing village (어) 어촌
fishing without gear (어) 맨손어법
fishing zone (어)(자) 조업수역
fishskin disease 물고기피부병
fishworm (식) 낚시용지렁이
fissile 갈라지기 쉬운
fissility (식) 가벽성
fission (식) (세포 또는 원자)분열
fistula 고래기공
fit up (양) 가접
five senses (식) 오감
five side fyke net (어) 오각망
fix (식) 고정된
fix by doubling the angle of the bow 선수배각법
fixative 고정제
fixed factor (양)(어) 고정계수
fixed fishing gear (어) 고정어구, (어) 정치어구
fixed gill net (어) 고정자망
fixed light 부동등
fixed pay system (어) 고정급제
fixed pitch propeller (어) 고정핏치추진기
fixing mark 순간위치점
FL (fork length) 에프엘, 교미체장
flag (식)(어) 깃발
flag signalling (어)(항) 기류신호
flagella (식) 편모
flaghoist (양) 기류신호
flake (식) 플레이크 (양) 박편
flake agar (식) 비늘한천
flake food (식) 플레이크식품
flaming sterlization (식) 화염살균
flammability (식) 가연성
flange (식) 플랜지
flank (어)(자) 옆구리
flank speed 전속력
flapper (어) 혀그물 (양) 창그물
flapper net 창그물
flash light (어)(항) 섬광등
flash point (식) 인화점
flashing (식) 플래싱

flashing light signalling (어)(항) 발광 신호
flask (식)(양) 플라스크
flat-bottom boat 평저선
flat oyster (식) 토굴
flat sour (식) 플랫샤워, 평면산패
flat type shrimp trawl (어) 납작형새우 트롤
flatfishes (양) 가자미과 어류
flatfishes sikhae (양) 가자미식해
flathead mullet (식)(양)(어) 숭어
flathead silverside (식)(양)(어)(자) 색줄멸
flat-water area 정수역
flatworm 납작벌레, 편형동물
flavonoid (식) 플라보노이드
flavor (식) 풍미, 향미
flavor component (식) 향미성분
flavor enhancer (식) 풍미강화제, 향미 증진제
flavor profile (식) 향미프로파일
flavoring (식) 향미료
flavoring agents (식) 착향료
fleet 함대
fleet capacity 선단용량
fleshing (식) 채육작업
fleshy prawn (식) 대하
fleshy prawn (식)(양)(어)(자) 대하
flexibility (식)(어) 유연성
flexible wire rope (어) 유연강색
flexion (양) 굴곡
flexion period 굴곡기
flexures 굴곡
flipper 지느러미발 (식) 플리퍼
flitch 훈제용살코기
float (식) 부자, (식) 부표, (양)(어)(자) 뜸
float expansion valve (식) 플로트팽창 밸브
floater (어)(자) 낚시뜽
floating (식) 부유
floating artificial reef (양) 부어초
floating breakwater 부소파제
floating coefficient (식) 부상력계수
floating cultivation (양) 부유양식
floating culture (양) 부류식양식
floating egg (양) 부상란
floating feed (양) 부상성사료
floating fish cage (양) 부동식가두리
floating fish reef (양) 부어초
floating form (양) 부상형
floating laver bed (양) 뜬발
floating method of laver culture (양) 김발
floating pier 부교
floating pole 맹종죽
floating seaweeds 부조, 유조류
floating spat 부동식채묘
floating style of laver culture (양) 뜬발
floating type otter board (어) 부이형 전개판
floc (식) 플록, 엉김
flocculant (식) 응집제
flocculation (식) 응집
flocculent deposit (식) 응집침전
floe 부빙
flood (식) 범람
flood axis 밀물방향
flood current (양)(어) 창조류
flood tide (어) 들물, 밀물, 창조
flora (식) 미생물상
floridean starch 홍조녹물
flow chart (식) 공정도
flow control valve (식) 유량조절밸브

flow controller (식) 유량조절기
flow diagram (식) 공정도
flow pattern (식) 유동패턴, 흐름형태
flow sheet (식) 제조공정도
flowing-water culture (양) 유수양식
flowmeter 여과량계측기, 여수계
flowmeter calibration 무망시험
flowslide 유사태
fluctuation 변동, 요동
fludized-bed drying (식) 유동층 건조법
fluid deformation 유체변형
fluid dynamics (식)(어) 유체역학
fluid efficiency (양)(어) 유체효율
fluid friction (식)(어) 유체마찰
fluidity (식) 유동성, 유체성
fluidity diet (식) 유동식
fluidized bed (식) 유동층
fluidized-bed dryer (식) 유동층 건조기
fluidized-bed freezer (식) 유동층 동결기
fluke 갈퀴, 흡충류
fluorescence (식) 형광
fluorescent pigment (식) 형광색소
fluorescent substances (식) 형광물질
fluoro(F) (식) 플루오르
fluvial 강의
fluvial animals and plants 하천동식물
flux 수지
flying squid 빨간오징어
flyingfish (식) 날치
foam (식) 거품, 포말
foam block (식) 폼블록
foam line 거품선, 포절선
foam mat dryer (식) 포말건조기
foam mat drying (식) 포말건조
foam-mat drying method (식) 포말건조법
foamed glass 거품유리, 발포유리
foaming capacity (식) 거품성
fog signal 무중신호
folded yarn (어) 겹실, 복사
folding test (식) 절곡시험
foliation 엽리
folic acid (식) 엽산, 폴산
follicle cell membrane 여포세포막
follow up mechanism 추종장치
following wind 뒷바람
folsom plankton splitter 폴섬플랑크톤분할기
food (식) 식품
food additives (식) 식품첨가물
food analysis (식) 식품분석
Food and Agriculture Organization (FAO) (어)(식) 식량농업기구
Food and Drug Administration (FDA) (식) 미국식품의약국
food balance sheet (식) 식품수급표
food bank (식) 푸드뱅크
food blue No. 1 (식) 식용색소청색제1호
food blue No. 2 (식) 식용색소청색제2호
food chain (식)(어)(자) 먹이사슬, 먹이연쇄
food chain relationship (식)(어)(자) 먹이사슬관계
food chemistry (식) 식품화학
food coefficient (식) 식품계수
food colorant (식) 식품착색제
food composition (식) 식품조성
food composition table (식) 식품성분

표, 식품조성표
food consumption (식)(자) 섭식량
food comsumption pattern (식) 식품소비패턴
food contamiant (식) 식품오염물질
food contamination (식) 식품오염
food conversion rate 먹이전환효율
food coordinator (식) 푸드코디네이터
food court (식) 푸드코터
food cycle 먹이환, 먹이순환
food engineering (식) 식품공학
food evaluation (식) 식품평가
food factory effluent (식) 식품공장폐수
food factory waste (식) 식품공장폐기물
food flavoring (식) 식품향미료
food for culturing larva 유생사육용먹이
food frequency (식) 식품섭취빈도
food frequency questionnaire (식) 식품섭취빈도설문조사
food green No. 3 (식) 식용색소녹색제3호
food handler (식) 식품취급자
food hygiene (식) 식품위생학, (식) 식품위생
food industry (식) 식품산업
Food Industry Promotion Act (식) 식품산업진흥법
food infection (식) 식품감염
food ingredient (식) 식품재료, 식품혼합성분
food inspection (식) 식품검사
food intake (식) 식품섭취량
food irradiation (식) 식품조사
food labeling (식) 식품표시
food manufacture (식) 식품제조
food microbiologist (식) 식품미생물학자
food microbiology (식) 식품미생물학
food microorganism (식) 식품미생물
food organism (식) 먹이생물, 사료생물
food packaging (식) 식품포장
food pathogen (식) 식품병원균
food plankton 식용플랑크톤
food poisoning (식) 식중독
food poisoning causative foods (식) 식중독원인식품
food preservation (식) 식품보존
food preservatives (식) 식품보존료
food processing (식) 식품가공
food producing layer 먹이생산층
food pyramid (식) 먹이피라미드
food quality (식) 식품품질
food recall (식) 식품회수
food red No. 102 (식) 식용색소적색제102호
food red No. 104 (식) 식용색소적색제104호
food red No. 105 (식) 식용색소적색제105호
food red No. 2 (식) 식용색소적색제2호
food red No. 3 (식) 식용색소적색제3호
food red No. 40 (식) 식용색소적색제40호
food resource (식)(어) 식량자원
food safety (식) 식품안전
food sanitation (식) 식품위생
Food Sanitation Act (식) 식품위생법
food sanitation facilities (식) 식품위생시설

food sanitation inspection (식) 식품위생검사
food sanitation inspection system (식) 식품위생감시체계
food sanitation inspector (식) 식품위생감시원
food schedule 이료계열
food science (식) 식품과학
food scientist (식) 식품과학자
food stylist (식) 푸드스타일리스트
food supply (식) 먹이공급
food web (어)(자) 먹이망
food yellow No. 4 (식) 식용색소황색제4호
food yellow No. 5 (식) 식용색소황색제5호
foodstuff (식) 식료품
foodweb 식물망
foot-and-mouth disease (식) 구제역
footing 기반
foramen 작은구멍
foraminifer 유공충
foraminiferal ooze 유공충연니
foraminiferans (양) 유공충
force (식)(어) 힘
forced convection (식) 강제대류
forced convection heat transfer (식) 강제대류열전달
forced oscillation (식) 강제진동
forced trap gear (어) 강제함정어구
forced wave (어) 강제파
fore perpendicular (어)(항) 선수수선
fore-set beds 전면층
fore wing (어) 앞날개
fore wing net (어) 앞섶
forecasting high tide (어) 고조예보
forecasting of fishing conditions (어) 어황예보
forecastle (어) 선수루
foregut 전장
foreign material (식) 이물질, 이물
foremast (어) 앞마스트
foreshore 전빈
fork length 교미체장, 꼬리앞끝체장
form (식) 형태
form drag 형상항력
form of net (어) 그물형상
form resistance (어) 형상저항
formalin (식) 포르말린
formation (식) 생성
formation factor (식) 형성인자
formed meat (식) 정형육
forming (식) 성형
formula feed (양) 배합사료
forward scattering coefficient (양) 전방산란계수
foul fish 산란후의 물고기
fouling (식) 부착(생물)에 의한 오손, (식) 파울링
fouling community (식) 부착생물군집, 오손생물군집
fouling organism (양) 해적생물
fouling panel 오손생물기판
foundation (양) 기초
fourchette (양) 차상기
four-dimension data analysis (식) 사차원자료분석
fox shark (식)(양)(어)(자) 환도상어
fraction (식) 획분
fraction collector (식)(양) 분취기, 획분채취기
fractional coagulation (식) 분별응고법

fractional crystallization (식) 분별결정법
fractional distillation (식) 분별증류
fractional precipitation (식) 분별침전
fractional volume abundance 부분용적비
fractionation (식) 분획
frame (식) 골격, 뼈대
franchise (식) 프랜차이즈
franchise system (식) 프랜차이즈시스템
free air space 자유공간
free amino acids (식) 유리아미노산
free available residual chlorine (식) 유리잔류염소
free drip (식) 유리드립, 자연드립
free fatty acid (식) 유리지방산
free fishery (양)(어)(자) 자유어업
free-flow system 자유흐름계
free neuromast 자유신경체
free oscillation (식) 자유진동
free participation (식) 자유참가
free port (어)(항) 자유항
free radical (식) 프리 라디칼, 유리기
free radical scavenger (식) 유리라디칼소거제
free sale system 자유판매제도
free sugar (식) 유리당
free-swimmer 자유유영동물
free swimming speed (어) 자유유영속도
free wave 자유파
freeboard (어)(항) 건현
freeboard mark (어)(항) 건현표, 흘수표
freedom of the seas (어)(항) 공해자유
freeze dryer (식) 동결건조기
freeze drying method (식) 동결건조법
freezer burn (식) 냉동화상, 프리저번
freezing (식) 동결
freezing capacity (식) 동결능력
freezing chamber (식)(어) 냉동실
freezing curve (식) 냉동곡선, 동결곡선
freezing denaturation (식) 냉동변성, 동결변성
freezing expansion (식) 동결팽창
freezing load (양) 냉동부하
freezing mixture (식) 기한제
freezing net (식) 냉장발
freezing pan (식)(양) 냉동팬
freezing point (식) 어는점, 동결점, 빙결점, 빙점
freezing rate (식)(양) 동결률
freezing storage (식)(어) 동결저장
freezing storage method (식)(어) 냉동저장법
freezing time (식) 냉동시간
freight 운임
Freon (식) 프레온
freon refrigerant (식) 프레온냉매
frequency (식)(양)(어)(자) 빈도, 주파수
frequency curve (식)(양)(어)(자) 빈도곡선
frequency distribution (식)(양)(어)(자) 도수분포, 빈도분포
frequency distribution curve (식)(양)(어)(자) 도수분포곡선
frequency of occurrence (식)(양)(어)(자) 출현빈도
frequency polygon 도수절선
fresh bait (어) 날미끼
fresh fish (식) 선어
freshness (어)(식) 선도, 신선도
freshness assessment (식) 선도판정

fresh water (식) 담수, 민물, 청수
fresh water animal oil 담수산동물유
freshwater bloom 담수적조
freshwater fin fishes 담수경골어류
freshwater fish (식)(양)(어)(자) 담수어, 민물어류
freshwater fishery (식)(어) 담수어업
freshwater shrimp (식) 민물새우
freshwater smelt (식)(양)(어)(자) 빙어
freshwater teleost (양) 담수경골어류
friction (식)(어) 마찰
friction factor (양)(어) 마찰저항계수
friction roller type line hauler (양) 마찰차식양승망기
frictional drag (어) 마찰항력
frictional drag factor (어) 마찰저항계수
frictional layer (식) 마찰층
frictional resistance (식)(어) 마찰저항
fried stick (식) 후라이드스틱
fried surimi gel (식) 튀김어묵
fringing community 가장자리군집
fringing reef 거초
frog spawn 민물홍조류
frogfish (식)(양)(어)(자) 빨간씬벵이
frond 엽상체
front (식) 전선
front edge 전연
frontal fishing ground (어) 전선어장
frontal organ 전두기관
frostiness (양) 결로현상
frozen Alaska pollock (식) 냉동명태, (식) 동태
frozen dried Alaska pollock (식)(양) 동건명태, (식) 북어, (식) 황태
frozen dried cod (식) 동건대구
frozen dried fish (식) 동건어
frozen dried product (식)(양) 동건품
frozen fish (식) 냉동어, 동결어
frozen fish and shellfish (식) 냉동어패류
frozen foods (식) 냉동식품
frozen meat cutter (식) 냉동육절단기
frozen pollock (양) 동태
frozen processing (식)(어) 냉동처리
frozen product (식) 냉동품
frozen surimi (식) 냉동수리미, 냉동연육
fructose (식) 과당, 프락토스
fruit body (식) 자체체
fruit fiber (식) 과실섬유
frustule 규조각
fry (식) 자어
fryer (식) 튀김기
frying (식) 튀김
frying oil (식) 튀김기름
fryingpan snapper (식)(양)(어)(자) 실붉돔
FTA (free trade agreement) (식)(양)(어) 자유무역협정
fucoidan (식) 퓨코이단
fucose (식) 퓨코스
fucoxanthin 갈조소
fuel oil tank 연료유탱크
fugacity 도산성
full loadad draft (어)(항) 만재흘수
full moon 망
full specializes fishery household (어) 전업어가
full tide 만조
full time fishermen (어)(자) 전업어민
full time fishery household (어) 전업어가

functional biology (식) 기능생물학
functional disease 기능적질병
functional fish protein concentrate (식) 기능성어육단백농축물
functional group (식) 관능기
functional oligosaccharide (식) 기능성 올리고당
functional peptid (식) 기능성 펩타이드
functional property (식) 기능성
functionality (양) 기능성
fundamental design (식) 기본설계
fundamental niche 기본적지위
fundamental unit (식) 기본단위
fundamental vibration (식) 기본진동
fungi (식) 곰팡이(복수)
fungus (식) 곰팡이(단수)
funnel (식)(어) 깔때기
funnel effect (식) 깔대기효과
funnel sea 깔대기형만
fur 모피
furan (식) 퓨란
furca 교차다리, 차상기
furuncle 부스럼병
fusiform (어)(자) 방추형
fusiform fish 방추형물고기
fusiforme (식) 톳
fusion food (식) 퓨전음식

G

GABA (gamma aminobutyric acid, γ-aminobutyric acid) (식) 가바, (식) 감마아미노부티르산
gaff (어)(자) 갈고랑이(갈고리)
gage factor 게이지계수
gaia hypothesis 가이아설
galactose (식) 갈락토스
gale 강풍, 큰바람
gallows (어) 갤로스, 오타보드인양장치
galvanotaxis (어)(양) 주전반응, 주전성
gam 고래무리
game fish 낚시
game fishing (어) 낚시놀이, 유어
gametangium (식) 배우자낭
gamete (식) 배우자 (식)(양) 생식체
gametngamy (식) 배우자접합
gametogenesis (식) 배우자형성
gametophyte (식) 배우체
gamma amino butyric acid (GABA) (식) 감마아미노부티르산
gamma irradiation (식) 감마선조사
gamma ray (식) 감마선
gamma ray detector (식) 감마선검출기
gamma ray irradiation (식) 감마선조사
ganoid 경린어
ganoid scale 경린, 굳비늘
gapping (식) 마디결절현상
gardenia blue (식) 치자청색소
gardenia fructus (식) 치자
gardenia red (식) 치자적색소
gardenia yellow (식) 치자황색소
garlic (식) 마늘
gas bubble disease 기포병
gas chromatography (GC) (식) 가스크로마토그래피
gas exchange rate (식) 기체교환률
gas float (식) 기낭
gas flush package (식) 가스충전포장
gas permeability (식) 기체투과도
gas permeability coefficient (식) 기체투과계수
gas pressure welding (식) 가스압접
gastric cancer (식) 위암
gastric juice (식) 위액
gastritis (식) 위염
gastrolith 위석
gastropods (양) 고둥, 복족류
gastrovascular cavity 위수강
gastrozooid 영양개충
gastrula 낭배
gastrula stage 낭배기
gastrulation 낭배형성
gauge pressure (식) 게이지압력, 게이지압
Gaussian distribution (식) 가우스정규분포
GC (gas chromatography) (식) 가스크로마토그래피

gear box (양) 증속기
gear selectivity (어) 어구선택성
GEK (geomagnetic electrokinetograph) 전자해류계
gel deterioration (식) 겔 열화
gel formation (식) 겔형성
gel-forming ability (식) 겔형성능
gel strength (식) 겔강도
gelatin(e) (식) 젤라틴
gelatin gel (식) 젤라틴 겔
gelatin jelly (식) 젤라틴 젤리
gelatinization (식) 젤라틴화
gelation (식) 겔화
gelling (식) 젤화
gelling agents (식) 호료
gemmation (식) 발아, 출아
gene (식) 유전자
gene composition (식) 유전자조성
gene engineering (식) 유전자공학
gene expression (식) 유전자발현
gene flow 유전자확산
gene pool 유전자풀
gene transplantation (식) 유전자이식
general arrangement 일반구성도
general chart 총도
general circulation 대순환
general marine fishery (식)(어) 일반해면어업
general standard on food additives (식) 식품첨가물 일반사용기준
general toxicity test (식) 일반독성시험
generalized production model 일반생산량모델
generation everlapping 세대중복
generation of waves 파랑생성
generation time (식) 세대기간
generative migration (식)(어)(자) 생식회유
generic name (식) 속명
genesis 성인
genetic isolation (식) 유전적격리
genetic polymorphism 유전적다형
genetics (식) 유전학
genital duct 성기관
genital somite(genital segment) 생식체절
genome (식) 게놈, 유전정보
genotype (식) 유전자형
genotypic variance 유전자형분산
genuine porgy (식)(양)(어)(자) 참돔
genuine tubular traps 순관류
genus (식) 속
geocentric latitude 지심위도
geocentric longitude 지심경도
geocentric parallax 지심시차
geochemical balance 지구화학적평형
geochemistry (식) 지구화학
geodesy 측지학
geographic distribution (식) 지리적분포
geographical mile 지리마일
geographical position 지위
geoid 대지수준면, 지오이드
geological oceanography (식) 지질해양학
geometric mean (식) 기하평균
geonavigation (어)(항) 지문항법
geophysics (식) 지구물리학
geotaxis (어) 주지성
geotrophism 굴지성
germ (식) 싹
germ cell 생식세포

German midwater trawl (어) 독일식중층트롤
germinal vesicle 난핵포
germination inhibitor (식) 발아 억제제
germistatic action (식) 정균작용
gesetz der polaren erregung (어)(양) 극성흥분법칙
gestation period (식) 잉태기간
ghost crab 남방달랑게
GI (glycemic index) (식) 혈당지수
giant nerve fiber (식) 거대신경섬유
giant Pacific octopus (식)(양)(어)(자) 문어
gill (식) 아가미
gill arch 새궁
gill filament 새엽
gill net (어) 걸그물, 자망
gill net fishing methods (어) 걸그물어법
gill opening 새공
gill pulme 빗살아가미
gill raker 아가미갈퀴
gill slits 새열
gillie 유어안내인
gilling (식) 아가미제거
Gilson's solution 길슨용액
ginger (식) 생강
girdle 육대
gizzard 사낭
gizzard shad (식) 전어
glacial acetic acid (식) 빙초산
glacier 빙하
glass eel (식) 실뱀장어
glass electrode (식) 유리전극
glass fiber (식)(어) 유리섬유
glass float (어) 유리뜸
glass sponge 유리해면
glass wool (식) 유리솜
glaucothoe (양) 글라우코토에유생
glaucothoe larva(e) 글라우코토에유생
glaze (식) 빙의, 글레이즈
glazing (어)(식) 빙의처리, 글레이징
Global Maritime Distress and Safety System (GMDSS) 해상조난안전시스템
global observation system 전기구관측시스템
global positioning system (GPS) 위성위치 계측 시스템
global warming (식)(양) 지구온난화
globe fish (식)(어)(양)(자) 검복
globular protein (식) 구상단백질, (식) 구형단백질
globulin (식) 글로불린
GLP (Good Laboratory Practice) (식) 우수실험실운영기준
glucan (식) 글루칸
gluconic acid (식) 글루콘산
glucosamine (식) 글루코사민
glucose (식)(양) 글루코스, (식) 포도당
glucoside (식)(양) 글루코사이드
glucosidic linkage (식)(양) 글루코사이드결합
glue (식) 아교
glutamic acid (식)(양) 글루탐산
gluten (식) 글루텐
glutenin (식) 글루테닌
glutinous rice (식) 찹쌀
glutinous rice flour (식) 찹쌀가루
glycemic index(GI) (식) 혈당지수
glyceride (식) 글리세라이드
glycerine (식) 글리세린

glycerol (식) 글리세롤
glycine (식)(양) 글리신
glycogen (식)(양) 글리코겐
glycogen content (식)(양) 글리코겐함량
glycogen storage disease (식) 글리코겐과다증
glycogenolysis (식) 글리코겐 분해
glycolipid (식) 당지질
glycolysis (식) 해당작용
glycolytic enzyme (식) 당질분해효소, 해당계효소
glycolytic pathway (식) 해당경로
glycoprotein (식) 당단백질
glycoside (식) 글리코사이드
glycosuria (식) 당뇨
GMDSS (global maritime distress & safety system) (어)(항) 해상조난안전시스템
GMP (Good manufacturing practices) (식) 우수건강기능식품제조기준
GMT (Greenwich Mean Time) (어)(항) 그리니치표준시간
gnathopod 악각
gnomefish (식)(양)(어)(자) 게르치
goggle (양)(어) 잠수안경
gold-mouthed tun (식)(양)(어)(자) 위고둥
gonad (식)(양) 생식소
gonad enlargement velocity 생식소비대속도
gonad index (양)(자) 숙도지수
gonad matured velocity (양)(자) 생식소성숙속도
gonadal endocrine organ (식) 생식내분비기관
gonadal gland (식) 생식선
gonadosomatic index (GSI) (양) 생식선성숙지수
gonadotrophic hormone (GTH) (식) 생식선자주호르몬
gonadotrophin 고나도트로핀
gonangium 생식호
goniometer 측각기
gonopods 생식지
gonorphore 생식체
gonotheca 생식세포
gonozooid 생식개충
good catch(good haul) 풍어
good laboratory practice (GLP) (식) 우수실험실운영기준, (식) 지엘피
good manufacturing practice (GMP) (식) 우수건강기능식품제조기준, (식) 지엠피
good place for temporary transplanting 가이식적지
goodness of fit (식) 적합도
goose barnacle 거북손
Gould's jackknife clam (식)(양)(자) 맛조개
gourami 구라미
government subsidy 국고보조
GPS(global positioning system) (어)(항) 위성위치계측기
grab 그랩
grab dredger 그랩식준설
grab sampler (양) 그랩식샘플러
graben 그라벤
grade (식) 등급
grade labeling (식) 등급표지
graded shreline (양) 직선해안선
gradient (식) 구배
gradient current (어) 경도류, 경사류

gradient of pressure 압력경도
grading (식) 등급판별, 등급화
grain size (식)(양) 입도
grain size analysis (식)(양) 입도분석
grain size composition (식)(양) 입도조성
grain size distribution (식)(양) 입도분포
gram equivalent weight (식) 그람당량
gram-negative bacteria (식)(양) 그람음성균
gram-positive bacteria (식) 그람양성균
gram's staining (식)(양) 그람염색
Granton trawl (어) 그랜톤트롤
granula (granule) (식) 과립
granulometric facies (식) 미립상
grape seed (식) 포도씨
grape seed oil (식) 포도씨유
graphical solution 도해
grappling and wounding gear (어) 살상어구
graticule 경위선망
gravel 자갈
gravel bottom 자갈해저
gravid 포란의
gravimeter (식) 중력계
gravimetric method 중량법
gravimetric sampling 중량채집
gravimetry 중량측정
gravitational acceleration (식)(어) 중력가속도
gravity (식)(어) 비중, 중력
gravity corer 중력식채니기
gravity traps 중력함정류
gravity wave 중력파
gray mullet (양) 숭어
grazing food chain 초식먹이사슬
great circle (어)(항) 대권
great circle route (양)(어)(항) 대권항로
great circle sailing route (어)(항) 대권항로
great diurnal range 일조대차
great white shark (식)(양)(어)(자) 백상아리
greater yellowtail (식)(양)(어)(자) 잿방어
green algae (식) 녹조류
green gland 녹선
green meat (식) 녹변육
green mud (양) 녹니, 녹색펄
green mussel (식) 초록홍합
green oyster (식) 녹변굴
green round 그린라운드
green seawater 녹색해수
green spot (식) 녹반병
green tea (식) 녹차
greenhouse effect (식)(어) 온실효과
greening (식) 녹변
greenling (식) 쥐노래미
Greenwich mean time 그리니치표준시간
Greenwich meridian 그리니치자오선
gregarious instinct 군거본능
gregariousness 군거성, 군서성
grid point 격자점
grinder (식) 분쇄기, 연마기
grinding (식) 분쇄
grinding efficiency (식) 분쇄효율
groper 그루퍼
gross assimilation amount 총동화량
gross austausch 총량혼합
gross efficiency (식) 총이용효율
gross growth efficiency (식)(양)(자) 총

성장효율
gross primary production amount 총일차생산량
gross production amount (식)(양)(어)(자) 총생산량
gross productivity (식)(어)(양)(자) 총생산력
gross tonnage (식)(어)(항) 총톤수
ground bait (어) 낚시밑밥
ground management organization (양) 육상관리조직
ground meat (식) 다진 고기
ground rope (어) 발줄
ground spearing (식)(양)(어)(자) 황매퉁이
group instinct 단체본능
group maturity curve (어)(자) 군성숙곡선
group velocity 군속도
grouping ability (어)(자) 군집성
growing period (식)(어)(자) 생육기간, 성장기간
growing place (식)(어)(자) 성장장소
growth (식)(어)(자) 생장, 성장, 증식
growth coefficient (식)(어)(자) 성장계수
growth curve (식)(어)(자) 생장곡선, 성장곡선, 증식곡선
growth efficiency (식)(양) 생장효율, 증식효과
growth equation (식)(양) 성장방정식
growth factor (식)(양) 생육인자, 생장인자, 성장인자, 증식인자
growth form 생육형
growth hormone (양) 성장호르몬
growth inhibiting factor (양) 성장장해요인
growth inhibition (양) 생장억제
growth inhibition factor (양) 성장억제인자
growth line 성장선
growth migration (식)(어)(자) 성육회유
growth overfishing (자) 성장남획
growth pattern (식) 생육양상
growth promoting agent (양) 성장촉진제
growth promotor (식) 생장촉진물질
growth rate (식)(양)(자) 생육속도, 생장률, 성장율, 증식속도
growth realization factor 성장실현요인
growth resting zone 성장휴지대
growth temperature (양) 생육온도
growth with geometrical progression (식)(양)(어)(자) 기하급수적증가
GSI (gonado-somatic index) 생식건성숙지수
GTH (gonadotrophic hormone) 생식선자주호르몬
guanidino compound (식)(양) 구아니디노화합물
guanine (식) 구아닌
guano 구아노새
guanosine (식) 구아노신
guar gum (식) 구아검
guard ship (어) 경비함
guarding 반눈
guarding line (어) 테두리줄
guideline (식)(양)(어)(자) 지침
Gulbi (식) 굴비
gulf 만
Gulf Stream (항) 걸프스트림, 멕시코만류

gulf weed (식)(양)(어)(자) 모자반
gummy shark (식)(양)(어)(자) 별상어
guppy 구피
gust 돌풍 돔발상어
gut (식) 내장
gutting (식) 내장제거, 생선내장제거
guy 지지줄
guy type 가이식
guyot 기요, 평정해산
gynogenesis 자성발생
gyre 환류
gyro error (어)(항) 자이로오차
gyrocompass (어)(항) 자이로콤파스
gyropilot (어)(항) 자동조타기
gyroscope (어)(항) 자이로스코우프

H

habit (식)(어)(자) 습성
habitant (식)(어)(자) 거주자, 서식자
habitat (식)(어)(자) 생육지 (식) 서식지
habitat degradation 서식처저하작용
habitat depth (식)(어)(자) 서식지수심
habitat niche 서식지지위
habitat population (자) 서식지개체군
habitat segregation (자) 서식지구분
habitat water temperature (어)(자) 서식수온
habitual fishery (어) 관행어업
habitual fishing entry (어) 관행입어
HACCP (hazard analysis and critical control points) (식)(양) 위해요소중점관리기준
hachures 선영
hadopelagic 초심해대표영성의
hadopelagic animal 초심해대표영성동물
haemocoel 혈강
hagfish (식)(양)(어)(자) 먹장어
hair meal (양) 모발분
hake 메를루사
halal food (식) 할랄식품
halberd shark (식)(양)(어)(자) 톱상어
half beak (식) 학꽁치
half-life period (식) 반감기
half redox reaction 반쪽산화환원반응
half saturation constant 반포화상수
halibacteria (식) 염수세균
haliplankton (식) 염생플랑크톤
halobiont (식) 염생생물
halocline 염분약층
halogen (식) 할로겐
halophilic (식) 호염성
halophilic bacteria (식) 호염세균
halophyte (식) 염생생물
haloplankton 해수플랑크톤
halotolerant (식) 내염성
halotolerant bacteria (식) 내염성세균
ham (식) 햄
hamburger (식) 햄버거
hamburger steak (식) 햄버거스테이크
hammer crusher (식) 해머파쇄기
hammer mill (식) 해머밀 (양) 헤머분쇄기
hand control (어) 수동제어
hand fishing (어) 손줄낚시
hand instruments 수용기구류
hand line (어)(자) 손줄낚시
hand mixer (식) 핸드믹서
hand roller (식)(어) 수동롤러
hand seine (어)(자) 손방
hand thrown cast nets (어) 손투망류
hand webbing (어) 수공편망
hand winch (어) 수동윈치
handed twist (어) 꼬임
handling in heavy weather (어)(항) 황

천항법
hangar (어)(항) 격납고
hanging chain (어) 행잉체인
hanging culture 수하식양식
hanging culture with longlines 연승수하식양식
hanging method (양) 수하식
hanging ratio (어) 성형률, 축결율
hanpen (식) 마어묵
haploid 균사, 균사체
harbor (양) 포구
harbor accommodations (어)(항) 정박설비
harbor chart (어)(항) 항박도
harbor oscillation 항만진동
harbor volume (항) 항구물동량
hard bottom 경성저질, 경질기저
hard chlorinate vinyl pipe (양) 경질염화비닐관
hard clam (식)(양)(어)(자) 백합
hard swell (식) 경팽창, 하드 스웰
hard wheat flour (식) 강력분
hardened oil (식) 경화유
hardened seed (양) 단련종묘
hardening (식) 경화
hardness (식) 경도
harem 암컷무리
harmful metal (식) 유해금속
harmful substance (식) 유해물질
harmonic analysis of tides 조석조화분석
harmonic mean (식)(양)(어)(자) 조화평균
harpoons (어)(자) 작살, 포경용작살
harvest strategy (식)(어)(자) 수확전략
harvesting machines (식)(어)(자) 수확기계류
harvesting plan (식)(어)(자) 수확계획
hatcher (식)(양) 부란기
hatchery (식)(양) 부란장, 부화장
hatching (식)(양) 배양
hatching bottle (양) 부화병
hatching fry (식)(양) 부화치어
hatching rate (양) 부화율
hatching time (양) 부화기
haul (어) 한그물어획량
hauling line (어) 당김줄, 돋움줄, 배잡잇줄
hauling of line (어) 양승
hauling of net (어) 양망
haul-position data 예인위치자료
Hawaiian salmon (식)(양)(어)(자) 참치방어
hazard (식) 위해요소, 위험
hazard analysis (식) 위해요소분석
Hazard Analysis and Critical Control Point (HACCP) (식) 위해요소중점관리기준
hazard identification (식) 위해요소확인
hazard rate model (식) 위험율모델
hazardous waste (식) 유독성폐기물
haze (어) 연무
HDL (high-density lipoprotein) (식) 고밀도지단백
head (식) 두부, 머리
head cutter (양) 두부절단기
head glue (식) 두부아교
head length (식)(어)(자) 두장
head of water 수두
head rope (어) 뜸줄
head way (어)(항) 타력
heading (어)(항) 선수방위

headland 돌출부
headless (식) 헤드레스
headlight 장등
headspace (식) 헤드스페이스
health food (식) 건강 식품
health functional food (식) 건강기능식품
heart (식) 심장
heart disease (식) 심장병
heat adhesion method (식) 열접착법
heat budget (식) 열수지
heat capacity (양) 열용량
heat coagulation (식) 열응고
heat denaturated protein (식) 열변성단백질
heat denaturation (식) 열변성
heat distribution (식) 열분포
heat equivalent of work (식) 일의 열당량
heat exhaust (식) 가열탈기
heat exhaust method (식) 가열탈기법
heat flux (식) 열류속
heat induced surimi gel (식) 수산연제품
heat insulation (식) 단열
heat loss (식) 열손실
heat of dissolution (식) 용해열
heat of freezing (식) 응고열
heat of liquefaction (식) 액화열
heat of melting (식) 융해열
heat of rigid (식) 경직열
heat of sublimation (식) 승화열
heat of vaporization (식) 기화열
heat penetration (식) 열침투
heat penetration curve (식) 열침투곡선
heat pump (식) 히트펌프
heat resistance (식) 내열성
heat resistance package (식) 내열포장
heat seal (식) 가열접착
heat sealer (식) 가열접착기
heat-shrinkable film (식) 열수축성 필름
heat sterilization (식) 가열살균
heat sterilized foods (식) 가열살균식품
heat trap (식) 히트트랩
heat treatment sterilization (식) 열처리살균
heating (식) 가열
heating water culture (양) 가온식양식
heaving line (어)(자) 연락줄
heavy cargo 중량화물
heavy chain (식) 중쇄
heavy metal contamination (식) 중금속 오염
heavy metal content (식) 중금속함량
heavy metal poisoning (식) 중금속 중독
heavy metal test (식) 중금속 시험법
heavy metals (식) 중금속
heck (어) 어랑
hectocotylized arm 교접완
hectocotylus 교접기
hedonic scale (식) 기호척도
heel 내외경사
height of tide 조위
heleoplankton 연못플랑크톤
helical flow 나선형류
helical smooth muscle (식) 나선평활근
helical structure (식) 나선구조
heliotrophism 향일성
heliox 잠수용혼합기체

helium(He) (식) 헬륨
hemaglutination (식) 적혈구응집반응
hematin (식) 헤마틴
hematin compound (식) 헤마틴화합물
hematology (식) 혈액학
hematothermal 온혈의
heme (식) 헴
heme iron (식) 헴철
heme pigment (식) 헴색소
hemibathyal 반심해성
hemibathypelagic 반심해원양성
hemibranch 반새
hemichordate 반색동물
hemiendobenthos 반내생저서생물
hemiparasitism 반기생
hemipelagic 아양성의
hemiplankton 반부유생물
hemisphere 반구
hemochrome (식) 헤모크롬
hemocyanin (식) 헤모시아닌
hemocyte (식) 혈구
hemoglobin (식) 헤모글로빈
hemolysis (식) 용혈
hemolytic glycoside (식) 용혈성배당체
hen clam 개량조개
hepatocyte (식) 간세포
herb (식) 허브
herbivore (식) 초식동물
herbivorous (식) 초식성의
herbivorous fish (식) 초식성어류
herd (식) 군집
herding 구집
hermaphrodite (식)(양) 자웅동체
hermaphroditic organism (식) 자웅동체생물
hermaphroditism 반음양, 암수한몸 현상
hermit crab (식)(양)(어)(자) 집게
herring (식)(양)(어)(자) 청어
herring bone (식)(자) 청어뼈
herringbone evaporator (식) 헤링본 증발기
hervivorous (식) 채식성의
hesperidin (식) 헤스페리딘
heterocercal 부등미형의
heterocercal tail 부등미, 부정미
heterocyclic compound (식) 헤테로고리화합물
heteroecism 이종기생
heterofermentative lactic acid bacteria (식) 이상발효 젖산균
heterogamous 이형배우자성
heterogeneity test 이질성검정
heteromorphic 이형의
heteromorphic alternation of generation 이형세대교번
heteromorphic generation 이형세대
heterophyte 타양식물
heteropods 이족류
heteroscedasticity 이분산
heterotroph (식) 종속영양균
heterotrophic bacteria (식) 종속영양세균
heterotrophic flagellates 종속영양편모충
heterotrophic nutrition 종속영양
heterotrophic organism (식) 종속영양생물
heterotypic community 이형군집
heterozygote 이형접합체
hexane (식) 헥산
hexose (식) 육탄당

Hg (mercury) (식) 수은
hibernation 동면
hiding places 은신처
hierarchy 분류단계
high blood pressure (식) 고혈압
high chordate animal 고등척색동물
high class treatment (양) 고도처리
high density culturing (양) 고밀도양식
high density lipoprotein (HDL) (식) 고밀도지단백, 고밀도지방단백
high density polyethylene (식) 고밀도폴리에틸렌
high energy environment (식) 고에너지환경
high energy phosphate bond (식) 고에너지인산결합
high frequency (식) 고주파
high frequency amplifier (식)(어) 고주파증폭기
high frequency dryer (식) 고주파건조기
high frequency drying (식) 고주파건조법
high frequency induction heating (식) 고주파유도가열
high frequency oscillator (식) 고주파발진기
high frequency wave drying (양) 고주파건조법
high latitudes 고위도지방
high level consumer (식) 고차소비자
high methoxyl pectin (식) 고메톡실펙틴
high performance liquid chromatography (HPLC) (식) 고속액체크로마토그래피
high pressure (식) 고압
high pressure cut-out unit (식) 고압차단장치
high pressure receiver 고압수액기
high pressure steam (식) 고압증기
high pressure steam sterilization (식) 고압증기살균법
high rate filtration (양) 고속여과
high sea (어) 공해
high sea fishery (어) 공해어업
high sea fishing ground (어) 공해어장
high side (식) 고압측
high speed centrifuge (식)(양) 고속원심분리기
high speed filtration (식)(양) 고속여과
high speed multicylinder compressor (식)(양) 고속다기통압축기
high speed plankton sampler 고속플랑크톤채취기
high temperature conditioning (식) 고온숙성
high temerature sterilization (식) 고온살균
high temperature short time sterilization (HTST) (식) 고온단시간살균법
high tide (식) 고조
high treatment 고도처리
high voltage switch (식) 고압스위치
high water (어) 고조
high water interval (어) 고조간격, 만조간격
high water line (어) 고조정선
high water mark 최고수위선
high water stand 고조류
high water time (어) 밀물때
higher high water (어) 고고조, 높은고

조
higher high water interval (어) 높은고조간격
higher low water (어) 높은저조
higher low water interval (어) 높은저조간격
highest sea level (어) 최고조위
highly migratory fish species (식)(양) 고도회유성어종
highly stratified estuary 고도성층하구
hikory shad (식)(양)(어)(자) 전어
hindgut 후장
hinge ligament 접번인대
histamine (식) 히스타민
histidine (식) 히스티딘
histochemical staining (식) 조직화학적염색
histogram 주상도표
histology (식) 조직학
hitching (어)(자) 결색법, 결삭법
hogging (어)(항) 호깅
hogging state 솟은상태
hoisting ring 인양고리
holdfasts 부착기
holding coefficient (식)(어) 고정계수
holding line (어)(자) 배잡잇줄
holding power (어) 고정력, 파주력
holding power of anchor (어) 닻고정력
holding time (식) 유지시간
hole and pin shackle 구멍핀샤클
holocoen 완전생태계
holoenzyme (식) 홀로효소
holoparasitism 전기생
holophtic 완전식물성
holophytic nutrition 완전식물성영양
holoplankton 일생부유생물, 종생플랑크톤
holotype 완모식표본
holozoic 완전동물성
holozoic nutrition 완전동물성영양
home base fishery (어) 국내기지어업
home base fishing vessel (어) 국내기지선
home range 행동권
homeostasis 항상성
homeothermia animal 항온동물
homing ability (식) 귀소성
homing habit (식) 회귀습성
homing instinct (식) 회귀본능, 귀소본능
homing migration (식)(어)(자) 모천회유
homing rate (식)(어)(자) 회귀율
homocercal 상칭의
homocercal tail 정미
homofermentative lactic acid bacteria (식) 정상발효유산균, 정상발효젖산균
homogeneity (식) 동종, (식)(양) 균질성
homogeneous reaction (식) 균일반응
homogeneous system (식) 균질계
homogeneous yolk 등황란
homogenization (식) 균질화
homogenizer (식) 균질기
homoiosmotic (식) 항삼투압적
homoisomotic animal (식)(양) 항삼투압성동물
homoiothermic animal (식)(양) 정온동물, 항온동물
homology 상동
homopycnal 등밀도의
homoscedasticity 등산포도
homotypic 동종의

homozygosis (양) 동형접합
honbushi (식) 혼부시
honey comb (식) 허니컴
hood (식)(양) 후드
hook 갈고랑이(갈고리) (어)(자) 낚시 (자) 갈퀴
hooked rate (어)(자) 조획률
hooks and lines (어) 낚기어구류
hoop (어) 테
hopper (식) 호퍼
hopper dredger 호퍼식준설선
horizontal (식) 수평
horizontal compressor (식)(양) 횡형압축기
horizontal dispersion (식) 수평확산
horizontal distribution (어)(식) 수평분포
horizontal fish finder (어)(자) 수평어군탐지기
horizontal haul (어) 수평예인
horizontal line (식) 수평선
horizontal migration (식) 수평회유
horizontal mixing (식) 수평혼합
horizontal movement (식)(어) 수평운동
horizontal plane 수평면
horizontal position 수평자세
horizontal retort (식) 수평형레토르트
horizontal shell tube type (식) 횡형셀튜브식응축기
hormone (식)(양) 호르몬
horny coral (양) 뿔산호
horny scale (양) 각린
horse hair crab (식)(양)(어)(자) 털게
horse king fish (식) 갈전갱이
hospital ship 병원선
host (식)(양) 숙주
host cell (식)(양) 숙주세포
hot air-(blast) dryer (식)(어) 열풍건조기
hot air-(blast) drying (식)(어) 열풍건조법
hot pepper paste (식) 고추장
hot smoked eel (식) 열훈뱀장어
hot smoked product (식) 열훈품
hot-smoked seasoned squid (식) 열훈조미오징어
hot smoking method (식) 열훈법
hot spot 열점
hot water cooking method (식) 열탕법
hot water disinfection (식) 열탕소독
hound fish (식)(양)(어)(자) 돔갈치
hound shark (식) 별상어
hour angle 시각
hour circle 시권
household fishery (어)(자) 어가어업
household waste (식) 생활폐기물
HPLC(high performance liquid chromatography) (식)(양)(자) 고속액체크로마토그래피
hue (식) 색상
hue contrast (식) 색상대비
hulk 폐선
hull (어)(항) 선각, 선체
hull propeller efficiency (어)(항) 선체추진기효율
hull resistance (어)(항) 선체저항
hull structure (어)(항) 선체구조
humectant (식) 보습제
humic acid (식) 휴민산
humic disease 부식병
humic mud 부식니
humid air (식) 습공기

humidistat (식) 습도조절기
humidity (식) 습도
humidity control (식) 습도조절
humpback salmon (식)(양)(어)(자) 곱사연어
Hunter color meter (식) 헌터색차계
HVP (hydrolyzed vegetable protein) (식) 식물성단백질가수분해물
hyaluronic acid (식) 히알루산
hybrid 잡종
hybridization (식)(양) 교잡, 잡종교배
hydrate (식) 수화물
hydrated crystalline glucose (식)(양) 함수결정포도당
hydrated water (식) 수화수
hydratic reaction (식) 수화반응
hydration (식) 수화
hydraulic (어) 유압식
hydraulic converter (양)(어) 유체변속기
hydraulic cylinder (어) 유압실린더
hydraulic jump 도수
hydraulic mean depth 수력학적평균깊이
hydraulic motor (어) 유압모터
hydraulic pressure test (식) 수압검사
hydraulic publication 수조서지
hydraulic radius 유체평균반경
hydraulically-operated type (어) 유압구동식
hydroacoustics 수음향학
hydrobiology 수생생물학
hydrobiont (hydrobios) 수생생물
hydrocarbon (식) 탄화수소
hydrochloric acid (식) 염산, 염화수소
hydrocoel 수강
hydrocolloids (식) 수화성교질
hydrodynamic efficiency (어) 유체효율
hydrodynamic resistance (어) 수력저항, 유체저항
hydrodynamics (양)(어) 유체역학
hydrofoil craft (항) 수중익선
hydrofoil form 비행기날개꼴
hydrofoil vessel (항) 하이드로포일선
hydrogen (H) (식) 수소
hydrogen bond (식)(양) 수소결합
hydrogen donator (식)(양) 수소공여체
hydrogen ion (식)(양) 수소이온
hydrogen peroxide (식)(양) 과산화수소
hydrogen swell (식) 수소팽창, 하이드로겐 스웰
hydrogenation (식) 경화
hydrographer 자기수위계
hydrographic data 수로학적자료, 해양자료
hydrographic survey 수로측량
hydrography 수로학
hydrolase (식)(양) 가수분해효소
hydrologic cycle 물순환
hydrology 수문학
hydrolysates (식) 가수분해물
hydrolysis (식) 가수분해
hydrolytic enzyme (식) 가수분해효소
hydrolyzed leather feather (양) 피혁분
hydrolyzed vegetable protein (HVP) (식) 식물성단백질가수분해물
hydrometer (식) 액체비중계
hydrophilic (식)(양) 친수성의
hydrophilic fish protein (식) 친수성어류단백농축물
hydrophilic group (식) 친수기
hydrophobic material (식) 소수성 물질
hydrophone 수중청음기

hydrophotometer (식) 수중광도계
hydrophyte (식) 습생식물, 수생식물
hydroplane (항) 수상기
hydroponics (식) 수경재배
hydrosphere organism (식) 수권, 수계 생물
hydrostatic corer 수압식코아러
hydrostatic equilibrium 정력학적평형
hydrostatic expeller 수압식압착기
hydrostatic organ 부침조절기관
hydrostatic pressure (식) 정수압
hydrostatic retort (식) 정수압레토르트
hydrosulfide(H_2S) (식) 황화수소
hydrotaxis 수분주성
hydrothermal circulation (식) 열수순환
hydrothermal vent community 열수구군집
hydroxy (식)(양) 하이드로시
hydroxy group (식)(양) 하이드로시 기
hydroxyapatite (식)(양) 수산화아파타이트, 하이드록시아파타이트
hydroxyl (식)(양) 하이드록실
hydroxyl group (식)(양) 하이드록실 기
hydroxylation (식)(양) 하이드록시화
hydroxyproline (식)(양) 하이드록시프롤린
hygiene (식)(양) 위생
hygienic quality (식)(양) 위생품질
hygine control (식)(양) 위생관리
hygrobiose(hygrobiont, hygrocoles) 온생동물
hygrometer (식)(어) 습도계
hygropetrical fauna 수중암석동물상
hygroscopic (식)(어) 흡수성의
hygroscopicity (식)(어) 흡습성
hygrotaxis 습도주성
hygrotrophism 습도굴성
hyomandibular 설악연골
hyperdepletion 초감소
hypergeometric distribution 초기하분포
hypernutrition (식) 영양과다
hyperosmotic (식) 고삼투압성
hyperoxia 고산소, 산소과잉
hyperparasitism 고차기생
hyperpredator 초포식동물
hypersaline (식) 고염의
hypersaline sea water 고염해수
hypertension (식) 고혈압
hypertonic (양) 고삼투압성
hypertrophy 이상비대
hyperventilation 과도환기
hypervitaminosis (식) 비타민과잉증
hypha (식)(양) 균사, 균사체
hyphalmyroplankton 기수플랑크톤
hypobiose 하서생물군집
hypochlorous acid (식) 차아염소산
hypoglycemic agent (식) 혈당강하제
hypolimnion 심수층
hyponeuston 수면하생물, 수표하생물
hypoplankton 저층플랑크톤
hypotension (식) 저혈압
hypotensive component (식) 혈압강하성분
hypothermia (식) 저체온
hypothesis test (식) 가설검정
hypothrepsia (식) 영양실조
hypotonic 저장액
hypovitaminosis (양) 비타민 결핍증
hypoxanthine (식) 하이포산틴
hypoxic 빈산소의

hypoxic layer 저산소층
hypoxic water 빈산소수
hypsographic chart 고도분포도
hypsographic curve 측고곡선
hypsography 측고
hysteresis (식) 이력현상

I

IACS (international association of classification societies) (어) 국제선급연합회
ICC (International Coastal Clean-up) (양)(어)(자) 국제연안정화의날
ice crusher (식) 쇄빙기, 얼음파쇄기
ice crystal (식) 빙결정, 얼음결정
ice crystal growth (식) 얼음결정의 성장
ice cube (식)(양) 각빙
ice fishing (어) 얼음낚시
ice floe (양) 부빙
ice formation (식) 얼음 생성
ice-free port (항) 부동항
ice freezing tank 제빙탱크
ice machine (식)(양) 제빙기
ice machine oil (식) 냉동기유
ice making (식) 제빙
ice making capacity (식) 제빙능력
ice making load (식) 제빙부하
ice making machine (식) 제빙기
ice making speed (식) 제빙속도
ice nucleus (식) 얼음핵
ice plant (식) 제빙공장
ice plant and cold storage 제빙냉장시설
ice storage (식) 빙장
ice storage equipment 빙축열장치
ice water (식) 얼음물
iceberg 빙산
icefish (식)(양)(어)(자) 뱅어
ichthyic 어류의
ichthyography 어류지
ichthyology (어)(자) 어류학
ichthyoplankton 어류플랑크톤
ichthyoplankton survey 어류플랑크톤조사
ichthyotoxism (식) 어란중독
ichthyovorous fishes (식) 어식성어류
icing method (식) 결빙방법
icing storage (식) 빙장법
ICP (inductively coupled plasma) spectrometry (식) 유도결합플라즈마 분석법
ICP-MS (inductively coupled plasma -mass spectrometry) (식) 유도플라즈마 질량분석법
ideal gas (식) 이상기체
ideal liquid (식) 이상액체
ideal sea level 이상해면
identification (식) 식별, (식)(양) 동정
idiosyncrasy (식) 특이체질
ignition loss 강열감량
IHO(international hydrographic organization) (어) 국제수로기구
illegal fishery (어)(자) 불법어업
illumination (양) 조도
image analysis (식) 이미지분석

imago 성충
imbricate 기와무늬의, 방향성
imbrication (양) 기와무늬의
imidazole (식) 이미다졸
imino acid (식)(양) 이미노산
imitated bait (어) 가짜미끼
imitated crab meal (식) 게맛살
imitation food (식) 모조식품
imitation pearl (식) 모조진주
immature (식) 미성숙의, 미숙의
immature fish (식) 미성숙어
immersion (식) 침지
immersion freezing (식) 침지동결 , 침지식동결법
immigrant (식)(어)(자) 이입자
immigration (식)(어)(자) 이입, 전입
immigration rate (식)(어)(자) 이입률
immigration species 이입종, 이종
immobilized enzyme (식) 고정효소
immune(immunization) (식) 면역
IMO (International Maritime Organization) (어)(항) 국제해사기구
impact crushing (식)(양) 충격식 조쇄
impact roller (식)(양) 충격식 롤러
impact test (식)(양) 충격실험
impeller (식)(양) 임펠러
implantation 착상
importance value (식) 중요치
imported fish (식) 수입어류
imported fish meal (식)(양) 수입어분
imprinting (양) 각인
improved minnow netting (어) 개량여자그물감
impulsive force (식) 충격
impurity (식) 불순물, (식) 이물질
inactivation (식) 불활성화
inbreeding 동계교배
incident rays 입사광선
incident wave 입사파
incidental catch (식)(어) 혼획
incliantion (양) 경사
inclined plane tester 경사식인장시험기
inclining experiment (양) 경사실험
inclining test 경사시험
income of fishery household (식)(어) 어가소득
incompressibility (식) 비압축성
incompressible fluid (식) 비압축성유체
incongruent dissolution 비합치용해
increasing and decreasing of mesh (어) 증감목
increasing of mesh (식)(어) 증목
increment and corrections 증분개정표
increment coefficient (양) 증중계수, 증육계수
incrusting 피복성
incubation (식) 배양
incubation period (식) 배양기간
incubation test (식) 가온검사
incubator (식) 배양기
independent sample (식) 독립표본
independent variable (식) 독립변수
indeterminate cleavage 비결정적난할
indeterministic property (식) 비결정성
index (식)(자) 지수, 지표
index of dominance (자) 우점도지수
index of population size (양)(자) 자원량지수
index of relative importance (식)(자) 상

대중요도지수
index of similarity (자) 유사도지수
index of stock abundance (자) 자원량 지수
Indian long-tailed tuna (식)(양)(어)(자) 백다랑어
indicated horse power (어) 지시마력
indication controller 지시조정기
indicative value 지침값
indicator (식) 지시약, 지표
indicator bacteria (식) 지표세균
indicator organism (식) 지표생물
indicator species (식) 지표종
indigenous fishery product quality certification (식) 수산특산물품질인증
indirect circulation (식) 간접순환
indirect fish finding (어) 간접탐어
indirect fish locating (어)(자) 간접탐어
indirect method (식) 간접법
indirect reflection (식) 간접반사
individaul (식) 개체
individual fishery (어) 개인어업
individual growth (식) 개체성장
individual packaging (식) 개별포장
individual quick freezing (IQF) (식) 개별급속동결
individual quick frozen (IQF) foods (식) 개체동결식품
individual quota system (식)(어) 개별할당량제도
individual transferable quota (ITQ) (어) 개별양도성할당량
individual vessel quota (어) 어선별어획량할당제
indoor culture cistern 실내배양용수조
indoor seeding 실내채묘
induced spawning (양) 산란유발
induced trap (양)(어) 유도함정
induction period (식) 유도기간
induction pipe 흡입관
inductively coupled plasma mass pectroscopy (ICP-MS) 유도결합플라스마질량분석법
inductively coupled plasma spectroscopy (ICP) 유도결합플라스마분석법
induration 고결
industrial distribution (식)(양)(어) 산업유통
industrial standard (식)(양) 산업규격
industrial waste (식) 산업폐기물
industrial wastewater (식) 산업폐수
industrial water (식) 공업용수, 산업용수
inequilateral 부등변의
inert gas 비활성기체
inert gas narcosis 비활성기체마취
inertia (어) 관성, 타성
inertia coefficient 관성상수
inertia current 관성류
inertia wave 관성파
infant food (식) 유아식품
infared spectrophotometer (식) 적외선 분광광도계
infared spectrophotometry (식) 적외선분광광도측정법
infared sterilization (식) 적외선살균
infared sterilizer (식) 적외선살균기
infauna 내생동물, 매재동물, 잠저성동물
infection (식) 감염

infection type food poisoning (식) 감염형식중독
inferiority 열등
infinitive population 무한모집단
inflammation 인화
inflexible wire rope 불유연강색
inflow (식) 유입
infralittoral (양) 하부연안대, 하부조간대의
infralittoral zone 하부연안대, 하부조간대의
inframedian 중하심대의
infrared dryer (식) 적외선건조기
infrared drying (식) 적외선건조
infrared moisture meter (식) 적외선수분측정기
infrared radiation 적외선복사
infrared ray (식) 적외선
infrared spectrophotometer (식) 적외선분광광도계
ingredient (식) 성분
inhalant siphon (식) 유입관
inhibition (식) 억제, 저해
inhibition of germination (식)(양) 발아억제
inhibitor (식) 억제제, 저해제
initial angle 초기각
initial condition (식)(어) 초기조건
initial course (어)(항) 출발침로
initial feed (양) 초기먹이
initial reading (식)(양)(어)(자) 초기기록
initial recording (식)(양)(어)(자) 초기기록
initial state (식) 초기상태
initial step (식) 초기단계
initial stock abundance (자) 초기자원량
initial velocity 초속도 (식) 초기속도
initialization (식) 초기화
initiation reaction (식) 개시반응, 초기반응
injection (식)(양) 주입
injection nozzle (식) 분사노즐
injurious plankton 유해플랑크톤
injury and sickness 상병
ink-gland (식) 묵즙선
ink sac (식)(양) 묵즙선, 먹물주머니, 먹즙
inland 내륙
inland aquaculture 내수면양식업
inland fishery (어) 내수면어업
inland sea 내해
inland waters 내수면
inlet (어)(항) 작은만 (식) (액체, 가스 등의)주입구
in let pipe (식) 흡입관
innate behavior (어) 생득적행동, 선척적행동
inner packaging (식) 속포장
inoculating loop (식)(양) 백금이
inorganic acid (식)(양) 무기산
inorganic carbon (식)(양) 무기탄소
inorganic material (식)(양) 무기물
inorganic mercurry (식)(양) 무기수은
inorganic salt (식)(양) 무기염
inosine (식)(양) 이노신
inosinic acid (식)(양) 이노신산
input factor (식) 입력요소
input rate (식) 유입률
inquilinism 소내공생
insect pest (식)(양) 해충
insemination (양) 정액주입
insert net (어)(자) 내망
inshore current 연안내류

inshore fisheries (어) 연안수산업
inshore waters 내만수역
inside coated in can (양) 내면도장관
insolation 일사
insoluble dietary fiber (식) 불용성 식이섬유
inspection standard (식)(양)(어) 검사기준
instant food (식) 인스턴트푸드, 즉석식품
instant soup (식) 인스턴트수프
instantaneous coefficient of fishing mortality (어)(자) 순간어획사망계수
instantaneous coefficient of natural mortality (어)(자) 순간자연사망계수
instantaneous coefficient of total mortality (어)(자) 순간전사망계수
instantaneous growth method (어)(자) 순간성장법
instantaneous increasing rate (어)(자) 순간증가율
instantaneous mortality ratio (어)(자) 순간사망율
instantaneous rate 순간율
instantaneous rate of increase (어)(자)(양) 순간증가율
instantaneous variation rate (어)(자) 순간변이율
instinct (식)(어) 본능
instinct of imitation (어) 모방본능
instinct of individual preservation (어)(자) 개체보존본능
instinct of preservation of the species (어)(자) 종족보존본능
instinctive behavior (어) 본능적행동
instruction (식)(양) 지시
instrumental error (식) 계기오차, 기기오차
instrumentation ship (어) 관측선
insular 섬의
insular climate 도서성기후
insulating effect (식) 보온효과
intake (식) 섭취
integral water temperature (식)(양) 적산수온
integrated circuit 집적회로
integrity (식) 고유성
intelligence (식) 지능
intensification 강화
intensity (식)(어) 강도
intensity-duration formula 강도-시간공식
intensive culture (양) 고밀도양식
intensive fishery (어) 집약적어업
intensive management 집약경영
interaction (식) 상호작용
interaction between fisheries (어) 어업간상호작용
interaction between species 종간상호작용
interannual variability 경년변동
intercalary growth 개재생장
intercalibration (식) 상호검정
intercellular (식) 세포간의
intercellular cement substance (식) 세포간 결합물질
intercellular ice formation (식) 세포간 얼음결정생성
intercellular matabolism (식) 세포간 대사
intercept (식) 절편, 중간차단
intercepting (식) 차단

intercepting and inducing (어) 차단유도
intercoastal 대양연락의, 양안간의
intercontinental sea 내륙해
interest rate (식) 이익율
interfacial velocity (양) 계면속도
interfacial wave 경계층파
interference (식) 방해
interference interuption (식) 간섭
interglacial period 간빙기
interglacial sea 간빙해
interisland 도서간의
interlock 인터로크
intermediary metabolism (식) 중간대사
intermediary rearing (식) 중간배양
intermediate breeding (식) 중간육성
intermediate cold layer 중냉층
intermediate cold water 중냉수
intermediate current (식) 중층류
intermediate layer (식) 중간층, 중층
intermediate moisture foods (식)(양) 중간수분식품
intermediate port 중간항
intermediate product (식) 중간산물
intermediate production (식) 중간생산
intermediate reaction (식) 중간반응
intermediate warm layer 중난층
intermediate warm water 중난수
intermediate water 중층수
intermediate wave 중간파
intermonthly temperature variation 경월온도변동
intermonthly variability 경월변동률
internal combustion engine (식) 내연기관
internal corrision (식) 내면부식
internal deposit fat (식) 체내지방
internal diffusion (식) 내부확산
internal energy (식) 내부에너지
internal environment (식) 내부적환경
internal fertilization 체내수정
internal pressure (식) 내압
internal skeleton (식) 내골격
internal tagging method (식) 내부표지법
internal temperature (식) 내부온도
internal tide (어) 내부조석
internal tide wave (어) 내부조석파
internal wave (어) 내부파
International Association Classification Societies (IACS) (어) 국제선급연합회
International Coastal Clean-up (ICC) (양)(어)(자) 국민연안정화의날
international convention (식)(어)(자) 국제조약
international date line 국제일부변경선
international flag of signals (어)(항) 국제신호기
International Hydrographic Oreganization (IHO) (어) 국제수로기구
international index 국제지점번호
international index numbers (양) 국제지점번호
international load line certificate (어)(항) 국제만재흘수선증서
international low water 국제저조면
international maritime organization(IMO) (어)(항) 국제해사

기구
international nautical mile 국제마일
international observer program (양) 국제감시원제도
international observer scheme 국제감시원제도
international signal flag (어)(항)(양) 국제신호기
international standard (식)(어) 규제규격
International Standard Organization (ISO) (식) 국제표준화기구
international unit (식) 국제단위
international weather code 국제기상통보식
international whaling commission (어)(자) 국제포경위원회
internodal growth 절간성장
interoceanic 대양간의
interregional (식) 지역간의
interrelationship (양) 상관성
interrogative reflex 의문반사
intersecting waves 교차파
intersection of line 직선교차
interspecific competition 종간경쟁
interstices (식)(양) 간극
interstitial animal 내재동물
interstitial fauna 간극동물상
interstitial organisms 간극생물, 모래등살이
interstitial water 간극수, 공극수
interstitial zone 간극대
intertidal zone 조간대, 조간대의
interval rate (식) 간격률
interval scale (식) 간격스케일
intestinal fish soluble (식) 내장계 피쉬솔루블
intestinal flora (식) 장내미생물상
intestinal mycosis 내장진균병
intestinal pigment (식) 내장색소
intestinal spiral valve 내장나선판
intestine (식) 장, 창자
intestine wall cell (식) 내장벽세포
intracellular fluid (식) 세포내액
intramuscular (식) 근육내
intraspecific competition 종내경쟁
intraspecific group 종내집단
intrinsic rate of natural increase 내적자연증가율
inulin (식) 이눌린
inventory 부속구목록
inventory control (식) 재고관리
inventory control system (식) 재고관리시스템
inverse estuary 역염하구
inverse prediction 역예측
inverse transformation (식) 역변환
inversion (식) 전환
inversion layer 역전층
invert sugar (식) 전화당
invertebrate (식) 무척추동물
invertebrate nekton 무척추유영동물
inverted microscope 전도현미경
inviscid fluid 비점성유체
involuntary muscle (식) 불수의근
involute 신개선
iodide (식) 아이오다이드
iodine reaction (식) 요오드반응
iodine titration (식) 요오드 적정
iodine value (식) 요오드값
ion concentration (식) 이온농도
ion exchange (식) 이온교환

ion exchange membrane (식) 이온교환막
ion exchange resin (식) 이온교환수지
ion pairs (식) 이온쌍
ionic bond (식) 이온결합
ionic solution (식) 이온용액
ionic strength (식) 이온강도
ionization (식) 이온화
ionone (식) 이오논
ionosphere 이온층
IQ (individual quota) (어)(자) 개별어획할당
IQF (individual quick freezing) (식) 개별급속동결
iridophore 광채세포, 홍색소포
iris 홍채
iris pearl 홍채진주
Irish moss 뿔가사리, 진두발
Irish moss carragheen, curely moss (양) 진두발
iron (Fe) (식) 철
iron binding capacity (식) 철결합능
iron deficiency (식) 철결핍
iron monoxide (식) 일산화철
iron sinker 쇠침자, 철발돌
iron(II) oxide (식) 산화(II)철
iron(III) oxide (식) 산화철(III)
irradiance 광량, 조도
irradiated foods (식) 방사선 조사 식품, 조사제품
irradiation (식) 방사선조사
irradiation dose (식) 방사선 조사선량
irreversible cycle (식) 비가역사이클
irreversible procedure (식) 비가역과정
irreversible process (양) 비가역공정
irreversible reaction (식) 비가역반응
irrotational motion (식) 비회전운동
irrotationality (식) 비회전성
Isaac-Kidd midwater trawl (어) 아이삭키드중층트롤
isentropic 등온위
isinglass (식) 부레풀
island arc system 도호계
islet 작은섬
ISO (International Standard Organization) (식) 국제표준화기구
iso-abnormal 등이상선
iso-amplitude 등진폭선
isoanomaly (양) 등이상선
isobar (식)(양) 등압선
isobaric (식) 등압의
isobaric change (식) 등압변화
isobaric process (식) 등압과정
isobath 등심선
isobathymetric 등심상의
isobathymetric line 등심선
isobathytherm 등심수온, 해중등온선
isobutylamine (식) 이소부틸아민
isobutyric acid (식) 이소부티르산
isocercal tail 동형미
isochromatic line 등수색선
isochrone 등시간선
isoclinic 등경사의
isoclinic line 등경선
isodisperse 등분산
isodynamic 등력의
isoelectric point (식) 등전점
isogamete 동형배우자
isogamous 동형배우자의
isogamy 동형접합
isohaline 등염분선
isolated danger marks 고립장애표지

isolated reef 고립초
isolation medium (식)(양) 분리배지
isolecithal egg (양) 등황란
isoleucine (식)(양) 이소류신
isomegathy 등층후선
isomer (식) 이성질체
isomerase (식) 이성질화효소
isomerization (식) 이성체화
isometric (식) 동형의, 동척성의
isomorphic alternation 동형세대교번
isomorphic alternation of generation (양) 동형세대교번
isomorphic generations (양) 동형세대
isomorphous (양) 동형의
isopach (양) 등층후선, 등층후
isophase 등위상
isopleth 등량선
isopycnal mixing 등밀도혼합
isopycnic (양) 등밀도의
isopycnic surface 등밀도면
isosmotic solution (식) 등삼투액
isotach 등유속선
isothermal change (식) 등온변화
isothermal-isohumidity (식) 항온항습
isotope (식) 동위원소
isotope dilution analysis (양) 동위원소희석분석법
isotope dilution method 동위원소희석분석법
isotope fractionation 동위원소분별
isotopic species (식) 동위원소류
isotropic 등방성의 (양) 전방향성
isotropic band 등방대
isovelocity 등음속
isozyme 동위효소
iterative procedure 반복적방식
iteroparity 반복산란
ITQ (individual transferable quota) (어) 개별양도성할당량
iwashi-bushi (식) 정어리부시

J

jacketed fishroom (어) 이중어창
jacklight (어) 고기잡이등화
jaegers 도둑갈매기
Japanese amberjacks (식)(양)(어)(자) 방어
Japanese bluefish (식)(양)(어)(자) 게르치
Japanese cockle (식)(양)(어)(자) 새조개
Japanese common squid (식)(양)(어)(자) 살오징어
Japanese dosinia (식)(양)(어)(자) 떡조개
Japanese eagle ray (식)(양)(어)(자) 매가오리
Japanese eel (식)(양)(어)(자) 뱀장어
Japanese flyingfish (식)(양)(어)(자) 날치
Japanese goose barnacle (식)(양)(어)(자) 거북손
Japanese horse mackerel (식)(양)(어)(자) 전갱이
Japanese Industrial Standard (JIS) (식) 일본공업규격
Japanese kelp (식)(양)(어)(자) 다시마
Japanese littleneck (식)(양)(어)(자) 바지락
Japanese littleneck huller (식)(양) 바지락탈각기
Japanese mantis shrimp (식)(양)(어)(자) 갯가재
Japanese needle fish (식)(양)(어)(자) 학공치
Japanese parrotfish (식)(양)(어)(자) 돌돔
Japanese ricefish (식)(양)(어)(자) 송사리
Japanese sandfish (식)(양)(어)(자) 도루묵
Japanese Spanish mackerel (식)(양)(어)(자) 삼치
Japanese spear lobster (식)(양)(어)(자) 펄닭새우
Japanese spiny lobster (식)(양)(어)(자) 닭새우
Japanese stingfish (식)(양)(어)(자) 볼락
JECFA (Joint FAO/WHO Expert Committee on Food Addtives) (식) 국제식량농업기구/세계보건기구 합동식품첨가물전문가위원회
jelly (식) 젤리
jelly meat (식) 젤리미트
jelly strength (식) 젤리강도
jellyfish (식) 해파리
jeotgal (식) 젓갈
jet flow (어) 급류
jetsam 폐기화물
jetty 돌제, 돌출제방
jigging (어)(양) 채낚기어업
jigging fishery (어)(자) 채낚기어업
JIS (Japanese Industrial Standards) (식) 일본공업규격
John dory (식)(양)(어)(자) 달고기
joining block (어) 연락용블록
joining wire (어) 연락줄

joint (식) 마디, (식) 관절
Joint FAO/WHO Expert Committee on Food Additives (JECFA) (식) 국제식량농업기구/세계보건기구합동식품첨가물전문가위원회
joint management (식) 공동관리
joint-venture fishery (어) 합작어업
juiciness (식) 다즙성
juicy (식) 수분이 많은
jumbo trawl (어) 점보형트롤
jumped seam (식) 점프드심
junk boat (어) 쟝크선, 전마선
jurisdiction 관할권
jury rudder 응급키
juvenile (식) 미성어
juvenile crab 치해
juvenile crab stage 치해기
juvenile net 치어망
juvenile shell (식) 치패
juvenile stage (식) 치어기
juvenile water 초생수

K

K (potassium) (식)(양) 칼륨
K value (식) 케이 값
Kanagawa phenomenon 가나가와 현상
karyotic (식) 유핵세포의
Katsuobushi (식) 가쓰오부시
keel (어)(항) 용골
keel draught (어)(항) 용골흘수
keeping freshness (식)(어) 선도유지
keeping quality curve (식) 품질유지 곡선
kelp (식)(양)(어)(자) 다시마
kelp grouper (식)(양)(어)(자) 자바리
kelt 산란직후연어
Kelvin temperature (식) 켈빈온도
keratin (식) 케라틴
keratin layer (식) 케라틴층, 각질층
kerosene polymers 케로진중합체
ketchup (식) 케첩
ketone (식) 케톤
ketone group (식) 케톤기
ketose (식) 케토스
key component (식) 주성분
key industry animal 기간산업동물
key opening can (식) 키오프닝캔
KFAC (Korean Food Additives Code) (식) 식품첨가물공전
KFC (Korean Food Code) (식) 식품공전
kidney (식) 콩팥
killer whale (식)(양)(자) 범고래
kimchi (식) 김치
kind of tiny shrimp (양) 곤쟁이
kinematic similarity 운동학적유사도
kinetic energy (식)(어) 운동에너지
kinetosome 기저소체
kink (어) 밧줄꼬임, 킹크
kite ray (식)(어)(자)매가오리
klinokinesis (어) 변향무정위운동성
klinotaxis (어) 굴곡주성, 향광성
KMI (Korea Maritime Institute) (식)(양)(어)(자) 한국해양수산개발원
kneader (식) 반죽기
knot 노트 (어)(자) 결색, 결삭, 매듭
knot method (어)(자) 결색법
knot number (어)(자) 절수
knotless netting (knotless webbing) (어)(자) 매듭없는 그물, 무결절망지
knotted webbing (어)(자) 결절망지
knotting and hitching (어)(항) 줄매기
koji (식) 코지
Korea Maritime Institute (KMI) (식)(양)(어)(자) 한국해양수산개발원
Korea Science and Engineering Foundation (KSEF) (식)(양)(어)(자) 한국과학재단
Korea Strait (식)(어)(항) 대한해협
Korean aucha perch (양) 꺽지류
Korean common dogwhelk (양) 대수

리
Korean Food Additives Code (KFAC) (식) 식품첨가물공전
Korean Food Code (KFC) (식) 식품공전
Korean hair crab (식)(양)(어)(자) 털게
Korean Industrial Standard (KS) (어)(식) 한국산업표준
Korean sandlance (Korean sandeel) (식)(양)(어)(자) 양미리
Korean Society of Food Science and Nutrition (식) 한국식품영양과학회
Korean Society of Food Science and Technology (식) 한국식품과학회
kort nozzle propeller (어) 콜트노즐추진기
Kosher food (식) 코셔푸드
KS (Korean Industrial Standard) (식) 한국산업표준
KSEF (Korea Science and Engineering Foundation) (식) 한국과학재단
Kuroshio (식)(어) 쿠로시오
kurtosis (양) 첨도
Kuruma prawn (식)(양)(어)(자) 보리새우
kwamegi (식) 과메기

L

labeling system for country of origin (식) 원산지표시제도
labia oris (양) 구순
labor management (식) 노무관리
labor productivity (식) 노동생산성
labor saving 생력화
laboratory (식) 실험실
laboratory animal (식) 실험동물
laboratory rearing (식) 실험실사육
labrum 윗입술
lace webbing (어)(양) 레이스망지
lacing line (어) 엮음줄
lacing rope (어)(자) 엮음줄
lacquered can (식) 도장관
lactase (식) 락타아제, 유당분해효소, 젖당 분해효소
lactic acid (식) 유산, 젖산
lactic acid bacteria (식) 젖산균
lactic acid bacterium-containing food (식) 젖산균함유식품
lactic acid drink (식) 젖산 음료
lactic acid feremntation (식) 유산발효, 젖산발효
lactic acid forming bacteria (식) 유산균
lactose (식) 유당, 젖당
ladybird beetle 무당벌레
lag correlation 자기지체상관
lag phase (식) 유도기
lagoon 기수호
laguna 작은호수
lake fishery (식)(어) 호소어업
lake trout (식)(양) 산송어
laminar flow (식) 층류
laminar region (식) 층류역
laminaran (식) 라미나란
laminarian zone 다시마층
laminated film (식) 적층필름
lamination 엽층화
lamp shell 완족동물
lampara net 람파라네트
lances 창류
land breeze 육풍
land mile 육리
land reclamation 간척
landed quantity (식)(어)(항) 양육량
landing (어) 양륙
landing limitation (어)(항) 양륙제한
landing net (어) 반두그물
landing permit certification (어)(항) 상륙허가서
landing port (어)(항) 양륙항
lantern net (어) 가래그물
lap (식) 랩
large danish seine (어) 대형기선저인망
large head hair tail (식)(양)(어)(자) 갈치
large-medium scale purse selme (어) 대형선망어업

large pound net (어) 대형낙망
large purse seine (어)(자) 대형선망어업
large set net (어)(자) 대망류
large set net of oblong shape (어) 대모망
large set nets without traps (어) 대망류
large trawl (어) 대형트롤
large yellow croaker (식)(양)(어)(자) 부세
large yellowtail (어)(자) 부리(1m 이상)
largemouth black bass (식)(양)(어)(자) 큰입우럭
larva(e) (식) 유생
larva(e) and juvenile (식)(양) 자치어, 치자어
larva(e) culture (양) 유생사육
larva(e) culture food (양) 유생사육용먹이
larval (양)(자) 유충의
larval migration (어)(자) 유기회유, 치어회유, 치자어기회유
larval net (어)(자) 자어망
larval plankton 부유유생
larval plankton stage 유생플랑크톤단계
larval retention area 유생정체지역, 자어정체지역
larval stage (양) 유생기
larval transport 유생수송
larval type (식)(양) 유생형
larviparous (식)(양) 유생형의
larvo(e) (식) 자어
latent heat (식) 숨은열, 잠열, 열
latent heat of vaporization (식) 기화(잠)열
latent period (식)(양) 잠복기
lateral 측방의
lateral diffusion 측면확산
lateral fin (식) 옆지느러미
lateral line (어)(자) 옆줄, 측선
lateral line system 측선계
lateral marks 측방표지
lateral mesh (어) 횡목
lateral migration 측면이동
lateral mixing 측면혼합
lateral muscle (식) 체측근육
lateral root 측근
lateral sense organ (어)(자) 측선기관
lateral teeth 측치
lateral wash of screw current 측압작용
laterals 횡관
latitude by ex-meridian altitude 근오고도위도법
latitude correction 위도보정
latitude effect 위도효과
latitudial fluctuation 남북변동
lattice design 격자형배치법
latticed fiber (어) 세망섬유
launching ceremony 진수식
laver (식) 김, 참김, 해태
laver culture (식) 김양식
laver degeneration (식) 김변질
laver farming (양) 김양식
laver net (식) 김발
laver spore (식) 김포자
law of polar excitation (어)(양) 극성흥분법칙
law of similarity (어)(자) 상사법칙
law of stimulus quantity (어) 자극량법칙
law of uniformitarianism 동일과정법

칙
lay (양) 꼬임
lay days (양) 정박기간
lay out (어) 투승
lay system (어) 짓가림제
lay system jointed with fixed pay (어) 고정급병용짓가림제
lay up (어)(항)(양) 묘박, 정박
laydays 정박기간
layer (식) 층
layer depth 층수심
layer depth effect 층수심효과
layer of compensation 보상층
layer of discontinuity 불연속층
laying up 계선
laying-up charges (양) 계선비
layout (식) 배치, 설계
laytime 정박기간
LC (lower clearance) (식) 하부공극
LD (lethael dose) (식) 치사선량
LDC (London Dumping Convention) 런던투기협약
LDL (low density lipoprotein) (식) 저밀도 지단백
leaching (식) 침출
lead (Pb) (식)(어) 납
lead cored rope (어) 연심로우프
lead poisoning (식) 납중독
leader net (어) 길그물
leading edge 전면
leading light (양)(어) 유도등
leaf fiber 잎줄기섬유
leafstalk 엽병
leak test (식) 누설시험
leakage (식) 누출
leaker (식) 리커
leap year 윤년
learned behavior (어) 습득적행동, 획득적행동, 후천적행동
least cost formula (식)(양) 최소가격배합표
least cost linear programing 최소비용선형계획법
least significant difference (식)(양)(어)(자) 최소유의차
least significant difference test (식)(양)(어)(자) 최소유의차검정
least square (식)(어)(자) 최소자승
leatherback turtle 장수거북
leatherjacket 경피어류
lecithin (식)(양) 레시딘
lecithotrophic 반영양성유생의
lecithotrophic development (양) 난황영양형발생
lectin (식)(양) 렉틴
ledger line (어) 덧줄
leeside (어) 풍하현
leeward (어) 풍하의
leeway 풍압차
left-handed twist (식)(어) 왼쪽꼬임
left semicircle (어)(항) 좌반원
leg (식)(어) 다리
length (식)(어)(자) 길이
length at first capture (어)(자) 어획개시체장
length at recruitment (어)(자)(양) 가입체장
length between perpendiculars (어)(항) 수선간장
length of net (어) 망장
length-weight relationship 체장과 체중의상관관계

leptocercal tail 엽형미
lethal concentration (식) 치사농도
lethal dissolved oxygen (식) 치사용존 산소량
lethal dose (식) 치사선량
lethal range (식) 치사범위
lethal rate (식) 치사율
lethal temperature (식) 치사온도
letter of credit (L/C) (식) 신용장
leucine (식)(양) 류신
leucocyte (식)(양) 백혈구
level surface 수준면
lever lift net (어)(양) 채들망
lever net (어) 지렛대들망
leviathan 거대바다동물
liberation of tagged fish (어)(자) 표지 어방류
license limitation (어) 허가정수
license of marine technician (어)(항) 해기면허장
license order of priority (어)(항) 면허우선순위
licensed fishery (어) 면허어업
lichen 바다이끼류, 지의류
life (식) 생명
life buoy (식)(어)(자) 구명부이
life expectancy 기대수명
life history (식) 생활사
life history strategy 생활사전략
life instinct (식) 생활본능
life jacket (어)(항) 구명동의
life preservers 구명구
life saving apparatus (어)(항)(양) 구명설비
life saving equipments (어)(항) 구명설비
life science (식) 생명과학
life span (식) 수명
life stage (식) 생활단계
life-support system (식) 생명유지시스템
life table (식) 생명표
lifeboat (어)(항) 구명정
lifecycle (식) 라이프사이클
lifeline (어)(항) 생명선
lifetime fecundity 평생포란수
lift (어) 양력 (식) 들어올림
lift net (어) 들망
lift net fishing vessel (어)(자) 부망어선
lift nets (어)(자) 부망류
lifter (식) 리프트
ligament (식) 인대
light boat (어) 집어선
light bottle 광투과병
light budget 광수지
light buoy 등부표
light condition (어)(항) 경하상태
light-dark bottle method 명암병법
light displacement (어)(항) 경하배수량
light fishery (어)(자) 집어등어업
light fishing (어) 집어등어업
light house (어)(항) 등대
light list (어)(항) 등대표
light organ 발광기관
light periodicity 광주기성
light pole (양) 등주
light reaction (식) 명반응
light saturation 광포화
light scattering (양) 광산란
light sense (양) 광각
light ship (어) 등선, 불배
light signal (양) 발광신호

light stimulated migration 광자극회유
light transmission 광투과
light vessel (어)(자) 불배, 집어선
lightness (식) 명도
limas 석호
limb 가장자리(태양, 달의)
limber hole 오수공
limbers 오수로
lime (식) 석회
liming (식) 석회처리
limit dextrin (식) 한계덱스트린
limit of determination (식)(양)(어)(자) 측정한계
limitation of fishing gear (어) 어구제한
limitation of fishing method (어) 어법제한
limitation of fishing season (식)(어) 어기제한
limitation of shell length (식)(양)(어) 각장제한
limited entry (식) 출입제한
limited size (어) 크기제한
limiting amino acid (식) 제한아미노산
limiting body length (어) 제한체장
limiting factor (식) 제한요인
limiting nutrient 제한영양염류
limnetic (식)(양) 담수의
limnobiose (식)(양) 담수생물
limnology (양) 육수학, 호소학
limnoplankton (식) 담수성플랑크톤
line (어)(자) 낚시줄
line hauler (어) 양승기
line of discontinuity (식) 불연속선
line transect survey (어)(자) 목시법조사
line troll (어) 끌낚시
line voltage 선로전압
linear equation (식) 선형방정식, 일차방정식
linear function (식) 일차함수
linear model (식) 선형모형
linear regression (식) 선형회귀
linear regression analysis (식) 선형회귀분석
linear transformation (식) 선형변환
lining fishing (어)(자) 낚기어업
link confertti (양) 창자파래
linoleic acid (식)(양) 리놀레산
linolenic acid (식)(양) 리놀렌산
lint main net (어) 내망
lip (식) 립
lipase (식) 리파제, 지질분해효소
lipid (식) 지방, 지질
lipid deterioration (식) 지질변패
lipid metabolism (식) 지질대사
lipid oxidation (식) 지방산화
lipid peroxide (식) 과산화지질
lipid solible (식) 지용성
lipogenesis (식) 지질생합성
lipophilic (식) 친유성의
lipoprotein (식) 지질단백질
lipoxidase (식) 리폭시다제
liquefaction (식) 액화
liquefied natural gas(LNG) (식)(어) 천연가스
liquid (식) 액체
liquid crystal (식) 액정
liquid culture (식) 액체배양
liquid egg (식) 액란
liquid fertilizer (식) 액비
liquid foods (식) 액상식품
liquid gas freezing (식) 액화가스 동결

법
liquid glucose (식) 액상포도당
liquid immersion (식) 액체침지
liquid nitrogen (식) 액체질소
liquid nitrogen freezing method (식) 액체질소동결법
liquid phase (식) 액상
liquid receiver (식) 수액기
liquid ring (식) 액봉
liquid sample (식) 액체시료
liquid smoke (식) 훈액
liquid smoking method (식) 액훈법
liquid stuffer (식) 액충전기계
Listeria (식) 리스테리아
lithification 고화작용
lithocyst 리소시스트
lithodesma 리소데스마
lithophyte 암생식물
lithosphere 암석권
little hanging 과소성형
little size of horse mackerel (식)(양)(어)(자) 매가리
littoral 천해의
littoral current 연안해류
littoral deposits 연안성침전물
littoral drift 연류
littoral system 연안계
littoral transport 연안지대
littoral zone 천해대
live bait (어) 산미끼
live-bearer (양) 태생어
live-bearing (양) 태생의
live feed (식) 생물사료
liver (식) 간
liver oil (식) 간유
liver oil extraction method (식) 간유채취법
living depth 서식수심
living modified organism (LMO) (양)(자) 유전자변형생물체
living quarter (양) 거주구역
living resources (식) 생물자원
living waste (식) 생활폐기물
lizard fish (식)(양)(어)(자) 황매둥이
LMO (living modified organism) (양)(자) 유전자변형생물체
LNG (liquefied natural gas) (식)(어) 액화천연가스
load (식) 부하
load calculation (식) 부하계산
load capacity (식) 부하량
load-elongation curve (어) 강신도곡선
load rate (식) 부하율
loadable catcher (어) 탑재자선
loaded displacement (어)(항) 만재배수량
loading boat (어) 탑재정
lobe (양) 돌출부
local (식) 지역적인
local acceleration 국지가속
local action 국부작용, 국지작용
local change (식)(어) 국지적변화, 지역변화
local circulation 국지순환
local extraobservation 국지임시관측
local form 지역형
local heating 국지가열
local hour angle 지방시각
local stock(subpopulation) (어)(자) 계군
local time 지방시
local upwelling 국지용승

local variation 지방변이
local variety (양) 재래종
local winds (항) 국지바람
locating of fishing ground (어) 어장 탐색
lock seam (식) 락 시임
lockage 갑차
locomotion organ (양) 운동기관
log book (어)(항) 항해일지
logarithm (식) 대수
logarithmic amplifier 로그증폭기
logarithmic growth phase (식) 대수증식상
logarithmic phase (식) 대수기
logarithmic velocity profile 대수속도분포
logistic growth (자) 로지스틱성장
logistic growth curve (자)(양) 로지스틱성장곡선
logistic model (자) 로지스틱모델
log-likelihood test 대수우도검정
log-linear model 대수선형모델
loin (식) 로인
long arm octopus (식)(양)(어)(자) 낙지
long bag set net (어)(양) 낭장망
long-bag stow net (어)(자) 낭장망
long-bag stow nets on anchor (어)(자) 닻낭장망류
long-distance cruise (어)(항) 원양항해
long distance migration 원거리회유
long line (어) 연승주낙
long line fishery (어)(자) 연승어업
long period constituent 장주기분조
long period wave 장주기파
long range navigation (LORAN) 로란
long-term borrowed money 장기차입자본
long-term culture 장기양성
long wave 장파 (양) 긴물결
longevity (식) 수명
longitude (어)(항) 경도
longitudinal (어)(항) 경도의
longitudinal axis 장경
longitudinal cut (어) 종단
longitudinal cutting method (어) 종단법
longitudinal flagellum 종편모
longitudinal framing system 종골식구조
longitudinal muscle (식) 종주근
longitudinal variation 경도방향변화
longshore drift 연안표류
longshore sandbar 연안사주
loom 부상
loop antenna (어) 루프안테나
loop strength (어) 굴절세기
looped yarn 사슬올
loosing (식) 루싱
lophophore 촉담
LORAN(long range navigation) 로란
Lorenzinis ampullae 로오렌찌니병
lorica 피막
lot (식) 로트
lover high water interval 낮은고조간격
low acid food (식) 저산성식품
low calorie food (식) 저칼로리식품
low density lipoprotein(LDL) (식) 저밀도지단백
low density polyetylene (식) 저밀도폴리에틸렌
low diversity community 낮은다양성

군집
low energy environment 저에너지 환경
low fat food (식) 저지방 식품
low frequency (식) 저주파(수)
low latitude 저위도지방
low moisture foods (식) 저수분식품
low molecular weight compound (식) 저분자화합물
low pressure 저기압
low pressure cut-out (식) 저압차단장치
low pressure cut out switch (양) 저압차단스윗치
low pressure side float valve (식) 저압플로트밸브
low pressure switch (식) 저압스위치
low salinity seawater 저염해수
low salt-fermented salt (식) 저염젓, 저식염젓갈
low salted Alaska pollock roe (식) 명란젓
low salted salmon (식) 저염염장어
low salting (식) 저염염장의
low temperature ripening (식) 저온숙성
low temperature separation process (식) 저온분리공정
low temperature separation unit (식) 저온분리장치
low temperature storage (식) 저온저장
low water 저조
low water datum 저조위기준선
low water interval 저조간격
low water level 저조위
low water line 저조위선
low water of spring tide 대조시저조
low water time (어) 썰물때
lower camber ratio (어) 하면만곡도
lower clearance (LC) (식) 하부공극
lower edge 하연
lower high water 낮은고조, 저고조
lower level consumer (식) 저차소비자
lower low water 낮은저조, 저저조
lower low water interval 낮은저조간격
lowest low water 최저조
lowest possible low water 가능최저조
lowest sea level 최저조위
low-tide zone 간조구
LPI (Lloyd Patchiness Index) 로이드패치지수
lubricant 윤활제
luciferase (식) 루시페라제, 발광효소
luciferin (식) 루시페린
lug cap bottle (식) 럭캡병
luid resistance (어)(양) 유체저항
luminance (식) 발광
luminescence (식)(양) 발광
luminescent bacteria 발광박테리아
luminescent organ 발광기관
luminiferous organism 발광생물
luminnescence bacteria (양) 발광박테리아
luminous bacteria 발광세균
luminous fish 발광어류
luminous organ (양) 발광생물
luminous plankton 발광성플랑크톤
lump meat (식) 럼프 미트
lumpfish (식)(양)(어)(자) 쑤기미
lunar day 태음일

lunar interval 태음간격
lunar local mean-time 태음지방평균시
lunar monthly constituent 태음월분조
lunar period (어) 월령주기
lunar periodicity 태음주기
lunar tidal coefficient 태음조석상수
lunar tide 태음조석
lunar time 태음시
lunar year 태음년
lunate 초생달꼴
lunation 삭망주기
lung (식) 폐, 허파
lung book 서폐
lung cancer (식) 폐암
luni-solar semidiurnal tide 일월합성반일주조
lunitidal interval 월조간격
lunuled 반월무늬의
lure (어) 미끼
lure bait (어)(자) 꼬임미끼, (어)(자) 가짜미끼
lure hook (어)(자) 꼬임낚시, 속임낚시
lured light (어) 유도등
lured traps (어) 유인함정류
lutein (식) 루테인
LWl(load water line) (어)(항) 만재흘수선
lycopene (식)(양) 라이코펜
lying at single anchor (어)(항) 단묘박
lymphoid tissue (식)(양) 림프조직
lyophilization (식)(양) 진공동결건조법
lysine (식)(양) 리신
lytic virus (식) 용균성 바이러스

M

mackerel and horse mackerel purse seine (어) 고등어전갱이건착망
mackerel pike (식)(양)(어)(자) 꽁치
mackerel shark (식)(양)(어)(자) 악상어
macroalgae 거대조류, 대형조류
macrobenthos 대형저서생물
macroclimate 광역기후
macroelement (양) 다량원소
macrofauna 대형동물상
macrofossil 대화석
macromolecular (식) 고분자
macronucleus 대핵
macronutrient (식) 다량영양염
macroplankton (식) 대형플랑크톤
macroscopic (양) 거시적
macrospore 대형포자
macrostomida 거구류
madreporite (식) 다공체
magnesium (Mg) (식) 마그네슘
magnesium deficiency (식) 마그네슘 결핍
magnesium hydroxide [$Mg(OH)_2$] (식) 수산화마그네슘
magnesium silicate (식) 규산마그네슘
magnesium sulfate ($MgSO_4$) (식) 황산마그네슘
magnetic (식) 자기의
magnetic bearing 자침방위
magnetic course 자침로
magnetic disturbance 지기교란
magnetic flux 자속
magnetic latching 자기유지
magnetic polarity (식) 자극성
magnetic pole 자극
magnetic separation (식) 자력선별
magnetic separator (식) 자력선별기
magnetostriction effect (어) 자외효과
magnitude (식) 크기
magnitude estimation 강도측정
Maillard reaction (식) 메일라드반응
main circuit 주회로
main engine conductive (어) 주기전도식
main engine driving 주기구동식
main fishing gear (어) 주어구
main line 간승, 모릿줄, 원줄, 줄기줄
main spawning period (식)(어)(자) 주산란기
major constituent (식) 주성분
major element (식)(양) 주요원소
malacology 연체동물학
malacopterygian 연조어류
male (식) 수컷
male diver 남자다이버
malformation (식) 기형
malic acid (식) 사과산
malma trout (식)(양)(어)(자) 곤들메기
malnutrition (식) 영양불량

malodor (식) 악취
maltose (식)(양) 말토스, 엿당
mammals (식)(양) 포유류
man eater (식)(양)(어)(자) 백상아리
Management of Drinking Water Act (식) 먹는물관리법
management of fishery resources (식)(어) 어업자원관리
management of food traceability (식) 식품이력관리
manchurian sturgeon (식)(양)(어)(자) 철갑상어
mandible 대악, 아래턱, 큰턱
manganese nodule 망간단괴
mangrove community 망그로브군락
manifest 운송목록, 적하목록
Manila twine 마닐라(트와인 그물실)
mannitol (식)(양) 만니톨
mannose (식)(양) 만노스
manoeuvability index 조종성지수
mantis shrimp (식)(양)(어)(자) 가시갯가재
mantle (식) 외투막
mantle cavity (식) 외투강
mantle lobe 외투엽
mantle parenchyma 외투막조직
manubrium 구병
manufacturer (식) 제조업자
manufacturing industry (식) 제조업
map plotting 지도작성
marbled meat 상강육
marbled rockfish (식)(양)(어)(자) 쏨뱅이
margin 가장자리
marginal index 연변부성장계수
mariculture 해면양식
Marine Accidents Inquiry Agency (양) 중앙해난심판원
marine acoustics (어) 해양음향학
marine algae (식) 해조류
marine animal oil (식) 해산동물유
marine animals (식) 해산동물
marine aquaculture (식) 해양양식
marine archeology 해양고고학
marine bacteria (식) 해양세균
marine biology (식) 해양생물학
marine biotechnology (식) 해양생물공학
marine birds (양) 바다조류, 해양조류
marine bony fishes (식) 해산경골어류
marine borer 해양천공생물
marine cartilaginous fishes (식) 해산연골어류
marine casualty 해난
marine climatology (식) 해양기후학
marine ecology (식)(어)(자) 해양생태학
marine ecosystem (식) 해양생태계
marine environment (식) 해양환경
marine fish (식) 해산어류
marine fishery (식)(양)(어) 해면어업
marine forecast (식)(어) 해양예보
marine geology (식)(어) 해양지질학
marine geopolitico-economic position 해양지정경제학상입장
marine humus 해양부식질
marine insurance 해상보험
marine labor 해상노동
marine law (어)(항) 해양법
marine leather (식) 수산피혁
marine life (식) 해양생물
marine mammals (식) 해산포유류
marine mammel fishery (어) 해수업
marine meteorology (어) 해양기상학

marine microorganism (식) 해양미생물
marine observation (어) 해양관측
marine organism (식) 해양생물
marine phytoplankton (식) 해양식물플랑크톤
marine plankton (식) 해양플랑크톤
marine plant (식) 해산식물
marine pollution (식)(어)(자) 해양오염
marine preserve (양) 금어지역
marine products (식) 해산물
marine ranch (양) 해양목장, 바다목장
marine ranching (식) 해양목장의
marine research ship 해양관측선
marine resources (식)(어)(자) 해양자원
marine sciences (식)(어)(자) 해양과학
marine seagrass (양) 해초
marine sediment (식) 해양퇴적물
marine survey 해양조사
marine transport (어)(항) 해상수송
maritime affairs (어)(항) 해사
maritime air 해양성공기
maritime distress inquiry agency (어)(항) 해난심판소
maritime industry 해사산업
maritime law (식) 해사법
maritime laws and regulations (식)(어)(항) 해사법규
maritime satellite 해사위성
maritime traffic safety law (어)(항) 해상교통안전법
mark and recapture method (자) 표지방류후재포획법
mark buoy (어) 표지부표
mark flag (어) 표지기
mark light (어) 표지등
mark-recapture (자) 표지재포
marked individual (자) 표지개체
marker protein (식) 마커 단백질
market economy (식) 시장경제
market survey (식) 시장조사
marking (식)(자) 표시의, 표기의 (식) 표식의
marking experiment 표지실험
marsh 늪, 소택지
masking (식) 마스킹, 차폐
masking effect (어) 마스킹 효과
mass balance (식) 질량수지
mass-caught fish (식) 다획성어류
mass consumption (식) 대량소비
mass culture (식) 대량배양
mass extinction 집단멸종
mass-growth 군성장
mass-market fish 대중어
mass mortality (식) 대량폐사
mass movement (식) 집단이동, 질량이동
mass production (식) 대량생산
mass reproduction 대량번식
mass spectrometer (식) 질량분석계
mass spectrometry (식) 질량분석법
mass transfer (식) 물질이동
mass transfer coefficient (식) 물질이동계수
mass transport (식) 물질전달
mass-spawning fish 다산란성어종
massive (식) 괴상의, 무리상의
mast (어)(항) 돛대, 마스트
mast light (어) 장등
master (어)(항) 선장
mat fishing method (어)(자) 거적어법
match-mismatch hypothesis 일치불

일치가설
material (식)(양)(어)(자) 재료
material balance (식) 물질수지, 물질균형
material cost (식) 재료비
material cycle (식) 물질순환
material list (식) 재료표
material point 질점
mathematical expectation 수학적기대치
mathematical variable 수학변수
mating 교배
mating season 교미기
matrix (식) 기질
maturation (식)(어)(자) 성숙
maturation division (식) 성숙분열
maturation index (식)(어)(자) 성숙지수
maturation inducing (어)(자) 성숙촉진
matured fish (식)(어)(자) 성숙어, 성어
maturity (식)(어)(자) 성숙도
maturity coefficient (어)(자) 숙도계수
maturity discrimination (양)(어)(자) 숙도감별
maturity individual (어)(자) 성숙개체
maturity ratio (식)(어)(자) 성숙비
maturity test (어)(자) 숙도감별
maxilla 소악, 윗턱
maxillary bone 상악골
maxillipeds 턱다리
maximal allowable concentration (식) 최대허용농도
maximal blood pressure (식) 최고혈압
maximum (양) 상한
maximum age 최고연령
maximum camber 최대캠버
maximum continuous out put 연속최대출력
maximum ebb 최대낙조유속
maximum economic yield (식) 최대경제생산량
maximum equilibrium yield (어)(자) 최대평형생산량
maximum flood 최대유속
maximum net economic yield (어)(자) 최대경제생산량
maximum net yield (어)(자)(식) 최대순생산량
maximum permissible dose (식) 최대허용량
maximum productivity in aquaculture 양식극한량
maximum speed (식)(어) 최대속도
maximum sustainable average yield (식)(어)(자) 최대지속적평균생산량
maximum sustainable yield (식)(어)(자) 최대지속생산량
maximum temperature (어)(식) 최고온도, 최대온도
maximum tidal difference 최대조차
maximum turbidity (식) 최대탁도
maximum value (식) 최대값
mazy traps (어) 미로함정류
mean (식)(양)(어)(자) 평균
mean annual range of temperature (식) 년평균온도범위
mean biomass estimate (자) 평균생체량추정치
mean daily maximum temperature (식) 평균일일최고온도
mean daily minimum temperature 평균일일최저온도
mean density (식)(어)(자) 평균밀도

mean deviation (식)(어)(자) 평균편차
mean diurnal high water 평균일고조부등
mean diurnal high water inequality (양) 평균일고조부등
mean expectation of further life 평균기대여명
mean generation time 평균세대기간
mean high water 평균고조
mean high water neaps 소조평균고조면
mean higher high water 평균고고조
mean interdiurnal variability 평균일저조부등
mean life span (식) 평균수명
mean low water 평균저조
mean low water neaps 소조평균저조면
mean lower low water 평균저저조
mean neap range 평균소조차
mean neap rise 평균소조고
mean rise 평균조고
mean sea level 평균해수면
mean size estimate 평균크기추정치
mean solar time 평균태양시
mean solar year 평균태양년
mean spring low water 평균대저조
mean square (식) 평균제곱
mean tide level 평균조위
mean value (식) 평균값
mean velocity (식) 평균속도
mean water interval 평균조차
mean water level 평균수위면
meander (식) (구불구불한)곡류
meandering 사행
measured value (식) 측정값
measured variable (식) 측정변수
measurement (식) 측정
measurement error (식) 측정오차
measurement of net height 망고계측
measuring element (식) 측정요소
meat and bone meal (양) 육과골분
meat meal (식) 육분
meat refiner (식) 리파인너, 육정제기
meat separating (식) 채육
meat separator (식) 육분리기, 채육기
meat stuffer (식) 육충전기, 스토퍼
meat taste (식) 육류 맛
meat washer (식) 육수세장치
me-bushi (식) 메부시
mechanical digestion (식) 물리적소화
mechanical efficiency (식) 기계효율
mechanical exhaust (식) 기계적탈기
mechanical exhaust method (식) 기계적탈기법
mechanical filtering 물리적여과
mechanical harvesting gears (어)(자) 기계어획기구
mechanical pots (어)(자) 기계적통발
mechanical refrigerating (식) 기계적냉동
mechanical refrigerating method (식) 기계냉동법
mechanical sorting (식) 기계선별
mechanical stability 기계적안정도
mechanical traps (어) 기계적함정류
mechanical webbing (어) 기계편망
mechanically stupefying fishing method (어)(자) 기계적마비어법
mechanism (식)(어) 메커니즘
mechanized lift nets (어) 기계들망류
median (식)(어) 중앙값

median angle 중위각
median eye 중안
median test 중위수검정
medical treatment (식) 요양
medication (식) 투약
medicinal plant (식) 약용식물
medium (식) 배지
medium flour (식) 중력분
medium sand 중립사
medulla oblongata 연수
medusa 해파리형
megabenthos 초대형저서생물
megalobenthos 거대저생생물
megalopa (식) 메갈로파
megalospheric 거대구의
megamouth shark 큰입상어
megaplankton 거대플랑크톤
megaripple 거연흔
megascopic 육안적
meiobenthos (양) 소형저생생물
meiospore (식) 중성포자
meiotic phase (양) 감수기
melanin (식) 멜라닌
melanin pigment (식) 멜라린색소
melanoidin reaction (식) 멜라노이딘 반응
melting point (식)(어) 녹는점, 용융점, 융해점
membrane bone 피골
membrane seperation (식) 막분리
membranelle 막판
menopause (식) 폐경
menu (식) 차림표
menu display (식) 차림표 표시
mercator chart (어)(항) 점장도
mercator's sailing (어)(항) 점장위도항법
merchant ship 상선
merchantile fleet 상선대
mercurial poisoning (식) 수은 중독
mercury thermometer (식) 수은온도계
mercury(Hg) (식) 수은
meridian angle 자오선각
meridian circle 자오선
meridian cross section 자오선면도
meridian passage 자오선통과
meridional difference 점장변위
meridional part 점장위도
meristic character 체절적형질
meroepipelagic 일시표층성
meroplankton 일시부유생물, 정기성 플랑크톤
merus 장절
mesenchyme (식) 간충조직, 간엽조직
mesentery (식) 장간막
mesh (어)(식) 망목, 체눈금
mesh cut (어) 횡단법
mesh measurement (어) 그물코측정
mesh number (어) 절수 (식) 메쉬넘버
mesh regulation (어)(자) 망목규제
mesh selection act (어) 망목선택작용
mesh selectivity (어) 망목선택성
mesh size (어) 그물코길이 (식) 메쉬크기
mesh size control (어)(자) 망목규제
mesh stick (어) 빗대
mesh webbing (어)(양) 그물뜨기
mesh webbing with needle (어) 바늘대뜨기
mesobenthos 중심해저생물
mesoblast cell (양) 중배엽세포
mesocosm 인공생태계
mesoderm (식) 중배엽

mesodermal (식) 중배엽의
mesodermal cell (식) 중배엽세포
mesofauna (식) 중형동물상
mesogloea (식) 간충질
mesokaryote 중핵생물
mesolecithal egg 중황란
mesolimnion 변온층
mesopelagic 중심해의, 중원양성
mesopelagic fish (식) 중층어
mesopelagic plankton (식) 중층성부유생물, 중층성플랑크톤
mesopelagic zone 중층표영대
mesophile (식) 중온세균
mesophilic bacteria (식)(양) 중온세균
mesophilic microorganism (식) 중온미생물
mesophyte (식) 중생식물
mesoplankton 중형부유생물, 중형플랑크톤
mesoscale (식) 중규모
mesotherm (식) 중온층
mesotrophic (식) 중영양형의
mesotrophy (식) 중영양
mesozoan (식) 중생동물
mess bar (양) 발(그물의)
messenger (식)(어) 메신저
messenger line (어)(자) 메신저라인
metabiosis 이차생활조건
metabolic rate (식) 대사율
metabolism (식) 대사, 물질대사
metabolite (식)(양) 대사물질(산물)
metacenter 메타센터
metacercaria 메타세르카리아, 피낭유충
metagenesis 진정세대교번
metal fiber (어) 금속섬유
metal float (어) 금속뜸
metal pollution (어)(식) 금속오염
metallothionin 금속티오닌
metamorphic grade 변성도
metamorphism 변성작용
metamorphosis 변태
metanauplius 메타노플리우스
metanauplius stage 메타노플리우스기
metaphosphate (식) 메타인산염
metasoma 후체절
metasomatism (양) 교대작용
metasome 메타솜
metatrochophore 메타트로코포아
metazooplankton 후생부유동물
meteorological tide 기상조석
methanol (식)(양) 메탄올
methemoglobin (식) 메트헤모글로빈
methionine (식)(양) 메티오닌
method of finite difference 차분법
method of least square (식)(어) 최소자승법
methyl (식)(양) 메틸
methyl alcohol (식)(양) 메틸알코올, 메탄올
methyl group (식) 메틸기
methyl mercury (식) 메틸수은
methyl orange (식) 메틸오렌지
methyl red (식) 메틸레드
methylation (식) 메틸화
methylene (식) 메틸렌
methylene blue (식) 메틸렌블루
methylene group (식) 메틸렌기
metmyoglobin (식) 메트미오글로빈
Mg(magnesium) (식) 마그네슘
MIC(minimum inhibitory

concentration) (식) 최소억제농도
micro food web 미세생물먹이망
microaerophilic bacteria (식) 미호기성세균
microalgae (식) 미세조류
microbenthos 미세저서생물, 소형저서생물
microbial floc (식) 미생물응집체
microbial loop 미생물고리
microbial protein (식) 미생물단백질
microbiological quality (식) 미생물학적 품질
microcapsule (식) 마이크로캡슐
microecosystem (식)(양) 미소생태계
microelement trace element (식) 미량 원소
microencapsulation (식) 미세캡슐화
microencapsule (식) 미세캡슐
microfauna 미세동물상, 소형저서동물
microfilter (식) 마이크로필터
microflagellate (식) 소형편모류
microflora (식) 미생물상
micrometer (식) 마이크로미터
micromineral (식) 미량무기질
micronekton 소형유영동물
micronucleus (식) 소핵
microorganism (식) 미생물
microorganism flora (식) 미생물군
micropalaeontology 미고생물학, 미광성플랑크톤
microphagous 미생물섭식의
microphyte 미소식물
microplankton (식) 미세부유생물
microscopic (식) 극미의
microscopic diatom 소형규조류
microtome (식) 마이크로톰
microvillus 미세섬모
microwave (식) 마이크로파
microwave defroster (식) 고주파해동장치
microwave heating (식) 마이크로파 가열
microwave oven (식) 전자렌지
microwave sterilization (식) 마이크로파 살균
microwaveable container (식) 전자렌지용 용기
microwaveable food (식) 전자렌지식품
microwaveable packaging (식) 전자렌지용포장
microzooplankton (식) 소형동물플랑크톤
middle ear 중이
middle latitude (어)(항) 중위도
middle latitude sailing (어)(항) 중분위도항법
middle man (식) 중개(상)인, 중매인
midgut (식) 중장
midoceanic islands 해중도
midwater (식)(어)(자) 중층수
midwater current (식) 중층류
midwater gill net (어) 중층걸그물
midwater otter trawl (어) 중층오타트롤
midwater pair trawl (어)(자) 쌍끌이중층트롤 (양) 중층쌍끌이트롤망류
midwater temperature 중층수온
midwater trawl (어)(양) 중층트롤
migration (식)(어)(자) 회유
migration corridor (식)(어)(자) 회유통로
migration cycle (식)(어)(자) 회유사이클

migratory fish (식)(어)(자) 회귀성어류, 회유어
migratory nucleus stage 이동성핵상
migratory species with big catch (식) 다획성회유어
miiuy croaker (식) 민어
milk (식) 우유
milky ice (식) 백빙
miller sampler 밀러채집기
milt 어정
mimesis 의태
Minamata disease (식) 미나마타병
mince (식) 민스, 어갬
mineral (식) 무기질
mineral fiber (어) 광물섬유
mineralization (식) 광화작용, 무기질화
minimal area (식) 최소역
minimum current 최저속류
minimum detectable difference (식) 최소검출차이
minimum ebb 최소낙조
minimum flood 최소창조
minimum freight (식) 최저운임
minimum inhibitory concentration (MIC) (식) 최소억제농도, 최저저지농도
minimum tagging mortality 표지부최소사망률
minimum temperature (식) 최저온도
minimum value (식) 최소값
minimum water activity (식) 최저수분활성도
Ministrial Ordinance of Food Sanitation Act (식) 식품위생법시행규칙
Ministry of Food and Drug Safety (식) 식품의약품안전처
Ministry of Health and Welfare (식) 보건복지부
Ministry of Oceans and Fisheries (식) 해양수산부
minisub 소형잠수함
minnow netting (어) 여자그물감
minor constituents (식) 소량성분
minsed meat (식) 다진육
minute 극소의
miracidium 미라시듐
miscellaneous fishing gear (어) 잡어구
mite (식) 진드기
mitosis (식) 체세포분열
mitsukuri's marine (식)(양)(어)(자) 청새치
mixed culture (식) 혼합배양
mixed efforts model 혼합노력모형
mixed fiber rope (어) 혼연섬유로프
mixed gas (식) 혼합가스
mixed indicator (식) 혼합지시약
mixed netting twine (어) 혼연그물실
mixed tide 혼합조
mixed twine (어) 혼연사
mixed wire rope (어) 혼연강색
mixer (식) 믹스
mixing depth 혼합수심
mixing layer (어) 혼합층
mixing layer depth 혼합층심도
mixotroph 혼합영양자
mixotrophic 혼합영양의
mixture (식) 혼합물
mobile infaunal deposit fauna 동성내생퇴적물식자
mobile phase (식) 이동상
mode (식) 모드, 방식, 최빈값
mode of distribution (양) 분포양식
model (식)(어) 모형

model complexity (식) 모델복잡성
model experiment (어)(식) 모형실험
model fishing gear (어)(자) 모형어구
model test of fishing gear (어) 어구모형실험
modelling criteria (어) 모형화기준
moderate halophilic 중급호염성세균
modified atmosphere packaging (식) 기체조절포장
modified dry salting method (식) 개량마른건법
modified wet salting method (식) 개량물간법
modular 전형의
modulation coefficient 전형기술
modulus of elongation (식) 신장률
moist heat sterilization (식) 습열살균
moisture (식) 수분
moisture basis (식) 습중량 기준
moisture content (식) 수분함량
moisture desorption isotherm (식) 등온탈습곡선
moisture equilibrium (식) 수분평형
moisture proof (식) 방습
moisture proof package (식) 방습포장
moisture sorption isotherm (양) 등온흡습곡선, 등온흡착곡선
mold (양) 곰팡이
mold inhibitors (양) 항곰팡이제
mole (식) 몰
molecular arrangement (식) 분자배열
molecular biology (식) 분자생물학
molecular chain (식) 분자사슬
molecular diffusion (식) 분자적확산
molecular distillation (식) 분자증류
molecular formula (식) 분자식
molecular sieve 분자체
molecular structure (식) 분자구조
molecular weight (식) 분자량
mollusc (식)(양) 연체동물
molluscan (식) 연체동물의
molluscoidea (양) 의연체동물
mollusk (식)(양) 연체동물
moment of force 회전능률
monitor (식) 감시, 모니터
monitor program (양) 감시프로그램
monitoring (식) 모니터링
monitoring programs (식) 모니터 프로그램
monoclonal antibody 단클론항체
monococcus (식) 단구균
monoecious 암수한몸
monoenoic acid (식) 모노엔산
monofilament 단섬유 (어)(자) 단일섬유
monoglyceride (식) 모노글리세리드
monograph (식) 모노그래프
monolayer adsorption (식) 단분자층흡착
monomolecular (식) 단분자층
monophagous 단식성의
monoplacophora 단판류
monoplankton 단일플랑크톤
monosaccharide (식) 단당류
monosex culture 단성양식
monospore 단포자
monotype 단형
monounsaturated fatty acid (식) 단일불포화지방산
Monozoa (식) 모노조아
monsoon (식) 계절풍
monsoon current (식) 계절풍해류
month age 월령

monthly inequality 월조부등
monthly maximum temperature (식) 월최고온도
monthly mean sea level 월평균조위
monthly minimum temperature (식) 월최저온도
moon-phase spawning 월령산란
moorage (어)(항) 계류지점
mooring (어)(항) 계류 (양) 정박
mooring buoy (어)(항) 계선부표
mooring line (어)(항) 계선줄
mooring post (양)(어)(항) 계선주
Moran-Zippin Method (양) 모란-지펜 방법
morays 곰치과어류
morning calm 아침고요
morphogenesis 형태형성
morphologic vision 형태시각
morphology (식) 형태학
morphometry 형태측정학
mortality curve (식)(어)(자) 사망곡선
mortality rate (식) 사망률
morula stage 상실기
most effective angle of attack (어) 최대유효영각
most effective steering angle (어)(항) 최대유효타각
most optimum water temperature for catch (어) 어획최적수온
most probable number (MPN) (식) 최확수
most probable number method (식) 최확수법
most provable position (식) 최근사위치
mother cell (식) 모세포
mother of pearl 진주모
mother-river theory (자) 모천설
mother shell (식) 모패
mother-ship type fishery (어) 모선식 어업
motionless layer 무류층
motley stripe rainbowfish (식)(양)(어)(자) 놀래기
motor powered sailing vessel (어)(양) 기범선
motor ship (어) 기선
motor ventilation arrangement 기계 통풍장치
motorization of fishing boat (어) 어선 동력화
moulder (식) 성형기
moulding (식) 성형
moulting (양) 탈피
mounting bait 다는미끼
mouth (식) 입
mouth of bag net (어)(자)자루입구
mouthbreeder 구강부화어
movable fishing gear (어) 운용어구
moving average 이동평균
Mozambique tilapia (식)(양)(어)(자) 틸라피아
MPN(most probable number) (식) 최확수
mucilaginous substance (식)(양) 점액성물질
mucin (식)(양) 뮤신
mucopolysaccharide (식)(양) 뮤코다당류, 점질다당류
mucous (식)(양) 점액물질
mucous gland (식)(양) 점액선
mucous system 점액계

mud (식) 뻘 개흙(펄), 이토, 니
mud feeder 이식동물
mud flat 펄밭
muddy (식) 니질
mudfish 아미아, 이어
mudreef 이초
muktuk 식용고래껍질
multibeam 다중파
multicell (식) 다세포
multicellular glass (양) 거품유리
multidimensional niche 다차원적지위
multifilament yarn 복합섬유올
multilayer absorbed water (식) 다분자층흡착수
multilevel model (식) 다단모형
multilocular (양) 다실의
multilple causes of disease (양) 다발성병인
multimodel management 복합경영
multinomial distribution (식)(양)(어)(자) 다항분포
multinomial population (식)(양)(어)(자) 다항형모집단
multiple breeding 다회번식
multiple correlation (식)(양)(어)(자) 다중상관
multiple correlation coefficient (식) 다중상관계수
multiple discriminant analysis 다원판별분석
multiple echoes 다중반향파
multiple fission 다회분열
multiple pathogenesis 다발성병인
multiple point (식) 다중점
multiple range test (양) 다중표본검정
multiple recapture 다회재포
multiple reflection (식) 다중반사
multiple register 복합기록계
multiple regression analysis (식) 다중회귀분석
multiple release 다회방류
multiple spawning 다회산란
multiple tide staff 다중검조주
multipurpose fishing boat (어) 다목적어선
multisample test (식) 다중표본검정
multispecies (식) 다종
multispecies biomass dynamics model (식) 다종생체량역학모델
multispecies fishery (어) 다종어업
multispecies model (식) 다종모델
multistage cascade refrigerating cycle (양) 다원냉동사이클
multistage refrigeration (식) 다원냉동사이클
multivalve 다각의
murd crab (식)(양)(어)(자) 여섯갈래 민꽃게
murex (식)(양)(어)(자) 뿔소라
murex shell (양) 뿔소라 껍질
muscarine 무스카린
muscle band (식) 근육밴드
muscle bundle (식) 근다발
muscle contraction (식) 근수축
muscle disease (식) 근육병
muscle fiber (식) 근섬유 , 근육섬유
muscle pigment (식) 근육색소
muscle protein (식) 근육단백질
muscle stroma (식) 근기질
muscle tenderization (식) 근육연화
muscle tissue (식) 근육조직

muscles of lower limb (양) 다리근육
mushroom (식) 버섯
mushroomed flange (식) 머시룸플랜지
mustard (식) 겨자
mutagen (식) 돌연변이원(유발물질)
mutant (식) 돌연변이 균주
mutarotation (식) 변광회전
mutation (식) 돌연변이
mutual interference (식) 상호간섭
mutualism (식) 공생작용, 상리공생, 상리작용
mycelium 균사, 균사체
mycoplankton 부유균류
mycosis (식) 곰팡이병
Mycota 균계
mycotic granulomatosis 진균성육아종병
mycotoxicosis (식) 진균독증
mycotoxin (식) 곰팡이독 , 마이코톡신
myoalbumin (식) 미오알부민
myocardial infraction (식) 심근경색
myochrome (식) 근육색소
myocommata (식) 근격막
myofibrillar protein (식) 근원섬유단백질
myofibrils (식) 근원섬유
myogen (식) 미오겐
myoglobin (식) 미오글로빈
myopathy (양) 근육병
myosin (식) 미오신
myosin filament (식) 미오신 필라멘트
myotome (식) 근절
myriapod 다족류
mytilotoxin (식) 미틸로톡신

N

N (nitrogen) (식) 질소
N-terminal amino acid (식) 엔말단 아미노산
N-terminal residue (식) 엔말단 잔기
N-terminus (식) 엔말단
nacreous 진주층의
nacreous layer 진주층
nadir 천저
NADW(North Atlantic Deep Water) (어) 북대서양심층수
naked dinoflagellates 나상와편모조류
namari-bushi (식) 나마리부시
nanandrium (양) 극소형정자체
nanoplankton 미소부유생물, 미소플랑크톤
Nansen bottle 난센채수기
nares 비공
narrow channel (항) 협수로
nasal cavity (식) 비강
National Federation of Fisheries Cooperatives (식)(양)(어) 수산업협동조합중앙회
national health and nutrition survey (식) 국민건강영양조사
National Health Promotion Act (식) 국민건강증진법
national nutrition intake survey (식) 국민영양섭취조사
National Nutrition Management Act (식) 국민영양관리법
national nutrition survey (식) 국민영양조사
native species (식) 재래종, 토착종
natural additives (식) 천연첨가물
natural agar (식) 자연한천
natural antioxidant (식) 천연산화방지제, 천연항산화제
natural bait 천연미끼
natural casing (식) 천연케이싱
natural convection (식) 자연대류
natural drying (식) 자연건조
natural enemy (식)(어)(자) 천적
natural feed (식) 천연사료
natural fermentation (식) 자연발효
natural fiber (식) 천연섬유
natural fishery products (식) 자연산 수산물
natural flavoring (식) 천연향미료
natural flavoring substance (식) 천연착향료
natural food (식)(어) 자연산 식품
natural freezing (식) 자연냉동
natural gas (식) 천연가스
natural increase (식)(어)(자) 자연증가
natural increasing rate (식)(어)(자) 자연증가율
natural medium (식) 자연배지, 천연

배지
natural mortality (식)(어)(자) 자연사망
natural mortality coefficient (식)(어)(자) 자연사망계수
natural mortality rate (식) 자연사망률
natural oscillation (식) 고유진동
natural pearl (식) 천연진주
natural period 고유주기
natural pigment (식) 천연색소
natural product (식) 천연물
natural purification (식) 자연정화
natural reef 천연어초
natural resin (식) 천연수지
natural resources (식)(어)(자) 천연자원
natural seasoning (식) 천연조미료
natural seed collection 천연채묘
natural seeding (양) 천연채묘
natural selection 자연도태, 자연선택
natural spawning (양) 자연방란, 자연산란, 천연방란
natural spice (식) 천연 향신료
natural sweetener (식) 천연 감미료
naturalizing reaction (식) 중화반응
naturally breeding fish 천연친어
nauplius 나우플리우스
nauplius larvae 노플리우스유생
nautical distance (어)(항) 항정
nautical mile (어) 해리
nautical publications (어)(항) 수로서지
nautical speed (어)(항) 항해속력
nautical tables (어)(항) 항해표
naval base 해군기지
naval port 군항
navalism 대해군주의
navigable semicircle (어)(항) 가항반원
navigation (어)(항) 항해
navigation area (어)(항) 항행구역
navigation chart (어)(항) 항해용해도
navigation light (어)(항) 항해등
navigation log book 항해일지
navigation marks (식)(항) 항로표지
navigation plan (어)(항) 항해계획
navigation warning (어)(항) 항행경보
navigational equipment (어)(항) 항해계기
navigational message (어)(항) 항행통보
navigator (어)(항) 항해사
neap range 소조차
neap tidal currents 소조류
neap tide 소조, 조금
near infrared (식) 근적외선
near infrared spectrophotometer (식) 근적외선분광광도계
near infrared spectroscopy (식) 근적외선분광법
nearshore (식) 연안의, 해변의, 연안 지대의
neck 경부
necrobiosis (식) 변성괴사
necrophagous 사체식성의
nectonic benthos 유영성저서생물
nectophore 유영종
needle fish (양) 동갈치
negative-binomial distribution (식) 음이항분포
negative buoyance 음성부력
negative charge (식) 음전하
negative correlation (식)(양)(어)(자) 역상관관계, 음상관관계
negative pressure response 부압반응
negative sign (식) 음부호
negative taxis 음성주성

nekton (식)(어) 유영동물
nektonic (식)(어) 유영성
nematoblast (양) 자세포
nematocyst 가시세포
nematocysts (양) 자포
nematod (양) 선충
nematoda (양) 선형동물
nematogen (양) 무성충
nemerteans (양) 유형동물
neotype 신기준표본
nephridium 신관
nephrocytomegaly 신세포비대
neritic (식)(양)(어)(자) 연안성
neritic migratory fish 연안성 회유어
neritic plankton (양) 연안성부유생물, 연안성플랑크톤, 연안플랑크톤
neritic region (양) 천해역
neritic sediment 연안평행류
nersery net 종망
nerve system (식)(양) 신경계
net (식)(양)(어)(자) 그물
net biological growth 순생물학적성장
net cage (양)(어) 가두리, 그물가두리
net cage culture (양) 그물가두리식양식
net coefficient (어) 어망계수
net collection (자) 네트채집
net depth (양)(어) 그물깊이(그물폭)
net depth meter (어) 망심계
net depth recorder (어) 그물깊이측정장치
net draw-in hook (어) 그물인입용훅
net dyeing (어) 그물염색
net fish trap (양)(어) 그물통발
net fishery (양)(어) 그물어업
net fishing gear (어)(자) 그물어구
net flux (어) 순유동
net growth efficiency (양) 순성장효율
net haul-up hook (어) 양망훅
net hauler (어)(자) 양망기
net hauling (어) 양망
net hauling hook (어)(자) 양용훅
net hauling rolloer (어) 양망롤러
net height (어)(자) 망고, 망높이
net hold (어) 그물칸
net lacing rope (어) 그물결박용로우프
net mouth (어) 망구, 망입구
net plan (어) 그물감배치도
net plankton 네트플랑크톤
net pendant (어) 그물목줄, 삼봉줄(권현망)
net primary production 순일차생산량
net production (식) 순생산
net productivity (식) 순생산력
net protein utilization 순단백질이용
net recorder (어) 네트레코더
net reproductive rate 순증식률
net screen 그물발
net snell (양) 그물목줄
net solar radiation 순태양복사
net sonde (어) 네트존데
net tonnage (어)(항) 순톤수
net transport roller (어) 그물이송롤러
net weight (식) 내용(중)량
net width (어) 그물폭
netplankton 망부유생물
netting (어) 망지, 편망
netting boat (양) 그물배
netting machine (어) 편망기
netting needle (어) 바늘대
netting pot (어) 그물통발

netting twine (어) 그물실
netting wall 그물담
network agar 그물꼴한천
neural system (식) 신경계
neurotoxic shellfish (식) 신경독성패류
neurotoxin shellfish poisoning (NSP) (식) 신경독성패류중독
neuston (식) 수면생물, 수표생물
neuston egg (식) 표층란
neustonic plankton (식) 수표성플랑크톤
neutral (식)(양) 중성의
neutral amino acid (식)(양) 중성아미노산
neutral buoyancy 중성부력
neutral detergent (식) 중성세제
neutral equilibrium 중립평형
neutral lipid (식)(양) 중성지질
neutral protease (식) 중성단백질가수분해효소
neutral salt (식)(양) 중성염
neutral shoreline 중성해안
neutral spore (식) 중성포자
neutral zone (식) 중성영역
neutrality (식)(양) 중성
neutralization (식)(양) 중화
neutralization curve (식)(양) 중화곡선
neutralization titration (식) 중화적정
neutralizing agent (neutralizer) (식) 중화제
new construction 신조
new moon (어) 삭
niacin (식)(양) 나이아신
nidamental (식)(양) 난소의
nidamentalgland (식)(양) 난포선
night blindness (식) 야맹증
night fishing (어) 야간조업
night order book (어) 야간지시록
ninhydrin reaction (식)(양) 닌하이드린 반응
nipping 눈따기
nitrate (식) 질산염
nitrate ion (식) 질산염이온
nitrate nitrogen (식) 질산염질소
nitrate silver (식) 질산은
nitration (식) 니트로화
nitric acid (식)(양) 질산
nitrification (식)(양) 질소화, 질화작용
nitrifying bacteria (식)(양) 질화세균
nitrite (식) 아질산염
nitrogen (N) (식) 질소
nitrogen budget (식) 질소수지
nitrogen (N)-containing extrachives 함질소엑스분
nitrogen cycle (식) 질소순환
nitrogen fixation (식)(양) 질소고정
nitrogen fixing bacteria (식)(양) 질소고정박테리아
nitrogen gas flush packaging (식) 질소가스포장
nitrogen monoxide (식) 일산화질소
nitrogen narcosis 질소중독
nitrous (식) 아질산의
NLL (Northern Limit Line) (어) 북방한계선
NMR (Nuclear Magnetic Resonance) (식) 핵자기공명
no-bottom sounding 노보텀사운딩
nocardiosis 노카르디아병
noctiluca (양)(어) 야광충
nocturnal animal (양)(어) 야행동물
nocturnal fish (양)(어) 야행성어종

nodal line (양)(자) 마디선
nodal point (양)(자) 마디점
node (양)(자) 마디, 매듭
node factor (양)(자) 마디인자
noise (식) 소음, 잡피크
noise figure 잡음율
noise level 잡음수준
noload 무부하
nomenclature (양)(자) 명명법
nominal freezing time (식) 공칭동결시간
nominal freezing velocity (양) 공칭동결속도
nominal scale 표준척도
non-capitalistic fishery (어) 비자본가적어업
non-centrality 비구심성
non-condensable gas separator (식) 불응축가스분리기
non-conservative constituent 비보전성성분
non-continuous processing (식) 비연속식제조방법
non-continuous type (식) 회분식
non-destructive test (식) 비파괴시험
non-divergence (식) 비발산
non-dried oil (식) 불건성유
non-enzymatic browning (식) 비효소적갈변
non-essential amino acid (식) 비필수아미노산
non-floating egg 침하란
non-harmonic constant (양) 비조화상수
non-heme iron (식) 비헴철
non-linear (식) 비선형
non-linear analysis (식) 비선형분석
non-living resources (자) 비생물자원
non-marked fish (자) 비표지어
non-metameristic character 비체절형질
non-pelagic development 비부유발생
non-point pollution source (식) 비점오염원
non-polar (식)(양) 비극성
non-polar bond (식)(양) 비극성 결합
non-polar lipid (식)(양) 비극성지질
non-polar solvent (식)(양) 비극성 용매
non-protein nitrogen (식) 비단백질소
non-protein nitrogenous compound (식) 비단백질소화합물
non-reducing sugar (식) 비환원당
non-renewable resources 비재생산자원
non-selective deposit feeder 비선택성퇴적물식자
non-standard propagation (양) 전파이상
non-tidal current (어)(자) 비조류
normal (식) 노르말
normal approximation 정규근사화
normal concentration (식) 노르말 농도
normal distribution (식)(어)(자) 정규분포, 정상분산
normal distribution curve (식)(어)(자) 정규분포곡선
normal output (식)(어) 상용출력
normal population (식)(양)(어)(자) 정규모집단
normal value (식) 정상치
normal water 정상해수

normality normal concentration (식) 규정농도
normalization (식) 규격화
North Korea Cold Current (어) 북한한류
north latitude (어)(자) 북위
North Pacific Fishery (어) 북태평양어업
North Pacific giant octopus (식)(양)(어)(자) 문어
northern bluefin tuna (식)(양)(어)(자) 백다랑어
northern form 북방형
northern hemisphere 북반구
Northern Sea fishing ground 북해어장
northern shrimps 북쪽분홍새우
northern snakehead (식) 가물치
northward migration (어)(자) 북상회유
nostril 비공
notice to mariner (양) 항행통보
notochord 척색
notochordates 척색동물
nozzle type gas flush packaging machine (식) 노즐가스충전포장기
NSP (neurotoxic shellfish poisoning) (식) 신경독성패류중독
nuclear magnetic resonance (NMR) (식) 핵자기공명
nuclear magnetic resonance spectroscopy (NHR) (식) 핵자기공명분광법
nucleation (식)(양) 핵형성
nucleic acid (식)(양) 핵산
nucleoproteins (식)(양) 핵단백질
nucleoside (식)(양) 뉴클레오사이드
nucleotide (식)(양) 뉴클레오티드
nucleus (식)(양) 핵
nuclide (식)(양) 핵종
null hypothesis 귀무가설
number of eggs (number of eggs laid) (식)(양) 산란수
number of fishing days (어) 출어일수
number of radial rib 방사늑수
number of recruitment (어)(자) 가입량
numerical calculation (식)(어)(자) 수치계산
numerical model (식)(어)(자) 수치모델
numerical simulation (식)(어)(자) 수치시뮬레이션
numerical taxonomy 수량분류학, 수리분류학
nuptial color 교미색
nuptial coloration (어) 혼인색
nursery (양) 양어장
nursery care (양) 보육
nursery ground (양) 유생사육장, 육성수면, 육종장
nursery pond (양) 원지
nusselt number 너살트수
nutation 장동
nutmeg (식) 육두구
nutrient (식) 영양소
nutrient agar medium (식)(양) 영양한천배지
nutrient broth (식)(양) 영양배지
nutrient cycling (식)(양) 영양염순환
nutrient enriched food (nutrient fortified food) (식) (영양)강화식품
nutrient salts (식)(양) 영양염류
nutrients (식)(양) 영양염류
nutrition (식) 영양
nutrition care (식) 영양관리

nutrition status (식) 영양상태
nutritional deficiency (식) 영양결핍
nutritional supplement (식) 영양보충
nutritional unbalance (식) 영양불균형
nutritional value labeling (식) 영양값 표시
nyctipelagic 해수면야행성
nyktiplankton 야행성플랑크톤
nylon (식)(어) 나일론
nylon net (어) 나일론그물

O

oak (식) 참나무과 나무
oar (어) 노
o-bushi (식) 오부시
OB (otter board) (어) 전개판
obesity (식) 비만, 비대
obligate aerobic bacteria (식)(양) 편성호기성세균
obligate anaerobic bacteria (식)(양) 편성혐기성세균
obligate psychrophile (식)(양) 편성저온성세균
obligate psychrophilic bacteria (식)(양) 편성호냉세균
obligatory parasitism(oblique haul) (식)(양) 완전기생
oblique haul (oblique tow) (양) 경사예인
obliquely striated muscle 사문근
observation (식)(어)(자) 관측
observation seaplane (어)(자) 해상관측기
observational data (어)(자) 관측자료
observational day (어)(자) 관측일
observational error (어)(자) 관측오차
observational network (어)(자) 관측망
observatioanl station (양)(어)(자) 관측점
observatory 관측소
observatory-remote 원격관측소
observed altitude (어) 관측고도
observed frequency (어) 관측빈도
observed layer 관측층
observed position (어) 실측위치
occasional survey (식) 임시검사
occulting light 명암등
occupation (식) 점유, 점령, 거주
ocean (양)(어) 대양, 해양
ocean-atmosphere interaction 해양대기교환작용
ocean basin 대양분지
ocean basin floor (식) 심해저
ocean current (식)(어) 해류
ocean depths 대양수심
ocean engineering (어) 해양공학
ocean floor 대양저
ocean floor ridge (양) 대양저산맥
ocean front 임해지, 해양전선
ocean going area (어) 원양구역
ocean going ship (어) 원양선
ocean-going vessel (어)(항) 외항선
ocean industry (식)(어) 해양산업
ocean route (어)(항) 원양항로
ocean sunish (식)(양)(어)(자) 개복치
ocean type (양) 해양성
oceanic (어)(항) 대양의, 외양성, 해양성, 해양의
oceanic abyss 심해역
oceanic front (양)(어) 해양전선
oceanic hemisphere 수반구

oceanic plankton 외양성부유생물, 외양플랑크톤
oceanic province (어)(자) 대양역
oceanic research (어)(자) 해양연구
oceanic rise (어)(자) 대양저산맥
oceanic species (어)(자) 외양종
oceanic water (어)(자) 외양수
oceanic water mass (어)(자) 외양수괴
oceanicity 해양도
oceanodromous migration (어)(자) 해양회유
oceanographer (어)(자) 해양학자
oceanographic (어)(자) 해양학상의
oceanographic analysis (어)(자) 해양학적분석
oceanographic equipment (어)(자) 해양연구장비
oceanographic expedition (어)(자) 해양탐험
oceanographic forecasting (어)(자) 해양학적예보
oceanographic institute (어) 해양연구소
oceanographic investigation (어)(자) 해양조사
oceanographic model (어)(자) 해양학적 모델
oceanographic station (어)(자) 해양관측점
oceanographic vessel (어)(자) 해양연구조사선
oceanography (어) 해양학
oceanus 대양의 신
ocellate puffer (식) 자주복
ocellated 단안의
ocellus (양)(자) 홑눈
octopod (양)(자) 완류동물
octopus pot (어) 문어단지
odor (식)(어) 냄새
odor concentration (식) 냄새농도
odor intensity (식) 냄새강도
odor threshold (식) 냄새역치
odorant (식) 취기제
OEM (original equipment manufacturing) (식) 주문자상표부착
oesophagus (식) 식도
off-flavor (식) 변패취
off-flavored fish (식) 이취어
off odor (식) 이취
off-rigor (식)(어) 해경
off taste (식) 이미
offal fish (먹지못해도) 작은생선
offensive odor (식) 악취
officer (어)(항) 항해사
offshore (식)(어) 근해
offshore algae (식) 근해성조류
offshore currents 이안류
offshore drift gill net fishery (어)(자) 근해유자망어업
offshore fishery (어) 근해어업
offshore jigging fishery (어)(자) 근해채낚이어업
offshore lone line fishery (어) 근해연승어업
offshore migration (어)(자) 근해성회유
offshore migratory fish (어)(자) 근해성회유어류
offshore purse seine fishery (어) 근해선망어업
offshore stick-held dip net fishery (어) 근해봉수망어업
offshore stow net fishery (어) 근해안

강망어업
offshore trawl fishery (어) 근해트롤어업
offshore water 외해수
offshore whaling fishery (어)(자) 근해포경업
offshore zone 외해역
oil and fat (식) 유지
oil cloth (식)(어) 유포
oil discoloration (양) 기름변색, 기름중탕기
oil extraction (양) 채유
oil extraction method (식) 채유법
oil fence (식)(어) 오일펜스
oil film (식) 기름막
oil foaming (식) 오일포밍
oil paint (식) 유성도료
oil pollution (식)(어) 유류오염
oil resistance (식) 내유성
oil separator (식) 기름분리기(유분리기)
oil slick 유막
oil spill (어) 기름유출
oil-tanker (항)(양) 유조선
oil tanning 기름유제법
oilgosaccharide (식)(양) 올리고당
oily fish meal (식) 다지어분
OL%(over lap percentage) of seaming hook (식) 밀봉훅중합부길이
OL(over lap) (식) 오버랩
oleic acid (식)(양) 올레인산
oleoresin (식) 올레오레진
oleoresinous coatings (식) 유성수지도료
olfactory animal (어) 후각동물
olfactory bulb 후구
olfactory lobe 후엽
olfactory organ (어) 후각기관
olfactory pigment 후상피색소
olfactory sensation (어) 후각
oligohaline 빈염성
oligopeptide (식) 올리고펩티드
oligophagous animal 소식성동물
oligotrophic (양) 빈영양의
oligotrophic bacteria (양) 빈영양세균
oligotrophic plankton 빈영양성플랑크톤
oligotrophy 빈영양
olive oil (식) 올리브유
oliver flounder (식)(양)(어) 광어, 넙치
omega-3 fatty acid (식)(양) 오메가-3 지방산
omega-6 fatty acid (식)(양) 오메가-6 지방산
omission test (식) 오미션테스트
ommochrome (식)(양) 옴모크롬
Omnia cap bottle (식) 옴니아캡병
omnidirection 전방향성
omnivore 잡식동물, 잡식자
omnivority (양) 다식성
omnivorous (식)(양) 잡식성의
omnivorous fish (식)(양) 잡식성어류
one-boat midwater trawl (어) 외끌이중층트롤
one boat purse seine (어)(자) 외두리건착망
one side pound net (어) 편낙망
onion (식) 양파
onset of first feeding 섭이시작시점
onshore current (어) 향안류
onshore migration (어) 근해회유
ontogenetic migration (어) 개체발생적이동

ontogenetic vertical migration (어) 발생관련수직회유
ontogeny (양) 개체발생
onychophora (양) 유조류
ooblast 연락사
oogamy (양) 난생식
oogenesis (어) 난자형성과정
oogonium (어) 난원세포, 생란기
oogonium state (어) 난원세포상태
ooplasm (어) 난세포질
oostegite (양) 복란엽
ooze (어) 연니
oozooid 난생개체
opaque zone 불투명대
open culture system (양) 개방식양성
open curve 전개곡선
open loop system 열린루프시스템
open population 개장개체군
open port 개방항
open sea (식)(어)(자) 외해
opening angle (어) 개방각
operating expenses (어)(항) 운항비
operating model (식) 작용모델
operation (어)(항) 운항 (식) 작동
operation center 관리중심
operational amplifier (어) 연산증폭기
operational environment 작용성환경
operational prediction 업무예보
opercular bone (자) 새개골
operculum (자) 아가미덮개
ophiopluteus (자) 오피오플루테우스유생
opportunistic species 기회주의적생물
opposition 충
optic animal 시각동물
optic lobe 시엽
optic nerve (식)(양) 시신경
optic organ (식)(어) 시각기관
optical disorientation 현혹
optical rotatory (식) 광회전성
optical rotatory power (양) 광회전성
optimal allocation (식) 적정할당
optimal control theory (식) 적정조절이론
optimal environment (양)(어)(자) 최적환경
optimal irradiance (양)(어)(자) 최적광도
optimal reaction condition (식) 최적반응조건
optimal sample size (식) 적정표본크기
optimization (식)(어) 최적화
optimization method (식) 적정화방법
optimum catch (어)(자) 적정어획
optimum catch curve 적정어획곡선
optimum catch intensity (어)(자) 적정어획강도
optimum catch rate (어)(자) 적정어획율
optimum exploitable rate 적정개발율
optimum fishing effort (어)(자) 적정어획노력
optimum fishing intensity (어)(자) 적정어획강도
optimum growth period (식) 최적 생육기간
optimum growth rate (식)(양)(어) 최적성장률
optimum growth temeprature (식) 최적생장온도
optimum humidity (식) 최적 습도
optimum mesh (어) 적정그물코

optimum pH (식) 최적 pH
optimum plant size (식) 최적 생산 규모
optimum production (식) 최적생산
optimum ratio (식) 최적 비율
optimum recruitment length (어)(자) 적정가입체장
optimum recruitment size (어)(자) 적정가입크기
optimum salinity (식)(양) 최적염도
optimum sensitivity (식)(양) 최적감도
optimum setting (식)(양) 최적 설정
optimum temperature (식)(어) 최적온도
optimum temperature for growth (식)(양) 생장최적온도
optimum temperature layer (어) 최적수온대
optimum temperature range (식)(양) 최적온도대
optimum water temperature for catch (어) 어획적수온
optimum yield (식) 최적 수율
oral administration (식)(양) 경구투여
oral disc (양) 구반
oral infections (식) 경구전염병
oral toxin (식) 경구독소
orange meat (식) 오렌지 미트
orbit (식) 궤도, 안와
orbit circle 궤도원
orbital components (식) 궤도성분
orbit satellitic (양) 위성궤도
orbiting solar observatory 태양관측궤도위성
order (식)(양)(어)(자) 차례, 목
order control 순서제어
order of reaction (식) 반응차수
ordinary lay rope (어) 보통꼬임밧줄
ordinary muscle (식) 보통육
ordinary twisted rope (어)(자) 보통꼬임밧줄
organ (식)(양)(자) 장기
organic acid (식) 유기산
organic brine (식) 유기브라인
organic complex 유기착물
organic compound (식) 유기화합물
organic detritus 유기질쇄설물
organic film 유기질막
organic ligands 유기리간드
organic macro-molecule 거대유기분자
organic material (식)(양) 유기물(질)
organic mercury (식)(양) 유기수은
organic phosphate (식) 유기인(제)
organic production 유기물생산
organic solvent (식)(양) 유기용매
organism (식)(양)(어)(자) 생물체
organochlorine (식)(양) 유기염소제
organochlorine compound (식)(양) 유기염소 화합물
organoleptic test (식)(양)(어)(자) 관능검사
organ-pipe coral 관산호
orient hard clam (식) 백합
orientation 정위
origin (식)(양) 기원
origin mark (식)(양) 원산지표시
original eqipment manufacturing (OEM) (식) 주문자상표부착생산
orthogonal system 직교계
orthogonality 직교성
oscillation (식) 동요

oscillation motion (식) 승강운동
oscillator (식) 발진기
osculum 대공
osmoconformer 삼투순응형동물
osmometer (식) 삼투계
osmophilic bacteria (식) 내압세균
osmophilic microorganism (식) 내삼투압성미생물
osmophilic mold (식) 내삼투압성곰팡이
osmophilic yeast (식) 내삼투압성효모
osmoregulation (식)(어) 삼투조절
osmoregulator (어) 삼투조절형동물
osmoregulatory migration (양)(어)(자) 삼투압조절회유
osmosis (식)(양) 삼투현상
osmotaxis (양) 삼투주성
osmotic action (식)(어) 삼투작용
osmotic dehydration (식)(양) 삼투탈수
osmotic effect (식)(양) 삼투효과
osmotic pressure (식)(양) 삼투압
ossicle 소골
osteocalcin (식) 오스테오칼신
ostium 소공
ostracoda 개형류
otolith (식) 이석
otter board (어) 전개판
otter pendant (어) 꼬릿줄(고릿줄), 오터팬턴트
otter trawl (어) 오터트롤
out fitting 의장공사
outbreak (양) 대발생
outburst (식) 대발생
outdoor seeding 야외채묘
outer net (어) 외망
outflow (식) 유출
outflow boundary 유출경계
outflow spiral 유출나선
outline survey (식) 개요조사
output (식)(어) 출력
outside plate (식) 외판
oval can (식) 타원관
ovary (식)(양) 난소
ovary egg (양) 난소란
over-hanging (양) 돌출부
over investment 과투자
over ripening phenomena (식) 과숙현상
over saturation (식) 과포화
over sea purse seine fishery (어)(자) 해외선망어업
over seas fishery (어)(자) 해외어업
overfishing (식)(어)(자) 남획
overfishing state (식)(어)(자) 남획상태
overhead position 위보기자세
overheated steam (식) 과열증기
overlap (OL) (식) 오버랩, 중복
overlap length of seaming hook (식) 밀봉훅 중합부 길이
overlap percentage (OL %) of seaming hook (식) 밀봉훅 중합률
overload (어)(식) 과부하
overlying strata 피복층
overpopulation (식) 과밀군집
overripe egg (양) 과숙란
overseas fishery (어) 해외어업
overtaking ship (어)(항) 추월선
overtide (어) 과조
ovicell (양) 난실, 알방
oviduct (식)(양) 난관
oviform (식)(양) 난형의
oviger (양) 부란각

oviparity (식)(양) 난생
oviparity form (양) 난생형
oviparous (양) 난생의
oviparous oyster 난생형굴
ovipositor (양) 산란관
ovisac (식) 난포, 여포, 알주머니, 난낭
ovoplasm 난질
ovotestis 난정소
ovoviviparity (식) 난태생
ovoviviparous (식) 난태생의
ovulation (식) 배란
ovum (식) 알
own company 자사
oxalic acid (식)(양) 옥살산
oxidant (식)(양) 산화제
oxidation (식)(양) 산화
oxidation reaction (식)(양) 산화반응
oxidation reduction reaction (식)(양) 산화환원반응
oxidation-reduction enzyme (식)(양) 산화환원효소
oxidative browning (식)(양) 산화갈변
oxidative stability (식)(양) 산화안정성
oxide (식)(양) 산화물
oxidized oils (식) 산화유
oxidizing environment (식) 산화환경
oxy-myoglobin (식) 옥시 미오글로빈
oxygen (O) (식)(양)(어)(자) 산소
oxygen absorbent (식)(양) 산소흡수제
oxygen consumption amount (양) 산소소비량
oxygen consumption depth (양) 산소보상심도
oxygen demand (식)(양) 산소요구량
oxygen depletion 산소결핍
oxygen generator (식)(양) 산소발생기
oxygen minimum layer 최저산소층
oxygen scavenger (어) 탈산소제
oxygen toxicity 산소독성
Oyashio Current 오야시오해류
oyster (식) 굴
oyster crab 굴속살이
oyster culture (식) 굴양식
oyster farm (식)(양) 굴양식장
oyster hanging culture farm 굴수하식양식장
oyster sauce (식) 굴소스
oyster shell (식) 굴껍질

P

P(phosphorus) (식) 인
P/B ratio 생물량/생산량비
Pacific capelin (식)(양)(어)(자) 열빙어
Pacific cutlassfish (식)(양)(어)(자) 갈치
Pacific giant octopus (식) 문어
Pacific herring (식)(양)(어)(자) 청어
Pacific herring bone (식) 청어뼈
Pacific herring roe (식) 청어난, 청어알
Pacific oyster (식) 참굴
Pacific sailfin (식)(양)(어)(자) 돛새치
Pacific sand lance (식)(양)(어)(자) 까나리
Pacific saury (식)(양)(어)(자) 꽁치
Pacific yellowfin tuna (식)(양)(어)(자) 황다랑어
pack (식) 팩
pack date (식) 포장날자
package (식) 포장
packaged food (식) 포장식품
packaging film (식) 포장필름
packaging machine (식) 포장기
packaging material (식) 포장재료
packaging paper (식) 포장종이
packed column (식) 충전칼럼
packed surimi gel (식) 포장어묵
packer (식) 통조림제조업자, (식) 포장업자
packing density 패킹밀도
paddle (식) 패들
paddle agitator (식) 패들교반기
paired comparison (식)(양)(어)(자) 대비교법
paired fins (양) 겹지느러미
Pakinson's disease (식) 파킨슨병
paleocean 고해양
paleocurrent 고해류
paleoenvironment 고환경
paleomagnetism 고자기
paleontology 고생물학
paleooceanography 고해양학
palm oil (식) 팜유
palmately 물갈퀴 있는
palmitic acid (식)(양) 팔미트산
palmitoleic acid (식)(양) 팔미톨레산
palpon 감촉체
paludal 늪지대의
pan (식) 팬
pan-dressed (식) 팬드레스드
pancreas (식) 췌장
pancreas juice (식) 췌액
pancreatin (식) 판크레아틴
panel (식) 패널
panel test (식) 관능검사
panelled can (식) 수축변형관, (식) 페널캔, (식) 페널드관
panelling (식) 수축변형의
panning (식) 팬닝
panteplankton (양) 호광성플랑크톤
pantothenic acid (식)(양) 판토텐산

papain (식)(양) 파파인
paper chromatography (식) 페이퍼크로마토그래피, (식) 종이크로마토그래피
papillary layer 유두층
papula 작은융기
parabola (자) 포물선
parachute signal 낙하산신호
paraffin (식)(양) 파라핀
paragnath 작은이빨
parallax 시차
parallax of the motion 시차운동
parallel benthic community 평행저서생물군집
parallel community (식) 평형군집
parallel current system (식) 평행류계
parallel evolution 평행진화
parallel of latitude (어)(항) 거등권
parallel sailing (어)(항) 거등권항법
parallel sailing route (어)(항) 거등권항로
parallel test 평행성검정
paralytic shellfish poisoning (PSP) (식) 마비성패류중독
parameter (식)(양)(어)(자) 매개변수
parapodium 옆다리
parasite (식)(양) 기생충 (양) 기생생물
parasite hazards (식)(양) 기생충해
parasitic disease (식)(양) 기생성질병
parasitic food chain (식) 기생먹이사슬
parasitic life (식) 기생생활
parasitic nutrition (양) 기생성영양
parasitic organism (양) 기생생물
parasitic rate (양) 기생율
parasitism (양) 기생생활
parasitoid 포식기생자
parasitology 기생충학
paratype 부모식표본
parchment paper (식) 황산지
parenchymatous form 유조직형
parenchymula (양) 해면류유생
parent fish (식) 친어
parent shellfish (양) 모패
parent-stream theory (자) 모천설
parental stock (양) 산란친어량
parental stock of anadromous fish (어)(자) 소상친어량
Parkinson's syndrome (식) 파킨슨증후군
part-time fisherman (식)(어) 겸업어민
part-time fishery household (식)(어) 겸업어가
part-time fishery management (식)(어) 겸업어가경영
parthenogenesis (양) 단성생식, 단위생식, 처녀생식
partial freezing (식)(양) 부분동결
partial pressure (식) 부분압력
partial synchrony 부분적동시성
particle (식) 입자
particle counter (식) 입자계수기
particle density (식) 입자밀도
particle size (식) 입자크기
particle velocity 입자속도
particulars of ship 선박요목
particulate matter 입자성물질
partition coefficient (식) 분배계수
parts per million (PPM) (식) 피피엠
passage (식) 통로
passaged culture (식)(양) 계대배양
passenger list (항) 여객명부
passive adaptive management 수동

적응관리
passive fishing gear (어)(자) 수동어구
passive fishing method (어) 소극적어법, 수동적어법
passive sampling gear 수동적채집어구
paste (식) 페이스트
pasteuried foods (식) 저온살균식품
pasteurization (식) 저온살균, 저온살균법
pasteurizer (식) 저온살균기
patch distribution 패치분포
patch reef 고립산호초
patchiness 무리짓기
path (식)(어) 경로, 유적
pathogen (식) 병원균
pathogenic bacteria (식) 병원성박테리아
pathogenic coli (식) 병원성대장균
pathogenic microorganism (식) 병원성 미생물
pathogenicity (식) 병원성
patient (식) 환자
patrol boat (어) 순시선
patrolling inspection (어) 순회검사
pattern (식)(양)(어)(자) 패턴, 추세
patty (식) 패티
Pb (lead) (식)(양) 납
PCB (polychlorinated biphenyl) (식) 폴리염화비닐
peak rate (양) 순간최대속도
pearl (식) 진주
pearl culture 진주양식
pearl farm (양) 진주양식장
pearl fishing 진주채취업
pearl mark (양) 추성
pearl oyster (식) 진주조개
pearl shell (식) 진주패
pecten 빗모양 돌기
pectenotoxin 가리비조개독
pectic acid (식) 펙트산
pectic substance (식) 펙틴질
pectin (식) 펙틴
pectoral (양) 흉대
pectoral fin (식)(양)(어)(자) 가슴지느러미
pectoral girdle (양)(어)(자) 흉대, 흉부의
pedal muscles (식) 다리근육
pedal protractor (식) 신족근
pedal retractor (식) 수족근
pedicle 각, 병절, 육경
pedigree 계통
peduncle 꽃자루, 병부
peeler (식) 박피기
pelagic (식)(어)(자) 표영성 (식) 원양성
pelagic bottom trawl fishery (어) 원양기선저인망어업
pelagic division 표영구
pelagic drag net (어) 표층끌그물
pelagic ecosystem (식) 표영생태계
pelagic egg (식) 부성란, 부유란
pelagic environment (식) 표영환경
pelagic fish (식)(어)(자) 표층어, 뜬고기 (식) 부어, (식) 원양어류
pelagic fishery (어)(자) 부어어업 (식) 원양어업
pelagic gill net (어) 표층걸그물
pelagic migratory fish (식)(어)(자) 원양성회유어류
pelagic spawner (식) 수층산란어
pelagic thresher shark (식)(양)(어)(자) 환도상어
pelagos 표영생물

pellet (식) 고형사료 (양) 펠렛사료
pellicle 외피
peltier effect (식) 펠티에 효과
pendant 연결색
penetration (식) 침투
penicillin (식) 페니실린
Penicillium (식) 푸른곰팡이속
peninsula 반도
pennate diatom (양) 우상규조류
pentanoic acid (식) 펜탄산
pentose (식)(양) 펜토스
pepper (식) 후추
pepsin (식)(양) 펩신
pepsin digeation (식) 펩신 소화
pepsinogen (식)(양) 펩시노겐
peptidase (식)(양) 펩티다제
peptide (식)(양) 펩티드
peptide bond (식)(양) 펩티드결합
pepton (식)(양) 펩톤
per mil (식)(양)(어)(자) 천분율
percent (percentage) (식)(양)(어)(자) 백분율, 퍼센트
percent concentration (식)(양)(어)(자) 퍼센트 농도
perch 꺽지류
percolation rate 삼투율
percussion rod for can (식) 타검봉
pereion 가슴(갑각류)
pereiopod (양) 흉지
perennial 다년생의
perennial algae 다년생조류
perfect correlation (식)(양)(어)(자) 완전상관
perfect gas (식)(양)(어)(자) 완전기체
perfect information 완전정보
perforate 천공성
performance of net (어)(자) 그물형상
performance standard (식)(양)(어)(자) 실행표준
perfume (식)(양)(어)(자) 방향
peridinians 황적조류
perigean tides 근지점조석
perigee 근지점
perihelion 근일점
period (식)(양)(어)(자) 기간
period of cycle (식)(양)(어)(자) 순환주기
period of motion (식)(양) 진동주기
periodic harvest policy (식) 주기적수확정책
periodic harvesting (양)(어)(자) 주기적수확
periodic plankton (양)(어)(자) 주기성부유생물
periodic regression (양)(어)(자) 주기적회귀
perion 흉각
periostracum 각피
periphery 가장자리, 말초
periphytic bacteria (식)(양) 부착성세균
periphyton (양) 부착생물
periproct 위부
periscope depth range (어) 잠망경수심거리
perishable (식) 썩기쉬운
peristome 위구부
peristomium (어)(자) 입마디
peritoneum (어)(자) 복막
perliminary design (양) 기본설계
permanent circulation 영구순환
permanent current (양) 항류
permanent elongation (식)(어) 영구신장도

permanent thermocline (양) 영구수온약층
permanent wind 항풍
permeability (식) 투과성, 투수성
permeability coefficient (식) 투과계수
permeable membrane (식) 투과막
permeation (식) 투과
permissive fishery (어) 허가어업
peroxidase (식) 과산화효소
peroxidation (식) 과산화
peroxidation reaction (식) 과산화반응
peroxide value (POV) (식) 과산화물값
peroxides (식) 과산화물
peroxy radical (식) 과산화라디칼
perpendicular 수직인
persistence (식)(양)(어)(자) 지속성
persistence forecast (어) 지속예보
persistence tendency (어) 지속경향
personal error (식)(어)(자) 개인오차
personal protective cloth (어) 방화복
perturbation 섭동
pervious bed 투수층
pest control (식) 해충방제
pesticide (식) 살충제
pesticide residue (식)(양) 농약잔류물, 잔류농약
petroleum chemicals (식)(양) 석유화학물질
PG (propylene glycol) (식) 프로필렌글리콜
pH (식) 수소이온농도
phaeoplankton 양광성플랑크톤
phage (식) 파지
phagocytosis (식) 식세포작용
phagotroph (식) 섭식영양자, 섭식생물
pharyngeal teeth 인두치
pharynx 인두
phase (식) 상
phase age 위상령
phase angle 위상각
phase contrast microscope (식)(양)(자) 위상차현미경
phase correction 윇아보정
phase difference (식) 위상차
phase inequality 위상불일치
phase lag 위상지연
phase velocity 위상속도
phenocryst 반정
phenol (식)(양) 페놀
phenol resin (식) 페놀수지
phenol resin coating (식) 페놀수지도료
phenolic compound (식) 페놀성 화합물
phenology (양) 생물계절학
phenolphthalein (식) 페놀프탈레인
phenon (식) 페논
phenylalanine (식)(양) 페닐알라닌
pheromone 유인호르몬
phobotaxis (어) 변향무정위운동
phoenix cap bottle (식) 피닉스캡병
phosphatase (식)(양) 인산가수분해효소, 포스파타제
phosphate (식)(양) 인산염
phosphate compound (식)(양) 인산화합물
phosphate phosphorus (식)(양) 인산염인
phosphatidylcholine (식)(양) 포스파티딜콜린
phosphatidylethanolamin (식)(양) 포스파티딜에탄올아민

phosphatidylinositol (식)(양) 포스파티딜이노시톨
phosphatidylserine (식)(양) 포스파티딜세린
phospholipid (식)(양) 인지질
phosphoprotein (식)(양) 인단백질
phosphorescence 인광
phosphorescent bacteria 인광세균
phosphoric acid (식)(양) 인산
phosphorus(P) (식)(양) 인
phosphoserine (식)(양) 포스포세린
photic zone 유광대, 투광층
photobathic 태양광달의
photochemical oxidation (식)(양) 광화학적산화
photochemical reaction (식)(양) 광화학반응
photochemical reduction (양) 광화학적환원
photochemistry (식) 광화학
photoconduction phenomenon 광도전현상
photoconductive surface (photoemissive surface) (양) 광전면
photogenic (식) 발광성의
photogenic squid 발광오징어
photogrammetry 사진계측
photoinhibition (식) 광저해
photolysis (식)(양) 광분해
photometer (식)(양) 광도계
photooxidation (식)(양) 광산화
photoperiod (양) 광주기
photoperiodic controlling 광주기조절법
photoperiodism 광주기성
photophore (양) 발광포
photopic vision (어) 명시
photoreceptor (식) 광수용체
photosensitizer 광증감물질
photosymbiosis 발광공생
photosynthesis (식)(양)(자) 광합성
photosynthetic bacteria (식)(양)(자) 광합성박테리아, 광합성세균
photosynthetic maximum 광합성최대값
photosynthetic pigment (식) 광합성색소
phototaxis (식)(어) 주광성
photothermograph 광열기록계
phototransducibility 광전변환능률, 말초의
phototroph (식) 광합성생물
phototropism (양)(어) 광굴성
phycobiline (식) 홍조소
phycobilin pigment (식) 피코빌린색소
phycocyanin (식) 피코시아닌
phycoerythrin (식) 피코에리드린
phycology 조류학
phyllobranchia 엽상새
phyllosoma larva(e) 필로소마유생
phylogenetic (식)(양)(자) 계통발생의
phylogenetic tree (양)(자) 계통수
phylogeny (양)(자) 계통학
Phylum Echinodermata toxin 극피동물독
physical method (식)(어) 물리학적방법
physical oceanography (어) 물리해양학
physical property (식) 물성
physical test (식) 물리학적검사
physicochemical analysis (식) 물리화학적 분석

physics-statistic prediction (식) 물리통계학적예보
physiological active substance (식) 생리활성물질
physiological characteristics (식) 생리적 특성
physiological disorder (식) 생리장애
physiological reaction (식) 생리작용
physiological saline (식) 생리식염수
physiology (식)(양)(자) 생리학
physoclist 무관부레어류, 부레-소화관 연결관
physoclitous fish 무관표어
phytal fauna 엽상동물상
phytoflagellates (식) 식물성편모충류
phytophagous (식) 식물식성의, 식물포식성의
phytoplankton 부유식물 (식) 식물플랑크톤
phytosociology 식물사회학
phytotoxin (식) 식물독
picking (식) 피킹
pickled fish in vinegar (식) 초절임어류
pigment (식)(양)(자) 색소
pigment protein (식)(양)(자) 색소단백질
pigmentation (식)(양)(자) 색소형성
pigments (양) 착색제
pile 말뚝
pilidium larva 필리듐유생
pilot (어)(항) 도선사
pilot experiment 확인실험
pilot plant (식) 파일럿플랜트
pilotfish (양) 동갈방어
pin hole (식) 핀홀
pincette (식)(양) 핀셋
pinger (어) 수중초음파발신기, 음파발진장치, 핑거
pink firefish (식)(양)(어)(자) 쏠배감펭
pink salmon (식)(양)(어)(자) 곱사연어
pinnate diatom 우상규조류
pinnulate 깃가지의
pipefish (식)(양)(어)(자) 실고기
piperidine (식) 피페리딘
pipette (식) 피펫
piping facility (식) 배관설비
piracy 쟁탈
piscary (어)(식) 어업권
piscatalogy (식)(어) 어로학
piscator (어) 어업인
piscatory 어업에 종사하는
piscicultural 양어상의
piscine 어류의
piscipredator (어)(자) 어류포식자, 어식성포식자
piscivore (어)(자) 어류식자
piscivorous 어식성의
piston corer 퇴적물주상채취기, 피스톤시추기
pituitary gland (식)(양)(자) 뇌하수체
placebo (식) 플라세보
placebo effect (식) 플라세보효과
placoid scale (양)(자) 방패비늘
plain can (식) 무도장관
plain dried fish (식) 소건어
plain dried fish meal (식) 소건어분
plain dried products (식) 소건품
Planctobacteria (양) 부유균류
plane chart (어) 평면도
plane net (어) 평면그물
plane sailing (어)(항) 평면항법
plane type otter board (어) 평판형전개판

planetary circulation 대순환
plankter (양) 플랑크톤생물
plankters (양) 부유생활자
planktivores (양) 플랑크톤식자
planktobenthos (양) 부유성저서생물
plankton (식) 부유생물, 플랑크톤
plankton biomass (식) 부유생물량
plankton equivalent (식) 플랑크톤당량
plankton feeder 플랑크톤포식동물 (양) 부유생물섭식자
plankton feeding 플랑크톤식성의
plankton net (양)(자) 부유생물채집망, 플랑크톤 네트
plankton pump (양)(자) 부유생물채집펌프
plankton recorder (양)(자) 부유생물기록기
plankton sampler (양)(자) 플랑크톤샘플러
plankton sampling (양)(자) 부유생물채집
planktonic (양)(자) 부유성의
planktonic bacteria 부유세균
planktonic bloom (양)(자) 부유생물이상증식
planktonic juvenile (양)(자) 부유기치패어
planktonic laeva(e) (양) 부유유생
planktonic larval shell (양)(자) 부유치패
planktonic life history (양)(자) 부유사
planktonic sediment (양)(자) 부유성퇴적물
planktonic stage (양)(자) 부유기
planktonology (양)(자) 부유생물학
planktophile 호부유성
planktotropher (양)(자) 부유생물섭식자
planktotrophic (양)(자) 플랑크톤식의
planktotrophic development 플랑크톤영양형발생
planktotrophic stage (양)(자) 부유영양단계
planktoxene (양)(자) 우발적부유성
planospore (양) 유주자
planula larva(e) 플라눌라유생
plasma (식) 플라즈마, 혈장
plasma coagulase (식) 혈장응고효소
plasma protein (식) 혈장단백질
plasmolysis (식) 원형질분리
plastein (식) 플라스테인
plastein reaction (식) 플라스테인반응
plastic (식)(어) 플라스틱
plastic bag (식)(어) 플라스틱백
plastic film (식)(어) 플라스틱필름
plastic float (어) 합성수지뜸
plastic globular type float (어) 플라스틱구형부자
plastic pot (어) 플라스틱통발
plastic tray (식) 플라스틱트레이
plasticity (식) 가소성
plastids 색소체
plate count (식) 평판계수법
plate culture (식)(양) 평판배양
plate medium (양) 평판배지
platelet (식) 혈소판
pleophagous (양) 다식성의
pleopod (자) 복각, 유영각, 헤엄다리
pleurobranchs 측새
pleuston (자) 부표생물
plication 주름률
plied yarn (양) 겹실
plotting board 기입판
plotting symbol (양) 기입부호

plumbing equipment (plumbing system) (양) 급배수설비
plunge point (양) 돌입점
plunger (식) 플런저
pluteus larva(e) (양) 플루테우스유생
pneumatic breakwater (어) 공기방파제
pneumatic duct 기도
pneumatocyst (식) 기포낭
pneumatophore (식) 기포체
pneumonia (식) 폐렴
poach (어) 고기잡이
poaching (어) 밀어, 불법어업
pocket (식) 주머니
pocket net (어)(자) 주머니그물
podium 관족
podobranch 각새
pogonophora 유수동물
poikilosmotic 변염성
poikilotherm (poikilothermal animal) (식) 변온동물
poikilothermic (식) 냉혈성
point cut (어)(자) 종단
point cut method (어)(자) 종단법
point of no return 회생불능시점
point sound source 점음원
poison claw 독조
poison gland (양) 독선
poisoning (식) 중독
poisonous fishes (식) 유독(성)어류
poisonous substance (식) 유독물질
poisons (식) 독소류
polar (식) 극
polar biome 한대생물군계
polar body (식) 극체
polar bond (식) 극성결합
polar bottom water (식)(자) 극저층수
polar coordinates (식)(자) 극좌표
polar distance 극거
polar front (양)(어) 극전선
polar group (식) 극성기
polar ice 극빙
polar lipid (식)(양) 극성지질
polar molecule (식)(양) 극성분자
polar solvent (식)(양) 극성용매
polar subtance (식) 극성물질
polarity (식)(양) 극성
polarization (식) 분극, 편광
polarizing action (식) 분극작용
polarizing microscope (식)(양)(자) 편광현미경
polder (자) 간척지
pole (어)(자) 낚시대
pole and line (어)(자) 대낚시
pole and line fishery (어) 대낚시어업
pole tide 극조
pollack bottom gill net 명태저층자망
pollutant (식) 오염물질
pollutant load (식) 오염부하
pollution (식) 오염
pollution index (식) 오염지표
pollution source (식) 오염원
polyamide (식) 폴리아미드
polychaetan (양) 다모류의
polychaetes (양) 다모류
polychaetous (양) 다모류의
polychlorinated biphenyl (PCB) (식) 폴리염화비닐
polycholrobiphenyl (식) 다염화비페닐중독
polyclad (자) 다지장류
polyculture (양) 다종양식, 복합양식

polyhaline (양) 다염분성의
polymer (식)(양) 중합체
polymerization (식)(양) 중합
polymerization reaction (식)(양) 중합반응
polymerlase (식)(양) 중합효소
polymorphic 다형성의
polymorphism 다형성
polyp 폴립
polyphagia (식) 다식성
polyphagous (식) 다식성의
polyphenol (식) 폴리페놀
polyphenol oxidase (식) 폴리페놀옥시다제
polyphgia (식) 다식성
polyphosphate (식) 중합인산염
polyplacophora (양) 다판류
polypod (양)다족동물, 다지동물, 배수체
polysaccharides (식) 다당류
polythalamous 다실의
polytroch 다섬모환
polytrochal larva 다륜형유생
polyunsaturated fatty acid (PUFA) (식) 고도불포화지방산
polyurethane (식) 폴리우레탄
polyvinyl alcohol (식) 폴리비닐알콜
polyvinyl chloride (식) 폴리비닐클로라이드
POM (particulate organic matter) 입자성유기물질
pomace (식) 어유 찌꺼기, 어유박
pond culture 지중양식
pontoon 푼톤
pool account system 풀제
pooled variance 분산합
population (어)(자) 개체군, 모집단, 종개체군 (식) 개체수
population density (식)(어)(자) 개체군밀도
population dynamics (어)(자) 어류자원학
population ecology (어)(자) 개체군생태학
population estimates (어)(자) 개체군추정치
population fecundity (어)(자) 개체군포란수
population fluctuation (어)(자) 개체군변동
population growth (어)(자) 개체군성장
population increase (어)(자) 개체군증가
population number (어)(자) 자원개체수
population parameters (어)(자) 개체군특성치
population regulation (어)(자) 개체군조절
population size (어)(자) 개체군크기, 자원량
pore canal (식) 세도관
pore space (식) 공극
pore water 간극수
poriferous (식) 다공의
porosity (식) 공극률 (식) 기공률
porosity porous (식) 다공성
porous (식) 다공질
porous diet (양) 다공질사료
porous glass (식) 다공질유리
porous media (식) 기공성매체
porphyran (식) 포피란
porphyrin (식) 포피린

porphyrin ring (식) 포피린링
porpoise 돌고래무리
port (어)(항) 선박좌현, 좌현 (양) 항만, 항구
port dues (어)(항) 항만사용료
port of refuge (어)(항) 피난항
port of registry (어)(항) 선적항
portable water (식) 음용수
position circle 위치권
position error triangle 오차삼각형
position line 위치선
positive (식) 양의
positive buoyancy (어) 양성부력
positive charge (식) 양전하
positive phototactis 양성주성
post 고정목, 기둥
post analysis (식) 사후분석
post climax 후극상
post line 기둥줄
posterio naris 후비공
posterior (식) 꼬리부의, 뒤
posterior distribution (식) 후면분포
posterior naris (양) 후비공
postflexion period 굴곡이후기
postlarva(e) (양) 후기유생, 후기자어, 후기치어, 후유생
postmortem changes (식) 사후변화
poststratification 후기층별화
pot (식)(어)(자) 통발
potamodromous migration (어) 하천회유
potamoplankton (어) 하천플랑크톤
potash feldspar 가리장석
potassium (K) (식) 칼륨
potential production (식) 잠재생산량
potentiometer 전위차계
potentiometric recorder 분압기록계, 전위차기록계
poultry by-product meal (양) 축산 부산물분
pound net (양) 대모망, (양)(어)(자) 낙망, 호망
pound smelt (양) 빙어
POV (peroxide value) (식) 과산화물값
powder feed (양) 분말사료
powdered agar (식) 분말한천
powdered food (식) 분말상 식품
power analysis 누승분석
power block (어) 동력활차
power factor 역율
powerboat (어) 모타보트
PPM(parts per million) (식) 피피엠
practice (식) 실습
preanalysis (식) 사전분석
preapproval system (식) 사전승인제도
prearrangement alongside position 예정접안위치
prebiotic 생물발생이전의
precipitate (식) 침전물
precipitation (식) 침전, 침전작용
precipitation aid (식) 침전보조제
precision (식) 정밀도
preclimax 전극상
preconcentration (식) 예비농축
precooked frozen food (식)(양) 조리동결식품, 조리냉동식품
precooling (식) 예냉, 예비냉각
precusor (식)(양) 전구물질, 전구체
predation (식)(어)(자) 포식
predator (식)(어)(자) 포식자
predator prey relationship (어)(자) 포식자피식자 관계

predator threshold (어)(자) 포식자위험치
predatory (식)(어)(자) 포식성의
predatory fish (어)(자) 포식어
prediction (식)(양)(어)(자) 예측
prediction interval (식) 예측구간
prediction model (식) 예측모델
predominant(predominant species) (양)(어)(자) 우점종
predrying (식) 예비건조
preference (식) 선호도
preference test (식) 선호도조사
preferential right 우선권, 우선적권리
preflexion period 굴곡이전기
prefrontal 전두엽의
preheating (식) 예비가열
prelarva(e) 전기유생, 전기자어
preliminary twist 밑꼬임
premature larvae (식) 미성숙자어
preparation of spawning ground 산란장조성
presalting (식) 가염지
prescribed number og passengers (항) 선객정원
present value (식) 현재가치
presentation time (양) 자극역시
preservation (식) 보존
preservation of fish or shellfish 축양
preservatives (식) 보존료
Presidential Decree in Food Sanitation Act (식) 식품위생법시행령
pressed extruding (식) 가압용출법
pressing (식) 압착
pressing stick 큿대
pressive salting (식) 압착염장
pressure (식) 압력
pressure anomaly 압력이상
pressure drag 압력항력
pressure fluctuations 압력요동
pressure gauge (식) 압력계
pressure head 압력수두
pressure-oil tank 유압탱크
pressure reducing valve pressure regulator (식) 감압밸브
pressure resistance (어) 압력저항
pressure sensor (식)(어) 압력 센서
pressure stress (식)(어) 압축응력
presumptive test 최정시험
pretreatment (식) 전처리
prevalent plankton 우세플랑크톤
preventing collisions (식)(어)(항) 충돌예방
prevention of environmental pollution (식) 공해방지
preventive food (식) 보전식품
preventive law for oceanic pollution (어)(항)(양) 해양오염방지법
prey (식) 먹이
prey animals 먹이동물
prey-predator interaction 피식자포식자상호작용
prey-predator relationships (식) 포식관계
price safety fund (양) 가격안정기금
price support business 안정지지사업
price support fund (식) 가격안정기금
primary consumer (식) 일차소비자
primary culture (식) 일차배양
primary fermentation (식) 일차발효
primary film 일차막
primary function of food (식) 식품의 일차기능

primary immune response (식) 일차 면역반응
primary industry (식)(어) 일차산업
primary metaboilism (식) 일차대사
primary metabolite (식) 일차대사산물
primary oocyte 일차난모세포
primary pollutant (식) 일차오염물질
primary production (어)(자) 기초생산 (식) 일차생산
primary productivity (어)(자) 기초생산력 (식) 일차생산력
primary refrigerant (식) 일차냉매
primary scale factor (식) 기초상사비
primary spermatocyte 일차정모세포
prime fish 고급어
primitive fish 원시어류
primitive period 기본주기
primordial 지구원초의, 태초의
primordial finfold 막지느러미
principal component analysis (식) 주성분분석
principal curvature 주곡률
principal net forming line 주성형줄
principal normal 주법선
principal particulars 주요목
principle design (식) 기본설계
principle of polar stimulation (어) 극성흥분법칙
priority of origin state 모천국주의
private fishery (어) 개인어업
probability (식) 확률
probable (양) 개연적
probe (식) 탐침
probiotic food (식) 프로바이오틱식품
probiotics (식) 프로바이오틱스
proboscis 구문부
proceeding (식) 진행
proceeding line (식) 진행선
process (식) 공정
process analysis (식) 제조공정분석
process control (식) 공정관리, 공정제어
process design (식) 공정설계
process development (식) 공정개발
process management (식) 공정제어
processed butter (식) 가공버터
processed dry feed (양) 건조배합사료
processing (식) 가공
processing in a production center (식) 산지가공
prodigal son (식)(양)(어)(자) 날쌔기
producer (식) 생산자
product (식) 제품
product-moment correlation 생산모멘트상관
production (식)(어) 생산
production cost (어)(식) 생산비
production ecenter wholesale market (식)(양)(어) 생산지도매시장
production efficiency (식)(어) 생산효율
production experiment (식) 양산실험
production function (어) 생산함수 (식) 생산기능
production limitation (식)(어) 생산제한
production management (식)(어) 생산관리
production place (식) 제조장
production plan (식) 생간계획
production rate (식) 생산율
production structure (식) 생산구조
production technology (식) 생산기술
productive capacity (식)(어) 생산성

productive system (식)(어) 생산시스템
productive zone 생산지역
productivity (식)(어) 생산력
productivity of fishing ground (어) 어장생산성
profile (식) 단면
profile drag efficiency (어) 형상저항계수
profit (식) 이익
profit control (식) 이익관리
profit management planning (식) 이익관리계획
profit planning (양) 이익계획
progesterone 프로제스테론
prognosis (식) 예상
prognostic chart (식) 예상도
progress schedule (식) 공정표
progressive motion 전진운동
progressive vector diagram 누적유속도
progressive wave 진행파
prohibited fishery (식)(어) 금지어업
prohibited fishing ground (식)(어) 금어, 지역
prohibited season of fishing (식)(어) 금어기
prohibitive fishery (어)(양) 금지어업
project (식) 프로젝트, 과제
project of the reduction of fishing vessel 감척사업
projected area (어)(양) 투영면적
projection 투영
projection celestial equator 적도면도
prokaryote (식) 원핵생물
prokaryotic cell (식) 원핵세포
proline (식)(양) 프롤린
prolonged effect (식)(자) 지속효과
proof strength (어) 보증력
prooxidant (식) 산화촉진제
propagation (어)(자) 번식
propagation anomaly 전파이상
propagation loss 전파손실
propagation of fishery resources 어업자원배양
propagation speed (식)(어) 전파속도
propagation step (식) 전파단계
propeller (식)(어)(항) 추진기
propeller efficiency (어)(항) 추진기효율
propeller resistance (어)(항) 추진기저항
properties for rehydration (식) 흡수복원성
propionic acid (식)(양) 프로피온산
proportional error (식)(양)(어)(자) 비례오차
proportional power law 비례승법
proprietary absorbent 전매흡수체
propulsive coefficient (어)(항) 추진계수
propylene (식)(어) 프로필렌
propylene glycol (PG) (식) 프로필렌글리콜
prosterozoic era 원생대
prostomial tentacle 전구촉수
prostomium 구전엽, 전구엽
protamine (식) 프로타민
protandry 웅성선숙
protease (식)(양) 단백분해효소
protease inhibitor (식) 단백질가수분해효소억제제
protected area (식)(어)(자) 보호구역
protecting coloration (식)(어) 보호색
protecting instinct (식)(어) 방어본능
protection channel 보호회로

protective agent for freeze denaturation (식) 냉동변성방지제
protective area (식)(어)(양) 보호구역
protective behavior (식)(어) 방어행동
protective coloration (식)(어)(양) 보호색
protective method of putrefaction (식) 부패방지법
protein (식)(양) 단백질
protein concentrate (식)(양) 농축단백질
protein content (식)(양) 단백질함량
protein denaturation (식) 단백질 변성
protein efficiency ratio (식)(양) 단백질효율
protein hydrolysates (식) 단백질가수분해물
protein metabolism (식)(양) 단백질 대사
protein score (식)(양) 단백가, 단백값
proteolysis (식)(양) 단백질가수분해
proteolytic enzyme (식) 단백분해효소
proteose (식)(양) 프로테오스
proterozoic (식)(양) 원생의
protist plankton (식)(양) 단세포플랑크톤
protocercal tail 원정미
protochordate (식)(양) 원색동물
protoconch 태각
protocooperation 원시협동
protogyny 자성선숙
protophyta (식)(양) 원생식물
protoplasm (식)(양) 원형질
protoplast (식)(양) 원형질체
protopodite 원절
protostomia (양) 선구동물
prototroch 구전섬모환
prototype (어) 실물
proto-type fishing gear (어) 실물어구
protozoa (식) 원생동물 (양) 프로토조아
protozooplankton (식) 부유원생동물
protractor (어)(항) 각포기
protruded deformation (양) 돌출변형
provincial governor licensing fishing (어) 도지사허가어업
provisional tolerable weekly intake(PIWI) (식) 잠정주간섭취허용량
provitamin (식) 프로비타민
provitamin A (식)(양) 프로비타민A
provitamin D (식)(양) 프로비타민D
proximal 기부의
proximate composition (식)(양) 일반성분
pseudobranchia 위새
pseudocavity 위강
pseudocoel(pseudocoelome) (양) 의체강
pseudocommensalism 위공생
pseudocorrelation 의사상관
pseudofaeces 위분
pseudomolluscs 의연체동물
Pseudomonas (식) 슈도모나스
pseudoplankton 가짜플랑크톤
pseudopod(psudopodium, pseudopodia) 헛발
PSP(paralytic shellfish poison) (식) 마비성패류독
psychrometer (식)(양) 건습구습도계
psychrophilic bacteria (식)(양) 저온세균, 호냉세균, 저온박테리아
psychrophilic microorganism (식) 저온미생물

psychrotrophic bacteria (식) 저온발육균
pteropod ooze 익족류연니
pterygoid 익상의
pterygopodium 교접각
PTWI(provisional tolerable weekly intake) (식) 잠정주간섭취허용량
public health (식) 공중보건
public health act (양) 공중위생법
public hygiene (식) 공중위생
public owned resources 공유재산적자원
public sanitation law (식) 공중위생법
public vessel (양) 공선
public water surface (양) 공유수면
public waters reclamation act (양) 공유수면매립법
PUFA(polyunsaturated fatty acid) (식) 고도불포화지방산
puff drying (식) 팽화건조
puffed food (식) 팽화식품
puffing (식) 팽화
puffins 바다오리
pulley (어) 마찰차
pulmonary tuberculosis (식) 폐결핵
pulp (식) 펄프
pulse signal (어) 펄스신호
pulse width (어) 펄스폭
pumice 경석
pump (식)(어) 펌프
punching hole (식) 구멍뚫기
punctae 점문
puncture test (식) 파열시험
purchase (식)(어) 구매
purchase price (식)(어) 구매가격
purchasing management (식)(어) 구매관리
purchasing plan (식)(어) 구매계획
pure culture (식) 순수배양
pure line interbreeding 순계교배
pure protein (식) 순단백질
purification (식) 정제
purification procedure (식) 정제법
purine base (식) 퓨린염기
purity (식) 순도
purkine phenomenon 푸르키네현상
purple puffer (양) 검복
purple sea urchin (식) 보라성게
purpura 자반병
purse line (어) 조임줄
purse ring (어) 조임고리
purse seine (어) 건착망, 선망
purse seine fishery (어) 선망어업
purse seiner (어)(자)건착망어선
pursuing predator (식) 추적포식자
pustule 농포
pusule 수낭
putrefaction (식)(양)(어) 부패
putrefactive bacteria (식) 부패세균
pycnocline 밀도약층
pycnometer 비중병
pygidium 미초, 피기디움, 항문마디
pyloric caeca (식)(자) 유문수
pynocytosis 음작용
pyramidal wave 삼각파
pyrenoid 피레노이드
pyridoxine (식) 피리독신
pyroligneous liquid (식) 목초액
pyrophosphate (식) 피로인산염
pyruvic acid (식) 피르브산

Q

QC (quality control) (식) 품질관리
QDA (quantitative descriptive analysis) (식) 정량분석묘사
quadrant (식) 상한의
quadrat sampling 방형구채집
qualitative analysis (식) 정성분석
qualitative collection (식)(양) 정성채집
qualitative plankton sampler 정성플랑크톤채집기
qualitative sampling (식) 정성채집
qualitative test (식) 정성시험
quality (식) 질, 품질
quality assurance (식) 품질보증
quality certification system for fishery products (식) 수산물품질인증제도
quality characteristics (식) 품질특성
quality control (QC) (식) 큐씨, 품질관리
quality deterioration (식) 품질저하
quality improver (식) 품질개선제
quality inspection (식) 품질검사
quality stability (식) 품질안전성
quality standard (식) 품질기준
quality standards of drinking water (식) 먹는물 수준기준
quantitative (식) 양적, 정량의
quantitative analysis (식)(자) 정량분석
quantitative collection (양)(자) 정량채집
quantitative descriptive analysis (QDA) (식) 정량묘사분석
quantitative fish finder (어) 계량어군탐지기
quantitative limit (식)(어) 양적규제
quantitative plankton sampler 정량플랑크톤채집기
quantitative sampling (식) 정량채집
quantitative test (식) 정량시험
quarantine (식)(어)(항) 검역
quarantine port (어)(항) 검역항
quarter-diurnal tide 사반일주조
quasirandom selection 유사임의선택
quaternary ammonium salt (식) 사급암모늄염
queen crab (식)(양)(어)(자) 대게
quenching (식) 담금(질), 불림
quick chilling (식) 급속냉각
quick cooling (식) 급속냉각
quick freezing (식) 급속동결
quick salting (식) 속성염장법
quick smoking (식) 속훈법
quick thawing (식) 급속해동
quota fishing (어) 쿼터조업
quota system (식)(어) 할당제도

R

race 종족
raceway culture (양) 유수식양식
racon 레이콘
radar interference (어)(항) 레이더간섭
radar reflector (어)(항) 레이더반사기
radar transponder 레이더트랜스폰더
radial (식) 방사상의
radial acceleration 경가속도
radial canals (양) 방사관
radial direction 경방향
radial displacement 경변위
radial pocket (양) 방사강
radial symmetry 방사대칭, 방사상칭
radiant energy (식) 복사에너지
radiata 방사상칭동물
radiation (식) 방사선, 복사
radiation coefficiency test (식) 방사선 성능시험
radiation dosage (식) 방사선량
radiation equilibrium (식) 복사평형
radiation sterilization (식) 방사선 살균
radical (식) 라디칼
radical polymerization (식) 라디칼 중합
radical scavenger (식) 라디칼 소거제
radical scavenging activity (식) 라디칼 소거활성
radicus (식)(어) 반경
radio beacon station (어) 무선표지국
radio buoy (어)(자) 무선부표
radio nuclide (식) 방사성핵종
radio tag (식) 방사성표지
radioactive contamination (식) 방사능오염
radioactive label (식)(양) 방사성표지
radioactive substance (식) 방사선물질
radioactive waste (식) 방사성폐기물
radioactivity (식) 방사능
radiobiology (식) 방사선생물학
radiochemical analysis 방사화학분석
radiofacsimile recorder 전파팩시밀리 기록계
radiolaria (양) 방산충
radiolarian ooze 방산충연니
radiolarin 방산충
radiole 방사침
radiometer (식) 방사계
radionuclide (양) 방사성핵종
radius of attracting area (어) 유집반경
raffle 폐물
raft culture (양) 뗏목양식
rainbow runner (식)(양)(어)(자) 참치방어
rainbow trout (식)(양)(어)(자) 무지개송어
raising seeding 육모
raking curve 추정곡선
ramp funtion (양) 경사함수
ramus 우지
rancid odor (식) 산패취

rancidity (식) 산패
random distribution (식)(양)(어)(자) 임의분포
random effect factor (식)(양)(어)(자) 변량요인
random effect model (식)(양)(어)(자) 변량모형
random mating 임의교배
random normal deviates 임의정규편차
random sample (식)(양)(어)(자) 무작위표본
random sampling (식)(양)(어)(자) 무작위추출, 임의추출
random sampling method (식)(양)(어)(자) 랜덤샘플링법
randomization (식)(양)(어)(자) 무작위화
randomized experimental design (식)(양)(어)(자) 임의실험모형
randomness (식)(양)(어)(자) 임의성
range (식) 범위
range beacon 지향성무선표지
rank correlation (식)(양)(어)(자) 순위상관
rank sum (식)(양)(어)(자) 순위합
rank test (식)(양)(어)(자) 순위검정
ranking data (식)(양)(어)(자) 순위자료
ranking test (식)(양)(어)(자) 순위법
Raoult`s law (식) 라울의 법칙
rapid cooling (식) 급속냉각
rapid filtration (식) 급속여과법
rare species (양) 희귀종
rate (식) 비율
rate determining step 율속단계
rate of anabolism (식) 동화작용율
rate of catabolism (식) 이화작용율
rate of freezing (식) 동결속도
rate of group maturity 군성숙율
rate of migration into the fishing ground (자) 어장내유율
rate of reduction (식) 감소율
rate of tag loss (자) 표지탈락율
ratio (식) 비, 비율
ratio of calcium and phosphorces (식) 칼슘과 인의 비율
ratio of saccharification (식) 당화율
ratio of size reduction (식) 분쇄비율
ratio scale 비율척도
raw data (식) 초기자료
raw fish (식) 원료어
raw material (식) 원료
raw materials for edible fat and oil (식) 식용유지원료
ray (식) 광선
ray pattern (식) 광선양상
RDF (radio direction finder) (어) 무선방향탐지기
reach 구간
reactant (식)(어) 반응물질
reaction (식)(어) 반응
reaction equation (식) 반응식
reaction inhibitor (식) 반응억제제
reaction kinetics (식) 반응속도론
reaction mechanism (식) 반응메카니즘
reaction path (식) 반응경로
reaction product (식) 반응생성물
reaction rate constant (식) 반응속도상수
reaction rate equation (식) 반응속도식
reaction time (식) 반응시간
reactive oxygen species (식) 활성산소종

reactive silica (식) 반응성규산염
reactive silicate (양) 반응성규산염
reactive system (식) 반응계
reactor (식) 반응기, 반응장치
ready-to-eat food (식) 즉석조리식품
reagent (식) 시약
reagent bottle (식) 시약병
real slip ratio 실질실각률
real time (식) 실시간
real time prediction (어) 실시간예보
real weight of net (어) 실질침강력
realized niche 실제적지위
rear edge (어)(항) 후연
rear wing(rear net) (어)(자) 뒷섶
reared breeding fish 양성친어
rearing density (식) 사육밀도
rearing sea water (식) 사육해수
recapitulation theory 반복설
recapture (식)(자) 재포
recapture rate (식)(자) 재포율
recaptured fish (식)(자) 재포어
receiver (식) 리시버
receiving sensitivity (어) 수신감도
receptacle 생식기가지, 생식기상
receptor (식) 수용기, 수용체
recipe (식) 레시피
reciprocal transformation 상호전좌
reciprocal translocation (양) 상호전좌
reciprocating compressor (식) 왕복압축기
recirculation culture (양) 순환식양식
recirculation fitering pond (양) 순환여과지
recognition sound 인식음
recommended dietary allowances (식) 영양권장량
recompression (식) 재압축
reconstituted fish meal (식)(양) 환원어분
record (식)(양)(항) 레코드
recorder (식)(항) 기록계
recording fish finder (어) 기록어군탐지기
recording paper (식)(어) 기록지
recovering stage (식)(자) 회복기
recovery rate (식) 회수율
recreational fishing (어) 관광어업
recruited stock (양)(어)(자) 가입자원
recruitment (어)(자) 가입, 개체군가입 (양) 가입량
recruitment age (어)(자) 가입연령
recruitment curve (어)(자) 가입곡선
recruitment fishing management (어)(자) 가입자원관리
recruitment length (어)(자) 가입체장
recruitment model (어)(자) 가입모델
recruitment number (어)(자) 가입개체수
recruitment overfishing 가입남획
recruitment process (어)(자) 가입과정
recruitment rate (어)(자) 가입률
recruitment resource (어)(자) 가입자원
recruitment stock (어)(자) 가입군, 자원가입량
recruitment variability (어)(자) 가입변동
recruitment weight (어)(자) 가입체중
recrystallization (식) 재결정
rectangular set net (어)(자) 각망
recurrence 재현
recurrence formula 재현공식
recycle (식) 재순환

recycling filter system culture (양) 순환여과식양식
red algae (식) 홍조류
red blood cell (red corpuscle) (식) 적혈구
red crab (식)(양)(어)(자) 꽃게
red eel goby (식)(양)(어)(자) 빨갱이
red frog crab (식)(양)(어)(자) 닭게
red king crab (식)(어)(자) 왕게
red koji (식) 홍국
red mullet (양)(자) 노랑촉수
red muscle (식) 적색육
red no 2 (식) 적색소 2호
red pepper (식) 고추
red rot 붉은 갯병
red salmon (식)(양)(어)(자) 홍연어
red seabream (식)(양)(어)(자) 참돔
red snow crab (식)(양)(어)(자) 붉은 대게
red tide (식)(어) 적조
red tongue sole (양) 참서대
reddening (식) 적변
Redfield stoichiometry 레드필드화학량론
redox front 산화환원전선
redox-potential discontinuity layer (RPD layer) (양) 산화환원전위불연속층
reduced viscosity (식) 환원점도
reducetnt (식) 환원제
reducing agent (식) 환원제
reducing fishing effort (어) 어획노력량감소
reducing power (식)(양) 환원력
reducing sugars (식)(양) 환원당
reducing valve (식)(양) 감압밸브
reduction (식) 축소, (식) 환원
reduction of the number of boats (어) 감선
reduction phase (식)(양) 감수기
reduction process (식)(양) 분쇄공정
reduction reaction (식)(양) 환원반응
reduction roll (식)(양) 분쇄롤
reduction table 경정표
reduction to sea level 해면경정
reef (식) 암초, 초
reef complex 복합초
reef knot 참매듭 (어)(자) 참매듭그물감
reef-knotted netting (어) 참매듭그물감
reef zone (식)(어) 암초대
reefer carrier (양) 냉동선
reel (어) 자새
reel type (어) 권동식
reference area (식)(양) 기준면적
reference level (양) 기준고도
reference point (식) 기준점
reference station 기준관측정점
reference surface 기준해수면
refine (식) 정제
refined glucose (식) 정제포도당
refined oil (식) 정제유
reflectance (식) 반사율
reflected wave 반사파
reflection coefficient (식) 반사계수
reflection profiler 반사프로파일러
reflex (식) 반사
refloat by one's ship 자력이초
reflux (식) 환류
refracted wave (식) 굴절파
refraction (식) 굴절
refraction coefficient (식)(어) 굴절계수
refraction diagram (식)(어) 굴절도표

refraction factor (식)(어) 굴절인자
refraction loss (어) 굴절손실
refraction of water waves (어) 수면파 굴절
refractive index (식) 굴절률
refrigerant (식) 냉매
refrigerant forced circulative evaporator (식) 냉매액강제순환식증발기
refrigerated seawater (식) 냉각해수
refrigerated warehouse (식) 냉동창고
refrigerating effect (식) 냉동효과
refrigerating machine oil (양) 냉동기유
refrigeration (어)(식) 냉동
refrigeration capacity (식)(양) 냉동능력
refrigeration cycle (식) 냉동사이클
refrigeration facility for transport (식) 수송용냉동장치
refrigeration load (식) 냉동부하
refrigeration process (식) 냉동공정
refrigeration room (양)(어) 냉동실
refrigeration ship (어) 냉동선
refrigeration ton (식) 냉동톤
refrigeration treatment (식) 냉장처리
refrigerator (식) 냉장고
regenerated fiber (어) 재생섬유
regenerated scale 재생비늘
regeneration (식) 재생
register book (어)(항) 선명록
registered length (어)(항) 등록장
registration (어)(항) 등기
regression (식)(어)(자) 회귀
regression analysis (식)(어)(자) 회귀분석
regression coefficient (식)(어)(자) 회귀계수
regression curve (식)(어)(자) 회귀곡선
regression equation (식)(어)(자) 회귀방정식, 회귀식
regression line (식)(어)(자) 회귀선
regressive 후퇴의
regressive evolution 퇴행적진화
regular (식) 레귤러, 정규의
regulation of blood glucose (식) 혈당조절
regulation of fishing gear (어) 어구제한
regulatory light chain 조절경쇄
regulatory protein (식) 조절단백질
rejectamenta 해안쓰레기
rejected products (식) 부적합품
relative abundance indices 상대적자원량지수
relative bearing 상대방위
relative concentration (식)(어) 상대농도
relative current 상대류
relative density (식)(어) 상대밀도
relative depth 상대수심
relative dispersion (식) 상대산포도
relative diversity (식) 상대다양도
relative fecundity (양)(자) 상대포란수
relative feed value (RFV) (양) 상대사료가치
relative frequency (식)(양)(어)(자) 상대도수
relative growth (식)(어)(자) 상대성장
relative humidity (RH) (식)(어) 상대습도
relative sweetness (식) 상대감미도
relative variability (식) 상대변이
relative velocity (식)(어) 상대속도
relative viscosity (식) 상대점도
relativity (식) 상대성

release (어)(자) 방류
release of marking fish (어)(자) 표지방류
released fish (자) 방류어
released larva(e) (released seed) (자) 방류종묘
reliable weight (식) 신뢰가중치
reliablity coefficient (식) 신뢰도
relic form 잔존종
relict (양) 잔존생물
relict organism 잔존생물
relief 돋음
remineralization 재광물화작용, 재무기화작용
remote control (어) 원격조정
remote detector (어) 원격탐지기
remote measuring system 원격측정계
remote sensing (어)(자) 원격탐사
renewable resource (어)(자) 갱신적자원 (식) 재생(성)자원
repeated systematic surveys (식) 반복계통조사
repellent substance (식) 기피물질
repetition rate (식) 반복율
replacement (자) 갱신, 교대 (식) 대체 (양) 교체
replacement abundance (식) 대체자원량
replacement of fish species (식)(자) 대체어종
replacement reaction (식) 치환반응
replant (식) 포복성의
replication (식) 반복
reported fishery (어)(자) 신고어업
reproducible medium (식) 증식배지
reproducing instinct (어)(자) 생식본능
reproduction (식)(어)(자) 재생산, 재생산력
reproduction curve (식)(어)(자) 재생산곡선
reproduction model (식)(어)(자) 재생산모델
reproduction table 생식표
reproductive behaviour (식)(어)(자) 생식행동
reproductive biology 재생산생물학
reproductive brace 생식보조기
reproductive cycle (식)(어)(자) 생식주기
reproductive isolation 생식적격리
reproductive organ (어)(자) 생식기관
reproductive potential (어)(자) 생식능력
reproductive rate (어)(자) 번식율
reproductive season (어)(자) 생식시기
reproductive value 재생산치
Republic of Korea-Japan joint fisheries regulation water (식)(어) 한일공동규제수역
rescue boat (어)(항) 구조정
research and development (식) 연구개발
research behavior (어) 탐구행동
research design (식) 연구디자인 (양) 조사설계
research fishery (어) 교습어업
research instinct (어) 탐구본능
research vessel (식)(어)(자) 연구, 조사선
reservation area (식) 보호구역
reserved personal (어) 예비선원
reserved project 비축사업
reservior (식) 저장고 (양) 저수지

residual (식) 잔차
residual current (어) 잔차류
residual free chlorine (식) 유리잔류염소량
residual pesticide (식)(양) 잔류성농약
residual solvent (식)(양) 잔류용매
residual toxicity (식)(양) 잔류독성
residual variance (식)(어) 잔차분산
residual velocity 잔여유속
residue (식) 잔류물
resilience 회복
resin (식) 레진, 수지
resistance (식)(어) 저항
resistance coupled amplifier (어) 저항결합증폭기
resistance force (식) 저항력
resistant bacteria (식)(양) 내성세균
resolution (식) 분해능
resonance (식) 공명, 공진
resonance oscillation (식) 공명진동
resonance scattering (식) 공명산란
resource (식)(어)(자) 자원
resource management (식)(어)(자) 자원관리
resource organism (식)(어)(자) 자원생물
respiration (식) 호흡
respiratory rate (식) 호흡율
respiratory system (식) 호흡계
response surface (식) 반응표면
response surface methodology (RSM) (식) 반응표면분석법
responsive behavior (양) 반응적행동
resting egg 휴면란
resting spore (식) 휴면포자
resting stage (식) 휴식기
resting zone 휴지대
restoring force (식) 복원력
restricted feeding (양) 제한급여
restriction of fishing (어) 어획규제
resultant curve (자) 합성곡선
resuspension 재부유
retail store (식) 소매점
retainer (식) 리테이너
retardation (식) 지연, 지체
retention (식) 체류
retention time (식)(양) 머무름 시간, 체류시간
reticulopod 망상헛다리
reticulum 망위
retina 망막, 신경층
retort (식) 레토르트
retort burn (식) 레토르트 변색
retort foods (식) 레토르트식품
retort pouch (식) 레토르트파우치
retort pouched foods (식) 레토르트파우치 식품
retort sterilization (식) 레토르트 살균
retrocedence (양) 후퇴의
retrogression (식) 역행
returning (식) 되풀림
reverberation 잔향
reverse osmosis (식) 역삼투
reverse osmosis concentration (식) 역삼투농축
reverse osmosis membrane (식) 역삼투막
reverse reaction (식) 역반응
reversibility invertibility (식) 가역성
reversible change (식) 가역변화
reversible cycle (식) 가역사이클
reversible process (식) 가역과정
reversible reaction (식) 가역반응

reversing current 반전류, 반전조류
reversing thermometer 전도온도계
reversing tidal current 왕복조류
reversing water bottle 전도채수기
reversion current 역전조류
revolution 공전
revolution pump (양)(자) 회전펌프
revolution reduction gear 회전수감속장치
RH (relative humidity) (식) 상대습도
rheology (식) 레올리지
rheometer (식) 레오메터
rheotaxis 주류성
rheotropism 수류굴성
rhizoid (식) 가근, 헛뿌리
rhizome (식) 근경, 뿌리줄기
rhodamine B dye 로다민B물감
rhumb line (어)(항) 항정선
rhumb line sailing (어)(항) 항정선항법
rias coast (양)(어)(항) 리아스식 해안
rib (식)(양) 늑골
ribbon worms 유형동물
ribbonfish (식)(양)(어)(자) 분장어
ribon screw (식) 리본스크류
ribonucleic acid (RNA) (식) 리보핵산
ribose (식) 리보스
rice bran (식)(양) 쌀겨, 미강
rice flour (식) 쌀가루
rice starch (식) 쌀전분
ridging 두둑짓기
riding light (어) 정박등
rig system (어) 강삭계
rigging system (어) 삭계
right handed twist (식) 오른꼬임
right of innocent passage (어)(항) 무해통항권
rigid system 강체계
rigidity (식)(양) 강성율
rigisteration (어)(항)(식) 등록사항
rigor (식)(양) 강직, 경직
rigor mortis (식)(양) 사후강직, 사후경직
ring 나이테(비늘), 윤문
ring bridle (양) 고리줄
ring connection 환상결선
ring muscle 환상근
ring net 링네트
ring purse seine (어) 고리식두리그물
ring shackle 링섀클
Ringer's solution (식) 링거용액
rip 물살센곳, 여울
rip current (어)이안류
ripening (식) 숙성
ripening period (식) 숙성기간
ripening process (식) 숙성공정
ripening room (식) 숙성실
ripple 잔물결
rise of floor 선저경사
rising 융기
risk (식)(양) 위해
risk analysis (식)(양) 위해분석
risk assessment (식)(양) 위해평가
risk factor (식)(양) 위해인자
risk index (식)(양) 위해지수
risk management (식)(양) 위해관리
river bore 강조진파
river eight-eyed eel (식)(어)(자) 칠성장어
river fish odor 천어취
river fishery (어) 하천어업
river resident form 하천잔류형
RNA (ribonucleic acid) (식) 리보핵산
roast fish 생선구이

roasted-dried products (식) 배건품
robustness 확고함
Rochele salt (식) 로첼염, 로셀염
rock blasting 암초폭파
rock bream (식)(양)(어)(자) 돌돔
rock salt (식) 암염
rock which covers and uncovers 간출암
rocky cleaning (양) 갯닦기
rod (식)(양) 간상(체)
rod cell (식)(양) 간상(체)세포
rodenticide 살서제
roe (식)(양) 생선알, 어란
roll (식) 롤
roll-shells 권패
roller (식) 롤러
roller conveyor (식) 롤러컨베이어
roller drying (식) 롤러건조기
roller hook (어) 로울러낚시
roller mill (식) 롤러밀
rolling (식) 압연
rolling process (식) 압연공정
room temperature (식) 실내온도, 실온
room temperature storage (식) 실온저장
root vegetable (식) 뿌리채소류
rope (어) 줄, 로프
rope system (어)(자) 삭계
rope trawl (어) 로프트롤
rope twist (어)(자) 밧줄꼬임
rope winder (어) 로프와인더
rotary compressor (식) 회전식압축기
rotary dryer (식) 회전건조기
rotation (식) 순번
rotational harvesting 순번수확
rotatory harvest 윤채취법
rotifer (식) 단륜충
rough fish (식) 잡어
rough sea 거친바다
roughage (양) 조사료
round (식) 라운드
round fish 둥근고기, 원형어
round-off error (식) 반올림오차
round scad (식) 가라지
round tail off (식) 라운드 테일 오프
round tail on (식) 라운드 테일 온
roundness (식) 원만도
rower (양) 노젓는 사람
rowing boat (어) 조로선
RSM(response surface methodology) (식) 반응표면분석법
rubber ball (어) 고무구
rubber bobbin (어) 고무보빈
rubber tube (어) 고무튜브
rubbing (어) 탁본
rubble 각력, 깬조약돌
rudder (어) 키, 타
rudderfish (식)(양)(어)(자) 동갈방어
ruff (어) 농어무리
run off 유출
run-time curves 시간소요곡선
running stored (식) 소모품
running water culture 유수식양식
runoff 유거, 유출량
Rural Development Administration, RDA (식) 농업진흥청
rusting (식) 기름변색, 기름중탕기, 러스팅, 유지산화변색

S

S (sulfur) (식) 황
saccharomo meter (식) 당도계
sacculus 소낭
sacvenger (식) 소거제
saddle (식) 안장, 등심
saddle point (식) 안장점
safe concentration (식) 안전농도
safe water marks (어)(항) 안전수역표지
safe working strength (어) 안전사용력
safety (식)(어) 안전
safety evaluation (식)(어) 안전성평가
safety factor (식)(어) 안전계수
safety valve (식)(어) 안전밸브
safflower meal (양) 사플라워박
sagging (어)(항) 새깅
sagging state (어) 처진상태
sail (어) 돛
sailer (어)(항) 선원
sailfin boarhead (양) 황줄돔
sailing (어)(항) 항법
sailing boat (어)(자) 범선
sailing chart (어)(항) 항양도
sailing direction (어)(항) 수로지
sailing rules (어)(항) 항법규정
sailing trawl (어)(항) 돛방, 바람돛방, 범선저인망
sailing vessel (어)(항) 범선
sake (식) 청주, (식) (일본어)연어
saled eel (식)(양)(어)(자) 먹장어
salamander 도롱뇽
salck water 휴조
salicylic acid (식) 살리실산
saline lake (식) 염수호
saline solution (식)(양) 소금물
saline taste (식) 짠맛
saline water (식)(양) 소금물
salinity (식)(양) 염농도, 염도, 염분농도
salinometer (식)(양) 염도계
salivary gland (식) 타액선
salmon pink 연어살색
salmon roe (식)(양)(어)(자) 연어알
salmon shark (양) 악상어
salmon steak (식) 연어스테이크
Salmonella (식) 살모넬라
Salmonella food poisoning (식) 살모넬라식중독
salmonellosis (식) 살모넬라증
salt (식)(양)(어)(자) 식염, 소금
salt conservation 염분보존
salt diffusion (식) 염분확산
salt farm (식)(양)(어)(자) 염전
salt-fermented Alaska pollock stomach and intestine (식) 창란젓(갈)
salt-fermented anchovy sauce (식) 멸치액젓
salt-fermented fish (식) 어류젓(갈)
salt-fermented fish sauce (식) 어류액젓

salt-fermented oyster (식) 굴젓(갈)
salt-fermented sandlance (식) 까나리젓(갈)
salt-fermented sandlance sauce (식) 까나리액젓
salt-fermented sea urchin (식) 성게알젓(갈)
salt-fermented shellfish (식) 조개젓(갈)
salt-fermented shrimp (식) 새우젓(갈)
salt-fermented skipjack tuna viscera (식) 가다랑어내장젓(갈)
salt-fermented squid (식) 오징어젓(갈)
salt-free surimi (식) 무염수리미, 무염연육
salt in 염가용
Salt Industry Promotion Act (식) 소금산업진흥법
salt marsh 염습지
salt pan 천연염전
salt-sensitive bacteria (식) 염가수성세균
salt tolerance (식)(양) 내염성
salt wedge 염분쐐기
salt wedge estuary 쐐기형염하구
salted (and) dried cod (식) 간대구포
salted (and) dried fish (식) 염건어
salted (and) dried gray mullet (식) 염건숭어
salted (and) dried horse mackerel (식) 염건전갱이
salted (and) dried mackerel (식) 염건고등어
salted (and) dried mackerel pike (식) 염건꽁치
salted (and) dried product (식) 염건품
salted (and) dried sardine (식) 염건정어리
salted (and) dried yellow corvina (식) 굴비, 염건조기
salted fish (식) 염장어
salted jellyfish (식) 염장해파리
salted mackerel (식) 염장고등어, 간고등어, 자반고등어
salted roe (식) 염장어란
salted salmon (식) 염장연어
salted salmon roe (식) 염장연어알
salted sea mustard (식) 염장미역, 간미역
saltiness (식) 짠맛
salting (식) 가염, 염장
salting out (식) 염석
salty taste (식) 짠맛
salvage (어)(항) 해난구조
same age population (어)(자) 동연령개체군
sample (식)(어)(자) 시료, 표본
sample element size (식)(양)(어)(자) 표본요소크기
sample length (식)(양)(어)(자) 시료길이
sample mean (식)(양)(어)(자) 표본평균
sample survey (식)(어)(자) 표본조사
sample water (식)(양)(자) 시료수
sampler (식)(양)(어)(자) 시료 채취기
sampling (식)(양)(어)(자) 시료 채취, 샘플링
sampling design (식)(양)(어)(자) 샘플링설계
sampling diameter (식) 채집반경
sampling effort 채집노력량
sampling error (식)(양)(어)(자) 채집오차
sampling form (식)(양)(어)(자) 채집형태
sampling fraction 부분표본

sampling inspection (식)(양)(어)(자) 발췌검사
sampling rate (식)(양)(어)(자) 채집률
sampling site (식)(양)(어)(자) 채집정점
sampling theory 채집이론
sampling unit (식)(양)(어)(자) 표본단위
sampling volume 채집부피
sampling width (식)(양)(어)(자) 채집폭
sanctuary 동식물보호구역
sand bag (어) 멍
sand bar 사주
sand bass (식)(양)(어)(자) 농어
sand bath (식) 모래중탕
sand filter (식) 모래여과기
sand hopper 갯벼룩
sand ripple 사련
sandy coast 사빈해안
sandy silt 사질실트
sandy-mud (식)(어) 사니질
sanitary indicative bacteria (식) 위생지표세균
sanitary outfit 위생의장품
sanitary tank 위생탱크
sanitation (식) 위생
sanitory control of food factory (식) 식품공장위생관리
saponification (식) 비누화
saponification value(SV) (식) 검화가, 비누화가
sapropel 부니
saprophagous organisms 부식생물
saprophyte 부생균류, 사물기생균
saprophytic 부생식물성
saprophytic nutrition 부생식물성영양
saprotrophs 부식영양자
saprozoic 부생동물성, 사물기생
sarcolemma (식) 근섬유초, 근초
sarcomere (식) 근절
sarcophagous 육식의
sarcoplasm (식) 근형질
sarcoplasmic protein (식) 근장단백질, 근형질단백질
sardine (식) 정어리
sardine meal (식)(양) 정어리어분
sardine oil (식) 정어리유, 정어리 기름
satellite (어)(항) 위성
satellite communication system (어)(항) 위성통신시스템
satellite navigation (어)(항) 위성항법
satellite relay of data (어)(항) 자료위성중계
satellitic orbit (어)(항) 위성궤도
saturated air (식) 포화공기
saturated diving 포화잠수
saturated fatty acids (식) 포화지방산
saturated humidity (식) 포화습도
saturated pressure 포화압력
saturated salt water (식) 포화식염수
saturated solution (식) 포화용액
saturated state (식) 포화상태
saturated temperature 포화온도
saturated vapor (식) 포화증기
saturated vapor pressure (식) 포화수증기압
saturation (식) 포화
saturation density 포화밀도
saturation depth 포화심도
saturation of fishing gear 구포화
saturation percentage 포화백분률
sauce (식) 소스
saury (식)(양)(어)(자) 꽁치
saury catched by hand (어)(자) 손꽁치

saury drift gill net (어) 꽁치유자망
saury stick-held dip net (어) 꽁치봉수망
sausage (식) 소시지
saw shark (식)(양)(어)(자) 톱상어
saxitoxin (식) 삭시톡신
scalar quantity (어) 스칼라량
scale (식)(어)(자) 눈금, (식) 비늘
scale agar (양) 비늘한천
scale analysis (식) 규모분석
scale glue (식) 비늘어(아)교
scale radius 인경
scale ratio (어) 축척, 치수비
scaled herring (식) 밴댕이
scaliness 비늘상태
scaling integrator output 척도적분기출력
scalpel sawtail (식)(양)(어)(자) 쥐돔
scanning (식) 투시
scanning electron microscope (SEM) (식) 주사전자현미경
scanning rate (식) 주사율
scanning sonar (어) 스캐닝소나
scanning speed 주사속도
scarp 급경사
scatter (식) 분산
scattered rate 산일율
scattering bait (어) 뿌림미끼
scattering function (양)(자) 산란함수
scattering layer (양)(자) 산란층
scattering strength (양) 산란강도
scatterometer (양) 산란계
scavenged elements 포획제거원소
scavenger (식) 제거제
schematic drawing 개요설계
School Health Act (식) 학교보건법
School Meals Act (식) 학교급식법
schooling (식) 무리형성
Science of Fisheries (식)(양)(어)(자) 수산학
scientific evaluation (식)(양)(어)(자) 과학적평가
scientific name (식)(양)(어)(자) 학명
scintillation counter 섬광계수기
sclera 공막
scleroprotein (식)(양) 경단백질
scombroid poisoning (식) 고등어독
scoop net (양) 채그물 (어)(자) 분기초망, 초망
scoop net method (어) 초망어법
score (식) 각선, 접수
scoring test (식) 평점법
scotopic vision 암순응시
SCP(single cell protein) (식) 단세포단백질
scrap (식) 찌꺼기, 박
scrap cake 기름짠생선찌꺼기
scrap meal (식) 스크랩밀, 잔사어분
scrape net (어) 반디그물(어포부)
screen (식) 스크린
screw (식) 스크류
screw band cap bottle (식) 스크류밴드캡병
screw cap (식) 스크류캡
screw compressor (식) 스크류압축기
screw conveyor (식) 스크류컨베이어
screw current 추진기류
screw mixer (식) 스크류믹서
screw propeller (식) 스크류 프로펠러, 나선 추진기
scroll compressor (식) 스크롤압축기
SCUBA(self contained underwater

breathing apparatus) 스쿠바
scupper 배수구
scute 각린, 순판, 인갑
scutum 갑상연골
Se(selenium) (식) 셀레늄
sea anchor (어) 물돛
sea-anemone (식)(양)(어)(자) 말미잘
sea angler (sea angling player) (어)(자) 바다낚시꾼
sea barrow 난각
sea bathing 해수욕
sea bed 해저
sea bird (어) 바다새, 해조(새)
sea bottom 해저
sea breeze (식) 해풍
sea cabbage (식)(양)(어)(자) 다시마
sea chub (식)(양)(어)(자) 방상어
sea condition 해황
sea cow 바다소, 해우
sea cucumber (식)(해)(어)(자) 해삼
sea elephant 해상
sea fan 바다부채
sea farming 해양수산물양식
sea feathers 바다조류
sea fire 바다생물발광
sea fish (식)(어)(자) 바다물고기, 해수어
sea fishery (식)(어) 해양어업
sea-flower (식)(양)(어)(자) 말미잘
sea fog 바다안개, 해무
sea grape 시이그래이프
sea green 해록색
sea gull (어) 갈매기
sea hare (식) 군소
sea horses (식) 해마
sea lettuce 갈파래, 파래 (양) 갈파래
sea level (어) 해수면
sea level change (어) 해수면변동
sea level correction (어) 해수면교정
sea level cycle 해수면순환, 해수면윤회
sea level datum 기준해수면
sea level elevation 해발고도
sea lily 갯나리(바다나리)
sea mammals (식) 해양포유동물
sea moss (식) 이끼벌레
sea mud (식) 해니
sea mussel (식) 진주담치
sea mustard (식) 미역
sea otter 해달
sea pansy 바다표고
sea pig 듀공
sea pollution prevention law (식) 해양오염방지법
sea power 해상력
sea protest (어)(항) 해난보고서
sea purse (양) 난낭 (양) 알주머니
sea rainbow trout (식)(양) 해수산 무지개 송어
sea raven (식)(양)(어)(자) 삼세기
sea reach 직선수로
sea road 항로
sea runace (양) 황어
sea salt 해염
sea shiner (식)(양)(어)(자) 황어
sea squirt (식)(양)(어)(자) 멍게 (식) 우렁쉥이
sea staghorn (식)(양)(어)(자) 청각
sea state (어)(항) 해상상태
sea surface temperature (식) 해면수온
sea tangle (식)(양)(어)(자) 다시마
sea trout 해수산송어
sea truth 현지조사

sea turtle (어) 바다거북
sea urchin (식) 성게
sea urchin taste (식) 성게맛
sea vegetable (식) 해조류
sea wall 해안방파
sea walnut 빗살동물, 유절동물
sea water temperature (식)(양)(어)(자) 해수온도
sea whip 바다버들
sea wolf 대식해산어
sea wrack 큰해초
seaculture (양) 해면양식
seafood (식) 수산식품
seafood processing (식) 수산(식품)가공
seafood processing industry (식) 수산가공산업
seafood products (식) 수산식품가공품
seafood storage (식) 수산식품저장
seagoing fisherman (어) 원양어업자
seagrass (양) 잘피
seagrass community 해초군집, 해초류
seal (식) 물개
sealer (식)(양) 포장기
sealing (양) 포장
sealing compound (식) 실링컴파운드
seam (식) 밀봉부
seam thickness (식) 밀봉두께
seam width (식) 밀봉폭
seaman (어)(항) 선원
seaman's certificate (어)(항) 선원수첩
seamanship (어)(항) 선박운용학
seamer (식) 밀봉기, 시머
seaming (식) 밀봉, 시밍
seaming chuck (식) 시밍척
seaming head (식) 시밍헤드
seaming roll (식) 시밍롤
seamounts (어) 해저산
search and rescue (어) 수색구조활동
search light (어) 수색등, 탐조등
search light sonar (어) 서치라이트소나
search pattern (어) 수색방식
seasickness 뱃멀미 (어)(자) 뱃멀미
seasonal behavior 계절행동
seasonal characteristic (식) 계절적 특징
seasonal form 계절형
seasonal isolation 계절격리
seasonal lag 계절지각
seasonal migration (식)(어)(자) 계절회유
seasonal succession 계절적천이
seasonal thermocline (어) 계절적수온약층
seasonal variable 계절변수
seasonal variation (식) 계절변화
seasonality (식) 계절성
seasoned (and) boiled clams (식) 패류조미자숙품
seasoned (and) boiled fish (양) 조미자숙어류
seasoned (and) boiled product (양) 조미자숙품
seasoned (and) boiled sandlance (식) 조미자숙까나리
seasoned (and) boiled sea tangle (식) 조미자숙다시마
seasoned (and) boiled shrimp (식) 조미자숙새우
seasoned (and) boiled squid (식) 조미자숙오징어
seasoned (and) cooked sea tangle (식)

조미조림다시다
seasoned (and) dried fish (식) 조미건조어류
seasoned (and) dried product (양) 조미건제품
seasoned (and) dried puffer (식) 조미건조복어
seasoned (and) dried saury (식) 조미건조꽁치, (식) 꽁치꽃포
seasoned (and) grilled yellow tail (식) 조미구이방어
seasoned (and) roasted eel (식) 조미구이뱀장어
seasoned (and) roasted fish (식) 어류조미배건품
seasoned (and) roasted products (식) 조미구이제품
seasoned laver (식) 조미김
seasoned laver paste (양) 조미김페이스트
seasoned product (식) 조미가공품
seasoned roasted and dried products (식) 조미배건품
seasoned salt (식) 맛소금
seasoning (식) 조미, (식) 조미료
seasoning process (식) 조미공정
seasoning processing (식) 조미가공
seaward migration 강해회유
seaware 떠밀린 해초
seawater (식) 해수
seawater cooling device (식) 해수냉각장치
seawater exchange (식) 해수교환
seawater property (식) 해수특성
seawater thermometer 해수온도계
seawater-solved resources 해수용존자원
seaway 뱃길
seaweed bed (양) 해조밭, 해중림
seaweed collecting (어) 채조업
seaweed culture (양) 해조류양식
seaweed culture industry (양) 해조류양식산업
seaweed furcata 불등가사리
seaweed harvesting machines 해조채취기계
seaweed industry (식) 해조공업
seaweeds (식) 해조류
seaworthiness (어)(항) 감항성, 내파성, 내항성
seborrhea disease 세보레아증
Secchi disc (어) 투명도판
sechron 세크론
secondary amine (식) 이급아민
secondary boat (어) 짝배
secondary consumer (식) 이차소비자
secondary contamination (식) 이차오염
secondary fermentation (식) 이차발효
secondary function of food (식) 식품의 이차기능
secondary infection (식) 이차감염
secondary pollant (식) 이차오염물질
secondary producer 이차생산자
secondary production 이차생산
secondary quantity (식) 이차량
secondary refrigerant (식) 이차냉매
secondary scale factor 유도상사비
secondary sexual characteristics 이차성징
secondary tide station 부검조소
secretion (식) 분비물

section (식) 부분
sector (식) 구획, 분도
secular change 영년변화
secular equilibrium 영년평형
secular trend 영년경향
secular variation 경년변화
sedentaria 정주성생물
sedentary fish species (식)(어) 정착성어종
sediment (식) 침전물
sediment drift 퇴적물표이
sediment pollution (식) 퇴적물오염
sedimentation method (식) 침강법
seed (식)(양) 종묘
seed collection (양) 채묘
seed collection method (양) 채묘법
seed collector (양) 채묘기
seed culture (식) 종균배양
seed fiber 종자섬유
seed fish (식) 알밴고기
seed koji (식) 종국
seed net 종망
seed oyster (양) 종묘굴
seed pearl 작은진주알
seed production (양) 종묘생산
seed production technology (양) 종묘생산기술
seeder (양) 파종기
seerfish 고등어무리
segment (식) 부분
seiche 부진동, 정진동
seiche wave 정진동파
seine net (어) 후릿그물 (어)(자) 방그물
seine nets methods (어) 후릿그물어법
seizure 경련
selected ship station 특별관측선
selection factor (식) 선택인자
selection rules (식) 선택법칙
selective catch (어) 선택어획
selective deposit feeder 선택적퇴적물식자
selective fishing (식) 선택어획
selective pressure (어)(자) 선택압력
selectivity (식)(어)(자) 선택성
selectivity curve (어)(자) 선택곡선
selectivity index (어)(자) 선택도지수
selectivity of fishing (어)(자) 어구선택성
selectivity of fishing gear (어)(자) 어구선택성
selenium(Se) (식) 셀레늄
self navigating catcher boat (양)(어) 독항선
self purification (양) 자정작용
self sustaining weight 자중
self-fertilization 자가수정
self-management fishery (식)(어) 자영어업
self-navigable boat (어) 독항선
self-regulating renewable resource (어)(자) 자율갱신가능자원
self-regulation (어)(자) 자율갱신
self-sufficiency rate of food (식) 식량자급율
self-weight (양) 자중
SEM (scanning electron microscope) (식) 주사전자현미경
semiafter engine room vessel (어) 반선미기관선
semiair blast freezing (식) 반송풍동결법
semi-aqatic 반수생의

semiaverage method 반평균법
semiballoon type shrimp trawl (어) 반기구형새우트롤
semidemersal 반저서성
semidiurnal constituent 반일주분조
semidiurnal current (어) 반일주조류
semidiurnal tide (양) 반일주조
semidiurnal variation (식) 반일변화
semidiurnal wave (어) 반일파
semidressed (식) 세미드레스
semidrying oil (식) 반건성유
semienclosed sea (어) 반폐쇄해
semiendobenthos 준내서동물
semipartner 준조합원
semipelagic egg 반부유란, 반유영성
semipermeability (식) 반투과성
semipermeable membrane (식) 반투막
semiseparated type trawl (어) 반분리식트롤
semisolid culture (식) 반고체배양
semisolid medium (식) 반고체배지
semistern trawler (어) 반선미식트롤선
semistrong flour (식) 준강력분
semisynthetic fiber (어) 반합성섬유
semiwholesale market 유사도매시장
senescence of culturing ground (어) 어장노화
senescent fish 노어
sense of sight 시각
sensibility (식)(어) 감도
sensible heat (식) 현열
sensitiveness(sensitivity) (식) 감도
sensitivity time control 시간적감도제어기
sensory capability (식) 체감능력
sensory ergon (식) 감각기관
sensory evaluation (식) 관능검사, 관능평가
sensory function (식) 감각기능
sensory hair(or seta) 감각강모
sensory panel member (식) 관능요원
sensory quality (식) 관능적품질
sensory score (식) 관능점수
sensory test (양) 관능검사
separate funnel (식) 분획 깔때기
separate trawl (어) 선별식트롤
separation (식) 분리
separation coefficient (식) 분리계수
septicemia (식) 패혈증
septum (식) 격막, (식) 격벽
sequence control (양) 순서제어, 시퀀스제어
sequential analysis (식) 순차분석
sequential population assessment model (자) 연속자원평가모델
sergestid 심해새우
serial spawninging (식) 연속산란
serial station 정선해양관측정점
serine (식)(양) 세린
serum (식)(양) 혈청
serum albumin (식)(양) 혈청알부민
serum cholesterol (식)(양) 혈청콜레스테롤
serum globulin (식)(양) 혈청 글로부린
serum precipitation reaction (식) 혈청침강반응
serum protein (식) 혈청단백질
service condition 항해상태
service speed (양)(어)(항) 항해속력
serving (어) 덧감기
serving line (어)(자) 덧줄

sesame (식) 참깨
sesame oil (식) 참기름
sesamol (식) 세사몰
sesamolin (식) 세사몰린
sessile 고착성
seston 세스톤
set gill net (양)(어) 고정걸그물
set long line (어) 저연승
set net (stationary net) (어) 정치망
set net fishery (어)(자) 정치망어업
set net fishery right (어)(자) 정치망어업권
set net with both sides pound (어)(자) 양낙망
set net with trap (어) 낙망
setae 강모
setose 강모를 가진
setting (식) 설정 (식) 자연응고
setting longline (어) 투승
setting method 정치법
setting temperature (식) 지정온도
settlement (식) 정착
settlement period 착저기
settling volume 침강량
sewage (식) 하수
sewage sludge (식) 하수슬러지
sewage treatment (식) 하수처리
sex change (양) 성전환
sex hormone (양) 성호르몬
sex maturation inducing hormone 성성숙촉진호르몬
sex ratio (양) 성비
sex specific harvesting (양) 성별수확량
sextant (어)(항) 육분의
sexual dimorphism 성적이형
sexual generation (양) 유성세대
sexual hormone (식)(양) 성호르몬
sexual instinct territory 성적본능세력권
sexual maturity (식)(양) 성성숙
sexual reproduction (식)(양) 유성생식
sexual spore (식)(양) 유성포자, 유성홀씨
sexual variation (식)(양) 성변이
shackle (어) 섀클
shad 청어무리
shade type 음생형
shadow and noise 음영잡음
shadow zone (자) 음영대
shaft horse power (어) 축마력
shaft trunk 축로
shaking (식) 진탕
shaking incubator (식) 진탕항온기
shaking seive (식) 진동체
shallow marginsea (식)(어) 내륙해
shallow scattering layer 천해산란층
shallow sea (식)(양)(어)(자) 천해
shallow sea deposit 천해퇴적물
shallow-sea fish (식)(어) 천해어
shallow sea fishery (어)(자) 천해어업
shallow water 천수
shallow water aquaculture (양) 천해양식
shallow-water area (식)(어) 천해역
shallow-water benthic community 천해저서군집
shallow-water benthos 천해저서생물
shallow water effect 천수효과
shallow water wave 천해파
shaping (식) 성형
shark (식) 상어
shark cartilage (식) 상어연골

shark fin (식) 상어 지느러미
shark liver oil (식) 상어간유
shark sucker (식)(양)(어)(자) 빨판상어
sharkproof 상어막이의
sharp seam (식) 샤프시임
sharp-toothed eel (식)(양)(어)(자) 갯장어
shear crack 전단파열선
shear deformation (식) 전단변형
shear strength (식)(어) 전단강도
shear stress (식)(어) 전단응력
shearing coefficient (어) 전개력계수
shearing force (식)(어) 전단력
shed 연어당세어
sheer (어)(항) 현호
sheet bend knot (어)(자) 막매듭
sheet flow 면상류
sheet-type luminescence 층상발광
shelf edge (양) 대륙붕외연
shelf freezing equipment (식) 관식동결장치
shelf-life (식) 저장수명 (식)(양) 저장가능기간
shelf seas (식)(어)(자) 대륙붕바다
shelf sediment (식)(어)(자) 대륙붕퇴적물
shell (식) 패각
shell and coil type evaporator (식) 셸코일식증발기
shell harvesting machine 패류채취기
shell length (식)(어)(자) 각장
shell length limit (어)(자)(식) 각장제한
shell mounds 패총
shell structure (식) 껍질구조
shell width (식) 각폭
sheller (식) 탈각기
shellfish (식) 조개 (식) 패류
shellfish dredge 조개그물(패류망)
shellfish fishery (식)(어)(자) 패류어업 (어)(자) 채패업
shellfish poison (식)(양) 패독
shellfish toxification phenomenon (식) 패류독화현상
shellfish toxins (식) 패류독
shelly 패각의
shelter deck vessel 차랑갑판선
sheltering coefficient 피난계수
shield 가려말이
shifting 이전
Shigella (식) 시겔라
shigellosis (식) 시겔라증
ship agency (어)(항) 선박대리점
ship-breaker (어)(항) 폐선해체업자
ship chandlery (어)(항) 선구업
ship fumigation (어)(항) 선내소독
ship inspection certificate (어)(항) 선박검사증서
ship observation (어)(항) 선박관측
ship position (어)(항) 선위
ship safety law (어)(항) 선박안전법
ship speed (어)(항) 선속도
ship stores (어)(항) 선용품
ship survey (어)(항) 선박검사
ship wave (어)(항) 항적
shipbuilding company (어)(항) 조선회사
shipbuilding industry (어)(항) 조선업
shipbuilding yard (어)(항) 조선소
shipowner (어)(항) 선주
shipping business (어)(항) 해운업
shipping community (어)(항) 해운계
shipping company (어)(항) 해운회사
shipping enterprise (어)(항) 해운기업
shipping law (양)(어)(항) 선박법

shipping world (양)(어)(항) 해운계
ship's fishery manufacturing (식) 선상수산제조
ship's processing (어)(식) 선상가공
ship's type (어)(항) 선형
shipworm 배좀벌레, 좀조개
shipwreck (어)(항) 난파
shoal 고기떼
shoaling coefficient 천수계수
shooting (어) 투승
shore bank 호안제방
shore current 해안류
shore fish (식)(어)(자) 연안어류
shore fisherman (어) 지선어민
shore fishery (어) 지선어업
shore fishing ground (어)(자) 지선어장
shoreline 해안선
short chain fatty acid (식) 저급지방산
shot depth 발파수심
short diameter (식) 단경
short wave (양)(어) 단파
shortening ratio (어)(자) 주름률
shortest stopping distance (어)(항) 최단정지거리
shortfin mako (식)(양)(어)(자) 청상아리
shortwave radiation 단파복사
shrimp (식)(양)(어)(자) 새우
shrimp peeler (식) 새우탈각기
shrimp pot(shrimp trap) (어)(자) 새우통발
shrimp trawl (어) 새우트롤
shucked shellfish (식) 박신
shucking (식) 조개껍질까기
Si(silicon) (식) 규소
sibling species 자매종
sickness and injury allowance 상병수당
side band 단측파대
side drum (어) 사이드드럼
side light (어)(항) 현등
side lobe 부엽, 사이드로브
side scan sonar (어) 사이드스캔소나, 측면주사음향측심기
side seal cap bottle (식) 사이드실캡병
side seam (식) 사이드심
side trawl (어) 현측식트롤
sideforce (어) 횡력
sidereal hour angle 항성시간
sieve (식) 체
sieve separation (식) 체분리
sieve separator (식) 체분리기
sieve shaker (식) 체진동기
sieving (식) 체가름
sifting out process (양) 도태작용
sighting method (어)(자) 목시법
sigmoid (어)(자) 시그모이드
sign stimulus (어) 신호자극
signal processing (어) 신호처리과정
signal sound (어) 신호음
signal to noise ratio 신호대잡음비
signed rank test (식)(양)(어)(자) 표시순위검정
significance (식)(양)(어)(자) 유의차
significance level (식)(양)(어)(자) 유의수준
significance test (식)(양)(어)(자) 유의차검정
significant wave 유의파
significant wave height 유의파고
sikhae (식) 식해
silage (식) 사일리지
silent cutter (식) 사일런트커터

silica (식) 실리카
silica sand (식) 규사
silicagel (식) 실리카겔
silicate (식) 규산염
siliceous ooze 규질연니
siliceous sediment 규질퇴적물
silicoflagellates 규질편모류
silicone (Si) (식) 규소
silicone oil (식) 실리콘 오일
silicone resin (식) 규소수지
silk fiber (어) 견섬유
silk twine (어) 명주실
silt 실트
silver salmon (식)(양)(어)(자) 은연어
silvering 은화
silvery pomfret (식)(양)(어)(자) 병어
similarity (식) 유사도 (양) 닮음
similitude 닮음
similitude of separation 분할상사
simple correlation (식) 단순상관
simple curved board (어) 단순만곡형 전개판
simple hanging culture (양) 간이수하식양성
simple hanging method (양) 간이수하식방법
simple harmonic 단순조화파
simple lattice design 단순격자형배열
simple lay system 단순짓가림제
simple lipid (식) 단순지질
simple pendulum 단진자
simple protein (식) 단순단백질
simple regression analysis (식)(양)(어)(자) 단순회귀분석
simple staining method (식) 단순염색법
simulation (식)(양)(어)(자) 시뮬레이션
simultaneous altitudes 동시고도
simultaneous observation (어)(자) 동시관측
single-beam 단파
single bottom construction 단저구조
single cell (식) 단세포
single cell protein (SCP) (식) 단세포단백질
single fishery (어) 단독어업
single line fishery (어)(자) 외줄낚시어업
single plate type (어) 단판형
single stage compression cycle (식) 단단압축사이클
single step fermentation (식) 단발효
single yarn (어) 단사
singlet oxygen (식) 일중항산소
singular point 특이점
sinistral 왼쪽으로 감긴
sink (식)(어) 침강
sinker (어) 발돌, 침자 (어)(자) 붓돌
sinker line (어) 침자강, 침차줄
sinking (식) 침전
sinking and floating test 부침시험
sinking bar (어) 암해(안강망)
sinking bar lower beam (어)(자) 임해 (안강망)
sinking force (식)(어) 침강력
sinking rate (식) 침강율
sinking speed (식)(어) 침강속도
sinus 공동
siphon (식)(어) 수관
siphuncle 뿔관, 작은관
Sira-plankton 시라플랑크톤
size regualtion (식) 크기제한
size-retention curve 크기보존곡선

size selectivity (식) 크기선택성
skate ray (식)(양)(어)(자) 홍어
skate shark (식) 가래상어
skeletal muscle (식) 골격근
skeletal structure (양) 고화작용 (식) 골격구조
skeleton (식) 뼈대
skeleton structure (식) 골격구조
skewness 뒤틀림, 비대칭도
skiff boat (어) 그물잡이배(앞잡이배)
skim milk (식)(양) 탈지유
skin (식) 피부, 껍질
skin cancer (식) 피부암
skin current 피류
skin diving (어) 나잠
skin diving fishery (어) 나잠어업
skin effect (식) 표면경화
skin glue (식) 껍질아교
skin pack (식) 스킨 팩
skin poison 피부독
skinning machine (식) 스키닝 머신, 탈피기
skipjack pole line fishery (어)(자) 가다랑어채낚기어업
skipjack purse seine (어)(자) 가다랑어건착망
skipjack tuna (식)(어)(자) 가다랑어
skipjack tuna liver (식) 가다랑어간
skipjack tuna roe (식) 가다랑어
skipjack tuna viscera (식) 가다랑어 내장
slack water 게조, 정류
slant 비탈
slant agar medium (식) 사면한천배지
slant culture (식) 사면배양
slant medium (양) 사면배지
slected length 선택체장
slender oarfish (식)(양)(어)(자) 산갈치
slender suckfish (식)(양)(어)(자) 빨판상어
slice (식)(어) 슬라이스
sliced seasoned squid (식) 세절조미오징어
slight halophilic bacteria (식) 미호염성세균
slime (식) 점액
slimy (식) 점질
slimy material (식) 점액성물질
slip 실각
slipping anchor 슬리핑앵커
slipway (어) 선가, 슬립웨이
slope (식) 기울기, 경사
slope gradient (식) 사면구배
slope net (어)(자) 등망
slough 못, 소지
slow freezing (식) 완만동결
slow muscle 지근
sludge boat 오물운반선
slumping 함몰사태
slurry (식) 슬러리
smack 활어조소형어선
small amplitude wave theory 미소진폭파이론
small circle 소권
small diurnal range 평균일변화율
small fishing vessel (어)(자) 소형어선
small sailing trawl (어) 타뢰망
small scale trawl fishery (어) 소형저인망어업
small set net (어)(자) 소형정치망
small surrounding net fishery (어)(자) 소형선망어업
small tropic tidal range 소회귀조차

small yellow croaker (식)(양)(어)(자) 참조기
smalt 스몰트
smelt (식)(양)(어)(자) 보리멸
smoke (식)(양) 연기, 스모크
smoke flavor (식) 스모크향, 훈연향
smoke generator (식) 스모크 발생기, 연기발생장치, 훈연발생기
smoke house (식) 훈제실
smoke point (식) 발연점
smoke solution (식) 훈액
smoked fish (양) 훈제어
smoked oyster (식) 훈제굴
smoked product (식) 훈제품
smoked salmon (식) 훈제연어
smokehouse (식) 훈연실
smoker (식) 훈연기
smoking (식) 훈제
smoking chamber (식) 훈연챔버
smoking method (식) 훈제법
smoking temperature (식) 훈제온도
smoking wood (식) 훈연재
smooth muscle (식) 평활근
smooth tubular traps 그물관류
smoothing (식) 평활화
smoothing process (식) 평활화과정
smuggle boat 밀수입선
Sn (tin) (식) 주석
snack (식) 스낵, 간단한 식사
snack foods (식) 간식용 식품, 스낵 푸드
snail or conch (양) 권패
snailfishes 꼼치과어류
snake fish (식)(양)(어)(자) 황매퉁이
snare (양) 올가미함정류
Snell's law 스넬법칙
snood 낚시줄
snorkel 숨대롱
snow crab (식) 대게
soaking (식) 침지
soaking time (어)(식) 침지시간
social behavior 사회적행동
social discount rate 사회적할인율
social instinct 사회적본능
social objectives 사회적목적
sockeye salmon (식)(양)(어)(자) 홍연어
soda (Na) (식) 소다, (식) 나트륨
soda lime (식) 소다석회
sodium (Na) (식)(양) 나트륨
sodium bicarbonate (식) 중탄산나트륨
sodium caseinate (식) 카제인 나트륨
sodium chloride (식) 염화나트륨
sodium hydroxide (식) 수산화나트륨
sodium hypochlorite (식) 차염소산나트륨
sodium nitrite (식) 아질산나트륨
soft 연성
soft bottom 연성기질
soft clay (어) 연니
soft coral 연산호
soft rays (자) 연조
soft-shell (식) 연갑의
soft shelled crab (식) 껍질연화게
soft substratum 연성기질
soft swell (식) 연팽창
soft tissue (식) 연조직
soft twist (어) 무른꼬임
softening (식) 연화의
soil dressing 객토
sol (식) 졸
solanine (식) 솔라닌
solar constant 태양상수
solar cycle 태양주기

solar eclipse (양) 일식
solar radiation (식) 태양복사
solar salt (식) 천일염
solar salt production (식) 천일제염
solar year 태양년
SOLAS (International Convention for the Safety of Life at Sea) (어)(항) 국제해상인명안전조약
sole fish (식)(양)(어)(자) 서대
solid (식)(양) 고체, 고형물
solid angle 입체도형각
solid body (식)(양) 고형물(질)
solid boundary 고체경계
solid circuit 고체회로
solid content (식) 고형물 함량
solid lubricant 고체윤활제
solid matte (식) 고형물(질)
solid medium (식)(양) 고체배지
solid pack (식) 솔리드팩
solid phase (식) 고체상
solid state circuit (양) 고체회로
solid waste (식) 고체폐기물
solid waste pollution (식) 고체폐기물 오염
solitary wave 고립파
solitons 단자
solstice 지점
solubility (식) 용해도
solubilization (식) 가용화
soluble dietary fiber (식) 가용성 식이섬유
soluble nitrogen (식) 가용성 질소
soluble oxygen content (식) 가용성산소량
soluble poisonous matter (식) 가용성 유독물질
soluble protein (식) 가용성 단백질
soluble protein feed (식) 에스피사료, 가용성 단백질 사료
soluble starch (식) 가용성 녹말
solute (식) 용질
solution (식) 용액
solvent (식) 용매
solvent extraction process (식) 용매추출법
solvent recovery (식) 용매회수
somite 체절
SONAR (sound navigation and ranging) 소나
sonic bearing 음파위치
sonic fishes 음파생성어류
sonic layer depth 음파층수심
sonic prospecting (어) 음파탐사
sonic scattering layer (어) 음파산란층
soniferous fish 발음어
soniferous marine animal 음향생성해양동물
sonobuoy (어) 무선부표, 음향탐지기부표
sonsort ship 요선
sorbic acid (식) 소르빈산
sorbitol (식) 솔비톨
sorghums (양) 수수류
sorption (식) 수착
sorption isotherm (식) 등온흡차곤선
sorter (식) 선별기
sorting (식) 선별
sorting machine (식) 선별기
sound beam axis 음축
sound channel 음파층대
sound front 음파전선
sound navigation and

ranging(SONAR) (어) 음탐기
sound pressure level (어) 음압레벨
sound velocity (어) 음속
sound wave of audibility (어) 가청음파
sounding (어) 측심
soup (식) 수프
sour taste (식) 신맛
source (식) 출처
source strength of sound 음원강도
South China Sea (식) 남중국해
Southern blue fin tuna 남방참다랑어
southward migration (어)(자) 남하회유
Soxhlet extraction apparatus (식) 속실렛 추출장치
Soxhlet extraction method (식) 속실렛 추출법
Soxhlet extractor (식) 속시렛 추출기
soy protein concentrate (식)(양) 대두단백농축물
soybean (식)(양) 대두
soybean flour (식) 콩가루
soybean hull (식)(양) 대두껍질
soybean meal (양) 대두박
soybean oil (양) 대두유
soybean paste (식) 된장
space food (식) 우주식품
spade 고래절개
spaghetti (식) 스파게티
spalling (양) 결괴
span (식) 기관
spanner crab (식)(양)(어)(자) 닭게
spark-type luminescence 불꽃형발광
spatial distribution 공간분포
spatial distribution pattern 공간분포양식
spatial separation requirements 공간격리요구
spatial statistics 공간통계학
spatio-temporal variability 시공간적변동
spawing rate (어)(자) 산란률
spawner (식)(어)(자) 산란어
spawner-recruitment model (식)(어)(자)(양) 재생산모델
spawning (식)(어)(자) 산란
spawning acceleration 산란촉진법
spawning area (어)(자) 산란해역
spawning bed 산란바닥
spawning behavior (식)(어)(자) 산란행동
spawning depth (어)(자) 산란수심
spawning duct 산란관
spawning fish school (식)(어)(자) 산란어군
spawning frequency (식)(어)(자) 산란빈도
spawning ground (식)(어)(자) 산란장
spawning group (양)(어)(자) 산란군
spawning inducement (양)(자) 산란유발
spawning intensity (어)(자) 산란강도
spawning interval (식) 산란간격
spawning migration (식)(어)(양)(자) 산란회유
spawning migration fish (식)(어)(자) 산란회유어
spawning peak (어)(자) 산란성기
spawning school (식)(어)(자) 산란어군
spawning season (어)(자)(식)(양) 산란기
spawning stock (어)(자)(식) 산란자원량
spawning time (어)(자) 산란시간
spearfish (식)(양)(어)(자) 청새치

spears 창류
Special Act on Safety Control of Children's Dietary Life (식) 어린이식생활안전관리특별법
special cargo gears 특수하역설비
special observation 특수관측
special food (식) 특수식품
species (식)(양)(어)(자) 종
species composition (식)(양)(어)(자) 종구성, 종조성
species diversity (식)(양)(어)(자) 종다양성
species identification (식)(양)(어)(자) 종분류
species interaction 종상호작용
specific bulk carrier 전용선
specific heat (식)(어) 비열
specific heat at constant pressure (식) 정압비열
specific heat at constant volume 정적비열
specific viscosity (식) 비점도
specific volume (식) 비체적
specification of fishing gear 어구시방서
specificity (식) 특이성
speckled trout (식) 민물송어
spectral analysis (식) 스펙트럼분석
spectrophotometer (식) 분광광도계
spectrophotometry (식) 분광광도법
spectrum (식) 스펙트럼
speed log 선속층정기
speed made good over the ground (양)(어)(항) 대지속력
speed of water (양) 대수속력
speed through the water (어) 대수속력
speed trial 속력시운전
speleobiology 동굴생물학
spent (식) 산란한
spent herring (식) 산란한 청어
sperm 정액, 정자, 정충
sperm oil 향유고래기름
spermaceti 경랍
spermatogenesis 정자형성
spermatogonium 정원세포
spermatophore (양) 정포
spermatozoon (양) 정충
spherical (식)(어) 구형
spherical coordinates 구면좌표
spherical harmonic analysis 구면조화분석
spherical irradiance 구면광휘
spherical sound wave pressure 구면음압
spherical wave 구면파
sphincter muscle (식) 괄약근
sphingolipid (식)(양) 스핑고지질
sphingomyelin (식)(양) 스핑고미엘린
spice (식) 향신료
spilacle 분수공
spilt beam method 분할파장방법
spinal cord (양) 척수
spindle shape (어)(자) 방추형
spine (식) 등뼈, (식) 척추
spinetail mobula (식) 쥐가오리
spiny ray (양) 극조
spiracle (식) 공기구멍, 분기공, 숨구멍
spiral angle 나사선각
spiral cleavage 나선형난할
spirillum (식) 나선균
spirivalve 나선형조개

spirulina (식) 스피루리나
spitchcock 뱀장어꼬치구이
spliced net (어) 매듭없는 그물
split fish (식) 스플리트 피쉬
split plot design 분할구배치법
splitting (식) 개복, 복부절개
splitting method 분리법
splitting of net 그물구획
sponge (식) 해면 (식) 스폰지화
spongin 해면질
spontaneous (식) 자발적
spontaneous behavior (식) 자발적행동
spoon (식) 스푼
spoon bait 꼬임미끼
spoon net (어) 쪽대그물
spoon warm (양) 주걱벌레
spore (식) 포자
spore sac (식) 포자낭
sporocyst 포자낭충
sporogenesis (식) 포자형성
sporophyll 포자엽
sporophyte 포자체
sporophyte generation 포자체세대
sport fishing (어) 스포츠피싱, 유어
sport-fishing boat(sport-fishing vessel) (어)(자) 유어선
sports drink (식) 스포츠음료
sports food (식) 스포츠식품
spotted sardine (식) 전어
spout hole 고래분수공
spqwning adult stock (어)(자) 산란친어량
spray dried food (식) 분무건조식품
spray dryer (식) 분무건조기
spray drying (식) 분무 건조
spread pack (식) 스프레드팩
spreaded area ratio (어)(자) 전개면적비
spreader (어) 갯대, 뻗힘대
spreader culture (양) 살포식양식
spreading (식) 퍼짐, 확장
spreading axis 확장축
spreading bar (어)(자) 가로장쇠
spreading coefficient (어)(자) 전개력계수
spreading device (어)(자) 전개장치
spreading device pendant (어) 가로장
spreading force (어)(자) 전개력
spreading rate (식) 확장률
spring tidal current 대조기조류
spring tide 대조, 사리
springer (식) 스프링어
springiness (식) 탄력성
sprinkler system (양) 살수식
square (식) 제곱
square can (식) 각관
squid (어)(자)(식) 오징어
squid drift net (어) 오징어유자망
squid hook boat(squid hook vessel) (어)(자) 오징어낚기어선
squid liver oil (식) 오징어 간유
squid rip hook(jigging) (어)(자) 오징어채낚기
SS(suspended solid) (식) 부유물질
stab culture (식) 천자배양
stability (식) 안정성, 안정(도)
stability frequency 안정도주파수
stability hypothesis 안정성가설
stability index (식) 안정도지수
stability-time hypothesis 안정성시간설
stabilization (식) 안정작용, 안정화
stabilizing factor (식) 안정인자

stabilizing force 안정력
stable age distribution 안정연령분포
stable isotope 안정동위원소
stable motion 안정운동
stable oscillation 안정진동
stable type 안정형
staff light 등주
stagnant water 정체수
stagnation pressure 정체압
staining (식) 염색
stalked barnacle 자루따개비
stalked eye 유병안
stand of tide 정조
standard (식)(어) 표준, 규격
standard area (식)(어) 기준면적
standard curve (식) 표준곡선
standard deviation (식)(어)(자) 표준편차
standard displacement 기준배수량
standard error (식)(어)(자) 표준오차
standard grade (식) 표준등급
standard instrument (식) 표준계기
standard length (어)(자)(식) 표준체장
standard mean ocean water 표준해수
standard normal distribution (식) 표준정규분포
standard output (어)(양) 정격출력
standard pack (식) 스탠다드팩
standard plate count method (식) 표준평판법
standard reagents (식) 표준시약
standard reference material 표준기준물질
standard refrigeration cycle (식) 표준냉동사이클
standard sample (식) 표준시료
standard scale (식) 기준척도
standard sea level 기본수준면, 표준해수면
standard sieve (식) 표준체
standard solution (식) 표준용액
standard state (식) 표준상태
standard time 표준시
standard unit (식) 표준단위
standardization (식)(어) 표준화
standardization of fishing gear (어) 어구표준화
standing stock (어)(자) 현존자원량
standing wave (어) 정상파
star identification table 색성표
star-spotted shark (식) 별상어
starboard (어)(항) 우현
starboard alongside handling (어)(항) 우현접안조종
starch (식) 녹말, 전분
starch crystallization (식) 전분 결정화
starch gel (식) 전분겔
starch granule (식) 전분입자
starch hydrolysates (식) 전분가수분해물
starch industry (식) 전분공업
starch sugar (식) 전분당
starfish (식) 불가사리
starfish net 불가사리그물
state of dormancy (양) 동면상태
state variable (식) 상태변수
static friction force (어)(양) 정지마찰력
static level 정상수위
static life table 생명표단면도
static pressure (식) 정압
static pressure valve (식) 정압밸브
static pull coefficient 정지추력계수
static thrust (어) 정지추력

static thrust coefficient (어)(자) 정지추력계수
station bill (양) 비상배치표
stationary (식) 정지
stationary age distribution (식)(어)(자) 평형연령분포
stationary fishing gear (어) 정치어구
stationary holding net 고정식가두리
stationary motion (식) 정상운동
stationary net (어) 정치망
stationary net of rectangular shape (어) 각망
stationary phase (식) 정지기, 정지상
stationary seed collection 고정식채묘
stationary temperature 일정불변온도
stationary time series 정상시계열
stationary wave 정상파
statistic tables of fishing vessels (어) 어선통계표
statistical analysis (식)(어)(자) 통계분석, 통계적 분석
statistical data (식)(어)(자) 통계 자료
statistical design (식) 통계적 실험 계획
statistical error (식)(어)(자) 통계 오차
statistical hypothesis (식) 통계가설
statistical method (식)(어)(자) 통계적 방법
statistical model (식)(어)(자) 통계적 모델
statistical population (식) 통계적 모집단
statistical prediction (식) 통계적 예측
statistical probability (식) 통계확률
statistical significance (식)(어)(자) 통계유의성, 통계적유의성
statistical survey (식)(어)(자) 통계 조사
statistical weight 통계적가중치
statistics (식)(어)(자) 통계, 통계량
statocyst 평형포
statute mile 법정마일
statutory deck line 법정갑판선
stay rope (어) 버팀줄
STD (salinity-temperature-depth recorder) 염분수온수심자동기록기
steadiness 정상도
steady flow (식) 정상류
steady state (식) 정상상태, 일정상태, 정류상태
steady state current (양) 정상류
steady velocity (식) 정상속도
steak (식) 스테이크
steam (식) 스팀, 증기
steam cooker (식) 스팀솥
steam cooking method (식) 증기자숙법
steam dried Hizikia fusiformis (식) 자건톳
steam flowing (식) 증기분사법
steam ship (어) 증기선
steam sterilization (식) 스팀살균, 증기멸균
steam thawing (식) 증기해동
steam trap (식) 증기트랩
steamed surimi gel (식) 찐어묵
steaming (식) 증자
steamship purse seine (어) 건착망 어선
stearine (식) 스테아린
steel ball (어) 철구
steepness 첨도
steerage 조종
steering (어) 조타
steering equipment (어) 조타설비

stem (식) 줄기
stem cell (식) 줄기세포
stem vegetables (식) 줄기채소류
stenobath 협심성생물
stenobathic 협심성의
stenoecious 협서성의
stenohaline 협염성, 협염성의
stenohaline animal 협온성동물
stenohaline organism (양) 협염성생물
stenomesothermic 중간협온성의
stenophagous 협식성의
stenophotic 협광성의
stenotherm 협온성, 협온성생물
stenothermal 협온성의
step-up gear 증속기
stepwise regression 계단식회귀
stereological method 입체해석학적 방법
stereophotos 입체사진
stereoscopic photography (양) 입체 사진
sterile (양) 무균
sterile culture (식) 무균배양
sterility 불임성
sterilization (식) 멸균, 살균
sterilizer (식) 멸균소독기, 살균기
stern (어)(항) 선미
stern roller (어) 선미롤러
stern trawler (어) 선미식트롤선
sternum 흉골
steroid (식) 스테로이드
sterol (식) 스테롤
sterol composition (식) 스테롤조성
stew (식) 스튜
stick (식) 스틱
stick-held dip net (어) 봉수망
stick water (식) 스틱워터
stickwater 점성폐액
stigma (양) 기문
stigmata 기문
still water (양) 정수
still-water level 정수면
stimpson's ghost crab (양) 달랑게
stimulation (stimulus) (식) 자극
stimulation for spawning (식) 산란유 발자극
stimulation threshold (식)(어) 자극역치
stipe 균병
stirrer (식) 교반기
stirring (식) 교반
stochastic (식) 확률의
stochastic forecasting 확률예측
stochastic model 확률론적모델
stock assessment (어)(자) 자원평가
stock diagnosis (어)(자) 자원진단
stock estimation (어)(자) 자원량추정
stock forecasting (어)(자) 자원예측
stock identification (어)(자) 계군판정
stock management (어)(자) 자원관리
stock production model (어)(자) 자원 생산량모델
stock-recruitment relationship (어)(자) 자원가입관계
stock synthesis model (어)(자) 자원종 합모델
stocking efficiency (어)(자) 방류효과
stoichiometry 화학량론
stomach (식) 위, 위장
stomach cancer (식) 위암
stomach content (식) 위내용물
stomach content analysis (SCA) (식) 위내용물분석

stomach poison 독제
stomacher (식) 스토마크
stomachless fish (식) 무위어
stop friction power 정지마찰력
stop switch 정지용스위치
stopper (어) 스토퍼
storage (식) 저장
storage in ice-water (식) 수빙법
storage modulus (식) 저장탄성률
storage polysaccharide (식) 저장다당류
storage stability (식) 저장성
storm surge (어) 폭풍해일
storm track (어) 폭풍경로
storm warning (어) 폭풍경보
stormy weather (어) 황천
stow net fishery (어) 안강망어법
stow net on boat (어) 해선망
stow net on stake (어) 주목망
stowaway 밀항자
strain (식) 균주
strain gauge 스트레인게이지
strain test (식) 스트레인 시험
strait 해협
stratification 성층, 층별화
stratified currents (양) 중층류
stratified-random sampling design 임의층별채집
stratified sampling 층별채집법
stratosphere 성층권
stratum corneum (양) 각질층
streak plat method (식) 평판도말법
stream (식)(양)(어) 흐름
stream line (어) 유선
streching line (어) 뻗힘줄
Strecker decomposition (식) 스트렉커분해
strength coefficient (식)(양)(어) 강도계수
strength of ebb 최강썰물
strength of ebb interval 간조간격크기
Streptococcus (식) 포도상구균
Streptomycin (식) 스트렙토마이신
stress (식)(어) 응력
striated muscle (식) 횡문근
striking fishing method (어) 타격어법
string shaped agar (식) 실한천
stringer 종재
striped beakperch (식)(양)(어)(자) 돌돔
striped frogfish (식)(양)(어)(자) 빨간씬벵이
striped mullet (식)(양)(어) 숭어
striped muscle (식) 가로무늬근
stroma protein (식) 근기질단백질, 기질단백질
strong base (식) 강염기
strong brown (식) 진갈색
strong flour (식) 강력분
strongly alkaline (식) 강알칼리의
structural protein (식) 구조단백질
structural province 구조구
structural trap 구조적트랩
structure (식) 구조
structure of fish school (식)(어)(자) 어군구조
struggle for existence (식) 생존경쟁
struvite (식) 스트루바이트
stupefying gear (어) 마비어구
stylet (식) 탐침
subacute (식) 아급성
subacute toxicity (식) 아급성 독성

subacute toxicity test (식) 아급성 독성시험
subaqueous 수중의
subcharter 재용선
subclimax 아극상
subcutaneous fat (식) 피하지방
subcutaneous tissue (식) 피하조직
subdermal space 피하공간
sublethal effect 아치사효과
sublimation (식) 승화
sublittoral zone 조하대, 하조간대
submarine (항) 잠수함
submarine forest (어) 해조장, 해조숲
submarine plants (식)(양) 해저식물
submarine resources (식) 해저자원
submerged area 침수면적
submerged breakwater 수중방파제
submerged rock 잠암
submergence (식) 수몰, (양)(어) 침수
submersible pump 수중펌프
suboceanic plants (양) 해저식물
suborder (식) 아목
subordinate boat (subordinate vessel) (어)(자) 종선
subpopulation (식)(양)(어)(자) 계통군
subsatellite point 위성직하점
subsea technology 해중기술
subsidence (식) 침화
subsidence theory 침하설
subspecies (식) 아종
substitution (식) 대체
substrata 기층
substrate (식) 기질
substrate concentration (식)(양) 기질농도
substrate specificity (식) 기질특이성
substratum (양) 저질
subsurface chloropyll maximum (SCM) 수면하클로로필최대
subsurface deposit feeder 수면하퇴적물식자
subsurface oxygen maximum (SOM) 수면하산소최대
subtidal (어) 하간조대
subtropical convergence (어) 아열대수렴선
subumbrella 내산면
succession (식) 천이
succession points 변침점
successive approximation (식) 연속근사법
successive culture (식)(양) 연속배양
succinic acid (식) 숙신산
sucker (식) 흡반
sucrose (식)(양) 슈크로스
suction filtration (식) 감압여과
sudden increase of the current (어) 급조
suffocation (식) 질식
sugar (식) 설탕
sugar alcohol (식) 당알코올
sugar solution (식) 당액
sugaring (식) 가당
sulcus 구
sulfate (식) 황산염
sulfate ion (식) 황산이온
sulfate-reducing bacteria 황산염환원세균
sulfide biosystem 유황생물계
sulfite (식) 아황산염
sulfonated oil 황산화유
sulfur (S) (식) 황

sulfur bacteria (식) 유황박테리아, 황세균
sulfur containing amino acid (식) 함황아미노산
sulfur cycle 황순환
sulfur granules (양) 균괴
sulfur-oxidizing bacteria 황산화세균
sulfuric acid (식) 황산
sulfurous acid (식) 아황산
sum of square (식) 제곱합
summer minimum 하계최소번식
summer solstice 하지
sun drying (식) 천일건조
sun type 양생형
sunflower meal (양) 해바라기밀
sunflower oil (식) 해바라기씨유
sunflower seed meal (양) 해바라기씨밀
sunken ship 침몰선
sunrise sculpin (식) 가시망둑
superabyssal zone 초심해대
supercharger 과급기
supercooled liquid (식) 과냉각액
supercooling (식) 과냉각
supercooling cycle (식) 과냉각사이클
supercritical carbon dioxide extraction (식) 초임계이산화탄소추출
supercritical flow (식) 초임계류
supercritical fluid extraction (식) 초임계추출
superficial cleavage 표층벽개, 표할
superficial dark muscle 표층혈합근
superheated steam (식) 과열증기
superheating (식) 과가열
superposition 중첩
superprecipitation 초침전
superpredator 초포식자
supersaturation (식) 과포화
superstructure (어)(항) 선루
supplement feed (양) 보충사료
supplementary (어)(자) 부어구
supplementary boat (어) 보조선
suprabranchial 새상의
supralittoral zone 상조간대, 조상대
surf (어) 쇄파
surf beat 기파박동
surf zone (어) 쇄파대
surface anomaly 표면이상
surface boundary layer (어) 해면경계층
surface chromatophore (양) 체표색소
surface current (식)(어) 표면류
surface deposit feeder 저표퇴적물식자
surface evaporation (식) 표면증발
surface film (식) 표면막
surface gill net (어)(자) 표층걸그물
surface layer (식) 표층
surface light (어) 수상등
surface reaction (식)(양) 반응표면
surface reflection (식) 표면반사, 해면반사
surface roughness (식) 표면조도
surface scattering layer (식) 표면산란층
surface stress (식) 표면응력
surface temperature (식)(어)(자) 표면수온
surface tension (식)(어) 표면장력
surface trawl (어)(자) 표층끌그물
surface water temperature (식)(양) 표면수온

surface wave (어) 표면파
surfactant (식) 계면활성제
surfperch (식)(양)(어)(자) 망상어
surge (어) 큰파도, 해일
surge drum (식) 저압수액기
surgeonfish (식)(양)(어)(자) 쥐돔
surimi (식) 수리미, 연육
surimi gel (식) 어묵, 연제품
surimi on land (식) 육상수리미
surimi seafood (식) 수산연제품
surplus buoyancy (어) 잉여부력
surplus principle 잉여원칙
surplus production (어)(자) 잉여생산량
surrounding gill net (어) 두리걸그물
surrounding net (어)(자) 선망, 두리그물
surrounding net fishery (어)(자) 선망어업
surrounding net without bag (어) 무낭망류
survey design (어)(자) 조사설계
survey precision (어)(자) 조사정밀도
survey station (어)(자) 조사정점
survival curve (식)(어)(자) 생잔곡선, 생존곡선 (어) 낚시미끼용 어류
survival number (식)(어)(자) 생잔개체수
survival potential (어)(자) 개체유지능력
survival rate (식)(어)(자) 생잔율
survival value 생존가
survived rate estimation (식)(어)(자) 생존율추정
survivor 생존자
suspended detritus 현탁잔재
suspended matter (식) 현탁물질
suspended sediment 부유토사
suspended solid (SS) (식) 부유물질, 현탁물질
suspension (식) 현탁
suspension feeder 현탁물섭식자
suspension feeding 현탁물섭식
sustainable maximum speed (어) 지속최대속력
sustainable yield (어)(자) 지속가능어획량, 지속적생산량
Swallow float 스왈로부표
swamp (양) 늪
swarmer (swarm spore) (양) 유주자
sweat area 소해면적
sweep line (어)(자) 후릿줄
sweet and brackish water fish culutre 담수및기수어류양식
sweet fish (식)(양)(어)(자) 은어
sweet potato starch (식) 고구마 전분
sweet smelt (식)(양)(어)(자) 은어
sweet taste (식) 단맛
sweetener (식)(양) 감미료
sweeterened agent (식) 감미료
swell (식) 스웰, 팽창
swelled can (식) 팽창관
swelling (식) 팽윤
swim up fry (식) 부상치어
swimming behavior (식) 유영행동
swimming crab (식) 꽃게
swimming fin 잠수용발갈퀴
swimming speed 유영속도
swimming zone 유영층
swing net on stakes (어)(양) 주목망
swivel (어) 도래
symbiont (식) 공생자
symbiosis (식) 공생
symbiotic algae (식) 공생조류
symbiotic microorganism (식) 공생미생물

symbiotic organism (식) 공생생물체
symbolic calssification (식) 기호식 분류법
symmetry measure (식) 대칭성측정
sympatric 동소성
sympatric speciation 동소적종형성
synchronized rolling (양) 동조횡요
synchronizing signal (양) 동기신호
synchronous reaction 동신반응
synchronous rolling 동조횡요
synchronous signal 동기신호
synergism 상조작용
synergist (식) 상승제
synergistic effect (식) 상승효과
synergy 공동상승
syngenetic structure 동생구조
synodic month 삭망월
synthesis (식)(어) 합성
synthetic antioxidant (식) 합성항산화제
synthetic fiber (어) 인조섬유, 합성섬유
synthetic medium (식) 합성배지
synthetic resin (식)(어) 합성수지
synthetic rubber (식)(어) 합성고무
synthetic sea water medium 합성해수배양액
synthetic sweetener (식) 합성감미료
syphonal form 관형
system (식) 체계, 시스템
systematic error (식) 계통오차
systematic extraction method 계통발췌법
systematic sampling (양) 계통발췌법
systematic survey (자)(식) 계통조사
systematics (자) 계통분류학
systemic circulation (양) 대순환
systocarp 낭과
systolic pressure (식) 수축기혈압

T

table (식) 표
table for most probable number (식) 최확수표
table reef 원판상초
table salt (식) 식염
tablet (식) 정제
TAC(total allowable catch) (어) 총허용어획량
tactual sensory organ (식)(어)(자) 촉각기관
tadpole larva(e) 미충형유생
tag (식)(어)(자) 꼬리표, 표지표
tagatose (식) 타가토스
tagged fish (식)(어)(자) 표지어
tagging (식)(어)(자) 표식, 표지표법
tagging experiment (식)(양) 표식실험
tagma 합체절
tagmatization 합체절화
tail pendant 꼬리연장줄
tally man 검수원
tangent plane (양) 접평면
tangling net with pocket (어)(자) 주머니얽애그물
tangling of gill net (어)(자) 순대말이
tank type evaporator 탱크용증발기
tanker (항) 유조선
tanned seed (양) 단련종묘
tannic acid (식) 탄닌산
tannin (식) 탄닌
tanning (식) 탄닌제법
tap (식) 손잡이
tap water (식) 수도물
taper 사단
taper function 경사함수
tapping test (식) 타검검사
tar (식) 타르
tar color (식) 타르색소
tar color formulation (식) 타르 색소제제
tar pigment (식) 타르색소
tare weight (양) 자중
target identification (식) 표적분류
target level of stock abundance (자) 목표자원수준
target strength (어) 표적강도
tartaric acid (식) 주석산, 타르타르산
taste (식) 맛
taste analyzer (식) 식미분석기
taste blindness (식) 미맹
taste bud (식)(어) 맛봉오리
taste compounds (식) 정미성분, 맛성분
taste organ (식)(어) 미각기관
taste sense (식)(어) 미각
tasteless (식) 무미
tasty (식) 정미성
tattooing 문신찍기
taurine (식)(양) 타우린

Tauti's law of similitude (어) 다우찌상사법칙
tax (식) 과세, 세금
taxis (어) 주성
taxon 분류군
taxonomic character (양) 분류형질
taxonomic series (양) 분류계열
taxonomy (양) 분류학
TBT(tributyltin) (식) 유기주석화학물질
TCA-cycle enzymes (식) 티시에이회로효소
tea (식) 차
tea bag (식) 티백
teflon (식) 테플론
tefotroch 단부섬모환
telemetering machine (어) 원격측정기
telemetry (어) 원격측정
telencephalon (양) 단뇌
teleosts (양)(자) 진골어류
telesounder (어) 전파원격어탐
telltale (자) 자동표시기
telost (양) 경골어류
telson (자) 꼬리마디, 미절
TEM (transmission electron microscopy) (식) 투과전자현미경
temper degree (식) 템퍼도
temperature (식)(어)(자) 온도
temperature acclimation (식) 온도순치, 온도순화
temperature anomaly 온도이상
temperature coefficient (Q10) (식) 온도계수
temperature detector (식) 온도감지부
temperature inversion 온도역전
temperature of maximum density 최대밀도온도
temperature salinity curve (식) 온도염도곡선
temperature sense 온도각
temperature stimulating method (식) 온도자극법
temperature stimulation (식) 온도자극
temperature-salinity diagram (식) 온도염도도표
temporal distribution (식) 일시적분포
temporal mending (양) 간이수선
temporary labor (식) 임시노동
temporary meiobenthos 일시중형저서생물
temporary mending 임시수선
temporary repair (양)(어)(항) 임시수선
tenacity elongation curve (어)(양) 강신도곡선
tendency (식) 경향
tenderizing (식) 연화의
tendon (식) 건 (식)(양) 힘줄
tensile strength (식) 신장강도, 항장력
tensile test (식)(어) 인장시험
tension (식)(어) 장력
tension meter (어)(식) 장력계
tentacle (양) 물고기촉수
tentacular sheath 촉수초
tentaculocyst 촉수포
tentila 측지
teratogen (양) 기형발생물질
teratology (양) 기형학
tergum 배판
terminal (식) 말단의
terminal fishing mortality (자) 마지막어획사망계수
terminal production (양) 단말생산
terminal velocity (식) 말기속도

termination period (식)(양) 종결기
termination step (식) 종결단계
terrestrial 육생의
terrestrial refraction 지상기차
terrigenous 육성의, 육원의
territorial sea (어)(자) 영해
territorial sea fishery (어) 영해어업
territorial waters (어) 영해
territory 세력권, 텃세권
tertiary circulation 삼차순환
test (식) 시험
test net (어) 시험그물
test of goodness of fit (식) 적합도검정
test of independence (식) 독립성검정
test tube (식) 시험관
testis (식) 정소
tetracycline (식)(양) 테트라사이클린
tetraploid (양) 사배체유도법
tetrapod (양) 테트라포드
tetrapyrole pigment (식) 테트라피롤 색소
tetrasporangia 사분포자낭
tetraspore (식) 사분포자
tetrasporic 사핵성
tetrasporophyte 사분포자체
tetrodotoxin (식)(어) 복어독, 테트로도톡신
texile fiber 방적섬유
textural maturity 구조숙성도
texture (식)(어) 텍스쳐
texturometer (식) 텍스튜로메터
thallophytes (식) 엽상식물
thanatocoenosis (양) 유해군집
thaw rigor (식) 해동경직
thawer (식) 해동기
thawing (식) 해동
thawing curve (식) 해동곡선
thawing in running water (식) 유수해동
thawing medium (식) 해동매체
thawing velocity (식) 해동속도
the economic surplus of fisheries household 어가경제잉여
the for and after centerline of the vessel (어)(항) 선수미선
The Korean Federation of Science and Technology Societies (KOFST) (어)(식) 한국과학기술단체총연합회
The Korean Nutrition Society (식) 한국영양학회
the law of Fisheries Cooperative Association (어) 수산업협동조합법
the principle of free fishing in high sea (어)(자) 공해어업자유원칙
the regulation for preventing collision at sea (어)(항) 해상충돌예방법
the type of fisheries household management (어) 어가경영형태
the type of fishing ground management (어) 어장관리형
theoretical maximum length 이론적 최대체장
theoretical refrigerating cycle (식) 이론냉동사이클
theory of conditioned reflex (어) 조건반사론
theory of explorative reflex (어) 탐구반사설
theory of forced movement (어) 강제운동설
theory of optical disorientation (어) 현혹설

theory of optimum illumination (어) 호적조도설
theory of schooling (어) 성군설
theory of similarity (어) 상사이론
thermal agitation noise 연교란잡음
thermal circulation (식) 열순환
thermal conduction (식) 열전도
thermal constant (식) 열상수
thermal contraction (식) 열수축
thermal cooling subsidence 냉각침강
thermal current (식) 열류
thermal death point (식) 가열치사점, 사멸온도
thermal death time (식) 가열치사시간
thermal death time curve (식) 가열치사시간곡선
thermal diffusion (식) 열확산계수
thermal effluent (식) 온배수
thermal energy (식) 열에너지
thermal expansion (식) 열팽창
thermal history (식) 열과정
thermal instability 열적불안정
thermal loss (식) 열손실
thermal oxidation (식) 가열산화
thermal pollution 열오염, 온배수오염
thermal sensor (식) 열센스
thermal stability (식) 열안정성
thermal structure (식) 열구조
thermistor chain 다층온도측정기, 서미스터체인
thermocline (어)(자) 수온약층, 온도약층
thermocouple thermometer (식) 열전대온도계
thermodynamic energy (식) 열역학적 에너지
thermodynamic variable (식) 열역학 변수
thermograph (식) 온도기록계
thermographer (어)(자) 자기수온계
thermohaline 열염분
thermohaline circulation 열염순환
thermometer (식)(양)(어)(자) 온도계
thermophilic (식)(양) 고온성
thermophilic bacteria (식) 고온성 세균, 고온세균, 호열세균
thermopile 온란성
thermoprobe (식) 열탐침
thermosalinograph (식) 온도염분기록계
thermosensitive expansion (식) 감온팽창 밸브
thermostable hemolytic toxin (식) 내열성용혈독
thermostat (식) 온도조절기, 항온기
thermostatic control (식) 온도제어
thermostatic expansion valve (식) 온도자동팽창밸브
thermostatic pilot valve 온도식파일럿밸브
thermostatic water bath (식) 항온수조
thiaminase (식)(양) 티아미나아제
thiamine (식)(양) 티아민
thick filament (식)(어)(자) 굵은섬유
thick myofilament (식) 굵은미오필라멘트
thickness (식)(양)(어)(자) 두께
thickness pattern 두께패턴
thigmotaxis (어) 주고성, 주촉성
thigmotropism 접융굴성
thin paper chart 잡용해도
thinning 솎음
thiobacteria 황박테리아

thoracic membrane 흉막
thorax 가슴, 흉곽
thorn lined traps 가시관류
thread cell (양) 자세포
threadfin mirrorfish (식)(양)(어)(자) 실전갱이
threatening (어) 위협음
three boats lift net (어) 삼척들망
three net pendant (어)(자) 삼봉줄(권현망)
three piece can (식) 스리피스캔
thremmatology (양) 동식물육성학, 번식학, 사육학
threonine (식)(양) 트레오닌
threshold (식)(어) 역치
threshold concentration (식) 역치농도
threshold depth 한계심도
threshold of stimulus 한계자극
threshold temperature 한계수온
thrombolysis (식) 혈전용해
thrombus (식) 혈전
throttling expansion (식) 교축팽창
through type knotless webbing (어) 관통형무결절망지
thrust (어)(항) 추력
thrust horse power (어)(항) 추력마력
thrust reduction coefficient (어)(항) 추력감소계수
thyramine (식) 티라민
thyroid cartilage (양) 갑상연골
thyroid gland (식) 갑상선
tial 시행
tick (식) 진드기
tickler chain (어) 땅후릿줄
tidal age 조령
tidal bore (어) 조석진파
tidal chart (어) 조류도
tidal compartment (어) 감조부
tidal current (어) 조류
tidal cycle (어) 조석주기
tidal datum (어) 조위기준면
tidal day (어) 조일
tidal force (어) 조석력
tidal information 조신
tidal level (어) 조위
tidal motion (어)(양) 조석운동
tidal movement 조석운동
tidal observatory (어) 검조소
tidal range (어) 조차
tidal reach (양) 감조부
tidal residual current (어) 조석잔차류
tidal river 감조하천
tidal table (어)(양) 조석표
tidal water level 조위
tidal wave (어) 조석파
tidal zone (어) 조수역
tide (어)(식) 조석
tide blow 강한 조석
tide embankment (어) 방조제
tide gauge (어) 검조기
tide generating force (어) 기조력
tide level 조위
tide-producing potential 기조포텐셜
tide range (어) 간만차
tide rips 거센물결
tide staff 검조주
tide station (양) 검조소
tide table (어) 조석표
tide water level 조위
tideland (양) 간석지
tidepool gunnel (양) 베도라치
tidology 조석학

tied data 조건부자료
tiger puffer (식)(양)(어)(자) 자주복
tilt (어)(항) 전후경사
time lag (식) 지연현상
time of meridian passage 자오선정증시
time origin 시원
time scale 시간척도
time series (어)(자) 시계열
time series analysis (어)(자) 시계열분석
Time-Temperature Tolerance (식)(어) 티티티, 시간-온도 내성
time zone 시각대
tin (Sn) (식) 주석
tin can (식) 주석캔
tin free steel can (TFS can) (식) 무주석강판관
tin plate can (식) 양철관
tintinnid 유종류
tissue (식)(어) 조직
tissue lipid (식) 조직지질
titratable acidity (식) 적정산도
titrating analysis (식) 적정분석
titration (식) 적정
titration curve (식) 적정곡선
titration method (식) 적정방법
TNS(total navigation system) (어)(항) 종합항법장치
tocopherol (식) 토코페롤
tolerance (식) 내성
tolerance bacteria (식) 내성세균
tolerance range (식)(양) 내성구간
tolerance ragne of temperature (식) 내온범위
tolerant spore (식) 내성포자
toluene (식) 톨루엔
tomato ketchup (식) 토마토 케첩
tomato pulp (식) 토마토펄프
tomato puree (식) 토마토 퓨레
tomato sauce (식) 토마토 소스
tone color 음색
tongue (식) 혀
tonia bonito (식)(양)(어)(자) 물치다래
tonnage 톤수
tooth shell 뿔조개
toothed whales 이빨고래류
top shells (식) 고둥, 소라
tope 작은상어
topotaxis (어) 지향주성
torch fishing (어) 집어어법
tornaria larva 토르나리아유생
torpedo 어뢰
torque (식) 비틀림
torque converter coupling 유체변속기
torsion trap 비틀림통발
tortoise shell 귀갑
tortoise-shell products 귀갑제품
total acidity (식) 총산도
total allowable catch (식)(어)(자) 총허용어획량
total allowable level of foreign fishing (식)(어) 외국어선할당량수준
total bacterial count (식) 총세균수
total cholesterol (식) 총콜레스테롤
total cleavage (식) 전할
total digestible nutrients (TDN) (양) 총소화영양소
total fecundity 평생포란수
total inspection (식) 전수검사
total internal reflection (식) 전내부반사, 총내부반사

total length (식) 전장
total magnetic intensity 전자기강도, 총자기강도
total material balance (식) 전체물질 수지
total mercury (식) 총수은
total mortality coefficient (식)(어)(자) 전사망계수
total nitrogen (식) 전질소, 총질소
total oxygen demand (식) 총산소요구량
total pressure (식) 전압, 전압력
total solid (식) 총고형물
total soluble solid (식) 총가용성고형물
toughness (식)(어) 강인성
tow (어)(자) 예인
towing (어)(자) 예망
towing area (어) 소해면적
towing block (어) 예인블록, 토잉블록
towing boat (어) 끌배
towing chain (어)(자) 고삐줄(전개판)
towing depth (어) 예인심도
towing direction (어) 예인방향
towing distance (어) 예인거리
towing efficiency (어) 예망효율
towing fishing gear (어)(자) 예망어구
towing force (어) 예망력
towing horse power (어) 예망마력
towing line (어) 예인줄
towing plate (어) 예행판
towing point (어) 예행점
towing power (어) 예망동력
towing schedule (어) 예항계획
towing speed (어) 예망속도, 예인속도
towing vessel (어) 예항선
towing yoke (어) 끌멍에
toxic algae (식) 유독조류
toxic antibiotics (식) 독성항생물질
toxic dose (식) 중독량
toxic fishes (양) 유독어류
toxic plankton (식) 유독플랑크톤
toxic substance (식) 독성물질
toxic type food poisoning (식)(양) 독소형식중독
toxicity (식) 독성, 유독성
toxicity test (식) 독성시험
toxicological assessment of food additives (식) 식품첨가물독성평가
toxicology (식) 독성학
toxin (식) 독소
trace (식) 미량, 흔적량
trace metal (식) 미량 금속
trace minerals (식) 미량 무기질
tracer (식) 추적자
trachea 기관
track (양)(어)(항) 항적, 자국
track wave (어) 항적
tracking (어) 추적
tracklines (어)(자) 목시선
tractive force 견인력
trade participant (식) 매매참가인
trading ship (어)(항) 상선
traditional fermented foods (식) 전통발효식품
traditional fermented seafoods (식) 전통수산발효식품
traditional fishery product quality certification (식) 수산전통식품품질인증
traditional gochujang (식) 전통고추장
traditional soy sauce (식) 전통간장
traditional soybean paste (식) 전통된

장
traditional stow net (어) 재래식낭장망
traditional tea (식) 전통차
traffic separation route 통항분리항로
training fishery (어)(자) 교습어업
training ship (어)(항) 실습선, 연습선
trajectory 궤적
trammel net (어) 삼중(자)망
tramper (항) 부정기선
trans fat (식) 트랜스지방
trans fatty acids (식) 트랜스 지방산
transducer 변환기, 송수파기
transect 목시선
transect survey 분할구조사
transfer efficiency (식) 전달계수
transferase (식) 전달효소
transformation (식) 변환
transformation of diffraction 회절변형
transformer 전환자
transglutaminase (식) 트랜스글루타미나제
transient 과도적인, 일시의
transient current 과도전류
transient thermocline 일시적수온약층
transient tracer 순간추적자
transient variation (식) 과도적변화
transition (식) 전이
transition coefficient (식) 전이계수
transition layer (식) 전이층
transition metal 전이금속
transition rate (식) 전이율
transition zone 전이대
transitional (양) 과도적인
transmission efficiency (식) 전달효율
transmission electron microscope (TEM) (식) 투과전자현미경
transmissometer 투광측정계
transmittance (식) 투과율
transmitted light (식) 투과광선
transmitter (어) 송파기
transparency (식)(어) 투명도
transparency depth (식)(어) 투명도수심
transparent layer (식)(어) 투명층
transparent zone (식)(어) 투명대
transpiration (식) 증산
transplantation (자) 이식
transplantation effect (자) 이식효과
transplated animal (양) 이식동물
transport (식) 수송, 운반
transverse (어)(항) 횡격벽
transverse framing system 횡식구조
transverse section (어) 가로단면
trap fishing method (어) 함정어법
trap nets (어)(양) 덫그물
trap set net (어)(양) 낙망
trapezoid (어) 사다리꼴
trapping 저류
trash fish (식) 투기어
traveling speed 이동속도
trawl (어) 인망, 트롤
trawl catches (어) 트롤어획량
trawl fishery (어) 트롤어업
trawl fishing gear (어)(자) 트롤어구
trawl fishing method (어) 끌그물어법
trawl gear (어) 트롤어구
trawl towing distance (어) 트롤예인거리
trawl winch (어) 트롤윈치
trawler (어) 트롤선
trawler knot (어) 막매듭

trench (어) 해구
trend (식) 추세
trend line (식)(양)(어)(자) 추세선
triangular shaped sheet of webbing delta (어)(자) 삼각망지
triangulation 삼각측량
tributyltin (TBT) (식) 유기주석화합물질
trichocyst 모포
trichogyne (양) 수정모
trihalomethane (식) 트리할로메탄
trilobite 삼엽충
trim (식) 트림
trim by the stern (어)(항) 선미트림
trimethylamine (TMA) (식) 트리메틸아민
trimethylaminoxide (TMAO) (식) 트리메틸아민옥시드
triple junction (식) 삼중접합점
triple lattice design 삼중격자형배열
triple point (식) 삼중점
triple yarn (어) 삼중겹실
triploid lead method (양) 삼배체유도법
tripton abioseston 무생물부유물
tritium 삼중수소
trochophora (양) 담륜자유생
trochophore (식) 담륜자유생
troll line (어) 끌낚시
trolling (어) 끌낚기
trolling line (어)(자) 예승주낙
trophic group amensalism 영양집단편해작용
trophic level (식)(양) 영양단계
trophic niche (식)(양) 영양지위
trophic structure (식)(양) 영양구조
trophism 추성
trophodynamics (식)(양) 영양동태
trophogenesis layer (식)(양) 영양생성층
tropholytic zone (식)(양) 영양분해층
trophotropism (어) 색이주향성
tropic inequalities 회귀부등
tropical cyclone 열대성저기압
tropical fish (식) 열대어
tropism (어) 굴성, 향성
tropomyosin (식)(양) 트로포미오신
troponin (식)(양) 트로포닌
troposphere (어) 대류권
tropotaxis (어) 자극상치성
trough 파곡
trout (식)(양) 송어
true bearing (어)(항) 진방위
true course (어)(항) 진침로
true face 진면
trumpet-shell 소라고둥
trunk 몸통부
trunkfish (식)(양)(어)(자) 개복치
try net 시험그물
trypsin (식)(양) 트립신
trypsin inhibitor (식)(양) 트립신 저해제
trypsinogen (식)(양) 트립시노겐
tryptophane (식) 트립토판
tsunami (어)(자) 쓰나미
Tsushima current (어)(자) 대마난류
tube feet (식)(양) 관족
tube foot of echinoderm 극피동물관족
tube ice (식) 관빙
tubellarians 와충류
tubercle 결절
tubular float (어) 원통뜸
tubular traps (어) 관함정류

tug boat (어)(자) 예인선
tuna (식)(어)(자) 다랑어
tuna long line (어) 다랑어주낙
tuna long line fisheries (양)(어) 다랑어 주낙어업
tuna purse seine (어) 다랑어건착망, 다랑어선망
tuning 조정
tunnel dryer (식) 터널형건조기
tunnel freezer (식) 터널냉동기
turban shell (식) 소라
turbidimeter (식) 탁도계
turbidity (식) 탁도, 혼탁도
turbidity bottom current (어) 저탁류
turbidity current (식)(어) 혼탁류
turbidity meter (식)(양) 탁도계
turbinate 나선형의
turbo compressor (식) 터보압축기
turbulence diffusion (식) 난류확산
turbulence motion (식)(어) 난류운동
turbulence zone (식)(어) 난류역
turbulent diffusion (어) 난류적확산
turbulent flow (식)(어) 난류
turbulent mixing (식) 난류혼합
turn heading rope (어) 배돌림줄
turning circle (어)(항) 선회권
turning exponent (어)(항) 선회성지수
turnover rate 교체률
turnover time 교체시간, 회전시간
turtle grass 거북말
tusk shell (양) 뿔조개
Tween (식) 트윈
twilight (어)(항) 박명
twilight zone 심해약광층
twin shrimp trawl (어)(자) 쌍통끌이새우트롤
twin trawl 쌍통끌이트롤
twine 망사 (어)(자) 그물실
twist (식)(어)(자)(양) 꼬임
twisted twine (어)(자) 꼰그물실
two-boat type purse seine (어) 쌍두리 건착망
two boats midwater trawls (어) 쌍끌이 중층트롤
two piece can (식) 투피스 캔
two stage compression (식) 이단 압축
two stage compressor (식) 이단압축기
two stage heating (식) 이단 가열
two stage liquefaction process (식) 이단 액화법
two-tailed test 양측검정
twoband anemonefish (식)(양)(어)(자) 흰동가리
tympanum 고막
type of cooperative management (식)(어)(자) 조합경영형태
type of joint management (식)(어)(자) 공동경영형태
type of renewable resource management (식)(어)(자) 재생산자원관리형
type species (식)(양) 기준종
type-I collagen (식) I형 콜라겐
type-I like collagen (식) I형 유사 콜라겐
typhoid(fever) (식) 장티푸스
typicus and irishmoss 도박
tyrosinase (식)(양) 타이로시나제
tyrosine (식)(양) 타이로신

U

U (Uranium) (식)(양)(어)(자) 우라늄
U shaped shackle (어) 유자형새클
UC (upper clearance) (식) 상부공극
UHT (ultra high temperature) (식) 초고온살균
ulcer (양) 궤양병
ultra high temperature (UHT) (식) 초고온
ultra high temperature (UHT) sterilization (식) 초고온살균
ultraabyssal 초심해저의
ultrafiltration (식)(양) 한외여과
ultrafiltration method (식)(양) 한외여과법
ultraplankton 초미세플랑크톤
ultrasonic cleaner (식)(양) 초음파세척기
ultrasonic drying (식) 초음파건조법
ultrasonic imaging (어) 초음파영상
ultrasonic sealing (식) 초음파접착법
ultrasonic wave (식)(어) 초음파
ultrasonicator (식)(양) 초음파 파쇄기
ultraviolet (식)(어) 자외선
ultraviolet sterilization (식) 자외선살균
ultraviolet sterilizer (식) 자외선살균기
umami(taste) (식) 감칠맛
umbo 각정
uncertainty (식) 불확실성
unconditioned reflex (식)(어) 무조건반사
unconditioned stimulus (식)(어) 무조건자극
unconformity (식) 부조화
under way (어)(항) 항행중
undercurrent (어) 잠류, 하층류
undernutrition (식) 영양부족
underseascape (어) 해중경관
undertow 저류
underused fish (underutilized fish) (식) 저이용어
underwater acoustics (양)(어) 수중음향학
underwater apparent weight (어) 수중무게
underwater camera (어) 수중카메라
underwater irradiance (어) 수중광도
underwater light (어) 수중등
underwater luxmeter (어) 수중조도계
underwater navigation beacon 수중항해비컨
underwater photography (어) 수중사진
underwater self recording net depth meter (어) 수중자기식망고계
undocking 출거
unequal cleavage 부등할
unexploited biomass (unused biomass) (식) 미이용자원량

unexploited stock (어)(자) 처녀자원
unicellular algae (식)(양)(자) 단세포조류
unicellular form (식)(양) 단세포형
unicellular organism (식)(양) 단세포생물
unidentified growth factor (UGF) (양) 미지 성장인자
uniform approximation (식) 단일근사화
uniform distribution (식) 단일분포
uniform flow 등류
uniform motion 균일운동
uniform velocity (식)(어) 등속도
unimodel distribution 단정분포
unit catch (양)(어)(자) 단위어획량
unit fishing effort (어)(자) 단위어획노력
unit of refrigeration ton (식)(양) 냉동톤
unit price (식)(양)(어)(자) 단가
unit stock (어)(자) 단위자원
United States Department of Agriculture (USDA) (식) 미국농무부
univalve shell (식)(양)(어)(자) 일매패
universal constant 보편상수
universal gas constant (식) 일반기체상수
universal time (어)(항) 세계시
unloaded boat (어)(항) 공선
unofficial fishing cooperation (어) 민간어업협력
unpaired fin (양)(자) 홀지느러미
unsaponification matter (식)(양) 불검화물
unsaturated fatty acid (식)(양) 불포화지방산
unsaturation (식)(양) 불포화
unstability (식) 불안정
unstable system (식) 불안정계
unsteady flow (식) 비정상류
unutilized fish (식) 미이용어
up lift (양) 상승
upper beam (어)(자) 수해(안강망)
upper camber ratio (어) 상면만곡도
upper clearance (UC) (식) 상부공극
upper mixed layer 상층혼합대
upper or lower lethal temperature (식) 상하한치사온도
uprush 타상파
upward sounding transducer 상향탐지부
upwelling (어) 용승
upwelling area (어) 용승역
upwelling current (어) 용승류
upwelling-current mineralization 용승류광화작용
upwelling fishing ground (어) 용승어장
uranium (U) (식)(양)(어)(자) 우라늄
urban waste (식)(양) 도시폐기물
urban waste water (식)(양) 도시하수
urea (식)(양) 요소
urease (식)(양) 요소분해효소
ureotelic type (식)(양) 요소배설형
uric acid (식)(양) 요산
uricotelic type (식)(양) 요산배설형
urochordate (식)(양)(어)(자) 미색동물
uropod 미지
urosome 미부, 미체
USDA (United States Department of Agriculture) (식) 미국농무부
use by date (식) 소비기한
used ship (항) 중고선
utility rate (식) 이용율

utility theory 이용이론
utilization efficiency (식) 이용효율
utricle (양) 포낭
utriculus (양) 통낭

V

vacuole (식)(양) 액포
vacuum (식)(양) 진공
vacuum can test (식) 진공도검사
vacuum can tester (식) 통조림진공계
vacuum concentration (식)(양) 감압농축
vacuum cooling (식) 진공냉각
vacuum defroster (식) 진공해동장치
vacuum dryer (식) 진공건조기
vacuum drying (식) 진공건조법
vacuum evaporator (식)(양) 진공농축기
vacuum filter (식)(양) 감압여과기
vacuum filtration (식)(양) 감압여과
vacuum freeze drying (식)(양) 진공동결건조
vacuum freezing (식) 진공동결
vacuum gauge (식) 진공계
vacuum packaging (식) 진공포장
vacuum pump (식) 진공펌프
vacuum seamer (식) 진공밀봉기
vacuum test (식) 진공시험
vacuum thawing (식) 진공해동
vagus nerve 미주신경
validity of techniques (식) 기술타당성
valine (식)(양) 발린
valuation paper of ship (어)(항) 선박감정서
valued fish (양) 고급어
valve (식) 밸브, 값
van Dorn water bottle (양)(자) 반돈채수기
van Veen grab 반빈채니기
vaporization (식) 기화
vapour pressure (식) 증기압
variability (식)(어)(자) 변동성
variability of waves 파랑가변성
variable (식)(양)(어)(자) 변수
variable depth sonar (어) 가변수심음탐기
variable frequency controlled oscillator (어) 가변주파수발진기
variable pressure salting (식) 변압염장법
variance (식) 분산
variance estimation (식)(양)(어)(자) 분산추정
variance ratio (식)(양)(어)(자) 분산비
variant (양) 변이체
variation (식)(양)(어)(자) 변이, 변차
variation with sex (식) 성변이
variation with size 크기변이
variety (식)(양) 변종
varix 나선형융기
varve 연층
vaseline (식)(양)(어)(자) 바셀린
VBN (volatile basic nitrogen) (식)(양) 휘발성염기물질
vee (식) 족출, 비

vegetable (식) 채소류
vegetable fiber (식) 식물섬유
vegetable oil (식) 식물성 기름
vegetable protein (식) 식물성단백질
vegetal pole 식물극
vegetative hypha (식)(양)(자) 영양균사
vein (식) 정맥
veinlet 세맥
velocity (식)(어) 속도
velocity cost 속도경비
velocity distribution (식) 속도분포
velocity hydrophone 속도수중청음기
velocity of water 수류속도
velocity potential 속도포텐셜
velocity profile 속도연직분포도
velocity ratio (식) 속도비
velum 피막
veneer 단판, 피복판
venerupin (식)(양)(어) 바지락 중독, 베네루핀
venerupin toxin (식)(양)(어) 베네루핀 독소
venom (식) 독액, 독, 자독
venom gland (식) 독선
venomous fish (식) 자독어
vent (식) 배기구, 벤트
ventilating fan (식) 환기팬
ventilation (식) 환기
ventilator (어) 통풍통
ventral cirrus 배수염
ventral fin (식)(양)(자) 배지느러미, (식) 복부지느러미
ventral muscle (식)(양)(자) 배쪽육
ventral segment (식) 복부체절
ventricle 심실
venus clam (식) 가무락조개
vergin stock (자) 초기자원
verical dispersion (자) 수직확산
verification (식)(양)(어)(자) 검증
verification sample (식)(양)(어)(자) 검증 표본
vernal equinox 춘분
verocytotoxin (식) 베로세포독소
vertebra (식)(자) 척추골
vertebral body (양) 척추체
vertebral column 척추주
vertebrate (식) 척추동물
vertex 꼭지점, 정점
vertex velocity 향점속도
vertical axis (식) 종축
vertical compressor (식) 횡형압축기
vertical diffusion (양) 수직확산
vertical fish finder (어) 수직어군탐지기
vertical haul (어) 수직예인
vertical limits (식) 수직한계
vertical long line (어) 입연승
vertical migration (어)(자)(양) 수직회유
vertical mixing (식) 수직혼합
vertical motion (양) 수직자세
vertical movement (식) 수직운동, 수직이동
vertical position 수직자세
vertical stability 연직안정도
very low density lipo-protein (VLDL) (식) 극저밀도지단백
vesicle (식)(양)(자) 기공, 소포
vessel (어)(자) 기선
vessel traffic services (어)(항) 선박교통관리제도
vessel wall (식) 혈관벽
viable cell count (식) 생균수, 일반세균수

vibration (식)(어) 진동
vibration frequency (식) 진동수
Vibrio (식) 비브리오
Vibrio cholera (식) 비브리오콜레라, 콜레라
Vibrio parahaemolyticus (식) 장염비브리오균
Vibrio parahaemolyticus food poisoning (식)(양) 장염비브리오중독
Vibrio vulnificus septicemia (식)(양) 비브리오패혈증
video display (항) 비디오화면
village fishery (식)(어)(양) 마을어업
vinegar (식) 식초
vinyl resin paint (식) 비닐수지도료
virus (식)(양) 바이러스
viscera (식)(양)(자) 내장
viscera oil (식) 내장유
viscera pigment (양) 내장색소
viscera sac (식) 내장낭
visceral fat (식) 내장지방
visceral mass 내장낭
visceral mycosis (양) 내장진균병
viscosity (식)(양)(어)(자) 점도
viscous body (식) 점성체
visibility (식)(어)(항) 시정
visibility of light 광달거리
visibility range (식)(어)(항) 가시도
visible distance (식)(어)(항) 시정거리
visible horizon 시지평
visible nerve (식)(양) 시신경
vision reaction distance (어)(항) 시각반응거리
visual cell 시세포
visual density dstimates 시각밀도추정
visual observation (어)(자) 목시관측
visual predator 시각포식자
vitamin (식)(양) 비타민
vitamin deficiency (식)(양) 비타민결핍
vitamin-like active substance 비타민유사작용물질
vitellogenesis (양)(자) 난황형성과정
vitreous body 유리체
viviparity (양) 태생
viviparity fish (양) 태생어
voice tube 전성관
void ratio (식)(양) 공극비
volatile (식) 휘발성
volatile acid (식) 휘발산
volatile amine (식) 휘발성아민
volatile base nitrogen(VBN) (식) 휘발성염기질소
volatile compound (식) 휘발성화합물
volatile reducing (식) 휘발성환원
volatility (식) 휘발
volcano shell 화산조개
voltage drop (식) 전압강하
volume (식)(양)(어)(자) 부피
volume loss (양)(자) 체적손실
volume scattering (양)(자) 체적산란
volume transport 체적수송량
volume velocity (식) 체적속도
volumetric efficiency (식) 체적효율
volumetric method (식) 용적법
volumetric sampling 용적채집
voluntary muscle (식) 수의근
volute 소용돌이의
vortex motion (식) 와류운동
vortex-rings 와류환
vorticity 소용돌이도, 와도
voyage round the world (항) 세계일

주항해
vulcanized oil 가황유
vulgar establishment 조후시

W

wage (식)(양)(어) 급료
wage form (식)(양) 임금형태
wage payment plan 임금지불계획
wage system (식) 임금체계
wake (어)(항) 항적
wake current (어) 항적류
wall effect 기벽효과
walleye pollock (양)(어) 명태
warm-blooded animal 항온동물
warm current (식) 난류
warm fermentation process (식) 고온발효법
warm front (어) 온난전선
warm pool 온수괴
warm water (식) 온수
warm water fish (식)(어)(자) 난류성어종, 온수성어종
warm water-mass 난수괴
warm-smoked eel (양) 온훈뱀장어
warning coloration 경계색
warp (어) 끌줄
warp length ratio (어) 끌줄길이비
warping head 워핑헤드
wash liquid (식) 세정액
wash water (식) 세척수
washing (식)(어) 수세, 세척
washing brush (식) 세척솔
washing effect (식) 세척효과
waste (식) 폐기물
waste disposal (식) 폐기물처리
waste pollution (식) 폐기물오염
waste purification (식) 폐기물정화
wastewater (식) 폐수
wastewater treatment (식) 폐수처리
wasting disease 소모병
watch box 먹통
water absorption (식) 수분흡수
water absorption capacity (식) 수분흡수능(력)
water activity(aw) (식) 수분활성
water algae 수면조류
water-based part 친수공원
water bath (식) 수조
water boat (어) 급수선
water-borne disease (식) 수인성전염병
water-borne pollution (식) 자가오염
water budget (식) 물수지
water chilling unit (식) 워터칠링유니트
water color (어) 수색
water column (식) 수주, 물기둥
water content (식) 함수량
water cooling condenser (식) 수냉식응축기
water depth (어)(자) 수심
water examination (식)(양)(자) 수질검사
water exchange 물교환
water exchange ratio 물교환율, 환수비

water flea (식) 물벼룩
water hemisphere 수반구
water holding capacity (식) 보수력
water in oil emulsion (식) w/o형 에멀젼
water level (어) 수면
water line length (어)(항) 수선장
water mass 수괴
water mass analysis 수괴분석
water plane area 수선부면적
water pollutants (식) 수질오염물질
water pollution (식) 수질오염
water pore 수공
water pump (양)(항) 수중펌프
water-purification technology (식) 수질정화기술
water quality (식)(양) 수질
water quality control (식)(양) 수질규제
water quality standard (식)(양) 수질기준
water resistance (양) 내수성
water sampler (식)(양) 채수기
water sampling (식)(양) 채수
water-sampling bottle (어)(자) 채수병
water soluble (식) 수용성
water-soluble protein (식) 수용성단백질
water-soluble vitamins (식) 수용성비타민
water spectacles (양) 잠수안경
water-splashed zone (어) 살수대
water supply and draining arrangements 급배수설비
water supply for fish culture 양어용수
water tank (식) 수조
water temperature (식)(양)(어)(자) 수온
water temperature acclimation (양) 수온순치
water temperature detector (양) 수온감지부
water temperature front 수온전선
water temperature in situ 현장수온
water thawing (식) 수중해동
water thawing method (식) 수중해동법
water tight bulkhead (어)(항) 수밀격벽
water tolerant (식) 내수성
water treatment for seafood processing (식) 수산가공용수처리
water type 수형
water vapor (식) 수증기
water-vascular system 수관계
watershed 분수계
waterspout 용오름
waterway 수로
wattle (양)(자) 물고기촉수
wave (어) 파동
wave absorber 파흡수장치
wave age 파령
wave amplitude 파진폭
wave breaking 쇄파
wave celerity 파속도
wave crest 파고점, 파마루
wave current 파성류
wave decay 파감쇠, 파소멸
wave direction (어) 파향
wave energy (어) 파랑에너지
wave force (어) 파력
wave frequency 파동주파수
wave front 파두, 파면
wave-generating machine 조파기
wave generation 파생성

wave group 파군
wave growth 파성장
wave height (어) 파고
wave height coefficient (어) 파고계수
wave-induced 파인성
wave maker (어)(양) 조파기
wave making resistance (어) 조파저항
wave meter (어) 파랑계
wave number 파수
wave observation (어) 파랑관측
wave packet (어) 파속
wave period (어) 파랑주기
wave pressure 파압
wave recorder (어) 파고계
wave refraction 파랑굴절
wave scale (어) 파랑계급
wave spectrum 파랑스펙트럼
wave steepness 파형기울기
wave train 파동열, 파열
wave trough 파랑골
wave-type disturbance 파동형교란
wave velocity (어) 파속
waved seam (식) 웨이브드심
wavelength (식) 파장
wavelet 작은파
wax (식)(양) 납
weak (식)(양) 약한
weak acid (식)(양) 약산
weak base (식)(양) 약염기
weakening (식)(양) 약화
weather chart (어)(항) 기상도
weather code (양) 국제기상통보식
weather forecast (양)(어) 기상예보, 일기예보
weather map (어)(항) 일기도
weathering 풍화
weathering index 풍화지수
weaving 위빙
webbing (어) 뜨기
webbing with needle (어)(자) 바늘대뜨기
weighing (식) 칭량
weighing bottle (식)(양) 칭량병
weighing machine (식) 계량기, 저울
weight (식)(양)(어)(자) 중량
weight and maturity of gonad by species (자) 어종별생식선중량
weight at first capture (어)(자) 어획개시체중
weight control plate 가중판
weight loss (식) 감량, 중량 감소
weight of egg produced (양)(자) 산란량
weight sorting (식) 중량 선별
weight sorting device (식) 중량 선별기
weighted correlation coefficient 가중상관계수
weighted regression coefficient 가중회귀계수
weighter (어) 봇돌, 발돌
weighting (식)(양)(어)(자) 부하
weirs (어) 어살류
western boundary current 서안경계류
western boundary intensification 서안강화
wet and dry bulb hydrometer (식)(양) 건습구습도계
wet-bulb (식)(어) 습구
wet bulb temperature (식)(양) 습구온도
wet bulb thermometer (식)(양) 습구온

도계
wet cleaning (식) 습식세정
wet compression (식) 습압축
wet compression cycle (식) 습압축사이클
wet density 습윤밀도
wet digestion method (식)(양)(자) 습식분해법
wet feed (양)(자) 습사료
wet gluten (식) 습부, 습글루텐
wet grinding (식) 습식분쇄
wet land 습지
wet method of insemination 수정습도법
wet salting method (식) 습염법
wet steam (식) 습증기
wet suit (어) 습식잠수복
wet weight (식)(어) 습중량
whale (식)(어)(자) 고래
whale calf 새끼고래
whale fishery (어) 포경업
whale shark (식)(양)(어)(자) 고래상어
whalebone (식) 고래수염, 고래수염제품
whaling (어) 포경
whaling gear (어) 포경어구
whaling ship(whaling vessel) (어)(자) 포경선
wheat (양) 밀
wheat bran (식)(양) 밀기울
wheat flour (식) 밀가루, 소맥분
wheat germ meal (양) 밀배아분
whey protein (식) 유청단백질
white bait (식)(양)(어)(자) 뱅어
white factice 백색팩티스
white fin kingfish (식)(양)(어)(자) 갈전갱이
white fish meal (양) 백색어분
white fleshed fish (어)(식) 백색육어류
white muscle (식) 백색육
white sand 백사
white spotting (식) 백반현상
white spotted conger (식)(양)(어)(자) 붕장어
white-tipped mackerel scad (식) 가라지
whitecap (어) 백파(도)
whitefin trevally (식) 갈전갱이
whiting (식)(양)(어)(자) 뱅어
WHO(world health organization) (식) 세계보건기구
whole (식) 홀
whole egg (식) 전란
wholesale (식)(양)(어) 도매
wholesale business (식)(양)(어) 도매업
wholesale market (식)(양)(어) 도매시장, 소비자도매시장
wholesale market corporation 도매시장법인
wholesale market in a production center (식)(양)(어) 산지도매시장
wholesaler (식)(양)(어) 도매상
winch (양)(어) 윈치 (어)(양) 양화기
wind-driven circulation 풍성순환
wind-driven current 취송류, 풍성해류
winch drum (어) 윈치드럼
wind drift layer 취송층
wind force (어) 풍력
wind ripple 풍상연흔
wind scale (어) 풍력계급
wind speed (어) 풍속
wind stress (어) 바람응력

wind wave (어) 풍랑
winding machine (어) 권양기계
windlass (어) 권양기
wing net (어) 그물자락(날개그물), 날개그물 (어)(자) 섶(건착망)
wing rope (어) 날개줄
winged stow net (어) 낭장망
winged stow nets on anchor (어) 닻낭장망류
Winkler method 윙클러법
winter fast ice 동계급조빙
winter solstice 동지
wintering ground (어)(자) 월동장
wire rope (어) 와이어로프
wire sounding (어) 색측심
wireless equipment 무선전신설비
wooden cover pots 덮개류
wooden float 목재뜸
wooden pot (어) 나무통발
working curve 작업곡선
working strength (어) 사용력
working tension (어) 허용장력
World Health Organization (WHO) (식) 세계보건기구
World Trade Organization (WTO) (식) 세계무역기구
worm (bait) (어)(자) 지렁이(미끼)
worm fishing (어) 지렁이낚시
wounding fishing gear (어)(자) 살상어구
woven webbing (어)(양) 직망지
wrack 해조파편
WTO(world trade organization) (식) 세계무역기구

X

X-ray fluorescence spectroscopy (식) 엑스선형광분광법
xanthophyll (식)(양) 엽황소, 크산토필
xerophilic (식)(양) 호건성
xerophilic mold (식)(양) 내건조성곰팡이, 내건성곰팡이

Y

yarn (어) 얀(자사)
Yate's correction 야트보정
year class (어)(자) 연급
year class strength (어)(자) 연급군강도
year group (어)(자) 연급군
year of good catch (어)(자) 풍어년
year ring 연륜
yeast (식)(양) 효모
yellow substance 황색물질
yellow tail (식)(양)(어)(자) 방어
yellow tail pound net (어)(자) 방어 낙망
yellowfin albacore (식)(양)(어)(자) 황다랑어
yellowfin goby (식) 망둥어
yellowfin sculpin (양) 둑중개
yellowtail set net (어)(자) 방어 정치망
yesso scallop (식) 큰가리비
yield (식) 수득률, (식) 수율, (식)(어) 어획량
yield isolepth diagram (어)(자) 등생산량(어획량)곡선
yield-per-recruit theory (어)(자) 가입당생산량이론
yield point 굴복점
yield production (식) 생산량
yield strength 굴복강도
yield stress 굴복응력
yielding point (어) 항복점
yolk cell (식) 난황세포
yolk sac (식) 난황주머니
yolk-sac larvae 난황유생
yolk sac placenta (양) 난황난
yolk vesicle 난황포

Z

Z-protein 제트단백질
Z-value (식) 제트-값
Z-membrane 제트막
zenith 천정
zenith distance 정거
zero catches 무어획
zero-order reaction (식)(어)(자) 영차반응
zero operation 제로조업
zero point (식)(양)(어)(자) 영점
zinc oxide (ZnO) (식)(양) 산화아연
zinc (Zn) (식)(양)(어)(자) 아연
Zn (Zinc) (식) 아연
zoea (양) 조에아
zonal canvas (어) 띠범포
zonal canvas type stow net (어) 띠범포식안강망
zonal distribution 대상분포
zone (식)(양)(어)(자) 구역, 띠
zone of maximum ice crystal formation (식) 최대빙결정생성대
zone of oxidation (식) 산화대
zone time 대시
zoobenthos (양)(자) 저서동물
zoochlorellae (양)(자) 녹색공생조류
zooecium 충실
zooflagellates (양) 동물성편모충류
zoogeography 동물지리학
zooid 개충, 군체개체
zoonosis (식) 인축공통전염병
zooparasite (식) 기생동물
zoophyte 식충류
zoophytology 식충학
zooplankton (식)(어)(자) 동물성플랑크톤
zooplankton biomass (식) 동물성플랑크톤량
zoosemiotics (양) 동물기호학
zoosporangium (양) 유주자낭
zoospore (양) 유주자
zootoxin (식) 동물성독소류
zooxanthella 충조, 황록공생조류
zooxanthellae 황색기생조류

한영 영한 수산과학기술용어집

발 행 일	2015년 12월 1일 초판 인쇄 2015년 12월 4일 초판 발행
지 은 이	김진수(경상대) · 김재일(부경대) · 전유진(제주대) 김남길(경상대) · 이경준(제주대) · 임현식(목포대) 장충식(경상대) · 김진구(부경대) · 이성일(수과원) 조현수(군산대)
발 행 인	김홍용
펴 낸 곳	도서출판 **효일**
디 자 인	에스디엠
주 소	서울시 동대문구 용두동 102-201
전 화	02) 460-9339
팩 스	02) 460-9340
홈페이지	www.hyoilbooks.com
Email	hyoilbooks@hyoilbooks.com
등 록	1987년 11월 18일 제6-0045호
ISBN	978-89-8489-377-1

값 32,000원